人類20万年 遙かなる旅路

The Incredible
Human Journey

アリス・ロバーツ［著］
Alice Roberts
野中香方子［訳］
Kyoko Nonaka

文藝春秋

アフリカ
Africa

① ナミビア、ンホマの村の家族

② わたしは無謀にもアフリカの自然を体感してみることにした。
棘のある枝に囲まれ、これからナミビアの灌木地で一晩をすごすのだ

③ オモの頭骨を発見場所のエチオピアのキビシュ累層で見る

④ エチオピア、コルチョ村でブナがわたしの顔をペインティングしている

⑤ コルチョ村の少年

⑥ コルチョ村の若者、ムダ。彼は女友達のチョウリをわたしに紹介した

⑧ ピナクルポイントの13B洞窟

⑦ 南アフリカ共和国、ピナクルポイントの洞窟へ向かう木製の階段

インドからオーストラリアへ

India - Australia

⑨ インド、ジュワラプラムの考古学調査が行われている溝、「ジュワラプラム22」。トバ火山の噴火（7万4000年前）による火山灰層の下からも、石器が出土した

⑪ イポイ・ダタンがニアの頭骨を箱から出している。この頭骨は、今のところ、東南アジアに現生人類がいたことを示す最古の確かな証拠

⑩ マレーシア、ボルネオ島のニア洞窟に続く、石灰岩の崖の下に設けられた遊歩道

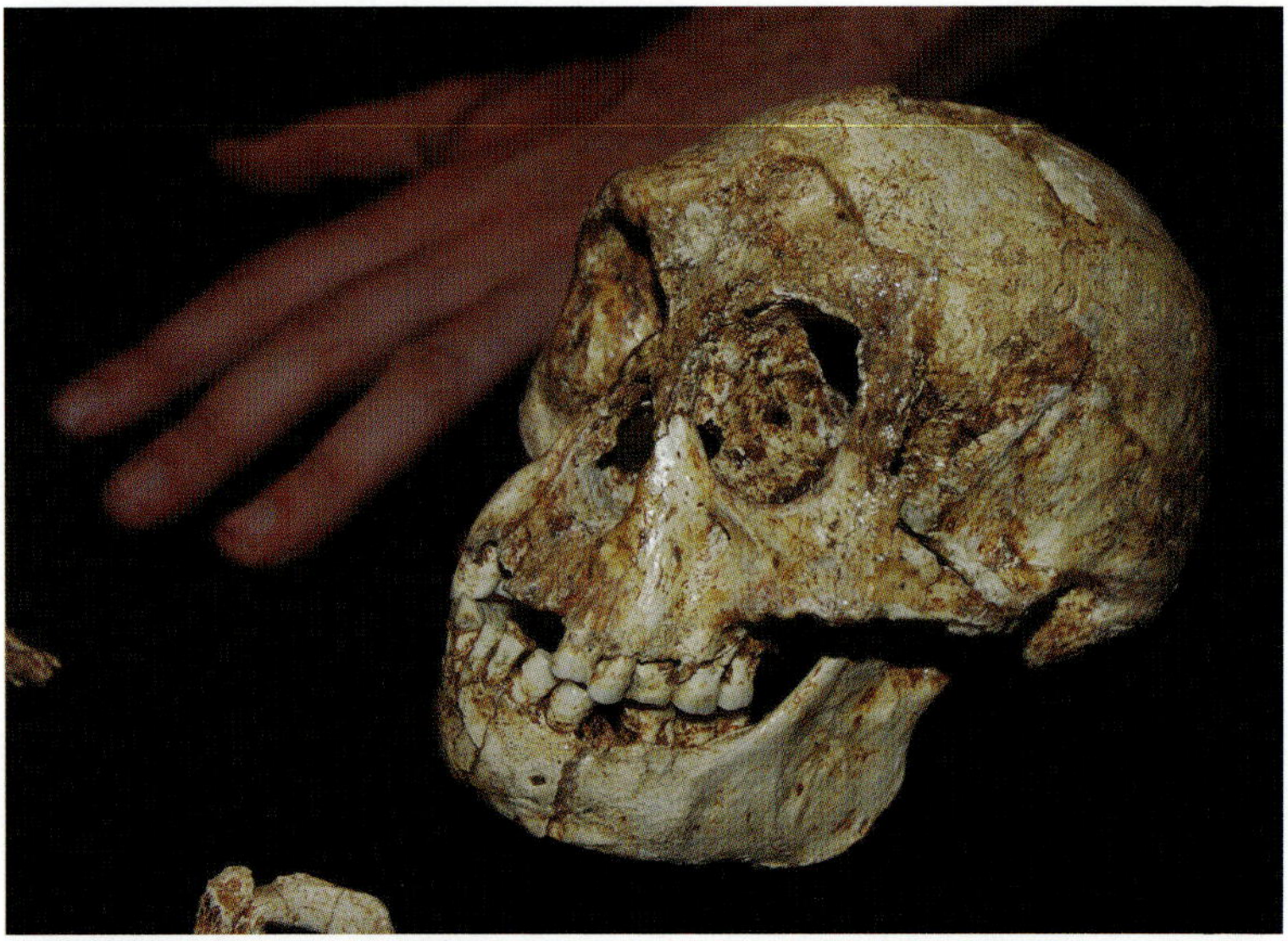

⑫ インドネシア、フローレス島で見つかったホビット（LB1）の小さな頭骨

⑬ インドネシア、スンバワ沖で「旧石器時代の筏」の実験。
スンバワの上空に暗雲がたちこめ、この先の苦難を予言するようだ

⑭ オーストラリア、ウィランドラ湖群で古代の足跡を調べるコリン・マックレガー。保護布を切り取り、保護のための砂を注意深く除いている

⑮ オーストラリア、グンバランヤのアートセンターで、ガーショム・ガールンガーが、動物や精霊が大地の裂け目に呑みこまれる場面を絵に描いている

⑯ アボリジニの地母神イガナの絵。インジャラク・ヒルの岩のくぼみに描かれている

北アジア・東アジア

North Asia - East Asia

⑰ シベリアのマリタで出土したビーズとマンモスの牙の飾り板。
最終氷期極相期（LGM）直前の時代の美しい工芸品。エルミタージュ美術館収蔵

⑱ シベリアのオレニョクで、凍った川の上で開かれる祭りに集まる人々とトナカイ

⑳ 旅に備えて暖かくくるまれた、エヴェンキ族の赤ん坊

⑲ 自分のトナカイに乗るエヴェンキ族の少女

㉑ リウ兄弟のひとりが壺を引っかけて灰の中から出している。中国、桂林の近くにて

ヨーロッパ

Europe

㉓ ドイツ、フォーゲルヘルト近くの野原でフリント石器を砕いているウルフ・ヘイン

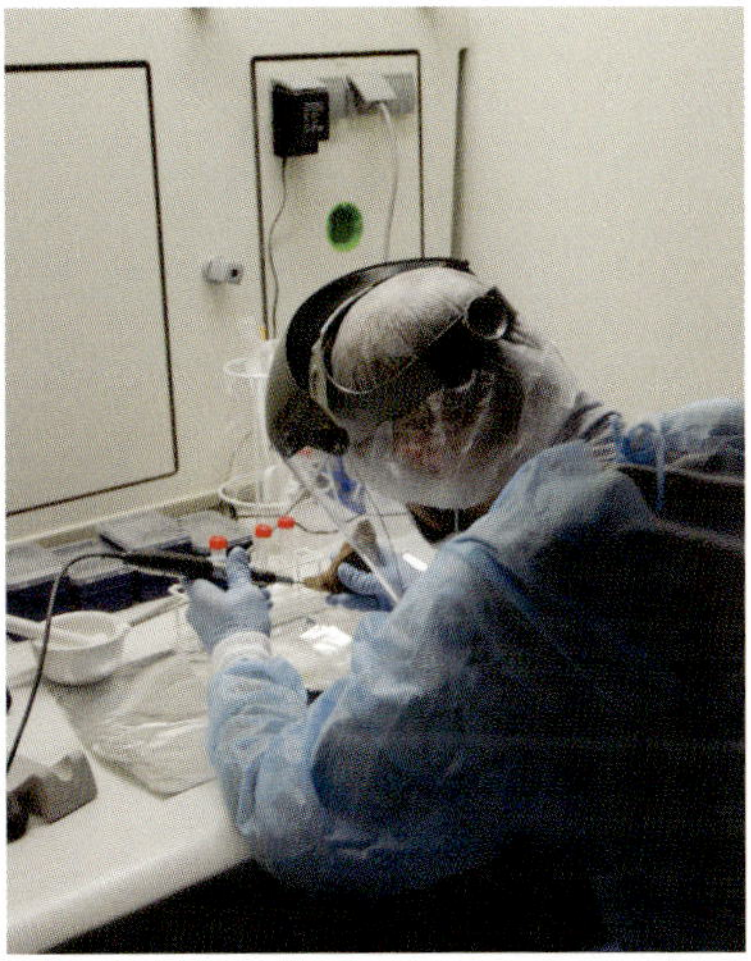

㉒ ネアンデルタール・ゲノムプロジェクトの作業の様子：研究者がネアンデルタール人の化石にドリルで穴をあけ、ＤＮＡ抽出とシークエンシングの準備をしている

㉔ ジブラルタルの女性の頭骨の模型。傍にあるのはヴァンガード洞窟から発見されたもの。イルカの脊椎（頭骨のすぐ下）を含む

㉕ 洞窟画の専門家、ミッシェル・ロブランシェがあごひげを灰色に染めて、21世紀の手形をつくっている

㉖ 氷河期の芸術作品：フランスのペシュメルルの洞窟の壁に描かれた馬。ミッシェル・ロブランシェは、馬を描いた人が、サインとしてその周囲に手形を押したと信じている

㉘ 半分発掘された立石——T字型で、神秘的な動物の像で飾られている

㉗ 定説を覆す発見：動物のレリーフが彫られた記念碑のような立石。トルコ、ギョベクリ・テペにて

アメリカ
America

㉙ ワシの羽根とウィゼルの毛皮で飾られた族長、ビッグ・プルームとの面談

㉚ ロサンゼルス、ラ・ブレア・タール・ピッツのマンモスの模型

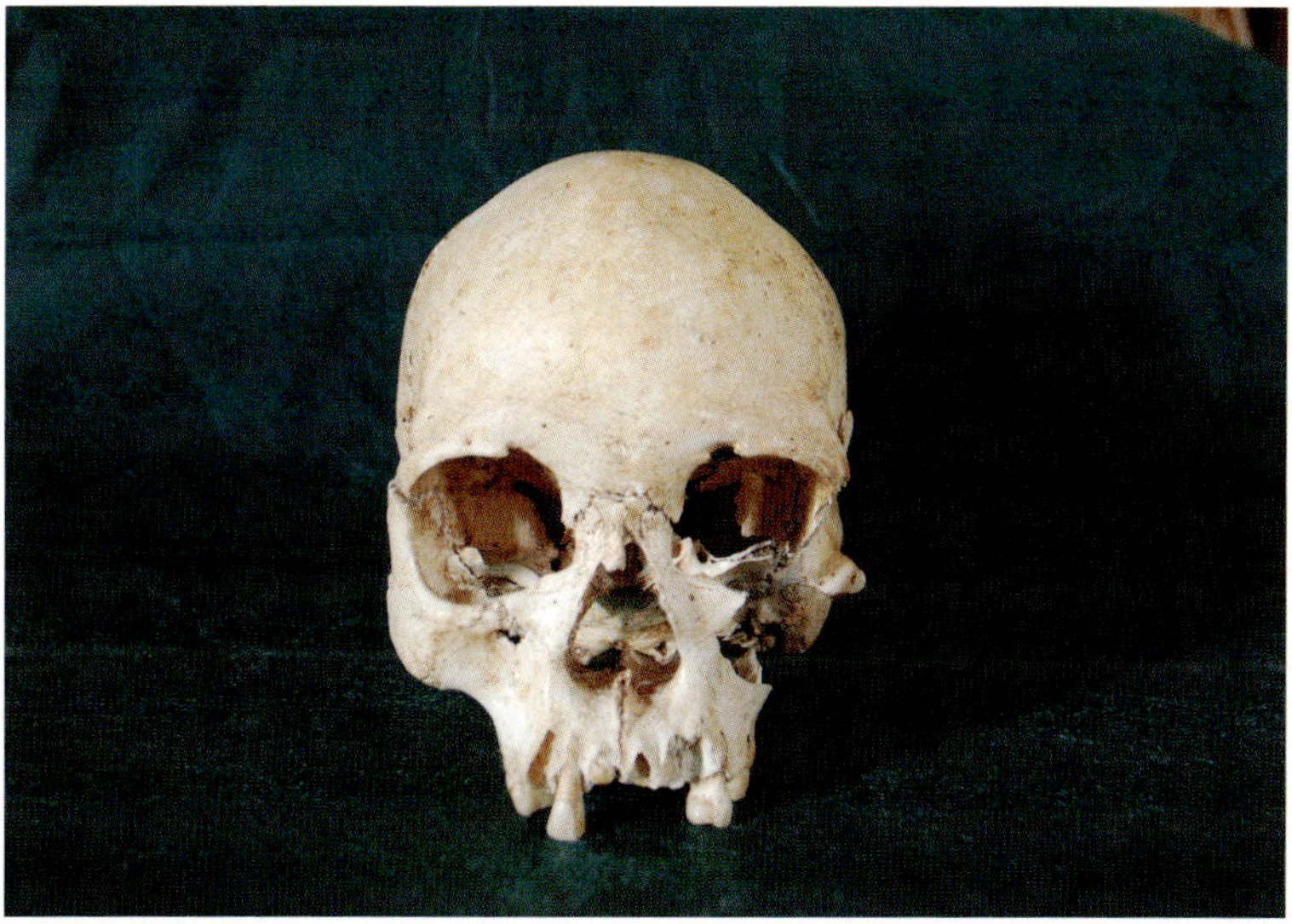

㉛ ルシアの頭骨。推定年代は1万3000年前で、知られている最古のアメリカ人のひとり

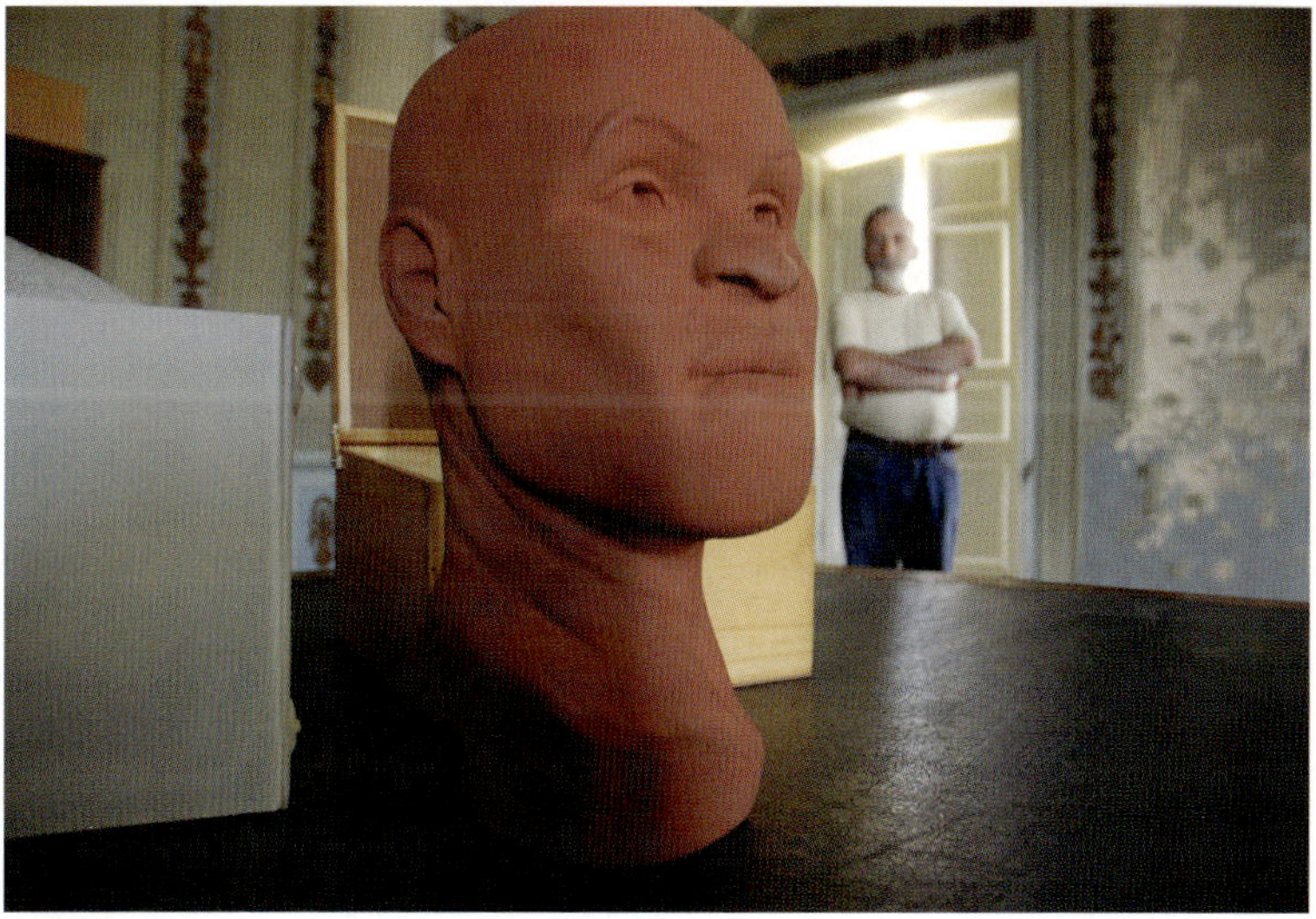

㉜ 復元されたルシアの顔。後ろにいるのはウォルター・ネヴェス。ブラジル国立博物館にて

㉞ 地質学者、マリオ・ピーノ。チリ、モンテ・ヴェルデで驚くべき遺跡を発掘したチームのひとり

㉝ 現在のアマゾンの暮らし：漁師が重石のついた網を川へ投げ込んでいる

㉟ チンチュアピー川とモンテ・ヴェルデ遺跡

目次

第二章　祖先の足跡　インドからオーストラリアへ　123

大噴火は人類にどう影響したのか。フローレス島の謎の「ホビット」、筏で海を渡る冒険。

アボリジニの「ソングライン」に導かれるようにオーストラリアへと旅は続く

第三章　遊牧から稲作へ　北アジア・東アジア　227

第四章　未開の地での革命　ヨーロッパ　305

――現生人類がヨーロッパに到達したのは意外なほど遅い。それには先住者である
ネアンデルタール人が関係していた。彼らの最後の日々、そして人類の芸術の目覚めを追う

第五章　そして新世界へ　アメリカ　419

人類が最後に定住した新大陸。いまだに論争が続くアメリカへの移住ルートを遺伝子、化石、遺物から探る。海藻が語る、意外な移住時期の真実とは

イラスト　アリス・ロバーツ
地図　デイヴ・スティーヴンス
デザイン　野中深雪

人類20万年　遥かなる旅路

文明が誕生するまでの気が遠くなるほど長い年月を、人類がどのように暮らしていたのかを想像してみよう。その世界には、都市や村はもとより、定住する家もなく、畑もなければ、作物もなかった。人類は、持ち運びできる以上の物は持たず、日々の生活に必要な道具と武器と衣服のすべてを、自分で作るか、小さな集団の中で調達していた。食物を育てることはせず、周囲の環境についての知識のみを頼りとして、食べられる植物を探し、死肉をあさり、狩りや釣りで肉を得て、一日一日を生きのびていたのだ。[1]

D・J・コーエン

序文

人類はこの地球のどこにでもいる。どこへ行こうと、おそらくそこにはすでに人が暮らしているだろう。わたしたちは地球のほぼ全域に生息するようになった、きわめて稀な種なのだ。住む場所によって外見や言葉は異なるが、互いが遠い親戚であることは一目でわかる。

だが、そもそもわたしたち人類は、いつ、どこで、誕生したのだろう。種としての本質的な特徴は何だろう。どのような経緯で世界全体に住むようになったのだろう。これらの問いの背景には、根源的な謎が潜んでいる。すなわち、わたしたちは何者なのか。人類であるということは何を意味するのか。そして、わたしたちはどこから来たのか……。そうした謎は、数千年にわたって哲学や宗教によって探究されてきたが、現在では、経験的アプローチがそれらに取って代わった。わたしたちの遠い過去を探り、そこで見つけた手がかりに光をあてていけば、きっと科学が永年の謎を解いてくれると確信できるようになったのだ。

かねてよりわたしは、人類にまつわるそのような謎に心惹かれてきた。医者として、そしてブリストル大学医学部で解剖学の講義を担当する解剖学者として、人体の構造や機能、他の類人猿との相違や類似に興味があったのだ。人類はたしかに類人猿の一種で、体の構造は、最も近い種であるチンパンジーによく似ている。試しに現生人類の上腕骨をチンパンジーのものと取り換えて医学生に見せたとしても、だれもそうとは気づかないだろう。

だが、人類を特徴づけるものはたしかにある――「特別に創造された存在」という意味ではなく、アフリカに生まれ、まったく偶発的な理由から進化し、生きのび、数を増やし、世界中に広がった種という意味において。まず解剖学的に見て、わたしたちの体には人類ならではの特徴がいくつもある。上腕骨は別としても、脊柱や骨盤や脚の骨はチンパンジーのそれらとは似ても似つかない。また、人類の頭骨を、類人猿の頭骨と見まちがえる人もいないはずだ。わたしたちは体に比してとても大きな脳を持っているが、頭骨はただ大きいというだけでなく、独特な形をしている。その大きな脳の使い方も、他の種とは異なる。

人類は道具を作り、他の動物には及びもつかないほど巧みに環境に適応している。進化したのは熱帯のアフリカだったが、環境とうまく折りあいをつけ、アフリカ生まれの類人猿にはそぐわない環境でも生きのびてきた。体毛はわずかしかないが、身にまとうものを作り、灼熱の地では涼しく、厳寒の地では暖かく過ごしている。住みかを作り、火で暖をとり、身を守る。計画と発明の才を発揮して、舟や筏《いかだ》を作り、川や海さえも越えていく。言語だけでなく、物質や記号によってもコミュニケーションをとり、複雑な社会を築き上げ、情報を世代から世代へと伝えていく――このような際立った特性は、いつ現れたのだろう。この疑問は、人類とはどんな種であるかを見定め、祖先たちが残した痕跡からその歩みをたどろうとする人にとって、重要な意味を持っている。

今でも、そうした痕跡、すなわち数百万年前に生きた祖先のかすかな痕跡を見つけることができる。例えば太古の炉床や石器は、祖先たちがどこでどのように暮らしていたかを教えてくれる。人類の骨の化石も見つかっている。腐食や破砕をまぬがれた化石や骨が、祖先の痕跡を探して洞窟や地面を掘りかえしている遠い子孫に発見されるのだ。

そのような調査やわずかな手がかりから再現される人類の歴史に、わたしは興味をかきたてられてきた。幸いなことに現在では、さまざまな分野で発見された証拠が一体となって、信憑性のある物語を語りはじめた。骨や石器や遺伝子の研究を通じて、祖先にまつわる証拠が見つかり、わたしたちがだれで、どこから来て、どうやって世界中に住むようになったかを語りはじめたのだ。

そういうわけで、ＢＢＣ（英国放送協会）から「太古の人類の足跡をたどる旅に出かけませんか。わたしたちとともに世界中の人々に会い、人類の遺物や化石をじかに見て、真の意味を探究する人々の聖地とも言うべき土地を訪ねてみませんか」と誘いを受けた時には、一も二もなく承諾した。すぐにでも出発したい気分だった。解剖学の講義と、研究室で進めていた中世の人骨の調査を一年間休むことにして、わたしは人類の祖先を探す旅に出かけた。

ヒトの系統樹

その旅は、世界中を巡るものとなった。アフリカから出発し、祖先の足跡をたどってアジアへ渡り、インドの海岸線を回り、オーストラリアを経由し、ヨーロッパを北上してシベリアを通過し、人類が最後に行き着いたアメリカ大陸へたどり着いた。

現生人類は、二足歩行する類人猿の、長い系譜の最後に残された種で、「ヒト族（ホミニン）」に属する。わたしたちは現生人類を特別な存在と見なしがちだが、特別なのは、「この惑星に唯一残ったホミニン」という、現在の位置づけだけだ。時をさかのぼれば、ホミニンの系統樹には多様な枝が茂り、同じ時代に複数の種が存在することも珍しくなかった。だが、三万年前までに、その枝はわずか二本を残すのみとなった。現生人類と、近い親戚のネアンデルタール人である。

そして今日、わたしたちだけが残った。

ホミニンの故郷はアフリカだが、現生人類を含むいくつかの種は、他の大陸へ進出していった。放浪していた祖先たちが、「親戚」に出会ったかどうかということも、本書では見ていこう。ヨーロッパ大陸では何度か種のオーバーラップが起きており、現生人類とネアンデルタール人も、数千年という長きにわたってその大陸で共存していた。

奇妙に思えるかもしれないが、ホミニンが何種いたのかは、まだわかっていない。その背景には、「種」の捉え方が統一されていないという事情がある。古生物学――過去をのぞきこんで絶滅種や化石種を調べる科学――の研究者は、「統合派」と「細分派」に分かれている。その名が示す通り、統合派は、広い定義によって多くの化石をひとつの種にまとめようとし、一方、細分派は、それらをいくつもの異なる種に分けようとする。どちらが正しいかについては盛んに議論されてきたが、いずれにせよ、両者は同じ証拠を見て、異なる解釈をしているのだ。

ふたつの個体群を見比べて、別々の種に分けるほど違っているかどうかを判断するのは、思うほど簡単なことではない。なにしろ、種が違っても、交配して、繁殖力のある子を生む場合もあるのだ。ともあれ、基本的に「種」とは、遺伝子か形態、あるいはその両方において、独自性が認められる個体群のことである。

古生物学者の場合、研究対象ははるか昔に死滅した生物なので、調べられるのはその骨格か、悪くすれば骨のかけらだけだ。したがって種の見極めは一段と難しくなる。そこで助けとなるのが、今生きている動物の骨格である。それらを調べれば、ひとつの種の形態の範囲（同じ種でも、形やサイズには個体差がある）と、異種間での形態の違いがわかる。そこから、骨格がどの程度似ていれば同じ種で、どの程度違っていれば別種か、という基準が得られる。古生物学者はこのて同じ化石を研究した末に、それぞれが異なる結論に至ったとしても不思議ではない。

基準にしたがって化石動物を種に分類していく。それは極めて難しい作業であり、長年にわたって同じ化石を研究した末に、それぞれが異なる結論に至ったとしても不思議ではない。

中には、太古の「種」について語ること自体を避けようとする人もいる。高名な自然人類学者のクラーク・ハウエルは、「種」ではなく、「palaeodemes（古代の個体群）」と呼ぶことを提案した。[1] しかし、化石記録には、進化を遂げている系統がたしかに存在しており、異なる集団に属名（例えば「ホモ」）と種小名（例えば「サピエンス」）をつけておけば、系統樹を再現する上で便利なのは確かだ。

種の分類は、古人類学においてますます混乱を極めている。なにしろ、過去一〇〇万年間に存在したすべてのホミニンを「ホモ・サピエンス」と呼ぶ研究者もいれば、それらを八種以上の種に分けようとする人もいるのだ。ロンドンの自然史博物館の古人類学者、クリス・ストリンガーは、過去一八〇万年間のホミニンについて、ホモ・エレクトス、ホモ・ハイデルベルゲンシス（現生人類とネアンデルタール人の共通の祖先と見られている）、ホモ・サピエンス、ホモ・ネアンデルタレンシス、[2] の四種に分けるのが妥当だと考えている。もっとも、近年インドネシアで小さな体の「ホビット」（ホモ・フロレシエンシス）の骨格が見つかったため、少なくとももうひとつ枠《わく》が必要だろう。

本書では、ホモ属に属するすべての種を「人類（human）」と呼ぶことにする。「現生人類」とは、わたしたちホモ・サピエンスのことであり、「ネアンデルタール人」とは「ホモ・ネアンデルタレンシス」を指す。

これらの人類は皆、アフリカを出てユーラシア大陸に渡った。およそ一〇〇万年前までに、ホモ・エレクトスは現在のジャワ島や中国に到達していた。六〇万年前にホモ・エレクトスの系統

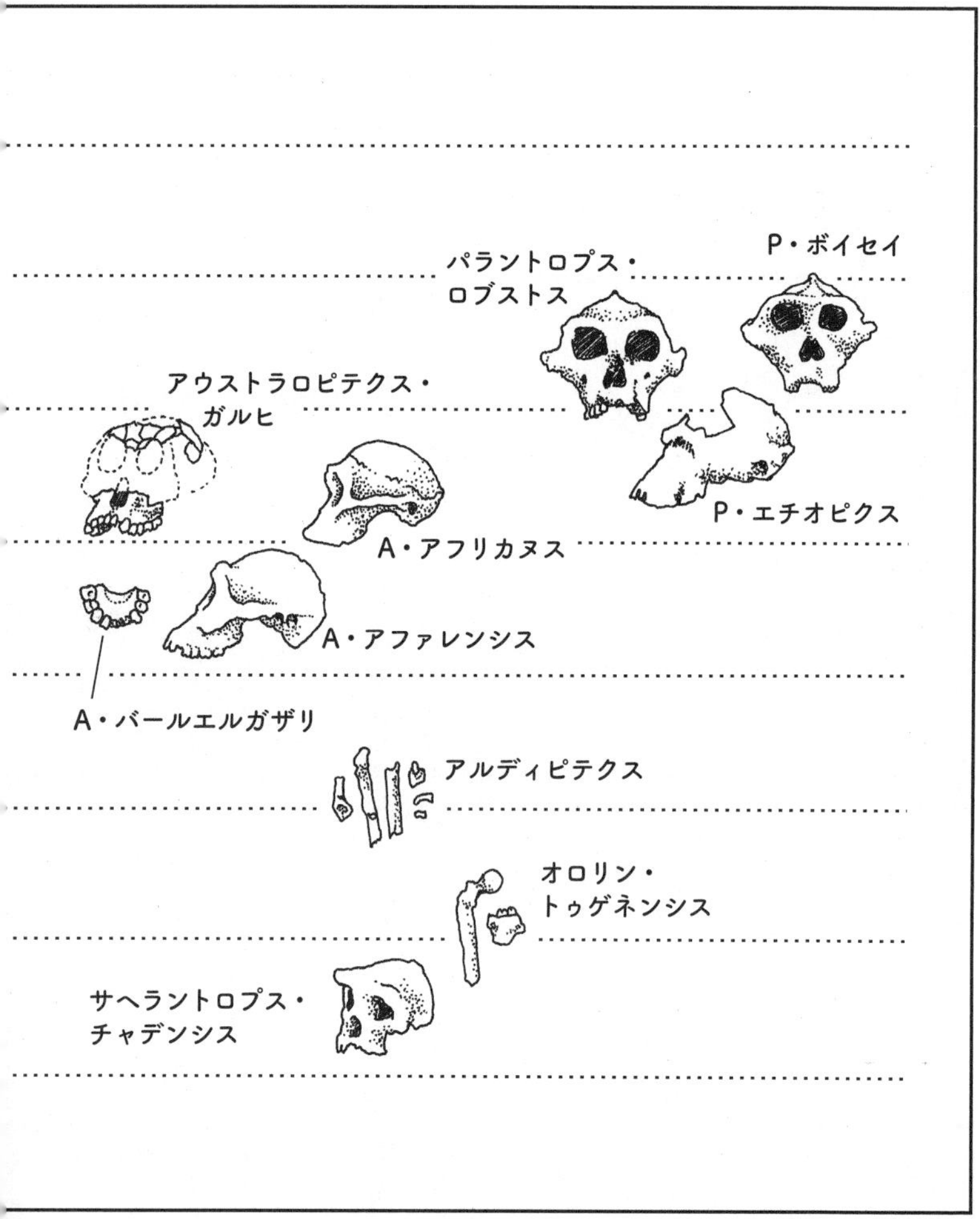
P・ボイセイ
パラントロプス・
ロブストス
アウストラロピテクス・
ガルヒ
P・エチオピクス
A・アフリカヌス
A・アファレンシス
A・バールエルガザリ
アルディピテクス
オロリン・
トゥゲネンシス
サヘラントロプス・
チャデンシス

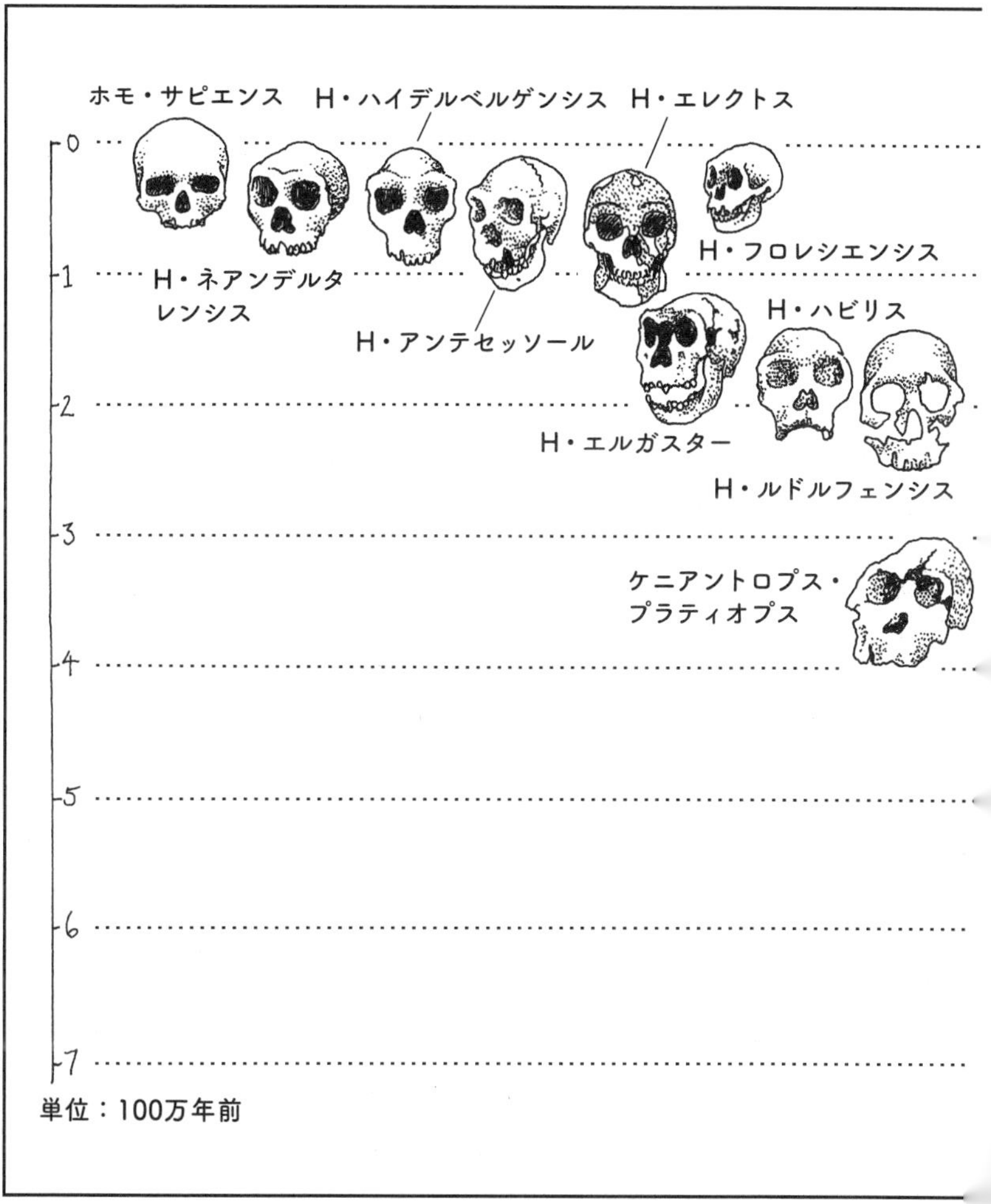

人類系統樹：「細分派」によるホミニンの分類法　細分派は、過去700万年の間に、これだけ多くのホミニンが出現したと考えている

からもうひとつの系統が生まれた。それがホモ・ハイデルベルゲンシスで、その化石はアフリカとヨーロッパで見つかっている。そして、およそ三〇万年前に、ヨーロッパに移住したホモ・ハイデルベルゲンシスから、ネアンデルタール人が生まれた。一方、現生人類《ホモ・サピエンス》は、二〇万年ほど前に、アフリカに残った集団から生まれ、地球全体に広がっていった。

今述べたことは、数多くの化石と遺伝子の研究によって裏づけられており、大半の古人類学者が事実として認めている。専門的には「アフリカ単一起源説」、あるいは「新しい出アフリカ説」と呼ばれている。けれども、大多数が支持しているとはいえ、このシナリオは、現生人類がいかに進化し、世界に拡散したかを説明する唯一のものではない。今でも古人類学者のなかには、ホモ・エレクトスやホモ・ハイデルベルゲンシスなどの古代種がヨーロッパやアジアに拡散した後、それらの地域全体で現生人類に「進化」した、と主張する人がいる。この「多地域進化説（または地域連続説）」と「アフリカ単一起源説」のどちらが正しいかをめぐって、二〇世紀末に大論争が起きた。その後に出てきた証拠（遺伝子や化石、気候変化に関するもの）はすべて、「アフリカ単一起源説」を強く後押ししているが(3,4)、それでも少数の学者は依然として、「多地域進化説」を支持している。また、「アフリカ単一起源説」を認めながらも、現生人類はヨーロッパやアジアに拡散していく過程で、他の古代種と交配したと考えている古人類学者もいる。特にヨーロッパではネアンデルタール人との異種交配が起きたと彼らは見ている。

過去を「復元」しようとする人々

一般に、人類の遠い祖先について研究する人を「古人類学者」と呼ぶ。古人類学は人類の化石探しから始まったが、現在では、さまざまな分野の研究を取りこんでいる。

チャールズ・ダーウィンが『人間の由来』を書いた一八七一年当時、初期人類の化石はひとつも見つかっていなかったが、ダーウィンは、おそらく人類はアフリカで誕生したのだろうと、控えめに推測した。

世界各地の、広い地域に暮らす現生動物は、かつてその地域に暮らした絶滅種と密接な関係にある。したがって、おそらくアフリカにはかつて、ゴリラやチンパンジーによく似た類人猿がいたと考えられる。この二種は人類に最も近い仲間であるため、ヒトの初期の祖先はアフリカ大陸に住んでいた可能性が高い。

その後、初期人類の化石が見つかるようになった。化石の研究は長年にわたって古人類学の基盤となり、現生人類とその近縁種であるアフリカの類人猿、チンパンジーやゴリラの体の構造との比較がそれを補った。この分野の研究者は、「形質人類学者」と名乗ることもある。彼らの大半は骨を研究している。それもそのはずで、通常、化石として残るのは骨だけなのだ。

もっとも、古人類学者は、祖先の身体の遺物だけでなく、文化の遺物、すなわち考古学的遺物にも目を向ける。旧石器を専門とする考古学者は、当然ながら石器の識別と理解に長けている。中には、「実験考古学」を標榜し、太古の道具や文化的遺物を実際に作ったり使ったりする人もいて、そのような作業から、古人類学にとって有益な洞察が得られることもある。

また、地層や氷層の中に閉じ込められた過去の気候と地質の記録も、祖先が生きた環境を理解する上で役に立つ。今日では地形や地層や洞窟がいかに形成されたかを知る専門家として、「地質学者」が古人類学の議論に参加するようになった。化石や考古学的遺物の年代測定も、地質学の技術に負うところが大きい。その技術は近年、大幅に進歩し、遠い昔に残された手がかりについてかなり正確な年代を特定できるようになった。一方、太古の気候変化の解明は、「古気候学」が担っている。

祖先の手がかりは、地中から掘り出される骨だけでなく、わたしたちのＤＮＡ（生物の核であるデオキシリボ核酸）の中にも残されている。古人類学に関わる「遺伝学」は、主に遺伝医学をベースとしている。遺伝医学の本来の目的は、病気の原因遺伝子を突きとめることだが、現生人類の遺伝子の違いから、過去を再現していくことも可能なのだ。最近、その分野で目覚ましい進歩があった。化石の骨から太古のＤＮＡを取りだせるようになったのだ。そのＤＮＡに刻まれた情報は、種の問題を解決する新たな手段となるだろう。

「言語学者」も、語族という方向から人類の歴史を再現しようとしてきた。もっとも、大半の言語学者は、言語によってさかのぼれるのはせいぜい一万年前までだと考えている。それでも、これから見ていくように、言語学と遺伝学を組み合わせることで、いくつか興味深い洞察がもたらされた。

この旅で、わたしは各大陸の先住民のコミュニティをいくつも訪ねた。彼らの多くは、時代によってさまざまな呼ばれ方をしてきた。その呼称の中には、人種差別的なものや侮蔑的なものもあった。わたしはつねに、彼らがそう呼んでほしいと思う呼び方をするように努めた。たとえば第一章の冒頭で、カラハリ砂漠の人々を「ブッシュマン」と呼ぶのもそういう事情からだ。彼らは自分たちのことを英語でそう呼んでいる。また、南アフリカに住むヨーロッパ人とサハラ砂漠以南のアフリカ人の混血の人々は「カラード」と自称し、シベリアのエヴェンキ族は自分たちのことを「エヴェンキ」と呼んでいる。マレーシアのセマン族やラノー族、カナダや北米のネイティブ・アメリカンや、オーストラリアのアボリジニも同様である。

氷河期から見る人類

太古の人類が世界を移動していった物語の大部分は、地質学者が「更新世」あるいは「氷河期」と呼ぶ時代の末期に起きている。更新世は、今から一八〇万年前に始まり(訳注:二〇〇九年の地質年代表の改訂で更新生の始まりは二五八万年前とされるようになった)、一万二〇〇〇年前まで続いた。現生人類が現れたのは更新世の末だが、更新世が終わるころには、南極大陸をのぞくすべての大陸に到達していた。本書のいくつかの章では完新世にも入っていく。完新世は、更新世に続く時代で、今現在も含まれる。

個人の感覚としては、地質と気候は安定しているように思えるが、過去の長大な年月を振り返れば、気候が常に変わり、海面が上昇と下降を繰り返し、生態系全体が絶え間なく変化するさまが見えてくる。祖先たちの人口の増加と移動は、気候変動とそれがもたらす環境の変化に支配されてきた。古気候学は活発な分野であり、「時の中に凍結した」太古の時代の手がかりと、地球と太陽の関係に関する知識をもとに過去の気候を再現しようとしている。

地球の公転軌道は正円ではないため、地球が太陽に近づいて気温が上がる時期(数千年間)と、太陽から遠ざかって気温が下がる時期がある。この軌道はおよそ一〇万年周期で変化する。また、地軸は四万一〇〇〇年周期で傾斜が変化し、二万三〇〇〇年周期で歳差運動(コマのような首振り運動)をしている。地球の傾斜と軌道に影響するこれらの要因が作用しあって、非常に寒い時期(氷期)と、暖かな時期(間氷期)がもたらされる。これは二〇世紀前半にセルビア人の数学者ミルティン・ミランコビッチが提示した仮説である。[5,6]

一九六〇年代以降、「海底コア」（深海底をボーリングして採取した長い円柱状の堆積物）から、氷期の時期をかなり正確に特定できるようになった。海底コアには有孔虫と呼ばれる小さな動物の殻が混じっており、その殻を構成する炭酸塩には、異なる種類の酸素同位体（酸素16、酸素17、酸素18）が含まれる。ここで関係があるのは、軽く「一般的な」酸素16と、重く希少な酸素18で、どちらも海水中に存在するが、海面から蒸発する水には軽い酸素16がより多く含まれる。この蒸気がやがて雨や雹、雪やあられとなって空から大地や氷冠の上に降りそそぎ、氷期には巨大な氷床を形成する（氷床には酸素16が多く含まれる）。したがって氷期には、海水中に重い酸素同位体の酸素18が多く残され、有孔虫の殻にも、酸素18がより多く取り込まれる。(7) この酸素同位体の増減と、ウラン系列年代測定法および古地磁気年代測定法（地磁気逆転の痕跡を調べる）によって特定した海底コアの各層の年代を突き合わせれば、過去の気候と氷期について、驚くほど正確な記録を得ることができる。

過去の気候は、鍾乳洞を構成するもの――石筍《せきじゅん》、鍾乳石や流れ石（フローストーン）、あるいは便利な専門用語で言えば「洞窟二次生成物」（speleothem：洞窟の沈殿物を意味するギリシャ語に由来する）――からも明らかにできる。それらが含有する水分の酸素同位体比率を調べればよいのだ。どの時代でも、水に含まれる酸素16と酸素18の割合は、地球全体の気温（氷になる水の量を決める）の影響を受けるが、地域ごとの気温や降水量の影響も受ける。海底コアは、地球全体の気候を調べるのに便利だが、洞窟二次生成物は、特定の地域で気候がどのように変動したかを調べるのに役立つ。さらにもうひとつ、過去の気候の指標となるものがある。それは花粉で、土に混じっている花粉を調べれば、その一帯にどんな植物が生えていたかがわかる。

更新世には、氷床が拡大しては縮小し、それに合わせて海面も下降と上昇を繰り返した。六〇〇〇万立方キロメートルの水が凍ると、海面は最大で一四〇メートルも低くなる。[7] 深海の海底コアや、洞窟二次生成物に閉じ込められた酸素同位体の比を調べれば、寒冷化と温暖化が繰り返されたその時代の詳細が見えてくる。酸素同位体ステージ（ＯＩＳ）とは、寒冷化・温暖化による時代区分で、最近の二〇万年間だけでも、大規模な寒冷化が三回（ＯＩＳの６、４、２）と、「間氷期」と呼ばれる温暖化が四回（ＯＩＳの７、５、３、１）、交互に起きている。しかし、更新世全体を俯瞰すれば、それはひとつの長い氷期であり、間氷期は年月にしてその一〇パーセントに満たない。[7]

　現在わたしたちは、暖かく快適なＯＩＳ１の時代を生きている。最後に氷河が地球を覆った時代はＯＳＩ２で、二万四〇〇〇年前から一万三〇〇〇年前まで続いた。この最近の氷期は、一万九〇〇〇年前から一万八〇〇〇年前までをピークとし、その期間は「最終氷期極相期（ＬＧＭ）」と呼ばれる。ＯＳＩ２の前、五万九〇〇〇年前から二万四〇〇〇年前までのＯＩＳ３は亜間氷期と呼ばれ、現代よりははるかに寒いものの、いくらか暖かく穏やかな気候になった。ＯＩＳ３の前の七万四〇〇〇年前から五万九〇〇〇年前までは氷期（ＯＩＳ４）だが、ＯＩＳ２ほどには寒くなかった。[4,8] ＯＩＳ４の前の間氷期、ＯＩＳ５（「イーミアン間氷期」とか「イプスウィッチアン間氷期」とも呼ばれる）は、一三万年前から七万四〇〇〇年前まで続いた。その前にもうひとつ氷期（ＯＩＳ６）があり、それは、ＯＩＳ７間氷期が終わった一九万年前に始まった。

　ここまで細かく分ける必要はないと思われるかもしれないが、太古の祖先は（わたしたちと同じく、）気候に大いに翻弄されてきた。例えばその人口は、湿潤で温暖なＯＩＳ５には大幅に増加し、寒く乾いたＯＩＳ４には、隘路《あいろ》に押し込まれたかのように激減した。また、水がどのくらい氷になるかによって、海面が上がったり下がったりした。寒く乾燥した時期には、海面はかなり低くなり、暖かく湿潤な時期に比べて、一〇〇メートルも下がった。七万四〇〇〇年前から一万三〇〇〇年前まで（すなわちＯＩＳ２〜４）、地球は現在より乾燥し、寒かった。当時の世界を地図に記せば、現代の世界地図に似てはいるものの、より多くの土地が海面上に現れる。現在の島の多くは、かつては大陸とつながっており、海岸が緩やかに傾斜しているところでは、海岸線は現在よりずっと遠くにあった。この事実は、太古の海岸線に沿って祖先の足跡をたどっていこうとする考古学者にとって、とりわけ重要な意味をもつ。なぜなら、当時の海岸線は今では海中に沈んでいるからだ。

石器時代から見る人類

地質学者と違って考古学者は、人類が何をしていたかによって時代を区切る。石器時代、人類（ホモ・サピエンスとその祖先を含む）は石器を作っていた。その時代、金属――銅や錫や鉄――はまだ発見されておらず、当然ながら使われていなかった。人類の歴史において、金属の加工技術はごく最近の発明なのだ。

従来、石器時代は、旧石器時代（ほぼ更新世と一致する）、中石器時代（旧石器時代から新石器時代への移行期）、新石器時代に分けられてきた。しかし、この三つの時代は、場所によって始まった時期が異なるので、混乱を招きやすい。また、この分け方は考古学の揺籃の地であるヨーロッパの先史時代の状況に基づいているのだが、地球全体で見れば、石器時代の西ヨーロッパは他の地域より遅れており、歴史の歩みが停滞してさえいた。[9] したがって、そこで生まれた用語で他の地域で起きたことを語ろうとすると、無理が生じてくる。とは言うものの、この区分は少なくとも、遠い過去について考えるのに役立つ枠組みにはなっている。

　三つの時代は、石器の形や作り方の違いによって特徴づけられるが、生活様式全般も時代によって異なっていた。ごく簡単に（実のところ、きわめて簡単に、）言ってしまえば、旧石器時代の生活は、遊牧民的な狩猟採集生活であり、中石器時代には徐々に定住が始まり、新石器時代には、村や都市が誕生し、農業が始まり、陶器が作られ、宗教も生まれた。

　旧石器時代全体と中石器時代の一時期、祖先たちは狩猟採集生活をしていた。定住しなかったため、彼らが暮らした形跡はほとんど残っておらず、数少ない所有物も、今で言う「生分解性物質」でできていたので、遠い昔に消えてしまった。石器が見つかっても、たいていは、より複雑な道具の一部にすぎない。どんな道具であったかは、磨かれた部分の様子から何かに結びつけていたことが推測できる程度だ。よほど条件が揃わなければ、木片や獣皮などの有機物は残らない。このように遺物がきわめて残りにくいことを思えば、それでも時おり重要な痕跡が見つかり、それを元に人類の歴史が復元されているのは、驚くべきことである。

　旧石器時代を通じて石器のタイプは変化したので、その時代はさらに、前期、中期、後期旧石器時代に分けられる（アフリカ大陸では、前期、中期、後期石器時代と呼ぶ）。約二五〇万年前頃から、初期のヒト属が作った石器が出現しはじめる。自然の小石（礫《れき》）を打ち欠いて尖らせただけの単純な石器で、メアリー・リーキーがそれを発見したオルドヴァイ渓谷に因んで「オルドワン石器」と呼ばれる。人類は、数十万年にわたってこの素朴な石器を作りつづけた。どうやら初期の祖先たちは、創意工夫の才にそれほど恵まれていなかったようだ。とは言え、その技術力は認めるべきである。野生のチンパンジーは木の枝や草の茎といった扱いやすいもので道具を作ったり、石で木の実を割ったりするし、飼育されているチンパンジーに石器作りを教えること

考古学的時代	
ユーラシア大陸西部	アフリカ大陸
金属器時代 新石器時代 中石器時代	
後期旧石器時代	後期石器時代
中期旧石器時代	中期石器時代

年代と時代

年代	地質年代	OIS
現在	完新世	間氷期（OIS1） 温暖
1万3000年前	更新世	氷期（OIS2） 寒冷
2万4000年前		亜間氷期（OIS3） やや温暖
5万9000年前		氷期（OIS4） 寒冷
7万4000年前		間氷期（OIS5） 温暖
13万年前		氷期（OIS6） 寒冷
19万年前		

表は地質年代と酸素同位体ステージ（OIS）、そしてそのとき人類がどの時代にあったかの関係を示している

もできるが、オルドワン石器の方が彼らの作品よりはるかによくできている(10)。

オルドワン石器に続くのは、アシュレアン型打製石器（礫全体を両面から打ち欠いて先の尖ったアーモンド型に整えた石器）で、それを用いた文化をアシュール文化と呼ぶ。この石器はアフリカ以外でも見つかっている。実のところその名前は、一九世紀に特徴的な握斧《あくふ》が発見されたフランスのサン・アシュール遺跡に因んでつけられたのだ。アフリカで見つかったアシュレアン型打製石器は約一七〇万年前のものだが、ヨーロッパで見つかるのは六〇万年前以降のものである。とりわけサン・アシュールで見つかった握斧は時代がかなり新しく、四〇万年前から三〇万年前のものと見られている。しかし、この技術は、二五万年前までに消滅した。どういうわけか握斧を作る技術は東アジアには伝播せず、東アジアの人類は原始的な石器を使いつづけた。化石記録によると、人類――おそらくホモ・エレクトス――は、一〇〇万年前にはすでにアフリカから外の世界へ出ているので、東アジアで礫を打ち欠いただけの石器を使っていた人々が、アフリカでオルドワン石器を使っていた人々の直接の子孫ということはなさそうだ。彼らは「アシュール文化の人々」の末裔でありながら、東に移動するうちに握斧を作らなくなったのだろう。

しかし、握斧がどのように使われたのか、本当のところはわかっていない。手に持って使ったのか、それとも柄《え》をつけて用いたのだろうか。詳細がわからないだけに、考古学者の多くはそれを「握斧」とは呼ばず、単に「両面石器」（両面を打ち欠いた石器の総称）と呼んでいる。ともあれ、アシュール文化の握斧は大きく、ずんぐりしているものの、オルドワン石器よりはるかに精巧にできている。中には整った左右対称のものもあり、考古学者は、それらを作った人々は機能だけでなく見た目の美しさを重視したのだろうと考えている。心惹かれる見方ではあるが、あくまで想像にすぎない。アシュール文化の時代に芸術が存在したという証拠は見つかっていないからだ。また、その時代の道具製作にも、極度の保守的傾向が見受けられる。アシュール文化が続いた非常に長い期間（一七〇万年前〜二五万年前）、新たな工夫が加わることはなく、握斧の形はほとんど変わらなかった[10]。

しかし、やがて新たな文化が現れた。アフリカの赤道以南のそれは「中期石器時代：Middle Stone Age（MSA）」と呼ばれ、北アフリカやヨーロッパや西アジアで同じような石器が栄えた時代は「中期旧石器時代：Middle Palaeolithic」、あるいは「ムスティエ文化期」と呼ばれる。「ムスティエ文化期」という呼称はフランス南西部のル・ムスティエにあるネアンデルタール人の遺跡に由来する。呼称が異なるのは単に歴史的事情によるもので、アフリカ大陸とユーラシア大陸を区別することにあまり意味はない。これらの道具を作ったのは、旧人類であるホモ・ハイデルベルゲンシスと、（おそらく）その娘種のホモ・サピエンスやネアンデルタール人だと考えられている。

ＭＳＡ／中期旧石器時代になると、アシュール文化でよく見られた両面石器は姿を消す。この時代の石器は、あらかじめ半加工されてから作られたが、その技術はアシュール文化でも用いられたため、それだけで両者を区別するのは難しい。ＭＳＡ／中期旧石器時代の石器の中には、摩耗の様子から剣先として柄の先端につけられていたと見なされているものがある（先に述べたように、アシュール文化の両面石器も柄をつけて使っていた可能性はあるが、確かな証拠はない）。この時代の石器は、アシュール文化のものよりはるかにヴァリエーションに富んでいたのだ。

この時代には、他の面での進歩も見られる。人々は、鉄分の多い赤みを帯びた石を集めるようになった。おそらく顔料として用いたのだろう。炉床も現れはじめた。火を使うようになったのだ。死者の埋葬もこの時代に始まる。また、骨の組成から、肉を多く食べるようになったことが

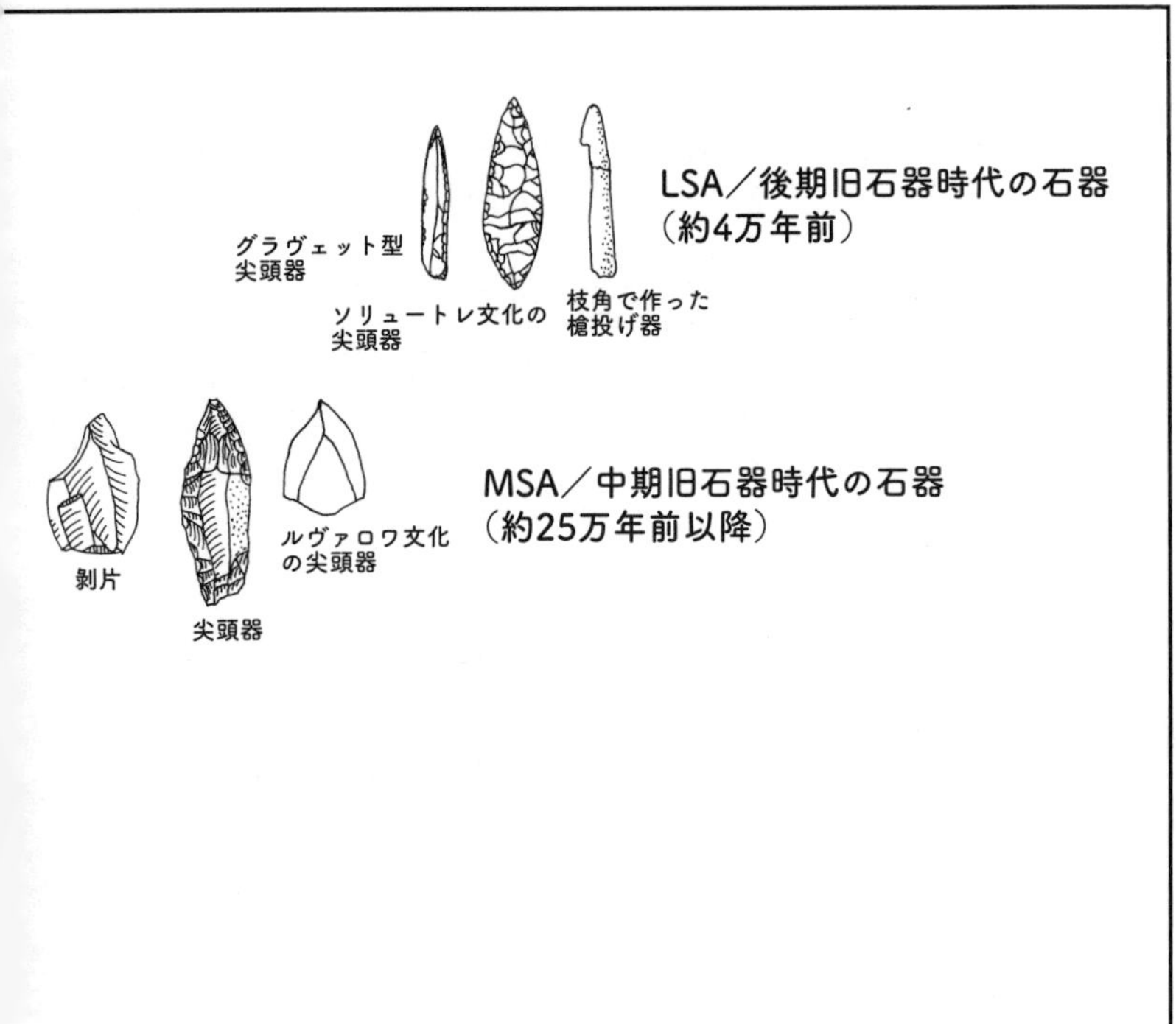
LSA／後期旧石器時代の石器
（約4万年前）
グラヴェット型
尖頭器
ソリュートレ文化の
尖頭器
枝角で作った
槍投げ器
MSA／中期旧石器時代の石器
（約25万年前以降）
剝片
尖頭器
ルヴァロワ文化
の尖頭器

石器の基本ガイド

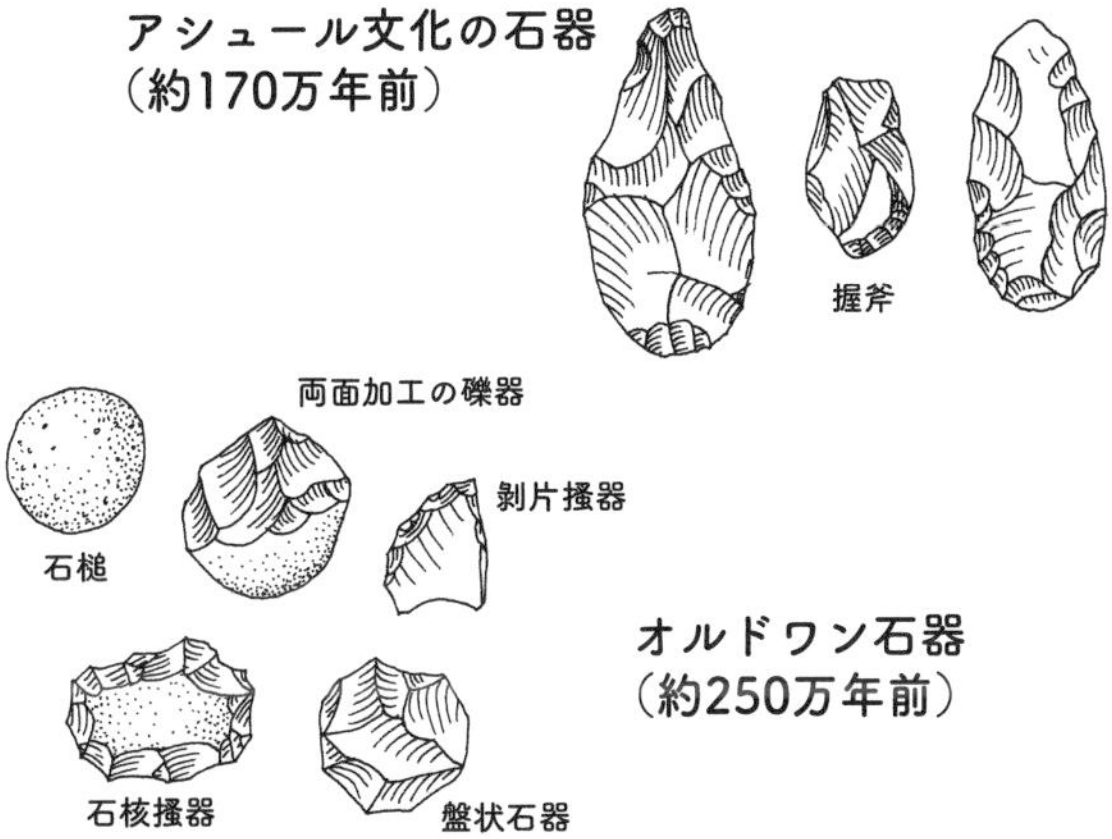

アシュール文化の石器
(約170万年前)
握斧
両面加工の礫器
石槌
剥片掻器
オルドワン石器
(約250万年前)
石核掻器
盤状石器

わかる。それ以前も狩りは行われていたが、ドイツで発掘された四〇万年前のシェーニンゲンの槍などの遺物から判断して、狩猟が日常的に行われるようになったのは、このMSA／中期旧石器時代だと考古学者たちは考えている[10]。

四万年前頃、再び変化が起こり、アフリカ大陸では後期石器時代（LSA）、ユーラシア大陸では後期旧石器時代が幕を開けた。大小さまざまな石器が現れ、骨からも道具を作るようになった。また、ただ投げるだけの槍とは異なる、「本物の」飛び道具——槍投げ器、吹き矢、弓矢——も登場した[11]。住まいを作り、釣りをするようになった。死者の埋葬には、儀式的要素が見られるようになった。すばらしい芸術も——主にヨーロッパで——生まれた。人類にとって最初の芸術というわけではなさそうだが（それよりはるか昔にアフリカで顔料を用いた証拠がある）、スペインやフランスの洞窟壁画はとりわけすばらしいものだ。

考古学的遺物とともに見つかった化石から、後期石器時代と後期旧石器時代に生きていた人類は、現生人類であるホモ・サピエンスだけだと一般に考えられている。わたしたちのことだ。この時期に、真の「現代的」行動がやや唐突に始まったとする古人類学者もいれば[10]、そのような行動の兆候は、はるか昔、一〇万年前から現れているとする古人類学者もいる。後者は、そのような行動は、体と生理機能が現生人類のそれに近づくにつれて徐々に発展してきた、と考えている[9,12]。

議論が長引いていることが、はっきり現生人類のものとわかる行動がいつ、どのように始まったのかを見定めることの難しさを語っている。とりわけ石器に関しては、最初期の現生人類が使ったという証拠は見つけにくい。そもそも最初期の現生人類は、その親種であるハイデルベルゲンシスや姉妹種のネアンデルタール人と同じタイプの石器を用いていたのだ。それらはいずれも、MSA／中期旧石器時代のごく一般的な石器である。しかし、現生人類が作ったらしいMS

A期の石器が、サハラ以北で発見されている。それらはMSA期の他の石器に良く似ているが、アテール文化（＝アテリアン文化。アルジェリアのビル・エル・アテール村で発見されたことからそう呼ばれる）に属し、中には槍先や矢じりだったと思われる「有舌尖頭器」（先の尖った石器で、下部に柄に差し込むための突起がある）もある。モロッコでは「現生人類らしい行動」を示すものとして、アテール文化の石器の他に、ビーズのように穴をあけた貝殻も見つかっている。(13) それでもなお、LSA／後期旧石器時代以前に現生人類がいたかどうかを石器だけで判断するのは難しい。そこで、化石となった骨が、最古の現生人類の証拠を探し求める人にとって聖杯となる。

年代測定と考古学から見る人類

ここで考古学的遺物の年代を特定する技術について、ひと通りご説明しておこう。年代測定は、古人類学で激しく議論されているいくつかの問題の核心に関わってくるからだ。

相対的な年代は、埋まっていた場所から推定されることが多い。たとえば、ある遺物が、ローマ時代のモザイクより下、青銅器時代の墓より上に埋まっていれば、それは鉄器時代のものだとわかる。より科学的な「絶対年代測定法」では、遺物そのものか、それが埋まっていた地層の年代を測定する。その中で本書で述べる年代に関係があるのは、放射性年代測定法と、ルミネッセンス年代測定法である。

放射性年代測定法では、物質に含まれる放射性同位体の変化の度合いによって年代を測定する。放射性同位体は、時がたつにつれて崩壊し、ある形（親核種）から別の形（娘核種）へと変化する。したがって、崩壊速度と、物質に含まれる両核種の比率がわかれば、その物質が経てきた年数を算出することができる。

よく知られる放射性年代測定法は、放射性炭素によるものだ。炭素14は不安定な炭素同位体で、時間とともに崩壊し、より安定した窒素14になる。空気中には炭素14と炭素12が存在し、植物は光合成を通じてそれを取り込み、動物も植物を食べることでそれを吸収する。したがって、生きている動物と植物の中にある炭素14と炭素12の割合は、空気中のそれに等しい。しかし、動物や植物が死ぬと、それ以上炭素14を取り込まなくなる。一方、すでに体内にある炭素14は、細胞に定着した時から徐々に崩壊が始まっている。ゆえに、木の枝であれ、木炭や骨であれ、その内部に残る炭素14と炭素12の比率がわかれば、崩壊速度を元に、その有機体が死んでからの年数を算出できるのだ。

近年、放射性炭素年代測定の精度は向上した。加速器質量分析法（ＡＭＳ）によって、ごくわずかな炭素14もカウントできるようになり（よって、貴重な考古学的遺物から採る試料がほんのわずかですむ）、時代も四万五〇〇〇年前までさかのぼれるようになったのだ。また、試料を前処理して、現代の炭素に由来する同位体を除くようになったことと、空気中の炭素14と炭素12の比率の時代による変動を組み入れて、数値を補正するようになったことも、精度の向上に貢献した（本書に記載してある年代は補正後の年代である）。このような進歩が起きる前——二〇〇四年以前——に発表された放射性炭素年代の扱いには、注意が必要とされる。改善された新しい方法で測定しなおすと、たいてい以前の推定より二〇〇〇年から七〇〇〇年古くなるからだ。この測定法は生物の化石の年代を測定する最善の方法だが、測定できる年代は四万五〇〇〇年前までに限られる。[14] 現生人類の最初期の時代や、五万年以上前に起きた出アフリカにまでさかのぼるには、別の方法に頼らなければならない。

他に、岩石などの年代を調べる方法として、ウラン系列法とカリウム・アルゴン法がある。ウラン系列法は、試料に含まれるウランとトリウムの放射性同位体（いずれも崩壊して鉛の安定同位体になる）の比率によって年代を測定する。これは可溶性のウランが不溶性のトリウム同位体に変化することを利用するもので、洞窟二次生成物やサンゴに用いることができる（例えば、できたばかりの鍾乳石はウランを含むがトリウムは含まない。時間がたつとウランが崩壊してトリウムが生まれるので、両者の比率を調べれば経過した年数がわかる）。カリウム・アルゴン年代測定法と、アルゴン・アルゴン年代測定法（アルゴン40とアルゴン39の含有比率を分析する）は、火山岩の年代測定に用いられる。アルゴンは気体なので、溶けた状態の溶岩からは蒸発して逃げていくが、溶岩が冷えて固まってから生じたものは、その中に閉じ込められる。したがって、火山岩中のカリウム40とアルゴン40（カリウム40が崩壊して生まれたもの）の比率を調べれば、その岩が誕生してからの年数がわかるのだ。このようにして、鍾乳石や火山岩は誕生した年代を知ることができるので、それらの層の間から見つかった考古学的遺物や化石も、誕生した年代か、少なくともその年代の幅を知ることができる。

また、比較的新しいルミネッセンス年代測定も、旧石器時代の考古学に非常に役立つ。この方法は、石英や長石などの鉱物が、最後に熱か光にさらされてからの年数を調べるのに用いられる。この方法を利用すれば、遺物が埋もれている堆積層や、加熱された遺物——土器や炉に使われた石など——の年代を測定することができる。ルミネッセンス法の特にすぐれている点は、ほんの数年前のものから数百万年前のものにまで適用できるところだ。[15]

ルミネッセンス法の巧妙さには驚かされる。天然の水晶でできた粒（砂粒など）が、自然界にある電離放射線——宇宙線や、ウランなどの放射性元素から出る放射線——にさらされると、水晶の小さな傷の中に電子が閉じ込められる。光や熱にさらされると、水晶はその電子を放出するが、水晶粒が地中に埋まると、（光や熱が届かないため）電子は放出されず、蓄積する一方となる……だれかがやってきて掘り出すまで。したがって、ルミネッセンス年代測定に使う試料は、完全な闇のなかで収集しなければならない。

研究室では、暗い赤い光のもとで、試料から水晶粒を取り出す。この粒を、熱ルミネッセンス法（ＴＬ法）では熱にさらし、光ルミネッセンス法（ＯＳＬ法）では光にさらす。すると、粒の中の水晶は、内部に閉じ込めていた電子を放出し発光する。この光（＝ルミネッセンス）のスペクトルや強さを測定し、水晶粒が埋もれていた場所の自然放射線量（他の堆積物や宇宙線量から推定する）と照合すれば、その水晶が地中にあった年月がわかるのだ[15]。

電子スピン共鳴法（ＥＳＲ）も、自然放射線によって鉱物中に蓄積された電子（不対電子）を検出して年代を測定する。この方法は、歯のエナメル質（結晶性の物質である）の年代測定に向いているため、ヒト属の化石の年代を調べるのにとても役に立つ[16]。

遺伝子から見る人類

近年、もうひとつの科学分野から、わたしたちの祖先に関わる重要な手がかりが提供されるようになり、わたしたちが互いとどうつながっているか、人類がどのように世界に広がっていったかが明かされようとしている。その手がかりが見つかったのは、今回は地面の下ではなく、わたしたちの体の中だった。ひとりひとりの体の、個々の細胞に含まれるＤＮＡに、祖先にまつわる記録がしまいこまれているのだ。ＤＮＡの採取は驚くほど簡単で、痛みもまったくない。頰の内側の粘膜をこすりとるか、唾液が少々あれば十分だ。それらには細胞が含まれ、その中に貴重な

DNAがある。

DNAはだれのものでもほとんど同じだが、少しばかり違いがある。そうでなければ、わたしたちは互いにそっくりなクローンになってしまうだろう。DNAの遺伝に関わる部分が遺伝子で、ある遺伝子はわたしたちの外見を決定し、別の遺伝子は、生きるためのメカニズムを管理している。そのような遺伝子にも違いがあり、その違いゆえに、集団によって、血液のタイプや、体内で何かを分解する酵素などが異なってくる。重要な遺伝子に変異が生じると、それが作るタンパク質のはたらきは、向上するか、悪くなる。時には、良くも悪くもならない場合もある。

遺伝子は、自然選択に支配されている。遺伝子の変異が有害だった場合、その遺伝子を持つ個体は生まれてすぐ死ぬか、生きたとしても遺伝子を子孫に伝えるほどには長生きできない。ゆえに、その変異遺伝子は、個体群の遺伝子プールから除去される。逆に、変異の影響が有益であれば、個体は他の個体より生き残る可能性が高くなり、その遺伝子を子孫に伝えやすくなる。そうして世代を重ねるごとに、有益な遺伝子は個体群全体に広がっていく。変異の影響が良くもなく悪くもない場合、その遺伝子が遺伝子プールで生き残るかどうかは、偶然の成りゆきしだいということになる。

DNAの長い連なりの中には、細胞に対してなんのはたらきもしない部分がある。それは遺伝子と遺伝子の間を埋めるDNA群で、タンパク質の生産には関わっていない。その部分には、使われていない古い遺伝子や、はるか昔にウイルスによって染色体に挿入された遺伝物質が含まれる。遺伝子と違って、この使われない部分は自然選択の対象にならず、変異が起きても遺伝子プールから除去されない。したがって、それを道標として、遺伝の系統をさかのぼることができる。

DNAの大半は、細胞核の中で折りたたまれて染色体を形成しているが、細胞内の小さなカプセル「ミトコンドリア」にもDNAの小片が入っている。ミトコンドリアは、言うなれば細胞の発電所で、燃料（糖）を取り込み、それを燃やしてエネルギーを作っている。そのDNA、「mtDNA（ミトコンドリアDNA）」は、細胞内でのエネルギー変換をコントロールするという重要な任務を担っているが、ミトコンドリアの中に隠れているので、自然選択による容赦ない選抜を免れている。したがって変異が蓄積されやすく、変異スピードは、核DNAより速い[17]。そういうわけでmtDNAは、遺伝系統を再現する際に、とりわけ役に立つ。遺伝学者らは、mtDNAは一定の速度で変異し、その変異は、ミトコンドリアのはたらきを妨げるものでなければ、後の世代に伝えられていく、と見ている。

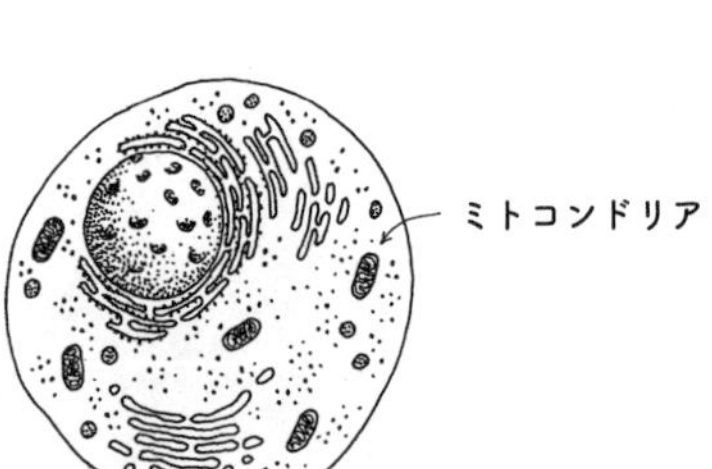

細胞

　mtDNAに関してもうひとつ重要な点は、細胞核の遺伝子と違って、世代交代の折に父方と母方のものが混ぜあわされないということだ。体細胞は二本一組の染色体を二三対（計四六本）持っており、生殖体（精子と卵子）は、それが分かれたものを二三本持っている。しかし精子と卵子が作られるときに、一組の染色体がそのままふたつに分かれるわけではない。分かれる前に染色体のペアは、遺伝子を部分的に交換（相同組換え）する。したがって、生殖体に含まれる二三本の染色体は、父方にも母方にも見られない新たな遺伝子の連なりになっている。

　このように、生殖によって世代ごとに遺伝子が組換えられ、遺伝的に「新しい」、親と異なる個体が生まれ、遺伝子プールにヴァリエーションが生じる。このヴァリエーションはとても重要で、それがあればこそ、環境が変化したときに、他のものより生き残りやすい個体が存在することになる。生物に、はるか未来に起きる変化を予測することはできないが、生殖によって遺伝子のヴァリエーションを増やし、「未来の保障」を整えておけば、すくなくともその一部は、変化を乗り越えることができるのだ。しかし、遺伝の流れをさかのぼろうとする遺伝学者にとってこのメカニズムは実に迷惑で、そのせいで遺伝子のつながりがぶつぶつと途切れてしまう。

ところが、ｍｔＤＮＡはこのような組換えには関与せず、ミトコンドリアの中で「貞淑」を保ち、母方のものだけがそのまま受け継がれてゆく。それは次のような事情による。受精時、精子の核（および二三本の染色体）とミトコンドリアは卵細胞に進入し、精子の核は卵子の核と融合するが、（父親由来の）ミトコンドリアは分解され、消えていく。一方、卵子は二三本の染色体の他、必要な細胞機構をすべて備えており、その中にはミトコンドリアも含まれる。つまり、あなたのミトコンドリアとｍｔＤＮＡは、すべて母親から受け継いだものなのだ。そして、母親はその母親から、その母親も母親から、それを受け継いできた。ゆえに、ｍｔＤＮＡを指標として母方の系統をさかのぼることができる。一方、核ＤＮＡの染色体の中で、ひとつだけ組換えが起きないものがあり、それをＹ染色体と呼ぶ。これは男性のみがもつ染色体で、父方の系統をさかのぼるときに用いられる。

実際のところ、核ＤＮＡの他の遺伝子も、世代をさかのぼって調べることは可能だが、それらの歴史は、組換えの起きないＹ染色体やｍｔＤＮＡに比べるとはるかに複雑である。それでもＤＮＡ解読技術は日に日に改善され、スピードが速くなっており、現在、多くの研究室では個々の遺伝子を調べるだけでなく、ｍｔＤＮＡや核ＤＮＡの全塩基配列を明かそうとしている。まさに胸躍る時代が到来したのだ。

祖先について調べる上では、ｍｔＤＮＡや核ＤＮＡのわずかな違いが重要になる。従来の集団遺伝学では、異なる個体群間で異なる遺伝子が出現する頻度を比較し、それを元に人類の系統をたどろうとした。この手法の問題点は、個体群の移動や混血によって歪みが生じることだ。それに比べて、ｍｔＤＮＡやＹ染色体、その他の核ＤＮＡから「系統樹」を作る方法は、わたしたちの相互関係や祖先について、もっと鮮明な絵を描くことができる。その系統樹の分岐点は、特別な変異の出現とぴったり一致するのだ[18]。

当然ながら、ＤＮＡの収集には倫理的な問題が付随する。対象となる人の同意が必要とされ、また、集めたＤＮＡは本来の目的のためだけに使われるべきで、第三者への譲渡は許されない。人類の多様性に関する遺伝子解析が人種差別主義者に利用されるのではないかと案じる人々もいるが、実際のところ、この分野の研究には、人種差別に反対する強いメッセージが込められており、そのような心配は無用である。卓越した遺伝学者ルイジ・ルーカ・カヴァッリ＝スフォルツァは、次のように述べている。「人類の集団遺伝学と進化の研究により、人種差別に科学的根拠がないという確固たる証拠が得られた。集団間の遺伝的相違は小さく、そのすべてはおそらく気候への適応とランダムな遺伝的浮動（選択圧とは無関係に、偶然性に左右されて遺伝子の頻度が変化すること）の結果だということが明らかになったのだ[18]」

祖先たちは英雄だったわけではない

本書は、いくつかの旅の記録である。そのひとつは、わたしたちの祖先が世界中に広がっていった旅であり、もうひとつは、人類が体も心も現生人類と呼べるものになるまでの、もっと抽象的で哲学的な旅である。さらに、わたし自身が実際に経験した旅と、心の旅の記録でもある。わたしは半年にわたって世界を旅し、各地の人々や、あらゆる分野の専門家に会い、シベリアの凍てついたタイガから、カラハリ砂漠の焼けつくような乾燥地帯にいたるまで、今日人類がどうにか暮らしている厳しい環境を身をもって体験した。

祖先たちは何度もぎりぎりの状況をくぐり抜け、最も過酷な環境へも足を踏み入れて生きながらえてきた。その苦難に思いを馳せれば、畏怖と賞賛を感じずにはいられない。アフリカに生まれ、地球全体に住むようになるまでの人類の歩みは、たしかに畏敬の念を起こさせる物語である。

しかし、その旅を、逆境に立ち向かう英雄的な戦いのようにとらえたり、祖先たちが世界中に移住するという目的をもって旅立ったと考えたりするのは、軽率と言えるだろう。よく言われる「人類の旅」とは比喩にすぎず、祖先たちはどこかへ行こうとしたわけではなかった。「旅」や「移住」という言葉は、人類の集団が膨大な年月にわたって地球上を移動した様子を表現するのに便利ではあるが、わたしたちの祖先は積極的に新天地に進出していったわけではない。たしかに彼らは狩猟採集民で、季節に応じて移動していたが、ほとんどの期間、ある場所から他の場所へあえて移ることはなかった。人類であれ動物であれ、個体数が増えれば周囲に拡散するという、ただそれだけのことだったのだ。

数百万年におよぶ人類の拡散を、抽象的な意味において「旅」や「移住」と呼ぶことはできるだろう。しかし、祖先たちはどこかを目指したわけでもなければ、英雄に導かれたわけでもなかった。環境の変化に押されてではあったとしても、人類という種が生きのびてきたことに、わたしたちは畏怖を覚え、祖先たちの発明の才と適応力に驚きを感じるが、彼らがあなたやわたしと同じ、普通の人間だったということを忘れてはならない。

第一章
すべての始まり
アフリカ

アフリカを出た現生人類は
どんな人々だったのだろうか。
ブッシュマンの狩り、最古の化石、遺伝子。
そして出アフリカの道をたどって、
すべての始まりを追う

ビーズ細工をするマタイ

スフール洞窟と
タブーン洞窟
ナイル川
サラーラ、
ワディ・ダルバート
ヘルト
アディスアベバ
オモ・キビシュ
オモ川
トゥルカナ湖
ノリキウシャン
エンカプネ・ヤ・ムト
ムンバ
訪れた場所
言及した場所
ンホマ
ウィントフック
ディープクルーフ
ケープタウン
クラシーズ川とブームプラース
ブロンボス
ピナクルポイント

現代に生きる狩猟採集民との出会い　ナミビア：ンホマ

ナミビアの片田舎で、わたしは藁ぶき屋根の下に置かれた木のテーブルを前にして座っていた。小さなムジハイイロエボシドリの群れが、木々のあいだやキャンプの周囲を飛び交い、騒々しく鳴いている。その声は、わたしには「ゴー・アウェイ（ここから出ていけ）！」と聞こえる。木立の先には、灌木と草だけの土地が、さえぎるもののないまま、はるかかなたまで続いている。わたしの胸は高鳴っていた。今、わたしはアフリカにいる。ここからわたしの旅は始まる。そして、はるか昔、人類が世界へ移住していった旅もこの地から始まったのだ。

ここへ来るのに、わたしはまずナミビアの首都ウィントフックの国際空港まで飛び、そこで小型機に乗り換え、カラハリ砂漠へ向かった。ニャエニャエ保全区域の北端に近づくと、機体は旋回しながら仮設滑走路を探した。滑走路と言っても、灌木が生える草地に埃っぽい地面が長く伸びているだけのものだった。

小型機が砂埃を巻きあげながら着陸すると、滑走路の端に集まっていた好奇心旺盛な子どもたちが、叫びながら四方八方へ散らばった。機体が停止し、わたしたちがドアから飛び降りて荷物を降ろしはじめると、彼らはまた集まってきた。何人かは、木の枝から小枝を削り落として作った長い棒を握っている。

猛烈に暑く、おそろしく乾燥していた。貧弱な低木がぽつぽつと生えている他は、一面、日に焼けた金色の草地が広がっている。車で少し走って、目的地のンホマに到着した。その丘の上にブッシュマンの集落がある。丘から見渡すと、四方数キロにわたって人工物はひとつもなかった。集落の近くにあるロッジで車から降りた。ロッジのオーナーで、観光客向けのキャンプを経営しているアルノ・オーストゥイセンに会い、ガイドを務めるブッシュマンのベルトゥスと、南アフリカ出身の若者、テオを紹介された。テオはンホマに来て一年になるそうだ。彼らと連れだって、灌木の間を抜ける砂地の小道を歩いていった。その先の開けた土地には、二〇軒ほどの小屋が立っていた。砂地に端を埋めた枝を曲げてドームを作り、束ねた藁で覆っただけの簡素な小屋だ（口絵①）。

テオは、この集落には一一〇人ほどが暮らしていると言った。その大半はふたつの家族《バンド》に属するそうだ。ブッシュマンは母方居住社会で、男は近くの集落の別の集団の女と結婚し、その女の集落で暮らす。テオはわたしを年長の男のところへ連れていった。ブッシュマン社会にリーダーはいないが、この男性はあたり一帯で狩りをする権利を持っているため、その土地を訪ねさせてもらったことに対して礼を述べに行ったのだ。

ここの人々は、ウィントフックで見たナミビアの黒人とは明らかに違っていた。ブッシュマンは背が低く、痩せていて、肌の色は比較的浅い。黒い髪は縮れ、顔は平坦で丸く、頬骨が高い。横から見ると、鼻から下は平らで、サハラ以南に住む他のアフリカ人に比べて顎が出ていない。肩幅は狭く、腰椎が湾曲して臀部が後ろに突き出ている。

あちこちの木陰に、女性が数人ずつ座っていた。ひとりの女性はダチョウの卵殻でビーズを作っていた。卵殻をていねいに削って小さな円盤状に整えたものに穴を開けようとしている。前の地面には、長さ五〇センチほどの厚板が置かれていた。使い込んだ板の窪みに、そのボタンのような卵殻を置き、尖った棒の先を真ん中にあて、両手にはさんでくるくる回しながら穴を開けていく。片面に穴が開くと、裏返して反対側からも開ける。この後、それをきれいに磨いて糸を通し、首飾りや腕輪にするのだ。

わたしは、カラフルな布を地面に敷いて座っている女性たちのところへ行った。彼女らは、膝と膝の間に積み上げた小さなガラス製のビーズに糸を通し、腕輪やネックレスや頭飾りにする帯を作っていた。何人かは伝統にしたがって、顔や太ももに無数の黒い線状の傷を入れている。傍《そば》らにはさまざまな年恰好の子どもたちが座って、その手仕事をながめていた。わたしも側に座った。しばらくして、自分も何か作ってみたいと、身振り手振りで伝えると、ひとりの女性が、黄色いビーズが二列に並ぶように糸を通し、続きをするようにと手渡してくれた。ビーズをひと山分けてもらって、作業に取りかかった。ビーズをひとつひとつ糸に通していると、瞑想にふけっているような穏やかな気分になった。やがて模様が現れてきた。子どもが集まってきて、わたしの手元でゆっくりとビーズの帯が織りあがっていくのを見つめた。

たえず静かな会話が交わされ、ときどき子どもたちが歌を口ずさみ、それが女性たちにも広がっていく。彼女らの言葉は、わたしの耳にはとても奇妙に聞こえた。聞きなれた母音や子音もあるのだが、吸着音（舌打ち音）が混じるのだ。なかには吸着音だけでできているような単語もあった。

不思議な言語の起源

この言語は、わたしがカラハリ砂漠のこの孤立した集落に来た理由のひとつだった。吸着音言語は、アフリカ南部のコイサン語族――ナミビアとボツワナのブッシュマン（サン族）と南アフリカのコイコイ族（クエ族）――とタンザニアの人々に特有のものだ。ブッシュマンとコイコイ族の生活様式は昔から異なり、ブッシュマンは狩猟採集民だが、コイコイ族は家畜を育てている[1]。言語は異なるが、どちらも歯や硬口蓋で舌打ちする吸着音が混じる。人類学者と言語学者は、現在大きく異なっている両部族にこのような共通点が見られるのは、遠い昔に共通の祖先から分かれたからだと考えている[2]。

作業を続けていると、ひとりの女の子が英語で話しかけてきた。「What is your name?」彼女は一語一語の発音に気をつけながらそう尋ねた。わたしは自分の名前を教えて、彼女の名前を聞いた。「マタイ」とその子は答えた。

マタイに、ビーズの作り方を教えてくれている女性の名前を尋ねた。「Ｔｃｉ！ｋｏ」（発音は「ジーコ」で、「コ」が吸着音になる）と呼ばれているそうだ。

地面に広げた布の上に、ビーズをいくつか並べて、これは赤、これは黄色、これは緑、と色名を教え、あなたたちはなんと呼ぶのか、と尋ねた。

マタイは質問の意味を理解して、三つの単語を口にしたが、聞きとるのはとても難しかった。単語の真ん中に吸着音が入り、他の子音の最初にも舌打ちが重なるような感じだった。その上、吸着音はすべて同じではなかった。

続いて、おそらく七〇歳は超えていると思われる年配の女性がやってきた。顔には深い皺が刻まれ、歯は数本しか残っていない。他の女性や子どもたちがこの老女をとても敬っているのが見てとれた。老女が手を差し出したので、わたしは自分が作ったビーズ細工を渡した。彼女はそれを裏返し、糸の通し方を細かく調べ、賞賛の笑みを浮かべてこちらへ戻した。他の女性たちもうなずいて、同じように微笑んだ。それまで言葉がわからなくて疎外感を感じていたが、このコミュニケーションに言葉はいらなかった。

しばらくして、ベルトゥスに吸着音の発音の仕方を教わることになった。小屋の入口の外で、低い木の椅子に座ってのレッスンである。小屋の奥をのぞくと、針金のフックからバッグや衣服がぶらさがっているのが見えた。アシの茎にホロホロチョウの羽根をつけたものもいくつかあった。それは「ｄｊａｎｉ」と呼ばれる伝統的な玩具で、下に短いひもと樹脂のおもりがついている。空中に投げ、カエデの翼果のように螺旋を描きながら落ちてきたところを、長い棒でからめとるのだ。男性のひとりが実演してくれた。

ベルトゥスによると、Ju/'hoansi（発音は「ヴーンワスウィ」の真ん中で舌打ちするのに近い）の言葉には四種類の吸着音があるそうだ。Ju/'hoansiとは、ナミビア北部とボツワナとの国境周辺に暮らすブッシュマンたちのことで、人類学者が「！Ｋｕｎｇ」（クン族）と呼ぶ集団と同じである。カラハリの先住民は、自分たちのことを個々の部族名（Ju/'hoansiもそのひとつ）で呼んでいるが、自ら英語で「ブッシュマン」と名乗ってもいる。半世紀ほど前まで、人類学者の多くはこの呼称を避けていた。「ブッシュマン」とはヨーロッパからの最初の入植者が彼らにつけた蔑称だったからだ。人類学者たちは、もっと穏当な呼称を探すうちに、アフリカ南部の人々がブッシュマンのことを「サン」と呼んでいたことを知り、それを採用した。この呼称は広く普及したが、そもそもは「牛泥棒」を意味し、やはり軽蔑の意味合いが込められていた。

ベルトゥスは、口の形を誇張気味に変えて、四つの吸着音を繰り返し、舌が歯と軟口蓋のどこに当たるかを見せてくれた。それは次のようなものだった。

1／歯吸着音dental click。舌先を前歯の裏側に押しつけてからはじいて出す音。舌打ちの音に似ている。

２　≠　歯茎吸着音 alveolar click（1によく似ているので、わたしには難しかった。舌の位置が微妙に異なる。前歯に押し当てるのではなく、少し後ろに置く）。

３　！　硬口蓋歯茎吸着音 alveolar-palatal click。舌は硬口蓋の前歯のすぐ上（上の歯茎の裏）にあてる（ちなみに、alveolus は「カップ・小さな穴」を意味し、そこから、歯根がはまっている上下顎骨の穴を alveolar〈歯槽〉と呼ぶようになった）。舌をすばやく引くと大きな「ノップ」という音が出る。

４　//　歯茎側面吸着音 lateral click。舌は2と同じ位置に置くが、舌先はそのままにして舌の側面で音を鳴らす。「犬を呼ぶときのように」とベルトゥスは言ったが、わたしには、馬を急かせる掛け声のように聞こえた。

吸着音言語を話す人々のｍｔＤＮＡとＹ染色体を調べたところ、他のブッシュマンとコイコイ族は、バントゥー系民族（四〇〇以上の民族からなり、アフリカに広く分布する言語集団）と広く交配してきたが、Ju/'hoansi は周囲の集団から完全に孤立していたことがわかった。Ju/'hoansi は特殊な系統で、その歴史は古い。近年の研究により、吸着音言語を話すグループにつながる系統は、現生人類の系統樹のごく初期に現れたことが明らかになった。証明はできないが、遺伝学者たちは、吸着音言語の起源は数万年前にさかのぼり、人類がアフリカを出発するよりも前だったのではないかと推測している[1]。

Ju/'hoansi が今の居住地に住むようになったのは後期石器時代か、あるいはさらに古い時代のことだと見られている[3]。一九五〇年代に、人類学者、ローナ・マーシャルが報告したところによると、ブッシュマンは自分たちの祖先がその地域に太古の時代から住みつづけてきたと信じているそうだ。ブッシュマンの遺伝子も、彼らがその地域にきわめて昔から暮らしていることを示唆している。

子どもたちは、わたしがJu/'hoansiの言葉を話そうとするのを、おもしろがって見ていた。集落には子どもがたくさんいて、年齢はさまざまだ。九歳か一〇歳くらいの子どもたちは、幼い子の世話をしている。赤ちゃんを布でくるんでおぶっている子もいた。数人の男の子が、おもちゃの自動車を走らせている。ハンガーの針金を細工して作ったもので、細かなところまでとてもよくできていた。タイヤに幅があって地面にタイヤ跡が残ったし、前面にはラジエーターグリルまでついている。一台は──骨組だけ見ても──間違いなく、トヨタのハイラックス（ピックアップトラック）だとわかる。テオは、新しい車が集落にやってくると、遅くても二日後には針金製の正確なモデルカーが登場するのだと言った。

集落のはずれで数人の少年が遊んでいた。滑走路に持ってきていたあの棒を、草で覆われた小山めがけて投げている。棒は小山でバウンドして矢のように飛んでいった。見たところ特別な目的はなさそうで、点数を記録する子もいなければ、勝ち負けもなさそうだった。テオはこれがブッシュマンの流儀なのだと言った。彼らは競うということをしない。ブッシュマンのコミュニティを訪れた人類学者は、彼らが仲間に対して暴力を一切ふるわないことに注目している。(2)

ブッシュマンの狩りに同行する

小屋のそばにふたりの男性が座って、狩りの道具の手入れをしていた。ひとりはボウルに張った水に動物の靭帯をひたし、濡れて銀白色に光るそれを弓の先端に巻きつけ、弦《つる》がたるまないようにしている。もうひとりは矢を一本ずつ手に取り、矢柄がまっすぐかどうか、矢じりの方から見て確かめている。矢柄は太い草の茎を乾燥させたもので、その先に矢じりと一体化した先端部分（フォアシャフト）がついている。テオによると、矢が獲物に刺さった後、矢柄は自然に外れるそうだ。残った先端部分は短いので、動物が走って逃げても落ちにくい。ぎらぎら光る矢じりは鋼鉄を打ち延ばして作ったもので、その下の一〇センチほどの短い矢柄には、黒いものが塗られていた。テオから、毒だから触らないように、と注意された。ヤドクハムシという甲虫の幼虫をつぶして、その毒を含む体液を塗っているのだ。狩りでは、まず動物の足跡をたどり、十分近づいてからこの毒矢を射込む。その後はのんびり追いつづければ、やがて毒がまわって獲物は動けなくなる。そこでハンターたちは獲物に近づいて、とどめの一撃を加えるのだ。テオは彼らにわたしを紹介した。ふたりは義理の兄弟で、名前は！クンと//アオだ。わたしは明日、彼らの狩りに同行させてもらうことになった。

その夜、わたしはロッジのそばに張ったテントで寝たが、夜中に何度も大きな音が聞こえた。ローデシアンチークの莢《さや》かカムウッドの実がはじける音だったのかもしれないが、原因がはっきりしない奇妙な音は気味が悪かった。それでもドアのついたサファリテントの中は安全なので、目が覚めるたびに羽毛の掛け布団を顔の上まで引っ張りあげ（実際のところ、とても寒かった）、じきにまた眠りに落ちた。

翌朝は早く出発し、いちばん近くにある池まで車で一三キロほど走った。カラハリでは、雨は、一一月、一二月にわずかに降り、一月から四月にかけて激しい雷雨を交えて大量に降るが、残りの時期はほとんど降らない。わたしがナミビアを訪れたのは、一年で最も暑く、最も乾燥した季節だった。山火事は日常茶飯事で、昨晩も近くで森が燃えだしたため、アルノが車で消火の手伝いに向かった。尾根の向こうでは、まだ煙が立ち上っている。テオによると、かつてブッシュマンは野山に火を放って、灌木を焼き払っていたそうだ。焼かれた草木が新芽を出せば動物が集まってくるし、灌木を焼き払えば、獲物を追いやすくなるからだ。しかし現在では、野焼きはナミビア政府によって禁止されている。カラハリに生きる動物にとっても人間にとっても危険だからだ。

カラハリ盆地は広大で、南アフリカ、アンゴラ、ボツワナ、ナミビアの四つの国にまたがっている。大半が砂地で乾燥しているものの、砂漠ではなく「半砂漠」で、植物や動物の数は多い。地表水はまったく足りていないのだが、皮肉なことにその水不足がブッシュマンの暮らしを守ってきた。それほど乾燥していない地域にはバントゥー族がやってきて畑を作り、ブッシュマンを追い出したが、乾燥したこの地域に、バントゥー族は侵入してこなかったのだ。わたしから見れば過酷きわまりないこの環境に、ブッシュマンはうまく適応して生活している。

ブッシュマンは植物の球根や塊茎や根を食べる。いずれも、植物が乾燥した土地で生き

弓の修理をする//アオ

ていくために栄養をため込んでいる部分だ。また彼らは、灌木地帯の砂地に残された動物の足跡を追跡する名人でもある。カラハリの南部に川はないが、地下水が湧き出て大きな池ができる。いくつかは一時的なもので、雨期が終われば消えてしまうが、乾期の間も池が残っている場所がある。そのような池からあまり遠くないところにブッシュマンは集落を設ける。夜になると、池には動物たちが水を飲みにやってくる。!クンと//アオが池から狩りをスタートさせたのは、昨晩水を飲みにきたレイヨウ（アンテロープとも言う）の足跡を追うためだった。

オリックス（レイヨウの仲間）の足跡を見つけたふたりは、自信に満ちた足取りで出発した。速足で歩き、時々、軽く走る。レザンブッシュのそばを通りかかると、そのオレンジ色の小さな果実をもぎ取って食べた。//アオが、わたしにもひとつくれた。硬かったが、香りがよく、甘かった。時々、灌木の下からけたたましい鳴き声が聞こえる。ミナミキバシコサイチョウだ。追跡は続き、わたしも足跡を目でたどった。蹄がふたつに割れた足跡が砂地のけもの道に点々と続いていたが、ふいにそれは消えた。オリックスは脇の灌木の茂みに入ったようだ。わたしたちも草と棘《とげ》だらけの茂みに踏み込んでいった。そんな中で追跡を続けられるとはとても思えなかったが、ふたりのハンターは、折れた小枝や踏みつぶされた葉、糞の山を次々に見つけ、ついに蹄の跡を再び発見した。何度もそんなことが起きた。何時間も前に通った動物の跡を見つける彼らの勘の鋭さにはつくづく驚かされた。ある場所で、ふたりは完全に足を止めた。大きなレザンブッシュを見つけたのだ。!クンが、その長くまっすぐな枝を四本、斧で切り落とした。この木はブッシュマンの貴重な資源で、弓や槍の材料になる。枝を荷物に加えると、彼らは再びオリックスを追跡し始めた。

だが、じきに――三〇分くらい後に――ハンターたちはまた立ち止った。跪いて地面を見てい

カラハリの北部で狩りをする！クンと//アオ

るので、足跡を調べているのかと思ったが、そこにあったのは、ひとやまの木の実だった。大きなアーモンドのようなそれを、彼らは両手ですくいあげ、ほこりや砂をはらいのけ、！クンのナップザックに入れた（ナップザックと言っても、一頭のレイヨウの皮を縫い合わせ、脚の部分を持ち手にしたものだ）。わたしも手伝った。Ju/'hoansiが珍重するマンケッティの実だった（あとで石の間にはさんで割って食べてみたが、とてもおいしく、ブラジルナッツに似ていた）。だが、その実が地面にこんもりと山になっている様子は奇妙だった。第一、ここからマンケッティの林まではずいぶん距離があった。じつのところ、わたしたちが見つけたのは、ゾウが食べて、消化されずに糞と一緒に排出された種だったのだ。！クンと//アオの狩りには無駄がない。獲物を追いつつ、こうして木の枝や果実や木の実を集めていくのだ。

足跡をたどりながら、時おりふたりは小声で話している。吸着音がはっきり聞こえる。吸着音を話す人々の系譜を調べた遺伝学者は、その言語の起源は数万年前にさかのぼる可能性があると推測している。吸着音が現在まで続いてきたのは、狩りをしながらコミュニケーションをとるのに便利だからではないだろうか。ブッシュマンといっしょに行動していて感じたのは、彼らが小声でささやきあうとき、吸着音がとてもはっきり聞こえるということだ。現時点では何の確証もないが、吸着音は周波数が高く、他の言語に比べて遠くまで届きにくいのではないだろうか。それは、灌木の間をかたまって移動するハンターたちが、遠くにいる動物に察知されずに情報を交換することのできる言語なのかもしれない。

長距離ランナーぶりに驚嘆させられる

出発したのは夜が明けて間もないころで、夜気がまだあたりを覆っていたが、日が昇るにつれて暖かくなり、じきに焼けつくように暑くなった。わたしは汗をかいた。空気はからからに乾燥していたので、汗は出る先から蒸発したが、ブッシュマンたちよりたくさん汗をかいているのは明らかだった。彼らはほとんど裸なので、その点では有利だ。わたしは棘や虫さされを防ぐために、長い麻のズボンをはいていた。上は、走ることを想定して、スポーツ用のシャツとベストを着ていた。二枚着たのは、白い胸や背中を強烈な日差しから守るためだ。肩や腕はすでに日焼けしているので、効果の高い日焼け止めをしっかり塗って、それでよしとした。一方、ハンターたちが身につけているものと言えば、ビーズを刺繍した腰布と、ヘッドバンドだけだ。

違いはそれだけではない。彼らは背が低く、痩せていて、わたしよりずっと華奢な体つきをしている。背が低く小柄だと、体の容積に対して表面積が広くなる。すなわち、汗をかいて体温を下げる皮膚の面積が相対的に広くなるのだ。また、ブッシュマンは小柄なので、汗をそれほどかかなくても熱を効果的に放散でき、暑い環境で長距離を歩いたり走ったりするのに向いているようだ。飲む水の量もそれを裏づけている。その朝、オリックスを追跡しながら、わたしはずっと喉が渇いていた。!クンと//アオに遅れずついていくことはできたが、暑くてたまらず、彼らよりはるかに多くの水を飲んだ。ふたりが持ってきた水は、それぞれ五〇〇ミリリットルほどだったが、わたしはその三倍をキャメルバック（ナップザック式の水筒）に入れていた。

アフリカ出身の陸上選手は、特に長距離走で圧倒的な強さを誇る。それにはいくつか理由があるらしい。アフリカの精鋭ランナーは、他の地域のランナーに比べて疲労耐性が高く、疲労を感じるまでに二〇パーセント長く走れる。それは筋肉の構造が違っているからだ。身長・体重比も重要な要素で、大柄で体の重いランナーは、暑い環境では、小柄なランナーに比べて熱を放出しにくく、より速く体温が上昇し、疲労を感じる。ケープタウン大学のティム・ノークスを始めとするスポーツ科学者のグループが行った研究では、涼しいときでも、大柄な白人ランナー（ヨーロッパ系）は小柄なアフリカ人ランナーより多く汗をかき、心拍数も高かった。そして気温が高くなると、白人ランナーは、アフリカ人ランナーより走るのが遅くなった。なかなか興味深い結果である。体温上昇による疲労に耐えられる限界を体が「知っていて」、走るペースを調整しているのかもしれない。アフリカ人ランナーは、体温が上昇することなく、白人ランナーより平均で時速一・五キロ速く走ることができた[4]。

わたしは訓練を積んだ運動選手ではないので、比較にならないかもしれないが、灌木地帯を三時間ほど歩いたり走ったりするうちに、大量に汗をかき、持ってきた水をすっかり飲み干してしまった。!クンと//アオは水筒に触ろうともしなかった。やがてオリックスの足跡は、クードゥー(大型のレイヨウ)とそれを追うハイエナの足跡にまぎれて、わからなくなった。ハンターたちはそろそろ集落に戻ったほうがいいと判断した。彼らが道を知っているのがありがたかった。太陽は空の真ん中で、わたしは完全に方角を見失っていたからだ。帰り道、小さな木の枝から巨大な鳥が飛び立つのを見た。アフリカオオノガンだった。

長距離を走れることは、初期の祖先たちにとって重要な意味を持っていたはずだ。ブッシュマンは暑い環境で走ることにうまく適応しているように見えるが、彼らに限らずわたしたちの体の構造は、人類が長距離走に耐えるように進化してきたことを示唆している。たとえば、腱と靱帯は、エネルギーを貯めて効率よく走れるようになっているが、そのような特性は、毎日走って体を鍛えたりしなくても、わたしたちの体に元々組み込まれているのだ。

自分の足を見てみよう。類人猿にしては(分岐分類学の見地に立てば、人類も類人猿に含まれる)とても変わっている。人類の足は、立って、歩いて、走るためにできている。近い親戚のチンパンジーやゴリラと違って、わたしたちは足で物をつかむことができない。その代わりに、すべての指が一列に並び、足は直立するための土台という、より重要な機能を果たすようになった。また、人類の足にはアーチ構造が見られる。内側の縦のアーチ(土踏まず)と外側の縦のアーチ、そして、甲の部分を横切るアーチだ。これらのアーチは、収縮性のある腱と靱帯によって支えられている。走るとき、足が地面につくと、腱と靱帯がバネのように伸びてエネルギーを貯め、地面を離れる足にそのエネルギーを戻す。アキレス腱は、筋肉と踵骨《しょうこつ》をつなぐ太い腱で、やはりバネの役目を果たしている。また、人類の脚は長いので、大きな歩幅で歩いたり走ったりできる。人類はかなり昔からこのような長い脚を持っていた。最初のヒト族(ホミニン)はアウストラロピテクス属の猿人で、二本足で歩いていたが、四肢のバランスはチンパンジーに似て、腕が長く、脚が短かった。初期のヒト属（ホモ属）も、四肢のバランスはチンパンジーのようだったが、ホモ・エレクトスが登場した一八〇万年前頃には、脚の長い人類が現れはじめた。また、走るときに前傾姿勢を保てるよう、背筋が発達した。人類は臀部の筋肉も大きい。臀筋は、脚を後ろに振り動かすための筋肉で、歩くときにはほとんど使わないが、走るときには大いに活躍する。(5、6)

ブッシュマンは小柄で熱を発散しやすいので、暑い中を走るのに向いているが、そもそも人類の体には、長距離を走っている時に、熱を発散し、体を涼しく保つための適応が見られる。それは体毛がほとんどないということで、ゆえに、肌にあたる風と、汗の蒸発によって体温を下げることができる。その汗を出す汗腺も、桁はずれに多い。

これらの特徴がわたしたちを優れたランナーにした。他の四肢動物に比べて、短距離ではそれほど速く走れないが、長距離ではけっしてひけをとらない。わたしたちは霊長類の中で唯一、長距離を走れるようになった種なのだ。長距離で競えば、訓練を積んだランナーは、馬や犬に勝つことができるだろう。とは言え、研究者の中には、走ることへの適応のように見える人体の特徴は、二足歩行するための設計の副産物にすぎない、と主張する人もいる。たしかに、脚が長ければ、走る以前に、まず歩くのに便利である。しかし、足のバネのような構造と大きな臀筋は、歩くためのものではない。それらは走ってこそ役に立つのだ。米国の人類学者、デニス・ブランブルとダニエル・リーバーマンは、その具体的な証拠を集めた論文を二〇〇四年の『ネイチャー』誌で発表し、「歩行が基本的で重要な移動方法であるのはたしかだが、走ることが人類や祖先にとってどれほど大切な役割を果たしてきたかはこれまで見逃されてきた」と述べている。彼らは、人類の体は「歩き、ときには走って」長距離を移動するために進化してきたと考えている。

しかし、歩いたほうがエネルギーの消費が少なくてすむのに、なぜ人類は、あえて走るようになったのだろう。それは、走らなければ生きていけなかったからだ。弓矢のような道具が発明される前、祖先たちは長距離を走って獲物に接近して槍で仕留めるか、あるいは、追いつづけることで獲物を疲れさせて捕えていた。走らなければ、大きな動物を捕えることはできなかった。レイヨウを歩いて追って、疲れさせることができるだろうか。

たとえ死肉を漁る生活をしていたとしても、他の肉食獣に先を越されないために、長距離を走る必要があっただろう。[5] 走ると、多くのエネルギーを消費するが、それで動物を手に入れて食べることができれば、元は取れる。例えば、三時間走りつづけると約九〇〇キロカロリーを消費する（同じ距離を歩くより三〇パーセント多い）が、二〇キロのダイカー（小型のレイヨウ）を仕留めることができれば、約一万五〇〇〇キロカロリーを得られる。さらに大きな動物、例えば二〇〇キロのヌーを倒せば、同じ努力で報酬は二四万キロカロリーにもなるのだ。[6]

したがって、（運よく遺伝子が変異して）長距離を走れるようになった初期の人類は、数万年にわたってその恩恵を受け、遺伝子を子孫につなげてきたと考えられる。現在のわたしたちの体が何よりの証拠である。今どんな生活をしていても、わたしたちは粘り強いハンターの役に立つ脚と臀部を備えているのだ。

人類の身体の進化に関する仮説は、民族学的証拠によって肯定も否定もされるべきではない（最初期の祖先たちが今日の人間と同じように行動していたはずはないのだから）。それでも、現代に生きる狩猟採集民の暮らしぶりには興味を引かれる。！クンと//アオがそうしているように、ブッシュマンは現在でも、長い距離をひたすら歩き、時には走って、動物を狩っている。彼らは弓と毒矢を使うので、それらがなかった時代ほど獲物に近づく必要はないが、獲物を追跡しつづけるには、かなり長い距離を迅速に移動しなければならない。弓と毒矢を持ってはいても、狩りの本質が粘り強い追跡であることに変わりはないのだ[6]。

テオによると、ブッシュマンのハンターがオリックスやクードゥーのような大きな獲物を持ち帰ることはめったにないが、そんなときには集落の全員でそのごちそうを食べるそうだ。だれかが何かを独占することはなく、共有《シェア》がブッシュマンの不文律なのだ。小さな動物なら、罠や鉤を使ってもっと頻繁に捕まえることができる。集落の木には先に恐ろしげな鉤のついた長い棒が吊るしてあった。それはトビウサギ用の道具で、巣穴に押し入れてその大型の齧歯類を捕まえるのだ。

日中に狩りをするブッシュマンは、他の捕食動物や清掃動物と重ならない、特別なニッチを得た（このことはわたしたちの初期の祖先にとっても重要な利点となったはずだ。初期のヒト属もおそらく日中に動物の足跡をたどって狩りをし、あるいは、はるかかなたの地平線上にハゲタカが群れているのを見て、そこに何があるかを理解しただろう[6]）。ライオンやヒョウやハイエナは夜間に狩りをするが、カラハリのブッシュマンは真昼の太陽の下で動物を追跡したり、狩ったりできる。そして、夕闇が迫ってくれば安全な集落へ戻るのだ。どこでもブッシュマンの集落は、池から十分離れ、猛獣の危険にさらされない場所にある。

しかし、その夜、わたしは集落へは戻らなかった。ブッシュマンたちは、日が暮れる前に池と捕食動物から離れたほうが賢明だと思ったはずだが、当初からわたしはその灌木地で寝るつもりだった（口絵②）。携帯用寝具（帆布のバッグに入れた寝袋二つ）と最低限の食料品と、記録を取るためのビデオカメラも用意していた。池からほんの二〇メートルのところを寝場所に定め、カメラをセットした。もっとも、完全にひとりというわけではない。銃を持ったテオとカメラマンのロブもいっしょで、彼らはわたしから二〇メートルほど離れた場所で寝ることになった。それでも、ひとりぼっちだと感じるには十分な距離だ。あたりは次第に暗くなり、バーキングゲッコー（ヤモリの仲間）が途切れとぎれにコーラスを始めた。わたしたちは棘のある枝を集め、それぞれの寝袋の周囲に組み上げ、ハイエナが入ってこられないようにした。冗談で言っているわけではない。実際、あたりが闇に包まれると、池の方からハイエナの鳴き声が聞こえはじめた。ほんの数メートル先だ。不気味な声だった。懐中電灯で闇を照らしてみたが、何も見えなかった。テオとロブは、わたしの周りのバリケードを作り終えると、自分たちも棘で囲んだ陣地に引きこもった。

わたしは寝袋の上に座り、暗闇に響く音に耳を澄ませた。あたりに生えた丈の長い草は乾燥しきっていて、大型の動物が歩くとカサカサと音をたてた。音がするたび、わたしは息を殺した。どんな動物が何頭くらい、わたしの脇を通って池に向かったのか、（ハイエナがいる、ということ以外は）見当もつかなかった。ハイエナの声がまた聞こえた。ぞっとするような吠え声だ。テオは、ハイエナは灌木地帯でいちばんの恐れ知らずだと言った。ライオンやヒョウやゾウは人が驚かせたり叫んだりすると、たいてい逃げていくが、ハイエナは動こうとしないそうだ。

静寂が戻った。今度は奇妙な音が聞こえてきた。小さな音で、池の方からリズミカルに響いてくる。しばらく聞いていていてようやく音の正体がわかった。動物が水を飲んでいるのだ。巨大な猫が巨大な皿でミルクを飲んでいるような音。ヒョウだろうか。恐ろしくて、懐中電灯をつけることもできなかった。

やがてその音は止んだ。わたしは勇気を奮い起して小さなヘッドランプを灯してあたりを調べ、寝袋に潜り込んだ。寝袋は低く傾いた枝の下にセットしていた。テオは、ここならゾウに踏まれる危険が少ないから、と言った。すぐ近くで草がこすれる音がする。ヘッドランプで照らすと、近くの草の中に小さなネズミと薄黄色のナナフシがいた。大きな懐中電灯であたりを照らしてみたが、囲いの周囲には何もいなかった。

横になり、ヘッドランプを消そうとすると、コウモリが飛んできた。わたしの顔の数センチ上を何度も行ったり来たりする。羽音が聞こえるほど近い。それが害のないコウモリだということも、飛んでいる虫を食べているだけだということも、わかっていた。鳥肌が立ち、思わず涙ぐんだのは、そのコウモリのせいではない。こすれるような奇妙な音が聞こえてきたのだ。寝袋の中に潜り込んでいたわたしはこのうえなく無防備だった。足がすっぽり包まれ、飛び起きて逃げることのできない姿で地面に転がっているのだ。むき出しの状態で猛獣に差し出されたような気分だった。どうかテオの考えが正しく、周囲に組み上げた棘だらけの囲いが、獰猛な肉食獣から身を守るに十分なものであることを祈らずにはいられなかった。

頭上の木の枝の間に見える満天の星をながめているうちに、ようやく眠くなってきた。わたしは睡魔を歓迎した。遠い外国へやってきて、ハンターたちといっしょに動物を追跡したので、正直なところへとへとに疲れていたのだ。自然そのままの世界できれいな空気を吸いながら、深く心地よい眠りに落ちた。

狩猟採集民の未来

突然、目が覚めた。子どもの頃、屋根の上でネコが喧嘩する物音に驚いて目覚めたときのことを思い出した。ぞっとするような声だ。何かが吠え、叫び、うなっている。一匹ではない。

わたしは仰向けに寝たまま体を硬直させた。心底、怖かったが、本能的にじっとしていた方がいいとわかっていた。耳を澄ませた。息苦しく、呼吸が止まりそうだ。息をひそめ、闇のなかで起きていることを理解しようとした。ライオン？　ヒョウ？　ハイエナ？　声が続いたのは、おそらく三〇秒ほどだったが、騒ぎがおさまった後もその声は耳の奥で響いていた。わたしは横たわって星を見ながら、今宵の挑戦が賢明だったかどうか自分に問いなおした。それでもしばらくすると、わたしはふたたび眠りに落ちた。

次に目覚めたとき、空は薄い灰色になっていた。夜明けが急速に近づいてくる。周囲の様子が見えるようになると、ずいぶん勇気がわいてきた。それでも、できるだけ静かに寝袋から出て、立ちあがってあたりを見回した。カサカサと草がすれる音はするが、大きな動物はうろついていない。鳥が歌いだした。夜の闇と恐怖と冷気は去った。空は灰色からピンクに変わった。空気が刻一刻と暖かくなっていくのを感じる。

テオとロブの野営地へ歩いていき、三人でぬるいコーヒーを飲むと、池まで行って、昨晩そこで何が起きたのかを調べた。一本の道にはハイエナの足跡が残されていた。とても大きなメスだ。幅広の短い足跡はヒョウのもので、子どもとその母親らしい。池の周囲のぬかるみには、ハイエナの足跡がいくつも残されていた。テオによると、夕べの恐ろしい叫びはハイエナで、少なくとも四匹が池の周りで喧嘩をしていたらしい。池のすぐ近くに、――非常に勇敢な――ローンアンテロープの足跡があった。野営地まで戻る途中で、テオはまた別の足跡を発見した。リビアヤマネコと、大きなオスのヒョウのがっしりした足跡で、わたしが寝ていた場所からほんの数メートルのところにあった。

わたしたちは人間を最もすぐれた動物だと考えがちだ。生物の序列のトップ、食物連鎖のいちばん上に位置する動物だと。しかしナミビアの灌木地帯での野営は本当に恐ろしかった。わたしは畏怖を覚えるとともに、自分がどれほど非力な存在かということを悟った。

ンホマを発つ前にアルノに会って、ロッジや集落、そしてブッシュマンの将来について、彼の考えを聞いた。アルノと妻のエステルは八年前にそのキャンプを設営した。そこには九つの小屋と、トイレと洗い場がある。毎年、三〇〇人くらいの旅行者がやってくる。客たちはブッシュマンが作った料理を、片側が開放された藁ぶきの食堂で食べる。アルノは、以前は時々涸れていた池にポンプを設置し、年間を通じて人間も動物も水を飲めるようにした。おかげでブッシュマンは水と動物を追って移動する必要がなくなり、ンホマに定住するようになった。これは特別なことではない。現在では、純粋な狩猟採集生活をするブッシュマンはほとんどいなくなった。ンホマの集落ができたことで、ブッシュマンは伝統的な生活様式を失い、定住するようになった。それればかりか、旅行者がもたらす現金収入で、西洋の衣服やトウモロコシ粉を用いた食品を買うようにもなった。そうしたことに対する批判はある。しかし、アルノにとって大切なのは、彼らに自治権を持たせ、将来を選択できるようにすることなのだ。旅行者が来ることで彼らは伝統的な生活を続けることができ、むしろそれを後押しされてさえいるが、アルノはそのような暮らしがこの先も続くとは考えていない。

「ブッシュマンはいつまで狩りを続けるでしょう」とわたしは尋ねた。

「たぶん、あと一五年くらいだろうね」とアルノは答えた。「この集落全体で、ハンターは一一人しか残っていない。

池の近くに残っていた
ハイエナの足跡

子どもたちは学校へ通っていて、将来は違う生活をしたいと考えているようだ」

ブッシュマンは、農耕民がその土地に侵入してきた後も数百年にわたって、昔ながらの暮らしを維持してきた。これは珍しい事例で、通常、狩猟採集者が食物生産者と接するようになると、狩猟採集者は自立性を失い、最終的に社会の最下層に取り込まれていくものなのだ。

一九九〇年代後半に、ケープタウン大学の考古学者たちがブッシュマンの協力を得て、居住地であるナミビア北部のチョアナ地区を発掘した。彼らは四つの堆積層を発見した。いちばん上の層は、ブッシュマンと黒人とヨーロッパ人が暮らした最近の時代のものだ。考古学者たちはガラス瓶やプラスティックビーズや銃弾などを見つけたが、ダチョウの卵殻や木の実といった土地の産物もあった。この最上部からは石器も見つかり、ブッシュマンがごく最近まで石器を作っていたことがわかった（もっとも、人類学者のローナ・マーシャルらの調査によると、ブッシュマンの先祖は石器を使っていなかったらしい）。上から二番目の層からは、土地の産物の他に三〇〇年ほど前に移り住んできたムブクシュ族が作った陶器も出てきた。三番目の層からはディヴユの陶器が出土し、一五〇〇年ほど前に、現在のボツワナにある丘陵地ツォディロで農耕生活を営んでいた人々とブッシュマンとの間に交流があったことを示唆していた。四番目の層は四〇〇〇年前から三〇〇〇年前のもので、土地の産物と石器はあったが、陶器は見つからなかった。考古学者らは、この層はブッシュマンが農耕民族と接触する前の時代のものだと考えている。これらの証拠や、ブッシュマンの長老に聞いた話から、考古学者たちは、「およそ一〇〇〇年にわたって独特な狩猟採集生活をしていたJu/'hoansiは、外の世界と接触するようになるにつれて、外部の文化を取り込んでいったが、そうしながらも古来の生活を続けてきた」と結論づけた。だが、その伝統的な生活は、今日、ついに崩壊しようとしている。

ローナ・マーシャルは一九五〇年代に数年間ブッシュマンとともに暮らし、一九七六年にその経験をまとめた『ニャエニャエのクン族[2]』という本を出した。彼女はこう書いている。

わたし個人としては、クン族がかつてのように孤立し、自立し、自活し、威厳を保ちつづけることを望んでいるが、それはあくまで希望にすぎない。現代社会は人々を孤立させてはおかない。また、クン族自身も変化を望み、バントゥー族のように土地や牛を所有することを望んでいるのだ。

ブッシュマンは無知ではなかった。テレビは持っていないかもしれないが、外には広い世界が存在することを知っていた。わたしもアルノと同じように考えている。その生活が失われるのは多くの点で残念だが、彼らは人間であって、博物館の展示物ではない。自分たちで未来を選択できるようでなければならないのだ。ンホマを訪ねて彼らの伝統を学ぶことができたのは、とても幸運だった。またいつかここへ来ることがあるだろうか、そのとき、ブッシュマンはまだここにいるだろうか。そう思いながら、わたしはンホマを後にした。

アフリカの遺伝子　南アフリカ共和国：ケープタウン

アフリカで最初に訪れた土地では、今を生きる狩猟採集民の生活と、現代社会でその暮らしを続ける難しさを学んだ。また、ブッシュマンのルーツや吸着音、人類の体が長距離走に向くよう進化してきたことも学び、アフリカン・ビーズワークの速習コースも楽しんだ。わたしは、アフリカに生まれた祖先の、遺伝子の秘密をさらに解き明かすべく、ナミビアのウィントフックを経由してケープタウンへ向かった。

南アフリカは春を迎え、空は晴れ渡っていた。わたしはキャンプスベイで、ケープタウン大学のラージ・ラメサー博士に会った。ケープタウンの人々のｍｔＤＮＡに関する意欲的な研究について教わるためだ。

二〇〇七年、アフリカ・ゲノム教育研究所はケープタウンに住む三二六人の協力を得て、彼らの唾液を採取し、遺伝情報を調べた。ケープタウンは国際的な都市で、幅広いアフリカ人はもとより、数世紀前からは、他の大陸から来た人々も暮らしている。典型的な文化のるつぼであり、遺伝子のるつぼなのだ。

研究結果は、その多様性をよく反映していた。協力者は、自分はどの民族集団に所属していると思うか、と問われた。そして、白人かカラード（白人と黒人やマレー人との混血）だと答えた人の八パーセントは、母方の系統をたどっていくと西アフリカに行きついた。これは、およそ三〇〇〇年前にニジェール地方からアフリカ南部に移住し、農業をもたらしたバントゥー語族の流れと一致している。[1] この「白い」人々の三パーセントは黒人のｍｔＤＮＡマーカー（配列）を持ち、一方、黒人の一〇パーセントは母方の祖先がヨーロッパ人だった。そして、黒人の二〇パーセントは、初期のアフリカ人とつながっていた。人類の系統樹のごく初期に枝分かれしたグループだ。

ラージ博士との面談の場には、一〇人の協力者が集まってくれていた。彼らの母方の系統は、アフリカ、ヨーロッパ、アジア、とさまざまだった。博士によると、系統をたどるのに用いた遺伝子マーカーは、現生人類のＤＮＡの違いがごくわずかであることを示していたそうだ。

「外見は違って見えたとしても、わたしたちは皆、遺伝子レベルではほとんど同じなのです。けれども、その小さな違いを追っていけば、世界のある地域からある地域への、人類の流れを解き明かすことができます」と博士は言った。博士はその一〇人に、mtDNAの検査結果を伝えた。自分のルーツはアフリカにあると思っていた人の何人かは、母方のルーツがアジアやヨーロッパにあった。先に述べたように、mtDNAによってわかるのは系統の一部、すなわち「母方の系統」だけだが、そうであっても、系統をそれほど遠くまで追跡できることには、やはり重大な意味がある。

mtDNAによってたどれるのは一本の系統だけだが、数百年、数千年にわたって祖先をさかのぼっていくうちに、当人にとって思いがけない結果が出ることがある。その結果は、「人種」という概念がいかに主観的であてにならないものであるかを語っている。人類の集団間の類似と相違は非常に興味深いが、「人種」という考え方は生物学では意味をなさず、身体的特徴、文化、宗教、出生地とのつながりなどの寄せ集めから引き出された概念にすぎないのだ。

わたしの遺伝情報を調べてもらったところ、予想通り、そのルーツはヨーロッパにあった。属するのは「I」の枝だ。母方の系統に興味をそそる遺伝子が見つからなかったのは残念だったが、この技術には大いに驚かされた。何しろ、口の粘膜から取り出した小さな細胞のミトコンドリア遺伝子を調べれば、遠い遠い祖先のことがわかるのだ。わたしが自分の家系について知っているのは、せいぜい二〇〇年ほど前のひいおじいちゃんとひいおばあちゃんまでだが、mtDNAはごく初期の女性の祖先までさかのぼることができる。それによると、わたしの母方の祖先は、二万六〇〇〇年前頃、ヨーロッパへ移住した現生人類の第二波のひとりだった[2]。

わたしたちの祖先は、地域も時代も広域に散らばっているが、mtDNAは、さらに遠い昔にさかのぼると、すべての系統はアフリカに始まることを語っている。一九八七年、カリフォルニア大学の遺伝学者、レベッカ・キャン、マーク・ストーンキング、アラン・ウィルソンの三人は、『ネイチャー』誌上で画期的な論文を発表した。彼らは、一四七人のｍｔＤＮＡを分析し、全員の母方の系統が、二〇万年前にアフリカにいたひとりの女性に始まることを明かしたのだ[3]。以来、何万人ものｍｔＤＮＡが分析され、系統樹は豊かに枝を茂らせてきたが、根っこのところは微動だにしなかった。あなたが「母方の系統」に沿って母の母の母の……と、はるか昔までたどっていけば、地球上の全人類に共通する女性の祖先にたどり着くのだ。予想されることだが、遺伝学者らは、その女性を「ミトコンドリア・イブ」あるいは「アフリカのイブ」と名づけた。

だが、なぜ、その女性がアフリカにいたと言えるのだろう。それは、系統樹の枝が最も込み入っている部分、言い換えれば、ｍｔＤＮＡが最も多様な地域がアフリカにあるからだ。証拠となるのはｍｔＤＮＡだけではない。Ｙ染色体を含め、他の染色体の遺伝子も、アジアやヨーロッパに比べて、アフリカの人々の遺伝子のほうが多様なのだ[4]。そうした遺伝的多様性のすべてが、アフリカがホモ・サピエンスの故郷であることを語っている。なぜなら、どこよりも多様な枝が茂ったのは、変異を起こすための年月がたっぷりあったからで、それはアフリカに他のどこよりも昔から人類が暮らしていたからなのだ。二〇〇八年には、人類の遺伝的変異を詳しく調べた論文が、『ネイチャー』誌で発表された。その研究では、核遺伝子について構成要素（ヌクレオチド）が異なるポイントを五〇万か所以上、調べた。そして世界中の二九の集団についてその結果を比較したところ、東アフリカから枝を広げる系統樹ができあがった[5]。

遺伝子パズルの全体像が見えてきても、古人類学者の多くは驚かなかった。それは、彼らが化石の証拠から予想していた通りの結果だったからだ。最初期の現生人類の化石はすべて、アフリカで見つかった。しかし、化石から再建される系統が正しいかどうかについては、今も議論が続いている。そもそも化石という証拠は不完全で、並べようにも空白だらけなのだ。

また、考古学的証拠の方も、断片的なものしか残っていない。人類の化石であれ、文化的な遺物であれ、何万年もその姿が保たれた末に発見されるのはごくわずかだ。考古学的遺物について言えば、旧石器時代の社会で作られたものの大半は有機物で、生分解されるので、現在まで残っている可能性はきわめて低い。見つかるのは、石器とそれを作ったときに出た破片くらいのものだ。化石となると、さらに状況は厳しい。まず、骨格の大半は化石にならない。押しつぶされ、踏みつぶされ、ばらばらに引き裂かれ、何の痕跡も残らないのが常である。骨格が保存されるには、その動物が死んだ後、清掃動物に引きちぎられないうちに、早々と泥に覆われる必要がある。そして、それを閉じ込めた堆積物が化学的にも物理的にも骨の保存に向いているものでなければならない。土に埋もれても、たいていは地中を流れる水がミネラル分を溶かし、バクテリアがタンパク質成分を食べ、ついに骨は跡形もなく消えてしまう。わずかな幸運なケースにおいてのみ、骨格がそのまま保たれ、周囲の堆積物のミネラル分と骨の成分が入れ替わり、骨が石と化して残る。それが化石なのだ。

しかし、化石や考古学的遺物が長く保存されてきたとしても、発見される保証はない。中には、地表から何メートルも下や、だれも訪れない遠い土地に埋もれているものもある。化石や考古学的遺物は往々にして偶然、発見される。それも専門家によってではなく、採鉱や採石、道路建設といった作業をしている人が、思いがけず見つけるのだ。風化によって長く埋もれていた化石が姿を現すこともあるが、そうやって人が近づけるようになっても、その重要性が気づかれないことも珍しくない。

考古学者や古生物学者は、狙いのものが見つかりそうな場所を絞って調査していくが、重要な発見につながる最初の手がかりは、まったくの偶然から見つかることの方が多い。

このように化石採取には偶然と不確実性が伴うため、アフリカでわたしたちの種の起源に直結する化石が数多く発見されてきたのは、実に驚くべきことなのだ。

現生人類の最初の化石　エチオピア：オモ

数十年にわたって、エチオピアのふたつの場所が、「最古の現生人類の化石が発見された土地」という栄誉を争ってきた。アファール低地のヘルト村と、オモ川沿いのキビシュである。

一九六七年、リチャード・リーキー率いるチームが、オモ川下流のキビシュ累層で、現生人類の化石――頭骨二個と一体分の骨格の一部――を発掘した。周囲の地層に含まれる貝殻の年代をウラン系列法によって調べた結果から、その化石はおよそ一三万年前のものと見なされた。その三〇年後、ミドルアワシュ地区にあるヘルト村で、人類の化石――子どもの頭骨一つと大人の頭骨二つ――が見つかった。それらは多くの点で現生人類の頭骨に似ていたが、かなりがっしりしていた。『ネイチャー』誌に論文を発表した科学者たちは、その頭骨について「解剖学的に見て、現生人類になる直前のものではあるが、まだ完全な現生人類にはなっていない」と述べた。このヘルト村の化石は、アルゴン・アルゴン法により一六万年前のものと推定された[1]。

しかし、二〇〇五年になって、オーストラリア国立大学（ＡＮＵ）のイアン・マクドゥーガル率いる地質学者と人類学者のチームによって、オモの骨格がもっと古い時代のものであることが明かされた。彼らは、リーキーがその化石を発見した場所を再び訪れた。発掘現場は、遺跡の記録と写真から正確に特定することができた。確かな証拠もある。オモI遺跡では、最初に発見された化石の欠損部分にぴったりはまる骨のかけらまで見つかったのだ。[2]

かつてリーキーは二つの化石をオモ川のこちらと向こうで見つけたが、どちらも同じ時代の地層の中にあり、その層は、太古の火山噴火で生じた凝灰岩の層にはさまれていた。凝灰岩は内包するアルゴン同位体から年代を測定できるので都合がよかった。

マクドゥーガルのチームが調べた結果、下の層が積もったのは一九万六〇〇〇年前以降で、上の層はおよそ一〇万四〇〇〇年前のものだった。人類の化石は、下の凝灰岩層のすぐ上にあった。そこでマクドゥーガルらは、人類の化石は下の凝灰岩層と同じくらい古く、およそ一九万五〇〇〇年前のものだと結論づけた。かくしてオモの化石は、世界最古の現生人類の化石になったのだ。

その化石はアディスアベバの国立博物館に保管されているが、わたしはそれが発見された場所を見たかった。霊場を訪ねるような心持ちだったが、ある意味それは真実で、わたしが訪れようとしていたのは、人類の祖先の故郷なのだ。わたしは一〇代の頃、リチャード・リーキーの著書を読んだ。その舞台となった場所にこれから行くというのは信じられない気がした。リフトヴァレー、オモ川、トゥルカナ湖という地名は、わたしには叙事詩に登場する地名のように感じられ、神秘的にさえ思えたが、それらは現実の場所なのだ。とは言え、そこはアフリカでも最も行きにくい場所のひとつであり、化石の発掘現場まで行きつくのは容易ではなかった。

神話的発掘現場に向かう

月曜の朝、小型機でアディスアベバを飛び立ち、オモ川沿いの発掘現場に近い仮設飛行場へと向かった。パイロットはソロモン・ギザウという名だった。離陸した時、空は曇っていたが、じきに晴れ渡った。機体は南西を目指して、緑色の田園地方の上空を飛んでいく。不規則に区切った農地に、丸い藁ぶき屋根の家が点在し、茶色のきのこがぽつぽつと生えているように見える。ソロモンは、エチオピアの食料生産は非効率的だと語った。「ここにはすばらしい土地があり、皆が食べるのに十分な作物が取れるはずなのですが、管理がうまくいってないのです」。たしかに、眼下に広がる土地は緑豊かで肥沃そうだった。一九八〇年代に起きた飢饉の悲惨な写真からは想像できない、まったく別のエチオピアの風景だ。しかし、いまだにインフラは整っておらず、こうして空から見ても、道路はごくわずかだった。これでは、食料不足の折に、地方に住む人々に援助の手を差し伸べるのは難しいだろう。

山地の上を飛んでいたときにソロモンが、この先はコーヒーの産地だと言った。そこで、ジマの空港で燃料を補給する際には、わたしもその土地のコーヒーでエネルギーを補給した。空港のカフェはトタン屋根の木造小屋で、中では数人の男性が手作りのボードと瓶の王冠でチェッカーをしていた。穏やかな表情の美しい女性が、ブリキのやかんを高く掲げ、磁器のカップにコーヒーを注いでくれた。濃く甘いコーヒーだった。

わたしたちは再び空の旅に戻った。この二度目の飛行では、木々に覆われた丘陵地帯と渓谷の上空を飛んだ。突然、ソロモンが細く輝くリボンのようなものを指さした。「あれがオモ川です」。川は、樹木の茂った広い渓谷を縫って、北から南へと流れていた。山の尾根が迫ってきたので機体は上昇し、オモ川は見えなくなった。

わたしはソロモンに勧められ、操縦席に座ると、ソロモンの指示通りに機体を操縦した。ソロモンは、「この谷をまっすぐ進むと、あの山の向こうに、オモ川が弧を描いています」と言って、遠くの尾根を指さした。わたしは三〇分ほど操縦し、五〇〇〇フィートから三五〇〇フィートにまで高度を下げたところで、ソロモンに操縦桿を戻した。オモ川がまた姿を現し、目的地が近づいてきた。山脈を越えると、行く手にはなだらかな氾濫原が広がり、幅の広い茶色のオモ川がくねくねと流れていた。川沿いには木が密生しているが、川岸から遠い場所には、低木がまばらに生えているだけだ。それでも予想していたより緑が多い。氾濫原は広大だった。リチャード・リーキーは一体どうやってここで化石を見つけたのだろう。

高度が下がると、オモ川沿いの丘の上に集落が見えた。わたしが滞在するミュルレキャンプの近くにあるコルチョという集落だ。セスナは旋回した後、ほこりを巻きあげながら仮設滑走路に着陸した。世話をしてくれるエンク・ムルゲータがランドクルーザーで迎えに来ていた。わたしと荷物を下ろすと、ソロモンはアディスアベバへと再び飛び立った。金曜日に迎えにくる予定だ。わたしは、辺境の地にひとり残された。

ミュルレキャンプのロッジはオモ川の川岸にあった。川幅は広く、泥のような茶色い水が流れている。山地に大量の雨が降った直後だったので、水かさもスピードも増している。ロッジの周囲には高木が生えている。ロッジに近づくと、頭上で枝のすれる音がして、小枝や葉がぱらぱらと落ちてきた。見上げると、シロクロコロブスが枝の間からこちらを見ていた。わたしと目が合ったコロブスは、さっと木々の向こうに姿を消した。他のコロブスもすぐその後を追った。

簡素なキャンプを想像していたので、ロッジの快適さに驚いた。窓には網戸が入っていて、内側にはカーテンが吊るされ、外にはラフィアで編んだ簾《すだれ》が下がっている。大きな部屋にダブルベッドと、武骨な木の椅子が一脚置いてあり、窓の下枠はバッグを置けるほど広い。白熱電球が一個、隅の方にぶらさがっているが、ベッドの両脇には、ろうそくとマッチと砂を入れた鉢が置いてある。ここでは電気は時おり使う贅沢なエネルギーで、日没後の数時間だけ、発電機で起こすことになっているのだ。四角いコンクリート製のバスルームまであって、中には水洗トイレと洗面台が設置され、天井にはシャワーがついていた。シャワーから出てくるのはオモ川から引いた水なのだが、リフトヴァレーの真ん中の辺鄙な土地のキャンプにしては、存外、豪華な設備である――たとえ、部屋に数匹のヤモリが同居し、トイレットペーパーの芯の中に奇妙なクモが棲みついていたとしても（そうと知った時、わたしは心臓が止まりそうなほどびっくりしたが、それはクモも同じだっただろう）。

　あたりが暗くなってきた。わたしは部屋に蚊帳を張ると、外に出て、木の椅子に腰かけて夕食をとった。オモ川を眺めながら、パック入りの食料を食べ、地元産のセントジョージ・ビールを瓶から飲んだ。ここでは特に食べ物と水に気を配り、パックや瓶に入っていなければ口にしないようにした。この辺鄙な土地で危険を冒すことはできなかったし、オモの化石が発見された場所を訪ねるという、おそらく一生に一度の機会を台無しにしたくなかったからだ。一〇時頃、ベッドに入った。明朝は早く出発する。きつい一日になるだろう。

　初めのうちは、まとわりつくような暑さと動物たちの騒々しい鳴き声に悩まされたが、やがてわたしは深い眠りについた。外を何かが歩き回る音と、樹上のコロブスの吠え声に何度か目を覚

シロクロコロブス。
ミュルレキャンプ

ました。翌朝は五時半に起きて、支度を始めた。鳥たちも目覚めたらしく、その大合唱が朝日に照らされるオモ川の川岸に響いた。リュックに必要な物を詰めた。救急用品、シリアルバー、カメラ、喘息が起きたときのためにヴェントリン吸入器、ノート、GPS装置と地図、そして数箱のクレヨンと数台のミニカー。キャメルバックの水筒を満タンにし、二リットル入りのペットボトルも持っていくことにした。エンクが運転するランドクルーザーで、ボート乗り場に向かった。

土ぼこりをあげながらでこぼこ道を走り、川岸まで行った。対岸にはカンガテンという集落が見える。向こう岸のボート屋の男に手を振ると、男は船外エンジンのついた小型のボートに乗り込んだ。彼は速い流れを渡るすべを心得ていて、いったん上流に向かってから、大きく弧を描いてこちらへやってきた。エンクとわたしは慌ただしくそのボートに乗ると、対岸に向かった。昨日オモ川の上空を飛んだときにワニが見えたので、このあたりにもいるのかと聞くと、エンクは笑ってうなずいた。あたりにその姿はなかったが、奇妙な丸太のようなものが、川を流れていくのが見えた。

対岸に着くと、集落の全員が出てきたかと思うほどの歓待を受けた。大勢の子どもに取り囲まれた。デジタルカメラで写して画面を見せると、子どもたちは歓声をあげ、小さな画面に互いの姿を見つけ、指さしてくすくすと笑いあった。わたしは彼らにクレヨンとミニカーをプレゼントした。健康そうな子もいたが、ふくれた腹と棒のような脚という、栄養失調の兆候が見られる子もいた。体や顔には感染症の斑点や白癬が見られた。彼らはブッシュマンの子どもたちほど健康ではなかった。クレヨンやおもちゃより、医薬品や食料を持ってくるべきだったのかもしれない。医療の現場を離れ、研究の道を選んだことへの罪悪感まで蘇ってきた。こんな時には、研究と教育も等しく価値のあることなのだと自分に言い聞かせるようにしている。それに、エチオピアの問題は国際救援団体だけで解決できるものではない。そんなことを思いながら、シリアルバーを子どもたちに渡した。

　エンクからソヤという男性を紹介された。キビシュの集落で通訳をしてくれる人だ。その集落の人々はリーキーの発掘を手伝い、最近では、マクドゥーガルのチームにも協力した。オモI遺跡の地図上の位置はわかっていたが、ひとりで行けるはずもないので、集落の人に道案内を頼む予定だった。灌木地帯で道に迷うなどという目には遭いたくない。それに、安全を確保する上でも、頼もしい連れが必要なのだ。オモ川流域に住む部族——ムルシ族、ブメ族、ハメル族、カロ族、スルマ族、トゥルカナ族——は絶えず争っており、銃を携えた男たちが周辺を歩きまわっていると聞いていた。

　わたしたちは待機していた四輪駆動車に乗りこんだ。車は灌木地帯を抜け、土ぼこりの舞う道を延々と走った。途中、銃を持った地元の警官らしい男たちに止められたが、事情を説明すると通してくれた。ついにキビシュの集落に着いた。この集落の小屋は棘だらけの垣根で囲まれていて、入り口は見つけるのもたいへんなくらい狭かった。おそらくハイエナや他の部族の男たちが入れないようにしているのだろう。ソヤは族長のエジェムのところに案内してくれた。集落のほとんどの人は、伝統的な衣装を身に着けていた。女性は膝までの長さのエプロンのようなスカートをはき、裸の胸にビーズの首飾りをたくさん下げている。彼女らの多くは、胸や首や顔や編んだ髪に、赤いオーカー（赤鉄鉱）を塗っていた。小さな子どもたちが裸で走りまわっている。年長の子は、顔に赤色オーカーを塗り、腰のまわりに布をゆるく巻いていた。デイヴィッド・ベッカムの写真がプリントされた、色あせた赤いTシャツを着た男の子もいた。男性の何人かは、短いスカートにビーズの首飾りという伝統的な恰好をしていたが、族長のエジェムは派手なバスケットボール・ショーツ、ヒョウ柄のビニール製のカウボーイハット、赤と黄色のビーズの首飾りといったいでたちだった。外国のものを身に着けることで地位を誇示しているのだ。

ソヤの通訳で、族長に自己紹介し、化石が発見された場所を知っている人はいないかと尋ねた。族長はひとりの男を呼び寄せ、指差した。

「彼がそのひとりで、これからもうひとり来ます」とソヤが言った。男はカプワという名前で、Tシャツを着て、赤い縁がまくれあがった茶色の布の帽子をかぶり、銃を持っていた。カプワがソヤと話しながら遠くを指差し、両手で掘り起こすしぐさをしたので、わたしの胸は高鳴った。

「ソヤ、彼はなんて言っているの?」

「カメラを持った人と掘っている人がいたと言っています。彼は骨のようなものを見つけましたが、それは長年そこに埋もれていたものでした。発掘場所のことはよく知っていて、これから案内してくれるそうです」

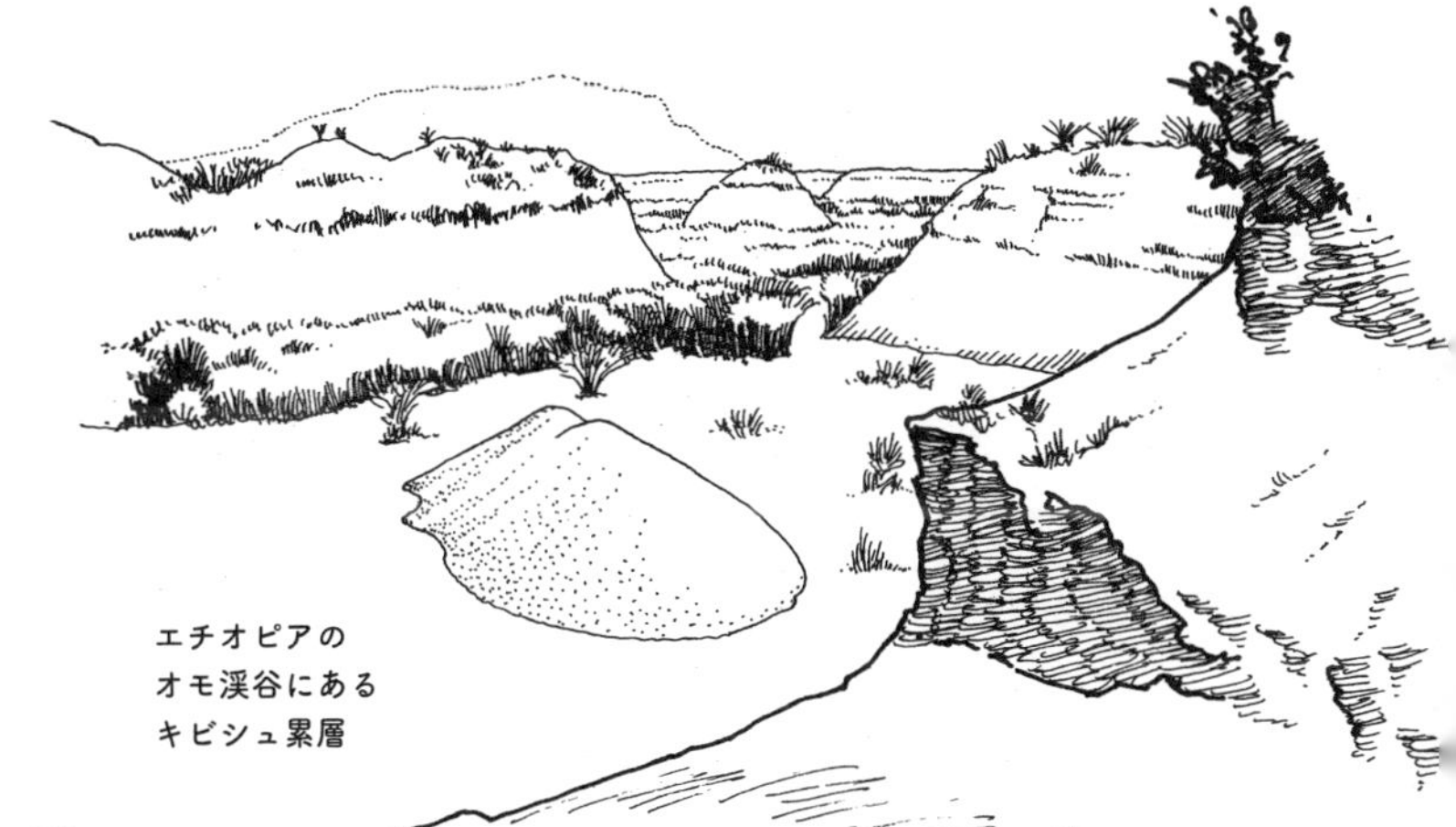
エチオピアのオモ渓谷にあるキビシュ累層

間もなく二人目のガイドもやってきた。ロゲラという名で、黄色い布の帽子をはすにかぶっていた。

カプワとロゲラとソヤとわたしは、キビシュ累層を目指して出発した。灌木の茂る平地を車で四キロほど走り、川に深くえぐられた砂丘のような丘陵地に着いた。発掘現場はまだ先だが、車で行けるのはここまでだ。現在地をGPSで確かめ、わたしたちは荒野へと歩き出した。早く出発したにもかかわらず、すでに日は高くなり、気温も上がっていた。ロゲラとカプワの足取りはかなり速かった。ロゲラが銃を持っていたので、わたしはソヤに、部族間の衝突は多いのかと尋ねた。

ソヤの口ぶりからすると、どうやら頻繁に起きているらしかった。わたしたちはだれかの牛を盗もうとしているわけでもないので安全なはずだったが、それでも銃を持っているに越したことはない。

「族長の胸の傷跡模様《スカリフィケーション》を見ましたか?」ソヤに尋ねられ、わたしは頷いた。すると彼はこう言った。「あれは勇士の印です。族長は男をひとり殺したのです」

銃を持って歩いている男を何人か見かけたので、ソヤとガイドたちの存在がたいそう心強く思えた。それに彼らはどこをどう行けばいいかをよく知っていた。キビシュ累層の、月面を思わせる不毛な谷を下り、氾濫原に出て、オモ川に近づいた。そこから川の西岸を上流へ向かって歩いていったが、途中でわたしは頭が痛くなり、また、暑くてたまらなくなったので、しばらく休憩した。すでに一時間ほど歩き、太陽は真上から照りつけていた。水を飲み、シルクのスカーフを頭に巻くと、また歩きだした。切り立った崖の上を通り過ぎると、ガイドが、すぐ先の似たような崖を指差した。ソヤが、もうじき目的地に着くらしいと言った。わたしはあまりの暑さに引き

月面を思わせるエチオピア、キビシュ累層の風景

返そうかと思いはじめていたのだが、それを聞いて、歩き通す気力がわいてきた。

崖を目指して、灌木の間の土ぼこりが舞う道を進んでいった。この道は、人間より動物のほうがずっと多く通っていそうだ。サバンナ・アカシアが他の灌木の上に枝を広げ、枯れかけたような低木のところどころで、エレムの木がきれいなピンク色の五弁の花を咲かせている。乾燥した埃っぽい風景の中で、こんなにも色鮮やかな花を見るのは不思議な気がした。低木は一メートルから二メートルほどで、ボトルのように幹の根元が太くなっていて、触ると枝はとてもしなやかだった。やがて二つ目の崖に近づくと、ロゲラとカプワは足を止め、腕で円を描いて見せた。

「ここがそうです」とソヤが言った。

オモの頭骨が示すもの

わたしたちは、その崖の下に立った。半年ごとの氾濫でシルト（砂より細かい砕屑物《さいせつぶつ》）が堆積してできた、薄茶色のなだらかな地層が露出していた。濃い色の層も二つあり、ひとつは地面に近く、もうひとつは上のほうにあった。近づいてよく見てみると、それらの層は暗褐色の硬い凝灰岩でできていて、場所によってはほとんど真っ黒だった。崖の下の地面はこの凝灰岩のかけらに覆われていた。

わたしは地面に腰をおろし、GPSで現在地を調べた。ガイドたちは灌木地の曲がりくねった道を通って、わたしが教わっていた座標通りの場所に連れてきてくれた。まさにここが、リチャード・リーキーの調査隊が、最古の現生人類の化石を掘り出した場所なのだ。[3] GPSによると、わたしが座っていた場所は、比較的状態の良いオモ2号の頭骨が発見された地点のすぐそばだった。もう一つの頭骨、オモ1号も同じ層から発掘されたが、その地層は川向こうにあった。

オモ川の近くで
見かけた
武装した牧畜民

マクドゥーガルらの再調査により、この二つの頭骨は、当初の推定より古いというだけでなく、同じ時代のものであることが立証された。それは実に興味深い発見だった。なぜなら、二つの頭骨は形が違うからだ。オモ1号は、少々がっしりしている他は、どこをどう見ても現生人類のものだった[4]。頭蓋は丸く、頭頂骨の上部の幅がいちばん広くなっている。もっと早い時代の人類の頭骨は、耳のあたりが最大幅になっているのだ。オモ1号は眉弓もなだらかで、歯の形と大きさや、突き出た顎にも、現生人類の特徴がうかがえる[5]。しかし、オモ2号は、少々変わっていた。

わたしはオモ川沿いのシルトの崖地に座り、リュックからオモ2号の頭骨の模型を取り出した（口絵③）。オモ2号は、顔の部分は見つかっていないが、頭蓋はほとんど残っていた。縫合線（頭骨の継ぎ目）が閉じていることから、成人の、やや年配の人のものだとわかる。丸い頭、隆起の少ない眉弓、突き出た額など、それはいくつかの点で現生人類の頭骨によく似ていた。頭蓋の容量も大きく、一四三五ミリリットルと推定されている。だが後頭部に、首の筋肉が付着するための特徴的な隆起が見られ、正中線に沿って「矢状隆起」と呼ばれるかすかな隆起もあった[4]。これらは旧人類の特徴で、ホモ・エレクトスやホモ・ハイデルベルゲンシスには見られたが、現生人類には見られないものだ。一九六九年にオモの頭骨について最初の報告書を書いた形質人類学者のマイケル・デイは、オモ2号はより「古代型的」だが、どちらも現生人類のものだと主張した[4]。一九九一年に、マイケル・デイとともにそれらの頭骨を再調査したクリス・ストリンガーも、オモ2号の古代型的特徴に注目している[6]。この頭骨は、最初期の現生人類のものと言うより、現生人類になる「途中」のものと見なすべきかもしれない。

もっとも、これまでに発見された最初期の現生人類の化石は、オモの頭骨に旧人類の特徴が見られたとしても驚くにはあたらないと語っている。現生人類の出現と同時に、頭骨が突如として球形になったりしたら、そのほうが驚かされる。進化は一歩ずつゆるやかに進むものであり、種は時の流れの中で（遺伝子の変異によって）ゆっくりと変化していくのだ。現在の種を調べると、種と種の間にはっきりとした形態の違いが認められる。しかし、歴史をさかのぼって、種の分化がいつ「起きた」のか、すなわち、「新種」と呼べるほどの変化がいつ起きたのかを突き止めるのはきわめて難しい。新種が出現した年代を特定しようとすること自体、無益なことなのかもしれない。新種になるための変化は、長年にわたって徐々に蓄積されていくからだ。

六〇万年前から三〇万年前にかけて、アフリカには、初期人類であるホモ・ハイデルベルゲンシスが暮らしていた。その化石は、エチオピアのボドやザンビアのカブウェ（旧市名ブロークンヒル）で見つかっている。この種は旧人類（特にホモ・エレクトス）の特徴と、現生人類の特徴を併せ持っていたと見られている。

現生人類的なオモの頭骨が出現した一九万五〇〇〇年前までに、ホモ・サピエンスは人類の地図上にしっかりと位置を定め、一方、ホモ・ハイデルベルゲンシスは消えていた。だが、それを絶滅と考えるのは間違っている。ホモ・ハイデルベルゲンシスの子孫は存在していた。ホモ・サピエンスとして（その時代、ヨーロッパにはネアンデルタール人がいた。詳しくは後の章で述べ

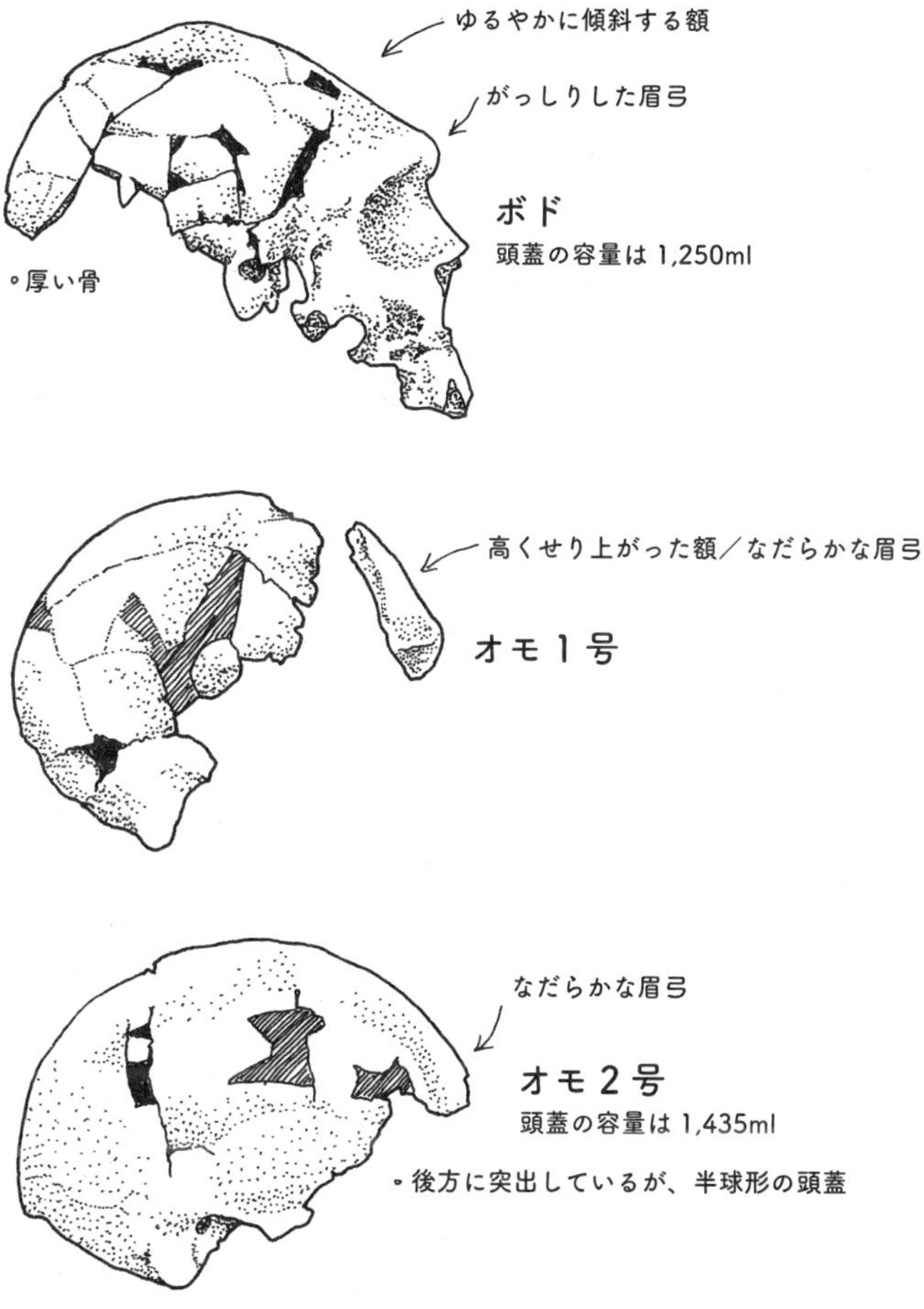
ゆるやかに傾斜する額
がっしりした眉弓
ボド
頭蓋の容量は 1,250ml
◦厚い骨
高くせり上がった額／なだらかな眉弓
オモ 1 号
なだらかな眉弓
オモ 2 号
頭蓋の容量は 1,435ml
◦後方に突出しているが、半球形の頭蓋

ボド＆オモの頭蓋

る）。つまり、三〇万年前のカブウェと一九万五〇〇〇年前のオモの間のどこかで、ホモ・ハイデルベルゲンシスからホモ・サピエンス、すなわち現生人類が分岐したのだ。しかし、その変化はゆるやかなものだったと思われる。そうでなければ、ホモ・ハイデルベルゲンシスのひと組の夫婦から、彼らとは似ても似つかない子ども、つまり解剖学的に見て現生人類と言える子どもが生まれたことになるからだ。つまり、最初期の現生人類はいくらか古代型の特徴を残していたと考えられ、人類学者の中には、それらを「古代型ホモ・サピエンス」と呼び、後の、もっと華奢で現代的なホモ・サピエンスと区別する人もいる。たしかに初期のホモ・サピエンスは、現代人の大半よりずんぐりしていた。

もちろん、解剖学的に見て現代的であるというのは、ただそれだけのことだ。オモに暮らした初期の人類は（後頭部がいくらかでこぼこしていたものの）わたしたちに似ていたかもしれないが、果たして、わたしたちと同じように考え、行動していたのだろうか？　漠然とでもその答えを得るには、彼らがどんな暮らしをし、何を作っていたかを示す手がかりを見つけ出し、そこから行動や思考パターンを推定していくしかない。しかし、オモ遺跡にそうした手がかりは残されていない。オモは、考古学的遺跡というより、完全に古生物学的な遺跡なのだ。人類の祖先の骨が今日まで保存されてきたことはすばらしいが、彼らがどんなふうに暮らしていたかという謎はそのまま残された。

わたしはオモ川沿いのミュルレキャンプに数日滞在し、近くにあるコルチョ村を何度か訪ねた。そこに暮らすカロ族には、ボディペインティングの伝統が根強く残っている。集落を訪れた最初の日、わたしはムダと呼ばれる若者に会ったが、その上半身は隅々まで、指で描いた白い螺旋模様に覆われていた。ムダは英語を少し話せたので、わたしは、その絵には何か意味があるのかと

オモ川の眺め

「エチオピア：すべての始まりの地」エチオピア、アディスアベバのカフェレストラン、「ルーシー」

尋ねた。彼は模様自体に意味があるとは思っていないようだったが、大人の男と少年は体に絵を描き、大人の女と少女は顔に絵を描くのだと言った（口絵⑤）。

藁を載せただけの低い屋根の下に座っている女たちが手招きした。彼女らは縫物をしていて、幼い子どもがふたり、その様子をながめている。少女がもうひとりの少女の顔に模様を描いていたが、それがすむと、次はあなたの番だと、わたしのところへやってきた。少女は白い粘土が入った小さなブリキの鍋を手に持ち、丸くなった釘の頭でわたしの顔に白い水玉模様を描いていった（口絵④）。ほてった顔に、ひんやりとした小さな粒を載せてもらうように感じた。その少女はブナと呼ばれていた。ブナは、わたしを他の女たちや集まってきた大勢の子どもに紹介した。子どもたちは、肌の白い女がカロ族の水玉模様を顔に描いてもらうのを見にきていたのだ。

ブナは、目のまわりを大きく丸く残して、わたしの顔全体に丁寧に水玉模様を描いていった。もうひとりの女の子が手伝いにきたので、ブナは彼女に何かを指示した。やがて、ブナは釘と鍋を下に置き、真剣な表情でわたしの顔をじっくり見て、うなずいた。完成したらしい。

そうこうしているうちに、ムダがやってきた。友人のところへ案内すると言う（口絵⑥）。背の低い藁ぶきの小屋へ行き、中をのぞきこむと、女性が床にしゃがんでいた。手招きされたので、身をかがめて中に入った。彼女はコーヒーを炒っていた。ムダとわたしは、彼女と向かい合って腰を下ろした。「ぼくの友だち。チョウリです」と、ムダはゆっくり英語で言った。チョウリは他の女たちと同じような恰好をしていた。柔らかい二枚の皮を両脇で結んだエプロンのようなスカートは、膝のあたりまであった。ビーズの首飾りを何本も重ね、腕には真鍮の腕輪をいくつもはめている。ブナが後から入ってきて、わたしの隣に座った。チョウリはブナの母親だった。ムダの英語を介して会話らしきものを交わしたが、お互い何を言っているのかわかっていなかったているとがわかった。

と思う。ともあれ、チョウリの身ぶりや表情から、わたしの顔に模様を描いた娘の腕前に感心していることがわかった。

コーヒーを炒る香りがただよってきた。チョウリは鍋を火から下ろし、半分に割ったヒョウタンの中にそのコーヒーを入れて熱湯を注いだ。そして、どうぞ、とこちらへ差し出した。わたしはそれを受け取り、躊躇しながら口をつけた。オモでは、食べるものと飲むものに細心の注意を払ってきたが、その努力がすべて帳消しになりそうだった。夜になって吐くかもしれない、おなかを下すかもしれない、そう思いながらコーヒーをすすった（ありがたいことに、わたしの胃腸は無事だった。それに、コーヒーはおいしかった）。別れ際に、わたしは彼女らにシリアルバーをプレゼントした。チョウリは真鍮の腕輪をひとつくれた。ムダは、それをCの形に広げてわたしの腕にはめると、「友だち」と言って、自分とチョウリとわたしを指した。それを見ていたブナが、仲間はずれはいやだとばかりに、黄色と青色のビーズで作った腕輪をプレゼントしてくれた。

まさに人類誕生の地と呼べるオモ川の遺跡にいると、畏怖に近い思いが湧きあがってきたが、この旅では、ムダやブナやチョウリに出会えたことも貴重な経験だった。今こうして彼らのことを記していると、改めて、太古の時代、オモの人々はどんなふうに暮らしていたのだろうと思えてくる。もし、時間をさかのぼって太古の集落を訪ねることができたとしたら、そこに暮らす人々はわたしを住まいに招き入れて暖かなコーヒーをごちそうしてくれるだろうか？　友情の意味を彼らは理解できるだろうか？　興味深い疑問ではあるが、その答えは永遠に得られないだろう（少なくとも、コーヒーは後世の文化の産物だとわかっているけれど）。

それでも人類には、考古学的時代から続いているに違いないいくつかの特徴がある。そのひとつは、自分の体や身の回りを飾ろうとすることだ。およそ三万五〇〇〇年前から三万年前にかけて、ヨーロッパでは美術――洞窟美術や小像やビーズなど――が花開いたが、それよりずっと昔に美術品や装飾品が存在したことを示す証拠が残されている。音楽や言語と同じく、美術もまた、現生人類ならではの「意識」の産物と言えるのではないだろうか。

現生人類が始めた行動　南アフリカ共和国：ピナクルポイント

わたしはオモを後にして南へ向かった。南アフリカ共和国には有名な中期旧石器時代の遺跡がいくつもあり、現生人類的な行動の証拠が見つかっている。ブロンボス洞窟、クラシーズ川河口、ブームプラース洞窟、ディープクルーフ岩陰遺跡などである。

　これらの遺跡はおおまかにＭＳＡ（中期石器時代）のものとされているが、その技術と文化の特徴から、より古い時代のＭＳＡの遺跡とは一線を画している。つまり、考古学者たちによると、それらは、「現生人類の行動の痕跡が認められるＭＳＡ」の遺跡なのだ。この区別は重要である。なぜなら、現生人類の祖先種であるホモ・ハイデルベルゲンシスも、ＭＳＡの道具を作っていたからだ。二〇世紀末でも多くの考古学者は、人類は四万五〇〇〇年前になってようやく「完全な現生人類」になったと考えていた[1]。

　南アフリカの、七万五〇〇〇年前～五万五〇〇〇年前（ヨーロッパへの移住や後期旧石器時代よりかなり前）の遺跡から見つかった「現生人類」的なものとしては、柔らかいハンマー（骨か枝角でできていて、骨を砕くのに用いた）、掻器《そうき》（＝エンドスクレイパー。端に刃のある剝片石器で、獣皮の汚れを削り落とすのに使ったらしい）、刻器《ビュラン》（先の尖った石器で、おそらく皮や木に穴をあけるのに用いた）などを挙げることができる。また、最初の骨器も見られ、その中には槍の穂先や錐らしきものも含まれる。小さな剝片石器、小石刃《しょうせきじん》もあり、それらは長い棒に差し込んで銛《もり》のようにして使ったか、あるいは、矢じりにしたのかもしれない（もっとも、弓矢を使用した確かな証拠が現れるのは、もっとずっと後――約一万一〇〇〇年前――になってからだ）。小さな石のかけらなど重要ではないと思われるかもしれないが、それらは、複雑な武器が作られていたことを示唆している。弓矢が存在した証拠にはならなくても、これまでにない高度な狩猟道具が作られていたことを語っているのだ。また、石器が使われた地域と、材料の石が採れる地域は離れているので、かなり遠い土地と交流があったことがわかる。社会のネットワークが広がり、複雑になった証である。アフリカのＭＳＡの遺跡で、初めて小石刃が発見されたのは、南アフリカ共和国のハウイソンズ＝プールト遺跡だった(2)。同じような石器は、タンザニアのムンバ遺跡や、ケニアのノリキウシャン遺跡やエンカプネ・ヤ・ムト遺跡など、アフリカ東部でも見つかっている(3)。

南アフリカ共和国の遺跡で発見されたものは、石器を作る技術の進歩だけでなく、美術と装飾品の誕生も示唆している。考古学者たちはブロンボス洞窟で、穴の開いた巻貝の貝殻を発見した。穴は自然に開いたものではなく、尖った骨で削ると、同じような穴が開いた。穴の縁と貝の周囲がわずかにすり減っているので、おそらくひもを通して身に着けていたと考えられる(4)。またブロンボス洞窟には、オーカー（赤鉄鉱）の破片が数多く運び込まれていた。砕いて顔料にしたようだが、なかには幾何学模様を彫ったものもあった。それらはおよそ七万五〇〇〇年前のもので、人類最古の「抽象美術」と見なされている(5,6)。

考古学者たちは、このように技術や文化が発展したのは、八万年前から七万年前に環境が大きく変化した結果だと考えている。その時代は、間氷期OIS5から氷期OIS4への移行期で、気候は湿潤になったり乾燥したり、激しく変化しつづけた。七万四〇〇〇年前に起きたトバ火山の大噴火の影響も大きかったにちがいない。そのような変化に対応するために、おそらく新しい技術が開発され、社会のネットワークも広がった。その結果、美術や装飾品によって自らの存在を誇示したり、互いとの意思の疎通を図ったりする必要が出てきたのではないだろうか[6]。

そう考えればすべて辻褄が合う。つまり、およそ八万年前のアフリカでは、気候が大きく変動し、生活が厳しくなった。そこで、人類は脳を発達させ、より効率的な狩りの方法を考案し、芸術的才能も開花させて、その難局を乗り切ったのだ。

一九九〇年代後半に、南アフリカの南部の海岸にあるモーセルベイにほど近いピナクルポイントにゴルフ場を作る計画が持ち上がった。申し分のない環境だった。海岸はごつごつとした岩に縁どられ、断崖の上にはフィンボスが広がっている。フィンボスとは、南アフリカの沿岸部に特有の、ヒースに覆われた荒野で、さまざまなプロテアやアシも生えている。しかし、自然が美しいだけでなく、ピナクルポイントには考古学上の財宝が眠っていた。石器時代に、その断崖の洞窟に人が住んでいたことは、ずいぶん前から知られていたが、ゴルフ場の開発に備えて詳しい調査がされるようになって初めて、そこにどんな宝が埋もれていたかが明らかになった。

洞窟に閉じ込められた、現生人類最古の記録

わたしは考古学者のカイル・ブラウンに会うために、ケープタウンからガーデンルート（全長四〇〇キロの景勝ルート）でモーセルベイに向かった。カイルは、その美しい海岸線にある洞窟を長年にわたって調べてきた。調査は今も続いている。ゴルフ場のクラブハウスでカイルと落ち

合い、連れだってゴルフ場の先の断崖へ向かった。その崖には、海岸まで木製の階段が設けられている（口絵⑦）。スイングの練習をしていたゴルファーたちは、断崖の向こうに消えるわたしたちを不思議そうに見ていた。急な階段を降りていくと、少し前の嵐のせいで一番下の板が割れていたので、近くの大きな岩に飛び降り、海岸に這い降りた。この短い海岸には二九の遺跡があり、そのうちの一八か所は洞窟である。別の階段を上り、涙の形をした大きな洞窟の入り口にたどり着いた。「これは13B洞窟で、最初に発掘された遺跡だよ」とカイルは言った（口絵⑧）。

わたしは洞窟の中に立ち、外の美しい景色を眺めた。波がうねり、黄褐色の岩にぶつかって砕ける。今は九月で、二頭のクジラが海岸のすぐそばを泳いでいた。胸びれを海面から出して体を回転させ、潮を吹いた。洞窟の中は居心地がよく、キャンプができそうだった。

「この洞窟にいれば、海岸の荒々しい波や風を避けられただろうね」とカイルが言った。あらゆる天候の下でその洞窟を調べてきた彼は、そこが風雨を避けるのに最適の場所であることを、身をもって知っていた。

この海岸の洞窟に考古学的遺物が埋もれていることがわかると、考古学者たちはさっそく調査に取り掛かった。そしてその結果と古気候のデータとを結びつける、長期プロジェクトもスタートした。指揮したのは、アリゾナ州立大学

ピナクルポイント

のカーティス・マリーンと南アフリカのイジコ博物館のピーター・ニルッセンである(7)。

洞窟は、およそ一〇〇万年前に珪岩の崖がえぐれてできたものだ。崖の上部には石灰岩の層があり、その成分（炭酸カルシウム）を含む地下水が洞窟の壁を伝い落ちてきて、砂や小石を固めて角礫岩にした。「これらの洞窟の入り口は、開いていたこともあれば、吹き寄せられた大量の砂でふさがれていたこともあった」とカイルは説明した。角礫岩は洞窟内で形成されたため、その中に残された気候の記録は、過去四〇万年にわたって（カイルに言わせれば、「ほんの五〇〇〇年ほど」の空白がある他は）途切れていない。そしてどの時代も、洞窟のいくつかは口が開いて、人間が住める状態になっていた。角礫岩層は年代測定と気候の再現に役立つだけでなく、遺物の風化を防いだ。つまりピナクルポイントには、角礫岩層のおかげで気候の記録と考古学的遺物の両方が残されており、他の場所ではできない長期的視野に立った研究ができるのだ。

洞窟の床面は、遺物を守るために土嚢《どのう》で覆われていた。カイルは隅のほうの土嚢をいくつか動かして、小さな発掘跡を見せてくれた。穴の周囲はシルトのように見えたが、触ってみると、硬い角礫岩だった。「この岩のおかげで、遺物が今日まで保たれたのだ」とカイルは言った。

「スコップでは掘れないでしょうね」と、わたしは聞いた。

「ああ。歯科医用の歯石取り《デンタルピック》とハンドドリルで掘っていく。ものすごく大変だよ。この小さな穴を掘るのに、四回に分けて作業したんだ。でも、そうするだけの価値はあった」

一番下の層は最も柔らかく、ほとんど砂のようだった。発掘したとき、そこには焼け焦げた痕がすじ状に残っていた。太古の時代の炉跡らしく、石器や動物の骨も見つかった。それらを光ルミネッセンス法（OSL法）で調べたところ、約一六万四〇〇〇年前のものだとわかった。OIS6（氷期）のさなかで、海水面は今よりいくらか低かったので、この崖は海岸から五〜一〇キロ離れた内陸にあったはずだ。ひとつ上の層はおよそ一三万二〇〇〇年前のもので、炉がいくつか見つかったが、人工の遺物はほとんどなかった。その上の層はしっかり固まっていて、およそ一二万年前の貝が大量に含まれていた。そして一番上には、九万年前から四万年前までにできた角礫岩の層がかぶさっていた。それが洞窟の床面を覆って、すべての遺物を完全なまま保ってきたのだ。「ここの地層には、現生人類に関わりのある最古の記録が閉じ込められているのだよ」とカイルは誇らしげに言った。

カイルは、発掘された石器をいくつか見せてくれた。

「これらは、この洞窟で見つかった石器の典型的なものだ。石刃や尖頭器は、このあたりの海岸で採れる珪岩を打ち欠いて作っている。大きな石器と一緒に、とても小さな石刃も見つかった」

それらは本当に小さく、幅が一センチ弱、長さは二センチくらいだった。

ピナクルポイントで見つかった石器には――ハウイソンズ＝プールト遺跡で見つかったものと同じく――MSAの石器と小石刃が混じっていた。実際のところ、ピナクルポイントで見つかった石器の半分以上は小石刃なのだ。そこに住んでいた人々は石器と何かを組み合わせた道具を使っていたらしい。

「こんなに小さな石刃を、柄や取っ手をつけずに、手で持って使ったとは思えない。つまり、これらの石器からは、道具作りの技術が進んだことがわかるんだ」とカイルは語った。

上から二番目の層で見つかった貝（およそ一二万年前のもの）も、興味をそそった。大量のペルナイガイをはじめ、カサガイやリュウオウスガイなど、食べることのできるあらゆる貝の殻があった。クジラに付着するオニフジツボの破片もあった。もしかすると、浜に打ち上げられたクジラの皮膚からもぎ取ったのかもしれない。

カイルによると、リュウオウスガイは昔の気候について特別な情報をもたらしてくれるそうだ。貝そのものは粉々に砕けていることが多いが、貝口の蓋《ふた》はほとんどの場合、壊れることなく保存されている。カイルはいくつか見せてくれたが、それは真ん中が盛り上がった小さな白いボタンのようで、平らな面には螺旋模様があり、成長層がはっきりと見えた。考古学者たちは、この蓋に含まれる酸素同位体を調べれば、貝が生きていた時代の海水温と、気候全般に関する情報が得られるのではないかと考え、手始めに、現代の貝と最近の気候の記録を突き合わせてみることにした。二年にわたって、彼らは海岸でリュウオウスガイを集め、その蓋を調べ、期待通りの結果を得た。「貝はとてもおいしかったよ」とカイルは言った。

狩猟採集生活を送っていた祖先たちが貝を食べていたのは当たり前のことのように思えるかもしれないが、実を言えば、この洞窟に残された貝殻は、人類が海洋資源を利用した最古の証拠なのだ。アウストラロピテクス属の猿人と初期のヒト属は、数百万年にわたって陸上の植物と動物だけを食べてきたが、ホモ・サピエンスは魚や貝も食べるようになった。海洋資源の活用は、現生人類ならではの行動のひとつと見なされている。

以前は、南アフリカ共和国の他の遺跡で見つかった証拠から、海辺の生活への適応はおそらく七万年前頃に起きたとされてきた。考古学者たちは、その適応ゆえに人類は爆発的に数を増やし、アフリカに収まりきらなくなってアジアへ移動したのだと主張した。しかし、ピナクルポイントでの発見は、その年代をさらに昔へと押しあげた。マリーンらは、ピナクルポイントで見つかった証拠から、貝はＯＩＳ６の間に重要な食料になったと考えている。一九万年前から一三万年前まで続いたこの氷期の間、環境は非常に乾燥したため、人類は懸命に食物を探したはずだ。海洋資源を食べるようになったことは、初期の狩猟採集民が生きのびるうえで、きわめて重要な変化だったと思われる。

ピナクルポイントで見つかった現生人類的な行動の痕跡はそれだけではない。一番下の層からは、赤色オーカーの破片も多数見つかった。全部で五七個あり、単なる自然の小石ではなかった。傷がついていたり、磨滅したりしていたのだ。カイルは、洞窟で見つかったオーカーをひとつ、わたしの手に持たせてくれた。表面がすり減って平らになっており、削ったような傷も残っていた。同じようなオーカーを写真で見たことはあったが、手に持ってじかに見るとはるかに説得力がある。その傷や形が、自然にできるはずはなかった。わたしの手の中にあるのは、人類が顔料を使った世界最古の証拠なのだ。一六万四〇〇〇年前、ピナクルポイントの人々は何かを染めていたのである。

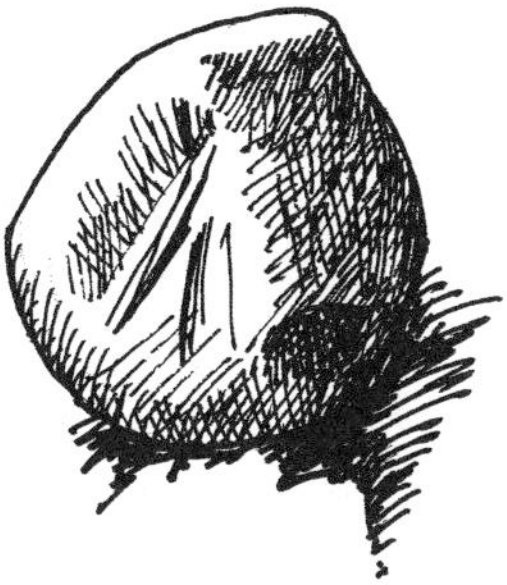

ピナクルポイントで見つかった、傷と研磨した部分のあるオーカー

「見つかったのはごくわずかだ」とカイルは言った。「だが、このオーカーは、ここに住んでいた人々が、記号や象徴によるコミュニケーションを図っていたことを示す最良の証拠だと言えるだろうね」。ピナクルポイントで見つかった赤色オーカーが、ボディペインティングに向く顔料であることはたしかだが、何に塗ったのか——洞窟の壁か、何らかの物体か、それとも彼ら自身か——、そして、それが彼らにとってどんな意味を持っていたのかは、今後も謎のままだろう。それでもわたしは、編んだ髪や顔や胸をオーカーの深みのある赤で塗ったキビシュの女たちの姿を思い浮かべずにはいられなかった。

ケンブリッジ大学の考古学者、ポール・メラーズ[6]は、南アフリカに遺跡が多いのは、単に広範囲にわたって調査が行われた結果かもしれないので、そこを現生人類の行動が現れた場所だと決めつけてはならない、と警告する。確かに、年代について異論があるものの、タンザニアやケニアでも同じような遺跡が見つかっている。祖先たちの体の構造が、いつ現生人類と同じになったのか、正確な時期はわからないが、一九万五〇〇〇年前のオモ化石はかなり現生人類に近づいている。そして遺伝子の証拠も、わたしたちの種の起源がおよそ二〇万年前だということを示している。

ピナクルポイントで見つかった証拠により、現生人類的な行動が現れた年代は繰りあげられ、現生人類的な体の特徴が現れた時期に近づいた。現生人類的な行動は、体の特徴と同じく、ひとつずつ徐々に現れ、モザイク状に進化していったのかもしれない。しかし、一六万年前から一二万年前にかけてピナクルポイントに住んでいた人類は、その食べ物、技術、顔料の使用という文化的行動のいずれもで「わたしたちは現生人類だ！」と主張しているのだ。

最初の大移動

イスラエル：スフール

アフリカで人類の集団が移動したと思われる年月は非常に長く、その間、氷期と間氷期が何度も繰り返されている。したがって、人口がどのように増大し、拡散していったか、その流れをさかのぼるのは難しい。また、考古学的調査や遺伝子の調査は、政治的に安定した進んだ国でしか行えない。それは、アフリカのほとんどの地域において、初期の現生人類に関する証拠がまだ見つけられていないことを意味する。しかし近年では、遺伝学の方向から、アフリカのどこで現生人類が誕生したのかが明かされようとしている。ミトコンドリアの最古の系統であるＬ１は、南アフリカのブッシュマンと中央アフリカ共和国のアカ・ピグミー族から見つかった。一方、最古のY染色体のハプログループ（遺伝的に近い集団）は、東アフリカのスーダン人やエチオピア人、そしてブッシュマンやその他のコイサン族に見つかっている。こうしたことから、最古の遺伝子の系統は東アフリカからスタートして南と北へ広がり、その後、アフリカの外へ広がっていったと考えられている。また、アフリカ人の遺伝子には、ずっと後の時代――今から約三〇〇〇年前――に、バントゥー語を話す人々が西アフリカから東と南に広まったことも記録されている。[1]

では、人類は、いつ、どこからアフリカの外へ出ていったのだろう。海洋資源を利用するようになった人類は海沿いに拡散し、他大陸へ進出していったようだ。けれども、地理的要因と気候の影響も無視することはできない。いずれも、更新世には大きく変動しつづけた。[2]

アフリカからユーラシア大陸へ渡るルートは、少なくとも四つあったと考えられる。モロッコからジブラルタル海峡を渡ってスペインへ入るルート、チュニジアからシチリア島を経由してイタリアへ渡るルート、エジプトからシナイ半島を通ってレヴァント地方（アラビア半島の地中海に面した地方）に入るルート、そして紅海の南端でバブ・エル・マンデブ海峡を渡るルートである。シナイ半島を通るルート以外はすべて海を渡らなければならないが、不可能なことではない。先に述べたように、およそ六万年前までに、人類は太平洋を渡ってオーストラリアへの移住を果たしているのだ。[3]

これらのルートは、人類が北アフリカから外へ拡散したことを示唆しており、最初期の現生人類が北アフリカにいたという証拠も揃っている。一九六〇年代に、モロッコの石切り場にあるジェベル・イルード洞窟で、四体のヒト属の化石が中期旧石器時代のムスティエ文化の道具と共に見つかった。同じ場所にあった動物の化石から、それらは更新世末のものと推定された。最近

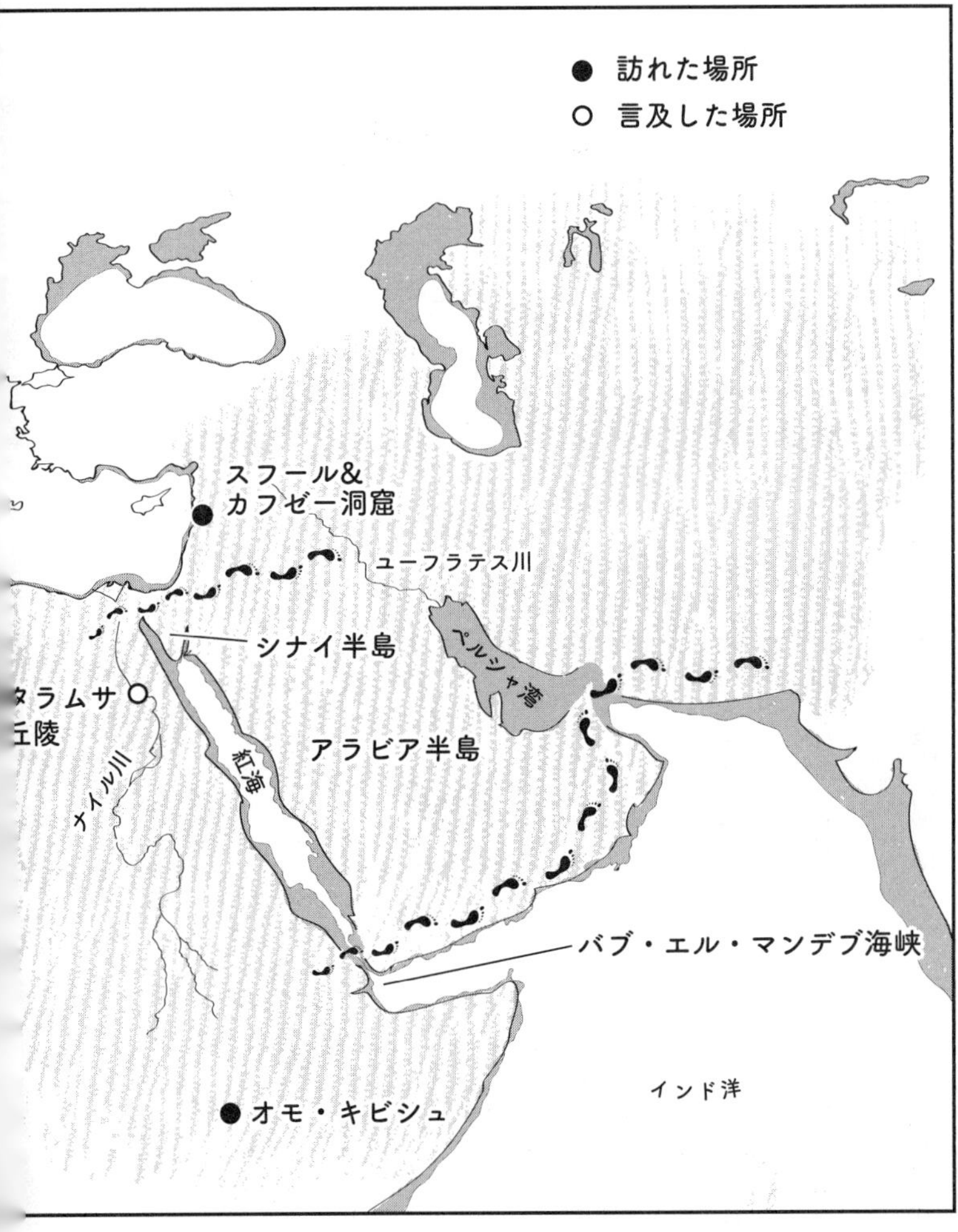
● 訪れた場所
○ 言及した場所
スフール&
カフゼー洞窟
ユーフラテス川
シナイ半島
ペルシャ湾
タラムサ
丘陵
アラビア半島
紅海
ナイル川
バブ・エル・マンデブ海峡
インド洋
オモ・キビシュ

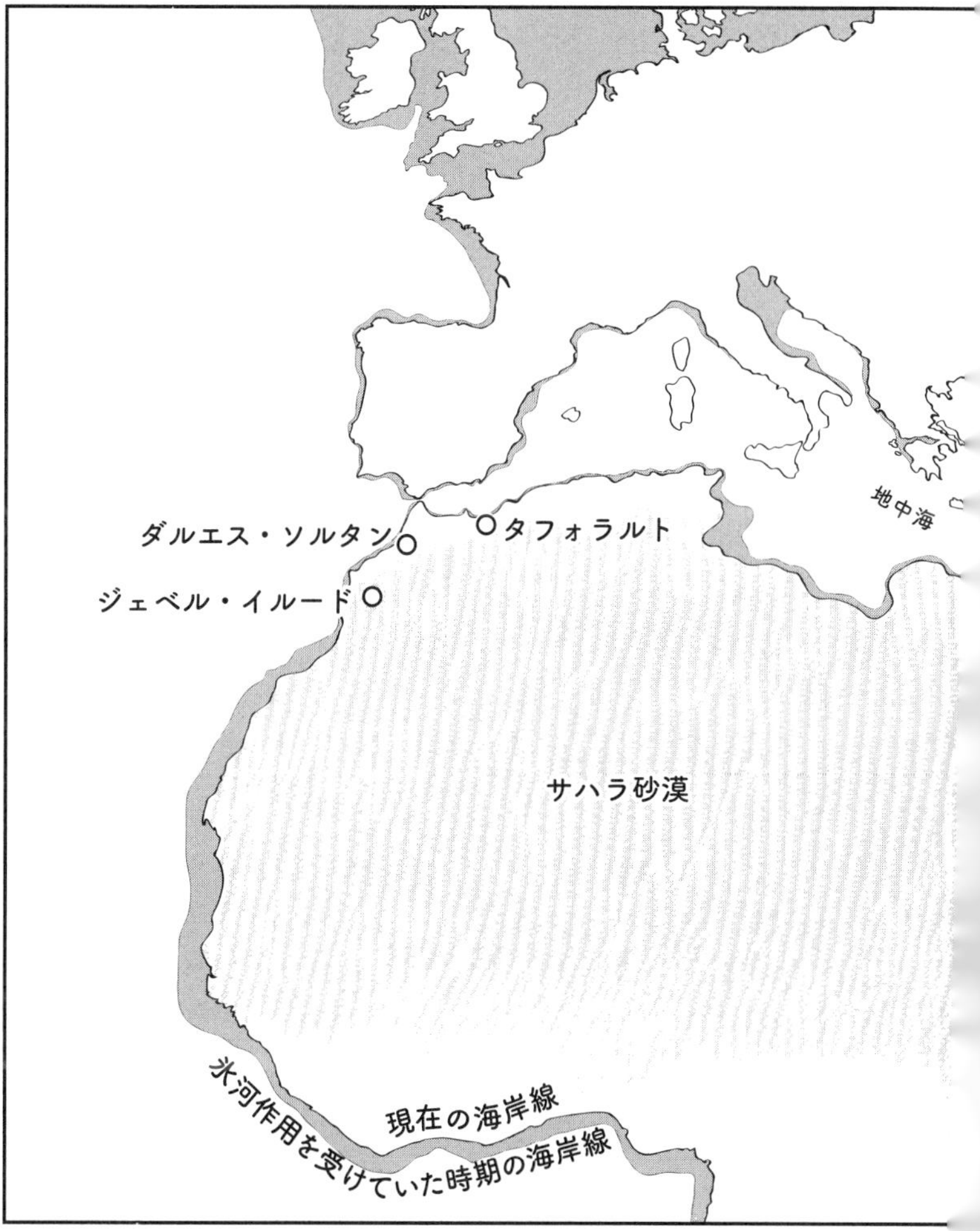

出アフリカのルート　足跡が示すのは、紅海の北を通るルートと南を通るルート。砂丘の模様は、氷期に砂漠が最大に広がっていた状態

になって、四体のひとつである子どもの下顎を、ウラン系列年代測定法とESR法（電子スピン共鳴法）で調べたところ、およそ一六万年前のものであることがわかった。[4] その年代から、研究者の中には、ジェベル・イルードで見つかった複数の頭骨はネアンデルタール人のものだと主張する人も出てきたが、その後の分析により、それらの頭骨はがっしりしているが、たしかに初期の現生人類のものであることが確認された。また、モロッコのダルエス・ソルタン遺跡では、初期の現生人類の化石がアテール文化の道具と一緒に発見されており、東モロッコのタフォラルト遺跡でも、アテール文化の尖頭器と一緒に、穴のあいた貝ビーズ（およそ八万二〇〇〇年前のもの）などの現生人類の行動を示す証拠が見つかっている。[5,6]

しかし、現生人類が北アフリカ（現モロッコやチュニジア）から地中海を渡ってヨーロッパに拡散したという具体的な証拠はなく、地中海は、アフリカから出ようとする人類にとって越えがたい障壁になっていたようだ。ヨーロッパの遺跡の年代や、現代ヨーロッパ人の遺伝子に残された証拠も、人類がアフリカの東部から外へ出て、それから西のヨーロッパへ拡散したことを示している。[7] つまり、アフリカにいた人類は、シナイ半島を通る北のルートか、バブ・エル・マンデブ海峡を渡る南のルートを通って外の世界へ出ていったのだ。もっとも、どちらのルートも通りやすさは、氷期・間氷期を通じて変化しつづけただろう。

スティーヴン・オッペンハイマーは自著『人類の足跡10万年全史』（草思社）の中で、当時の気候と環境を鑑みつつ、北と南のルートがアフリカからの出口となった可能性について考察している。[8] 更新世のほとんどの期間、北のルートは「閉じて」いた。気候は寒く、乾燥し、北アフリカからシナイ半島にかけて砂漠が広がっていたのだ。しかし、氷河時代はおよそ一〇万年ごとに間氷期に中断され、その間、地球は一時的に暖かくなり、季節風が戻ってきた。砂漠の中には緑地になったところもあっただろう。

オッペンハイマーはその様子を、SF映画かなにかのようにありありと描写している。サハラ砂漠の南にいた動物たちは、かつて砂漠だった場所に暮らせるようになり、生息域を赤道周辺から温帯地域へと拡大させた。そうしてアフリカ大陸を北上した動物たちは、やがてシナイ半島にもその歩を進め、半島の端から端まで続く緑の「回廊」(川沿いのように、豊かな資源のある筋状の土地)を通って、ヨーロッパ大陸へ渡っていたのだ[9]。

現在わたしたちは、一万三〇〇〇年前に始まった暖かく快適な間氷期を堪能している。そのふたつ前の間氷期はイーミアン間氷期、あるいはイプスウィッチアン間氷期と呼ばれ、約一三万年前に始まった。一三万年前から一二万年前までは特に、高温多湿な気候だったようだ[10]。アフリカ以外の土地に現生人類の痕跡が出現しはじめたのもこの頃で、イスラエルのスフール洞窟とカフゼー洞窟では、現生人類の化石が発見されている。それらの人々の祖先は、緑地になった北のルートを通ってアフリカを出たらしい。

と言っても、現在の大陸の境界にとらわれすぎると、本当のことが見えにくくなる。実際には、これらの人々が「アフリカを出た」と考えるより、一二万五〇〇〇年前のレヴァント地方は北東アフリカの一部だったと考えたほうがいいのかもしれない。当時のレヴァント地方は、基本的にはアフリカと同じ環境で、同じ種類の動物が暮らし、現生人類はその動物相の一部だったのだ[7,11]。

レヴァントに現れ、そして消えた現生人類

わたしはイスラエルへ向かった。目指すのはスフール洞窟で、地中海に面した港町ハイファに程近いカルメル山のふもとにある。車でテルアビブから北へ向かい、標識に従って本線からはず

れ、ナハール・メアロット（ワディ・エルムガレとも呼ばれる）という峡谷に入った。谷の両側には、石灰岩質の崖がそそり立っている。南の崖を成すのがカルメル山で、ふもと近くにいくつも洞窟の入り口が並んでいた。車を降り、案内板を頼りに谷底を進み、坂を上ってスフール洞窟にたどり着いた。気味の悪い洞窟で、小さく、それほど奥行きもない。入り口の前は台地になっている。あちこちに発掘時に出た土砂が山積みにされ、今では棘だらけの灌木に覆われていた。地面には燧石《フリント》の細かい破片（石器を作ったときに出た石屑）が散らばっている。

わたしは洞窟の外の岩に腰をおろし、ヨエル・ラクを待った。ヨエルはテルアビブ大学の解剖学者で、古人類学者としても知られる。現在はイスラエルの更新世の遺跡について研究している。かつてエチオピアでドン・ジョハンソンやウィリアム・キンベルと共に発掘調査をしたこともあり、その折には初期のホミニンであるアウストラロピテクス・アファレンシスのほぼ完全な頭骨を発見した。

ほどなくしてヨエルが現れた。彼はカルメル山の洞窟発見のいきさつを語ってくれた。多くの遺跡と同じく、カルメル山の洞窟は、偶然、発見された。イスラエルが英国委任統治領パレスチナだった時代に、道路と空港を建設するためにハイファの近辺を調査していた英国人地質学者によって発見されたのだ。発掘を指揮したのは、後にケンブリッジ大学初の女性教授となる考古学者ドロシー・ギャロッド[12]と、ロンドン自然史博物館の古生物学者ドロシア・ベイトで、作業は一九二四年から三四年まで続いた。ヨエルが言うには、ドロシーはがちがちのフェミニストで、発掘チームのメンバーのほとんどは近くの村のアラブ人女性だったそうだ。もっとも、ハンドドリルを使う作業や、石灰質の角礫岩を持ち上げるといったやっかいな仕事には、男性を動員したらしい。ヨエルは、スフール洞窟の前の台地に残るドリル跡を指差した。考古学者たちは洞窟内の堆積層からムスティエ文化の石器を数多く発見した。一番下の層からは、埋葬されたと思われる現生人類の骨格が一〇体、見つかった。

スフール洞窟から峡谷をさらに行った先にあるタブーン洞窟では、ネアンデルタール人の化石が発見された。ドロシーは、スフールで見つかった現生人類の化石をおよそ四万年前のものと見積もっており、一方、タブーン洞窟のネアンデルタール人の骨は、五万年以上前のものだった。その年代は、ネアンデルタール人を現生人類の祖先とする当時の見方と一致した。

しかし、一九八〇年代になって、現生人類の化石はもっと古い時代のものだということがわかった。同じ地層に埋もれていたウシ亜科の動物の歯を電子スピン共鳴法で調べたところ、およそ九万年前という年代が示されたのだ[13]。さらに最近になって、その化石化した人類の骨と歯、および、墓から見つかった二本の動物の歯を、ウラン系列法と電子スピン共鳴法で調べた結果、それらの人骨は、一三万年前から一〇万年前までに埋葬されたことがわかった[14]。

わたしは、スフール洞窟で見つかった人類の化石を見るために、エルサレムにあるロックフェラー博物館を訪れた。静まりかえった館内に靴音を響かせながら、古代の石棺や青銅器時代の埋葬品や骨壺が並ぶ陳列室を抜けて、それらよりはるかに古い骨に会いにいった。

スフールの化石は、二体展示されていた。四歳の子どもの骨（スフール1号）と成人男性の骨（スフール4号）である。どちらも信じられないほど保存状態が良かった。わたしがブリストルの研究室で調べていた中世の骨格の大半よりずいぶん古いにもかかわらず、それらよりはるかに整っていた。一般に、石灰岩質の土壌は骨を良好な状態に保つ。あの洞窟に埋葬されていなければ、これらの骨は今日まで残っていなかっただろう。

スフール4号の化石は、発見時の姿のままで展示されていた。後世の埋葬骨と違って、まっすぐ寝かせたり、膝を抱くような形に整えたりされず、ぞんざいに寝かされていた。両脚を屈折させ、前かがみにうつぶせになり、頭を上げ、腕を曲げて手を顔の下に寄せている。手と手の間には、燧石《フリント》で作った掻器があった。それが墓の中に故意に置かれたのか、それとも遺体にかぶせた土に混じっていただけなのかは定かでない。

しかしスフールの墓には、明らかに遺体といっしょに埋めたと思われるものがあった。スフール5号はイノシシの下顎骨を両腕で抱いた状態で埋葬されており、墓と同じ層には二個の貝ビーズも含まれていた[15]。

一九三〇年代後半に、ナザレの近くにあるカフゼー洞窟から、さらに多くの現生人類の化石が出土した。最初に七体の化石が見つかったが、六〇年代から七〇年代にかけて再調査すると、新たに一四人分の化石が見つかった[16]。一体は若者の骨格で、胸にシカの枝角がかぶせられていた。そばには加工されたオーカーも何片か埋まっていた[14]。

スフールとカフゼーの二つの遺跡は、丁寧さに差があるものの、埋葬が行われたことを裏づける最古の証拠である。副葬品の存在は、埋葬に儀式的意味合いがあったことと、人々の生活に精神的要素が伴うようになったことを示して

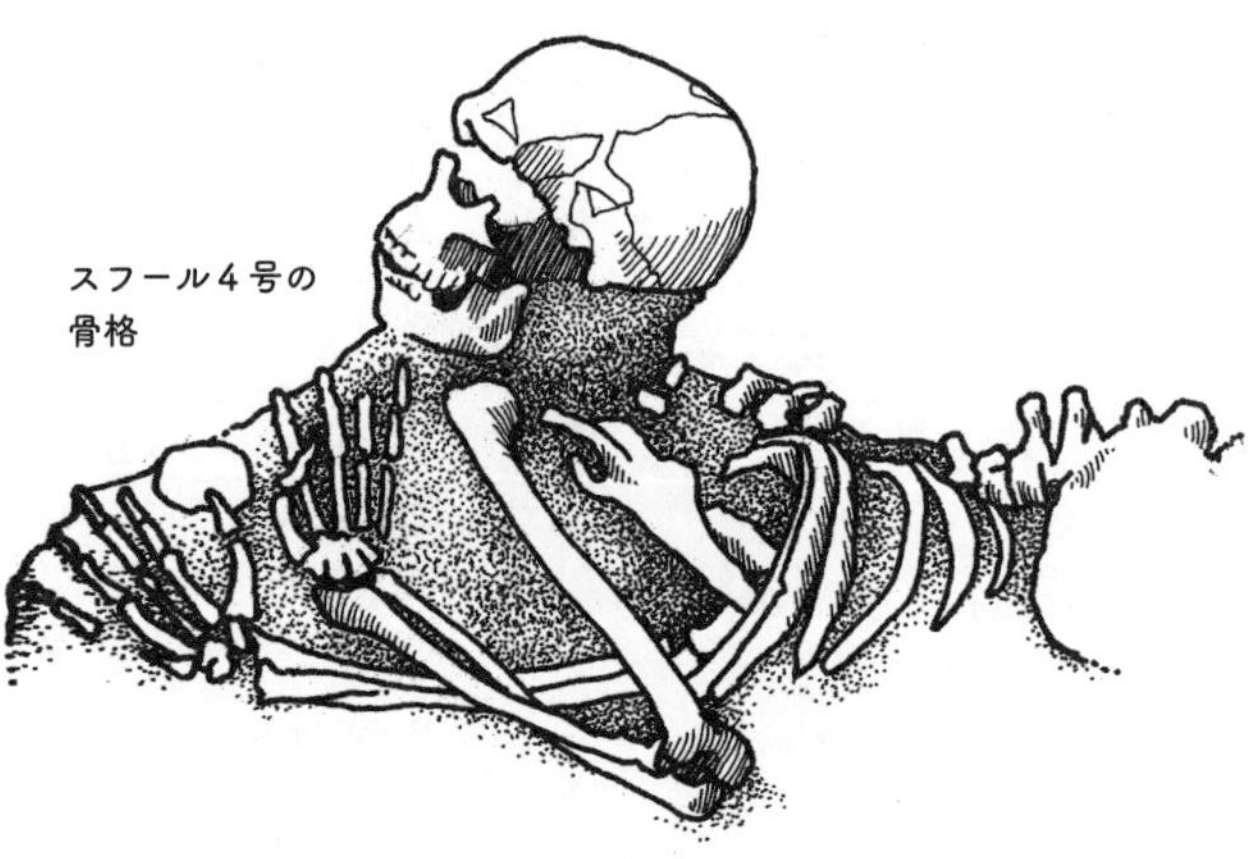

スフール4号の骨格

いる。南アフリカで見つかった芸術や装飾品の痕跡と同じく、それらの副葬品は、現生人類的な考え方や行動の表れと見なすことができる。そこには、わたしたちに馴染みのある、死と生に対する姿勢が見てとれるのだ。遠い昔にそれらを埋めた人々にとっては、何か意味があったのだろう。亡骸《なきがら》のそばに装飾品や動物の骨を埋めたのは、来世を信じていたからではないかと想像したくなる。

しかし、スフールとカフゼーで埋葬が行われた後、レヴァント地方では約五万年間にわたって現生人類の痕跡が消える。わたしはヨエルに、「何が起きたのでしょう」と尋ねた。彼は、「現生人類がこの場所から本当に消えてしまったのかどうか、それを証明するのは難しいですね」と答えた。単に、死者の埋葬をやめただけなのかもしれないが、現生人類の骨も、穴をあけた貝も見当たらない時代が長く続くのだ。石器やネアンデルタール人の化石は見つかるが、石器はムスティエ文化の単純なもので、ネアンデルタール人が作った可能性もあり、現生人類がいた証拠にはならない。そうした空白が長く続き、およそ四万五〇〇〇年前になってようやく、より洗練された石器が出土するようになる。証拠があるのに見つかっていないのだろうか、それとも、本当に存在しないのだろうか? ヨエルは、およそ九万年前に気候と環境に何らかの変化が起きて、レヴァント地方から現生人類は消えたと考えている。

寒冷で乾燥した気候が戻ると、シナイ半島とサハラ一帯には再び砂漠が広がり、北のルートを遮断するとともに、アフリカの北部と南部を切り離した。「中東は、言ってみればアフリカとヨーロッパの境界線のようなもので、それが気候によって北上したり、南下したりしたのです」と、ヨエルは言った。温暖で湿潤な時期、その境界線は北上し、(現生人類を含む)アフリカの動物はレヴァント地方に移住した。そして、寒く乾燥した時期には、境界線はアフリカの動物もろとも南に下がり、境界線の北の地域にはヨーロッパの動物が入り込んできた。そのヨーロッパ生まれの動物には、ネアンデルタール人も含まれた。

「彼らにとって氷河の近くでの暮らしは快適だったようです」とヨエルは言う。

「イスラエルで現生人類に何が起きたのでしょう。ネアンデルタール人に追い出されたのでしょうか」と尋ねると、ヨエルは、「そういうドラマティックなことが起きたという証拠は見つかっていません」と答えた。

九万年前から八万五〇〇〇年前にかけて、「ハインリッヒイベント7」が起こり、地球全体が寒くなり、乾燥した。ハインリッヒイベントとは、氷床から分離した巨大な氷山群が北大西洋に流れ出すことで、海水面の温度の低下を招く。その影響で、南アジアでは雨季の降雨量が減り、乾燥が進んだはずだ。もしかすると中東地域から現生人類が消えたのは、そのせいかもしれない。ヨエルは、カルメル山周辺に住んでいた人々は、牧草地が消えたために、家畜たちとともに南に向かったと考えている。「おそらく彼らは、この地で幸せに暮らし、死者を埋葬したりもしていたのでしょうが、気候変動のせいでここに住めなくなり、南へ移っていったのでしょう」

イスラエルのケバラ洞窟とアムッド洞窟では、ネアンデルタール人の化石が発見され、およそ六万年前のものと推定された。一方、スフールの近くのタブーン洞窟で見つかったネアンデルタール人の化石を調べなおしたところ、一二万年前のものであることがわかった。スフールとカフゼーで現生人類が葬られていた時代とほぼ同じである。(14) そう聞くと、一三万年から一〇万年前までの一時期、「アフリカの人類」(ホモ・サピエンス)と「ヨーロッパの人類」(ネアンデルタール人)がイスラエルで隣り合わせに暮らしていたのではないかと思えてくる。(17)

しかし、ここで扱う年代は非常に幅が広いので、現生人類とネアンデルタール人が同じ時代に生きていたと言い切ることはできない――彼らは数百年、あるいは数千年単位ですれ違ったかもしれないのだ。ヨエルは言った。「彼らが洞窟のなかで仲良くカード遊びをしていたとは思えませんね。互いの姿を見たかどうかもわからないのですから」。実際のところ、最初にその峡谷にやってきたのがどちらなのかもはっきりしないのだ。

いずれにせよ、スフールとカフゼーで見つかった現生人類の墓は、知られる限り、象徴的な埋葬がなされた最古の証拠であり、その人々が体の構造だけでなく行動も現生人類的だったことを明確に示している[14]。しかしその後この地域では、長い間、現生人類の痕跡が消える。

出アフリカのルートはどこに

スフールやカフゼーにいた現生人類を、「アフリカからの脱出に失敗した人々」と呼ぶ人類学者もいる。しかし、子孫がアジアやヨーロッパに拡散しなかったからといって、彼らを「失敗者」と呼ぶのは失礼だろう。そもそも彼らには、他の大陸に移住する気などなかった。わたしたちはその後の展開を知っているので、脱出に失敗したように思えるのだ。ともあれ、アフリカからこの地域への移住が、アジアやヨーロッパへの拡散につながらなかったのは確かである。

となると、現生人類はもっと後の時代にアフリカから脱出したことになる。彼らはどのルートを通ったのだろう。寒く、乾燥していた時期も、レヴァント地方を通る北のルートは、選択肢のひとつでありつづけただろう。実際、現生人類の中には、北アフリカの居住可能な地域、つまり「レフュジア」(気候が激変した時期に、比較的気候が穏やかだった地域)で生きのびたグループもいる。一九九四年、エジプトのナイル川西岸にあるタラムサ丘陵で子どもの骨格の化石が見つかった。発掘場所の砂を光ルミネッセンス法で調べたところ、八万年前から五万年前までに埋葬されたものであることがわかった。骨格はもろかったが、人類学者が現生人類だと確信できるだけのもの——特に頭骨——が残っていた。[18] また、遺伝学者の中には、Y染色体に関する証拠から、北ルートによる移動が世界への拡散につながったと見ている人もいる。[19]

現生人類が北ルートを通ってアフリカから出たのがおよそ五万年前だとすると、ヨーロッパで見つかる遺跡や化石の証拠とは矛盾しないが、南アジアとオーストラリアに現生人類が移住した時期を考えると、それでは遅すぎる。

ケンブリッジ大学の人類学者マルタ・ラーとロブ・フォーリーは、現生人類の拡散は少なくとも二回起きたと考えている——最初のそれは約七万年前に起こり、アフリカにいた人類は紅海南端のバブ・エル・マンデブ海峡を越えてアラビア半島へ渡り、その後インドの海岸沿いを進んだ。二回目は約五万年前で、シナイ半島からレヴァント地方を通ってヨーロッパに拡散していった、というのである。マルタとロブは、この二度の拡散はそれぞれ異なる考古学的「サイン」を残したと語る。最初のサインは、中期旧石器時代の石器であり、二度目のそれは、より高度な後期旧石器時代の石器である。また彼らは、複数回にわたって拡散したと考えれば、化石と現生人類（特に頭骨の形）に解剖学的なばらつきがあることも説明でき、遺伝子の研究もそれを裏づけている、と主張する。[7,9]

マルタは、オハイオ州立大学の人類学者ジュリー・フィールドと共に、GIS（地理情報システム）による精密なコンピュータモデルを作り、アフリカから拡散するルートを探させた。舞台は七万四〇〇〇年前から五万九〇〇〇年前までの、寒冷で乾燥したOIS4期の地球で、出発点はエチオピアのオモ・キビシュである。その時期、氷河が成長して膨大な量の海水が氷に閉じ込められたため、世界中の海水面は現在より八〇メートルも低かった。ペルシャ湾は干上がり、紅海は存在していたものの、その海岸線は今よりずっと沖にあった。北アフリカとアラビアはいっそう乾燥し、砂漠が広がった。

コンピュータは、山や広い湖や川といった障害や、利用可能な水源の有無を考慮しながら、「最も障害の少ないルート」を探した。人類は、特定の方向を目指していたわけでも、目的地を想定していたわけでもなかったので、出発点から自由に「放浪」し、半径六〇キロメートル以内のルートを探検するように設定した。水面が現在よりずっと低い太古の環境において、コンピュータが見つけた「最もコストの低いルート」（舟を用いないバージョン）は次のようなものだった。まず紅海沿いの海岸へ向かい、紅海西岸を北上する。途中、西に進路を変えて、現在のアスワンあたりで山岳地を越え、ナイル川流域に至り、そこから先はナイル川沿いに地中海沿岸まで進む。そして地中海にそってシナイ半島へ入り、カルメル山の近くまで行き、そこで東へ向きを変え、ユーフラテス川まで進む。その後、ユーフラテス川沿いに現在のペルシャ湾まで下り、湾が干上がってできた広大な平原をさらに下っていくのである。しかし、オッペンハイマーが最近の論文で指摘したように、この北のルートを行くと、砂漠を三度、通過することになり、それぞれの距離は三〇〇キロを超す。最初は紅海沿岸からナイル川へ行くまで、二回目はナイル川から死海まで、三回目はシリア砂漠を横切ってユーフラテス川へ行きつくまでだ。砂漠に適応しておらず、大量の水を必要とする人類にとってその行軍は、極めて困難なものになったはずだ。[2] カラハリ砂漠に住むブッシュマンでさえ水を必要とするのだから。

二つ目のバージョンでは、マルタとジュリーは、仮想の移民たちにバブ・エル・マンデブ海峡を舟で渡るという贅沢を許した。その先、ルートはふたつに分かれる。ひとつは北へ向かい、シナイ半島とアラビア半島にはさまれたアカバ湾の近くで止まる――もし、ここでも舟を使えたとしたら、彼らは紅海の西岸（今日のエジプトやスーダン）へ渡り、紅海を取り囲むコミュニティを築いたかもしれない。もうひとつは東へ向かうルートで、アラビア半島の南端（今日のイエメンやオマーン）を進んでいく。[9]

コンピュータは、前方に迫る川や湖や山脈が越えやすいかどうかといった多様な変数を組み込みながら、ルートを決めていく。もっとも、「このプログラムは実際の移動ルートを予測できるものではない」と作成者たちが述べていることを心に留め置く必要がある。実のところこのモデルは、太古の環境を通り抜けていくルートについて、これまでとは違う見方を提示するために作られたのだ。それにしても、なぜコンピュータは第一案として、豊かな水源のある土地に背を向け、あえて砂漠へ踏み込んで放浪する人々を描きだしたのだろう。しかし、能力に限界はあるものの、コンピュータは七万年前から六万年前にかけて、人類は北と南のルートを通ってアフリカから出ることができただろうと予測した。

現在では、この議論に遺伝学者が加わるようになり、古人類学者はずいぶん窮屈な思いをしている。遺伝学者らは、ｍｔＤＮＡの系統樹の様子から、アフリカから出る旅は一度だけだった可能性が高いと見ている。[8,11,20,21,22] アフリカの外の人類は全員、約八万四〇〇〇年前にアフリカで生まれたＬ３と呼ばれる系統につながっている。[22] Ｌ３の「娘」であるハプログループ、ＭとＮは、およそ七万年前に現れた。[2] Ｍの系統が最も多様に枝を茂らせているのは南アジアで、それはこのハプログループが南アジアで生まれたことを示唆している。Ｍの枝のひとつであるＭ１は東アフリカでも見つかっているが、それは、最終氷期極相期（ＬＧＭ）が終わった後に、外からアフリカに戻った集団だと考えられている。[20] 一方、Ｎの系統はほぼすべてがアフリカの外にある。このパターンを見たままに説明すれば、約八万五〇〇〇年前から六万五〇〇〇年前のある時期に、Ｌ３

の枝の一本がアフリカから出て、その後、インド亜大陸あたりでMとNが芽を出した、と言えるだろう。そして、ヨーロッパに現れた最初の現生人類は、北アフリカからレヴァント地方を通ってやってきたのではなく、インド亜大陸に定住した集団の一部が、西へ流れてきたことになる。[2]

このモデルを支持する人々は、人類が北ルートを通ってアフリカから出たことをY染色体が示唆しているように見えるのは、単なる読み違えで、遺伝子マーカーは、人類はもっと早い時代に北アフリカから拡散したことを示している、と考えている。「アフリカの外に暮らす人類のY染色体は、（ミトコンドリアの系統が一つであるのに対して）二つか三つの系統に分かれているように見えるが、だからといって、移動が複数回、起きたとは限らない。一度の脱出で二つか三つの系統が外へ出たとも考えられるのだ。Y染色体分布地図はこの見方を裏づけているように見えるし、他の染色体遺伝子の研究も、出アフリカは一度だったことを示唆している」と彼らは主張する。[11]

アフリカからの脱出が一度しか起きなかったのであれば、北か南のルートのどちらかが選ばれたことになるが[23]、シナイ半島を通って出たのか、それともバブ・エル・マンデブ海峡を渡ったのかを、遺伝子の情報だけで解き明かすのは難しい。[21]

けれども、オッペンハイマーから見れば、それは簡単なことだった。太古の気候を調べればいいのだ。彼は、古気候学の証拠から、「寒冷な氷期の間、北のルートは閉ざされていた可能性が高いが、南のルートは開いていた」と推測した。およそ六万五〇〇〇年前、ハインリッヒイベント6が起きて海水面が大幅に下がった。[19] しかし、この時期の地球は過去二〇万年で最も寒く、最も乾燥していたため、大々的な移動は難しかったはずだ。八万五〇〇〇年前のハインリッヒイベント7の時代にも、海水面はかなり低くなった（この時期に、スフールにいた人類は寒さから逃れるために南に向かったと、ヨエルは考えている)。アラビア半島の大半は乾燥し、砂漠化したが、海岸地域では季節風がもたらす雨が十分降っていたので、人々は、打ち寄せられた魚や貝を拾いながら、海沿いを進んでいくことができただろう。バブ・エル・マンデブ海峡を渡る南のルートなら、真水の水源から遠ざかることなく移動できたはずだ。[2、8、11]

およそ一二万五〇〇〇年前のアフリカの東海岸に人類が住んでいたという証拠がある。紅海に臨む小国、エリトリアの遺跡から、貝塚やMSAの石器が見つかったのだ(しかし、骨の化石が見つかっていないため、貝を拾っていたのが現生人類だったかどうかははっきりしない)[24]。オッペンハイマーは、八万五〇〇〇年前の乾燥化と海面の低下は、アフリカの角(現在のジブチやソマリア)あたりに住んでいた人々に、故郷を捨てる「動機」と「手段」を提供したと考えている。乾燥が進み、食物が不足したせいで、移動が促され、また、海水面が下がったせいで、バブ・エル・マンデブ海峡の幅はわずか一一キロほどになり(現在の幅は約三〇キロ)、渡りやすくなったのだ[25]。別の気候学者は、気候から見て、移動が起きたのはもう少し後で、ハインリッヒイベント7が終わって季節風が回復し、ふたたび温暖で湿潤な気候になった八万二〇〇〇年前から七万八〇〇〇年前までだろうと推測している。それは、L3とその娘のMとNが出現したとされる時期と一致する。

そのような遠い昔に舟があったという証拠はないが、海岸に住んでいた現生人類には舟を作り出す知恵があったと見ていいだろう。小さな舟があれば、河口を渡ったり、貝や魚を採ったりするのに便利だったに違いない。そして、アフリカ大陸の沿岸での暮らしが厳しくなり、海の向こうにアラビア半島が見えていたのであれば、オッペンハイマーが考えるように、舟で海を渡るのは賢い選択だと言える。もしかすると人類は、アフリカ側の紅海沿岸全域に社会を築いていて、それぞれの「村」から舟で紅海を越えて、アラビア半島に拡散していったのかもしれない。わたしたちは北ルートか南ルートかという議論にこだわりすぎてはいないだろうか。温暖で湿潤な時期、現生人類は海岸や川に沿って、あるいは砂漠を迂回して、拡散することができただろう。彼らは北と南の両方のルートを通ってアフリカから出ていった可能性もある。その後、ペルシャ湾のどこかで再び出会ったかもしれない。乾燥が進んだ時期には、緑の残るレフュジアに留まっていただろう。

考古学だけを頼りに、現生人類が移動した道筋をたどっていくのは難しい。後期旧石器時代・後期石器時代より前の時代の道具は、現生人類が作ったのか、それともネアンデルタール人など他の旧人類が作ったのか、判別しにくい。中東地域で、八万年前から五万年前の現生人類の化石が発見されるといいのだが、今のところそれはひとつも見つかっていない。考古学者の中には、ホモ・サピエンスの存在は、化石がなくても、道具や現生人類的な行動の痕跡だけで立証できると考える人もいて、そうした痕跡を元に、「(スフールやカフゼーの洞窟に暮らした後、五万年の空白を経て)レヴァント地方やヨーロッパに残る現生人類の最古の証拠がおよそ五万年前のものだとしても、インドには約八万年前から、オーストラリアには約六万年前から、たしかに現生人類がいた」という主張もなされている。もし、それが正しければ——裏づけとなる現生人類の骨が見つかっていないということを忘れてはならないが——現生人類が八万五〇〇〇年前の氷期に南のルートを通ってアフリカから出たという、オッペンハイマーの直感的な予測はあたっているのだろう。

現在では、考古学、頭骨の形の研究、古代環境の再現、遺伝学といったさまざまな分野から情報が得られるため、何を根拠にするかによって見方が異なり、意見の一致にたどり着くにはまだ時間がかかりそうだ。このパズルにはまだ見つかっていないピースがいくつもある。北アフリカやレヴァント地方、そして今のところ謎めいた大きなブラックホールとなっているアラビア半島から、さらに確かな考古学的証拠や化石が現れるまで、決着はつかないだろう。

アラビアの謎　オマーン

バブ・エル・マンデブ海峡からスタートし、アラビア半島の南を海沿いに進む「アラビアの道」の周辺は、政治的事情から考古学の調査が遅れていた。[1] 西のイエメンでは、九〇年代半ばまで内戦状態にあり、一方、東のオマーンは一九七〇年になってようやく外国人に門戸を開いたのだ。

その外国人のひとりである考古学者のジェフ・ローズは、初期人類の痕跡を求めて、オマーンの乾燥した砂漠地帯を歩き回ってきた。彼に会うため、わたしはまずオマーンの東の端にある首都マスカットまで飛び、それから車で広大で非情な砂漠を横断し、西の端のズファール特別行政区サラーラを訪れた。ジェフは、アラビア半島とペルシャ湾地域にすっかり魅了されており、特にシュメール文明にのめり込んでいて、体のあちこちにその絵文字のカラフルな刺青を入れている。もっとも、彼がオマーンにやってきたのは、シュメール文明よりはるか昔の歴史を調べるためだった。この地域では、後期旧石器時代のものとわかる遺物はほとんど発見されていないが、もし見つかれば、出アフリカのルートを解き明かす上で重要な意味を持つはずだ。ジェフは、ぜひともそれを自分で見つけたいと思ったのだった。

現生人類の化石は、アラビア半島ではひとつも発見されておらず、インド亜大陸でも、現生人類がオーストラリアへ移住した後の時代のものしか見つかっていない。アラビア半島では中期旧石器時代の石器が発見されているが、現生人類が作ったという証拠はなく、旧人類が作った可能性もある。[2] さらに厄介なことに、それらの石器の多くは地面に転がっていたので、地層による年代の絞り込みができないのだ。

ジェフとわたしは、サラーラから、北の「ジャバル・アル・カラ（カラ山地）」と呼ばれる岩の多い砂漠へ車を走らせた。やがて車は道路から脇にそれ、ところどころに岩が露出し乳香樹が生えている砂漠を進んでいった。ジェフが、岩山の上方に暗褐色の部分を見つけたので、わたしたちは車から降りてその岩山を上っていった。地面には、角ばった暗褐色の石が散らばっていた。どれも、ただの古い石ではなかった。手にとって調べた石のほとんどは、打ち欠いて成形されていた。どう見ても、人類の手によるものだ。人跡未踏の地まで車を走らせ、人を寄せつけない砂漠に踏み込み、その乾ききった地面にごろごろ転がっている初期人類の活動の証を見つけるというのは、実に驚くべき展開だった。ジェフは、「ここで見つかるものの大半は、人類が作ったものなんだ」と言って、遠目には古い石にしか見えないものを手に取ったが、間近で見ると、それも石器だった。「これを見てごらん。打ち欠いているのがわかる。刻器《ビュラン》といって、木や動物の皮や骨に穴をあける道具だよ」

ジェフはより大きく、角ばった小石を見つけた。「これは石核《せっかく》で、石器の材料となる石片を打ち欠いた残りだ」彼

オマーンの砂漠
にいたスナカナヘビ

はその石核を握り、叩くまねをした。

「石核が重要なのは、太古の人々が石器をどうやって作ったのかがわかるからだよ。何を作ったかによって形が違う。これは石刃の石核で、長く薄い石刃をかき落としたのがわかるだろう?」

わたしたちはさらに石を探した。どれもこれも細工されているように見えた。わたしが見つけた薄い石刃は、先にジェフが見せてくれたような石核から作られたものだった。

わたしは「これらの石器はどのくらい古いのかしら」と尋ねた。ジェフは、「難しい質問だね」と答えた。「ここの石は地表にむき出しになっているので、年代が特定できないんだ。石器を作った技術から見て、おそらく七万年前から一万二〇〇〇年前の間だと思うけれど、もっと古いかもしれない。最近、同じような技術を持つ遺跡がイエメンの海沿いの地域で見つかったが、そちらは七万年前のものと推定されたんだ」

年代が定まらない石器の様式から現生人類がいたかどうかを論じるのは難しいが、アラビア半島では、洞窟や盆地に古い時代の堆積層が発見されており、ジェフは、やがてオマーンでも年代を特定できる遺物が見つかるだろうと期待している(3)。

もっとも、その石器を作った人々が砂漠で生きのびてきたとは思えない。今日、アラビア半島の南部の大半はルブアルハーリ砂漠が占め、世界最大級の砂海《サンドシー》が広がっている。しかしジェフは、「今もそうだが、オマーン全体が常に乾燥していたわけではないんだ」と、きっぱりと言った。

わたしたちは車に乗り込み、内陸のワディ・ダルバートへ向かった。車を走らせていると、突然、窓の外の風景が、岩の多い砂漠から緑のオアシスへと変わった。今は雨期の終盤で、季節風のおかげで窪地《ワディ》は青緑色の水で満たされ、その池を囲むように青々とした草地が広がり、周囲の丘でも木々が緑の葉を茂らせている。乳牛とラクダの群れが、草地と冷たい水を分かち合っている。

けれども、この風景が続くのは一時《いっとき》で、乾期が訪れると草地は消えて砂漠となり、木々は休眠状態になって次の夏の雨を待つのだ。

ワディ・ダルバートの若緑色の谷を見ていると、フランス南西部のドルドーニュ川が流れるあたりの風景が思い出された。オマーンの大部分を占領する暑く過酷な砂漠から、雨期限定とは言え、植物と動物にあふれる詩的で美しい谷に、魔法で連れてこられたような気分だった。砂漠は静寂に包まれていたが、ここの空気は鳥の歌声に満ちていた。生命があふれている。すべては、水があるからだ。

ワディ・ダルバートのラクダ

ドルドーニュ川を思い出したのは、新緑の草木のせいばかりではない。樹木の茂った山の斜面に、ドルドーニュ川流域で見かけるものによく似た、大きな岩陰遺跡があったのだ。人類が暮らした痕跡を探すのにぴったりの場所だ。そのいくつかで石器が発見されたことをジェフは知っていた。それらはまさに「すばらしい遺跡」で、堆積層に閉じ込められていたので、年代を特定することができた。わたしには、ジェフがオマーンをとても刺激的だと思う理由がわかった。ここはとても有望な土地で、多くの謎の答えを見つけるチャンスにあふれているのだ。

ワディ・ダルバートで砂漠が緑の楽園に変貌するのは、雨期に限られる。しかし遠い過去には、アラビア半島南部の広大な土地で、何度も長期にわたってそのような変化が起きた。更新世を振りかえってみると、この地域の環境は、季節風がもたらす雨の量によって絶えず変化した。アラビア半島の沿岸で採取した海底コアから、間氷期の初めの、氷床が後退して海面温度が上昇する時期には、季節風による雨の量が増えたことがわかった。最後の間氷期が始まった約一三万年前には、アラビア半島南部の総雨量が劇的に増加し、その状態がおよそ一万年間にわたって続いた。八万二〇〇〇年前~七万八〇〇〇年前のOIS5の終わりにも雨量は最大になった。[4,5] そうした時期、アラビア半島南部はとても住みやすい場所になっていたことだろう。

ジェフと訪ねた砂漠の石切り場の重要性は、長大な年月の間にその環境が激変したことに気づいてようやく理解できた。オマーンでは、あちこちの乾燥した土地で石器が見つかっているが、そのような土地も、かつての間氷期には十分な水があったのだ。[3,6]

アラビア半島で見つかった中期旧石器時代の石器の多くは、小さな楕円形か葉の形をした両面石器で、柔らかいハンマーで石片を打ち欠いて作ったように見える。氷期のOIS6は非常に乾燥していた時代で、旧人類であれ現生人類であれ、アラビア半島では生き残れなかっただろうから、その両面石器を作った人々は、間氷期のOIS5になって状況が良くなってから、レヴァント地方や東アフリカやザグロス山脈などの「レフュジア」からこの地域に移って来たらしい。もっとも、東アフリカではここの石器によく似た石器が見つかるが、レヴァント地方やザグロス山脈ではムスティエ文化の石器しか見つかっていない。[6]

アラビア半島南部の動物相は、東のイランやパキスタン、西のアフリカとのつながりを示している。イエメンには、エチオピアやソマリアの乾燥した高地で見られるのと同じヒヒが生息している。そのヒヒのmtDNAは、一五万年前~五万年前の東アフリカで誕生し、後にアラビア半

オマーンのジャバル・アル・カラ（カラ山地）で
太古の石器製作の痕跡を調べるジェフ・ローズ

島に移動したことを示唆している[1,4]（エチオピアやソマリアからイエメンまではバブ・エル・マンデブ海峡を渡ればすぐなので、ヒヒたちは南のルートから来たのだろうと思いがちだが、彼らが舟を使うはずもないので、実際には紅海の沿岸をぐるっとまわってアラビア半島へやってきたようだ）。

アラビア半島南部の遺跡の多くは、今では「海」の底に沈んでいる――海抜が上昇したアラビア海の下か、ルブアルハーリ砂漠の「砂海」の下に。ジェフは、海の底には、かつて人類が暮らしていた平原が沈んでいるのではないかと考えている。イエメンとオマーンは、間氷期には大量の雨が降ったようだが、氷期でも海岸沿いには、人類が（他の植物や動物と共に）生きのびるのに十分な水があったと考えられる。それは、アラビア海とペルシャ湾の海岸近くの海底に、真水の湧き出る泉があるからだ。「アラビア半島の不思議なところは、地上は乾ききっているのに、地下では大量の真水が陸から海に向かって流れ、海底から湧き出ていることだ」と、ジェフは言った。「水筒を持って海に潜れば、その水筒を真水で満たし、海中で飲むことだってできるんだよ」

氷期に海水面が下がり、海岸沿いの海底が陸地になったとき、それらの泉はその陸地を潤し、アラビア半島の南のイエメンからペルシャ湾にいたる海岸沿いに長いオアシスを誕生させたはずだ[4]。このことは、海水面が下がってバブ・エル・マンデブ海峡の幅がおよそ一一キロに狭まった時期に、対岸（アフリカ側）の海岸沿いにも同じようなオアシスが誕生したことを示唆する。ジェフから見れば、紅海は人類の移動を阻む海ではなく、アフリカ大陸とアラビア半島をつなぐ水路なのだ。実際、紅海の東の海岸沿いでは中期旧石器時代の道具が発見されている[3]。

かつてアラビア半島の南岸にはオアシスが連なり、その緑の帯は、現在ペルシャ湾になっている広大な平原に続いていた。「ペルシャ湾は世界一浅い内海で、水深は四〇メートルほどだから、海面が低くなると、湾全体が露出して、やがて緑の楽園になったはずだ」とジェフは熱っぽく語る。「さぞ美しい景色だったでしょうね」わたしは言った。「だから、シュメール人はそこを楽園《エデン》と呼んだのだよ」とジェフは答えた。

その平原には、地下の帯水層から水が湧き出し、チグリス・ユーフラテス川や、ザクロス山脈から西へ下る川の水も流れ込んだ。それらは合流し、やがて大河となり、その平原を縦断して流れていった。近年、水深測量によって、ペルシャ湾の海底には、太古の川が合流してできたこの広く深い大河の跡が刻まれていることが明らかにされた。ジェフは、一一万五〇〇〇年前から六〇〇〇年前の間、アラビア半島の大半は乾燥した過酷な環境だったが、ペルシャ湾沿いの低地だけはレフュジアとなり、人類や他の動物が生きのびていたと考えている。(4)

アラビア半島の古環境の研究は魅力に満ちている。アラビア半島には常に、開拓者たる人類にとって居心地のいい環境があったようだ。間氷期には季節風がもたらす雨が砂漠を潤し、氷期には、内陸部はからからに乾燥していたとしても、海岸沿いの平原は、泉からわき出す真水のおかげでオアシスのようになっていたと考えられる。

しかし、だからと言って、南のルートとアラビアの通路が、現生人類がアフリカを出るために通った主要な、あるいは唯一の、ルートだったというわけではない。アラビア半島で発見された中期旧石器時代の遺物は、だれかがそこにいたことを示してはいるが、それがホモ・サピエンスだったのか、ホモ・ハイデルベルゲンシス、あるいはネアンデルタール人だったのか、現在の証拠から断定することはできない。(3)ジェフの仕事はまだまだ多そうだ。

アラビア半島における現生人類の足取りは今も謎に包まれている。しかし、いったんアフリカから出た現生人類は、居住地を拡大しつづけ、その流れは東へと向かい、オーストラリアにもたどり着き、その後、ヨーロッパへと北上していった。気候の変化によって、現生人類はアフリカの南の海岸と東の海岸に追いやられ、やむなくその環境に適応し、生活を多様化させていった。しかし、海洋資源を利用するようになると、人類にとって沿岸地域は、気候が激しく変動した更新世にあって、比較的気候の安定した、快適な住環境となっただろう(7)。さて、この先は東を目指し、インド洋の海岸線沿いに人類の足跡を探そう。

第二章

祖先の足跡

インドからオーストラリアへ

大噴火は人類にどう影響したのか。
フローレス島の謎の「ホビット」、
筏で海を渡る冒険。アボリジニの
「ソングライン」に導かれるように
オーストラリアへと旅は続く

玄関先にコーラムを
描く少女

ヒラン渓谷
ジュワラプラム
バタドンバレナと
ファ・ヒエン洞窟
レンゴン
渓谷
トバ
クアラルンプール
ニア洞窟
ニューギニア
ジェリマライ
ロンボク
スンバワ
フローレス
グンバランヤ
（オエンペリ）
マンゴ湖と
ウィランドラ湖群
シドニー
キャンベラ
訪れた場所
言及した場所

灰の考古学　インド：ジュワラプラム

およそ七万四〇〇〇年前、現在のスマトラ島で巨大な火山が噴火した[1]。過去二〇〇〇万年で最大の噴火で[2]、当然ながら、人類が経験した最大の噴火だった。何しろその規模は、歴史に記録されるどの噴火よりも、何万倍も大きかったのだ。最大幅一〇〇キロという途方もなく大きなクレーターが残され、現在そこは巨大な湖、トバ湖となっている。

トバ火山が噴火したとき、アフリカ、ヨーロッパ、中央アジア、東南アジアには人類がいた。そのすべてが現生人類だったわけではない。ヨーロッパにはネアンデルタール人、中国にはホモ・ハイデルベルゲンシスがいて、東南アジアにはまだホモ・エレクトスが残っていたと思われる。解剖学的に見て現生人類と呼べる人類は、アフリカと、おそらくアラビア半島にはいただろう。だが、インドに到達していただろうか。

わたしの旅の第二章は、トバを知るところから始まった。と言っても、行き先はスマトラ島ではなく、インド南部のアーンドラ・プラデーシュ州クルヌール地区のジュワラプラム遺跡である。そこでは、考古学者らがトバの噴火が残した火山灰層を発掘している。噴火した時、トバは大量の熱い灰の雲を吐き出した。その灰は南シナ海やインド洋の海底の地下深くで見つかっており、火山から三〇〇〇キロ以上離れたインド亜大陸（インド、パキスタン、バングラデシュ、スリランカ、ブータン、ネパール）でも発見されている。灰の分散パターンから見て、噴火は夏のモンスーンの時期に起きたらしい。南からの風が、灰を北のインド亜大陸に吹き散らしたのだ。[3]
トバの大噴火が気候にもたらした影響や、植物や（人類を含む）動物に与えた衝撃については、まだはっきりしない部分があり、そのころまでに現生人類がインドに到達していたかどうかについても議論が続いている。[2] そうした謎が残っているからこそ、考古学者たちは今なおインド中央の暑く埃っぽい土地で灰を掘り起こし、パズルのピースを見つけようとしているのだ。わたしはチェンナイ国際空港を経由して、カルナタカ州のバンガロールまで飛び、そこから列車でアーンドラ・プラデーシュ州ナンディヤールに向かった。ケンブリッジ大学の考古学者マイク・ペトラリアと、カルナタカ大学のラヴィ・コリセッターに会うためだ。ふたりは国際チームを率いて、ジュワラプラムのトバ火山灰層で発掘作業を進めている。
翌日の朝早く、ホテルまでラヴィがジープで迎えに来てくれた。ドライバーは恐いもの知らずで、カーブや坂でも平気で前の車を追い越し、道路に人やニワトリやイヌやウシがいると、決まってスピードを上げる。でこぼこ道を一時間半ほど走った。
目的地に近づくにつれ道の両側は、レンガ造りの建物が点在する埃っぽい畑から、みずみずしい田園風景に変わっていった。田んぼの上を舞っていたシラサギが、ジープに驚き、列をなして飛び去った。インドセンダンの並木に縁どられたアスファルトの道路をしばらく走った後、未舗装の道に入った。道はくねくねと曲がりながらジュワラプラムの小さな村を抜け、ジュレル渓谷に入っていった。谷の両側には石灰岩の崖がそそり立ち、上方は珪岩の巨礫に覆われている。崖の斜面には灌木が貧弱な枝を這わせていた。巨大な石灰岩がいくつか崖から落下して、岩陰の住まいとするのにちょうどいい空間を作っている。この渓谷を築いたジュレル川はダムに堰き止められ、今ではちょろちょろと漏れ出る水が細い流れとなり、盆地のはずれの田んぼに注ぎこむだけとなった。

ラヴィによると、ジュワラプラムの近くの遺跡から、太古の人類が湖岸に住んでいた証拠が見つかったそうだ。更新世の一時期、この渓谷では地下水の水位が高くなり、石灰岩の丘には泉が湧き、盆地の底に湖が形成された。泉の水だけでなくモンスーンがもたらす雨もその湖を満たした。ラヴィは言った。「四季を通じて泉が湧き出ていて、雨もよく降ったので、この一帯は豊かな緑に覆われていたはずです。森が広がり、食べることのできる様々な植物があったことでしょう。それらに動物が引き寄せられ、人類も真水や、食料となる植物や動物に誘われて、この盆地にやってきました。おまけにここには、石灰岩、珪岩、チャート（硬い堆積岩）といった、石器の材料になる石がいくらでもあったのです」

ラヴィは、当時、この盆地は住むのに最適な環境で、十分な食料や水を得ることができたので、人類は、ここから外へ出ていく必要はまったくなかっただろう、と推測する。

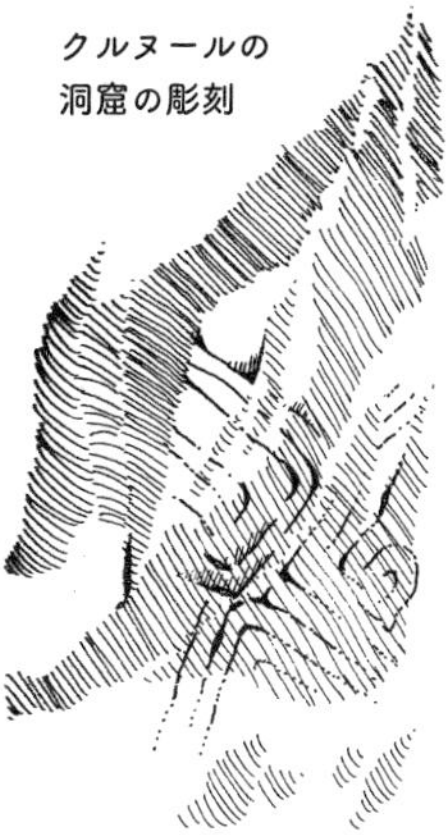
クルヌールの
洞窟の彫刻

この見方を心に留めておけば、現生人類が競いあうようにしてアジアを移動していったという見方にブレーキをかけることができる。地質学的な時間で見れば、人類は急速に拡散したように思えるかもしれないが、人間の尺度に引き寄せて見れば、その拡散のスピードはきわめて緩慢で、居住地の端の部分がじわじわと東へ広がっていくという程度だったのだ。むしろ、大半の人は移動せず、あちこちに分散して暮らしていたはずだ。

「この湖のまわりには、どのくらいの人が住んでいたのでしょう」とわたしは尋ねた。

「先史時代の人口はごくわずかでした」ラヴィは答えた。「おそらく五〇人から一〇〇人の集団《バンド》がいくつかあって、狩りをしたり食べられる植物を集めたりしながら、今の狩猟採集民のような生活をしていたのでしょうね」

車が向かっている盆地の中央は乾燥していて、嫌な棘のあるアカシアがぽつぽつと生えていた。ずいぶん手前から、白い灰が空中に巻きあがっているのが見えた。行ってみると、そこでは考古学遺跡の一部が、掘りだされる先から破壊されていた。遺跡ではなく、資源を掘り出しているのだ。と言っても、作業員たちのお目当ては貴金属や宝石ではなく、灰そのものだ。太古の火山灰を手作業で掘り出し、ふるいにかけ、袋詰めにしている。この後、灰は工場に送られ、加工されて研磨剤になる。なかには「故郷」のインドネシアに送られるものもある。固まった火山灰を木の鋤で削り落とし、もうもうと立ち込めるケイ酸塩のほこりを無防備な肺へ吸い込んでいる人々の姿にわたしは衝撃を受けた。だれひとり防塵マスクをつけておらず、鼻と口を布で覆うことさえしていない。わたしの心をさらにざわつかせたのは、労働者の大半が子どもだったことだ。カースト制は表向きは全廃され、児童労働も違法とされているのだが、地方の村の、低いカーストの子どもたちは学校へ通うこともなく、働きに出されているのだ。

火山灰と石器が招いた論争

灰の採掘場のすぐ先のところで車を停めた。そこは、どこからどう見ても、旧石器時代を専門とする考古学者たちの発掘現場だった。地面に深く掘られた四角い溝《トレンチ》は、あり得ないほど直角に切り取られ、壁面は真っ平らで垂直だった。わたしたちはジープから降りて、ラヴィの共同研究者であるケンブリッジ大学のマイク・ペトラリア博士と挨拶を交わした。ラヴィは典型的なインド人の教授で、謹厳で思慮深いが、マイクは、太古の歴史や異国の調査に夢中になっている情熱的なアメリカの考古学者で、インディ・ジョーンズばりの帽子までかぶっていた。マイクはわたしを連れてあたりを大股で歩きまわり、ジュワラプラムで見るべきものをすべて見せてくれた。

ジュワラプラム22（口絵⑨）と呼ばれるその四角い溝は発掘の最中で、地表から六メートルほど下の、細く白いラインがトバ火山灰層である。作業にあたっている村人たちは、慎重に石灰質の塊を掘り出していた。後日、地質学者らはそれについて、「シロアリの巣が固まったもので、灰が積もる前の盆地の地面にあったものだ」と発表した。トバ山が噴火する前、このあたりは湖岸だった。発掘現場の火山灰層は薄いので、マイクは灰の採掘場のはずれへ案内してくれた。そこの乱暴に削られた地層には、幅が

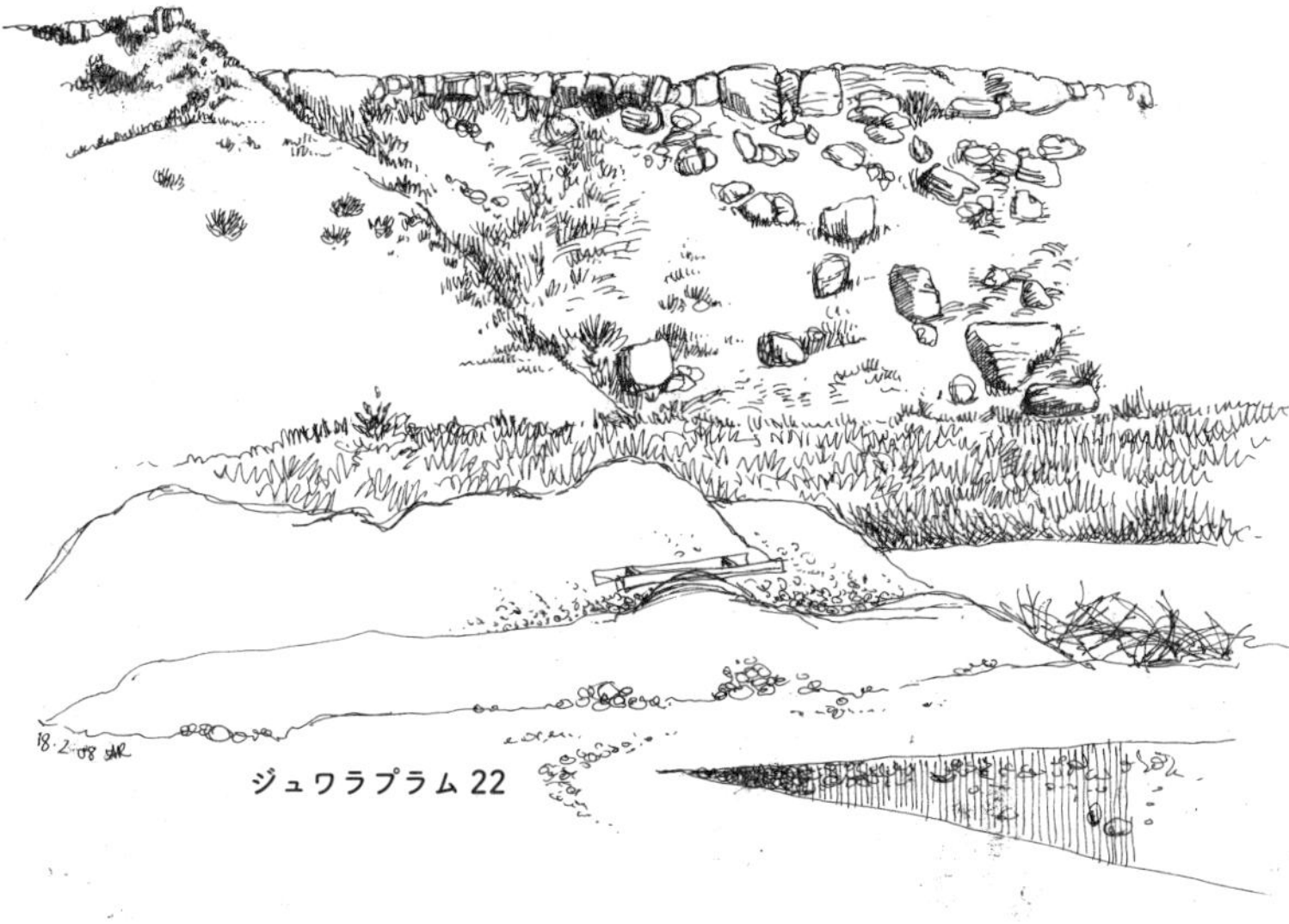

ジュワラプラム22

二メートルもある白い灰の層が露出していた。トバの火山灰である――しかも大量の。まるでだれかが、あたり一帯の地層の、肩の高さから足首までの部分を白塗りにしていったかのようだ。マイクのチームはこの火山灰層を調べて、七万四〇〇〇年前の「最新トバ火砕流（YTT）」によるものであることを確認した。「最新トバ火砕流」とは、より昔の噴火で形成された火山灰層と区別するための呼称である。マイクたちはその灰の中に、スマトラのYTT層に含まれるものに酷似した、テフラ（火山砕屑物）と火山ガラスの破片を発見した。

ラヴィは、火山灰層の厚さに差がある理由を教えてくれた。噴火した当初、灰は雪のように降り積もり、一〇センチから一五センチほどの層となって地表を覆った。その後、大気中の塵のせいで大量の雨が降り、地上の灰を湖へと流しこんだ。湖底には徐々に火山灰が沈降し、やがて厚い層ができあがったのだ。その層のすぐ下には、太古の時代には湖床だった赤茶色の泥の層がある。ラヴィによると、湖は、トバの噴火と降灰の直後に干上がったらしい。

もっとも、マイクとラヴィが興味を持っているのはトバの火山灰ではなく、それと密接な関わりのある石器だった。それらの石器を作ったのは現生人類なのだろうか。それとも、旧人類なのだろうか。ジュワラプラム付近では手斧が発見され（火山灰とは無関係だが）、旧人類がたしかにその地域にいたことを示している。インドには他にも多くの遺跡があり、初期のホミニンが作った石器や、三〇万年前から二五万年前に旧人類、ホモ・ハイデルベルゲンシスがいたことを示す直接的な証拠、「ナルマダの頭骨」も発見されている。(4)

マイクとラヴィは、トバの火山灰層の上下から発掘されたおよそ八万年前から七万年前までの石器は、その時代のこの地に現生人類がいた証拠だと確信している。

マイクたちの研究室――と言っても、ナンジャルのホテルの一室だが――に戻って、発掘現場から出土した石器の一部を見せてもらった。OSL年代測定法によると、石器が発見された層には、七万八〇〇〇年前（灰の下の層）から七万四〇〇〇年前（灰の上の層）までの幅がある。灰の下の層からは、ルヴァロワ技法の石核（剝片を打ち欠く前に、あらかじめ亀甲型に成型した石核）が見つかった。同技法で作った剝片石器も大量に出土した。それらは、石核から剝離させた後、さらに削ったり割ったりという「二次加工」を加えて、縁を尖らせていた。このような石器は火山灰層の上からも下からも出土している。おそらくスクレイパー（ヘラ）として、動物の皮をなめしたり、植物を加工したりするのに用いたのだろう。下の層からは、何かを切るのに使ったらしい縦長の石器や、先の尖った刻器《ビュラン》のような石器も発掘された。

しかし、さらにマイクを驚かせたのは、最近になって下の層から有舌尖頭器が見つかったことだ。上の層からは、小さな石刃もいくつか発見されており、マイクはそれを細石刃《マイクロブレード》と呼んでいるが、わたしが南アフリカのピナクルポイントで見た小石刃《ブレードレット》にとてもよく似ていた。マイクは、有舌尖頭器と細石刃は、複雑な道具が使われたことと、それらを作ったのが現生人類だということをはっきり示している、と言う。「これらの石器には、アフリカとのつながりが見てとれる。有舌尖頭器は、九万年前から六万年前にかけてアフリカで現生人類が発展させた特徴的な石器だ」と彼は説明した。「けれども、これらが本当に七万八〇〇〇年前の石器かどうかについては、意見が分かれているんだ。七万八〇〇〇年前と言えば、現生人類がインドにやってきたとされている時期よりずっと前だからね」

現時点で、インド亜大陸に現生人類が存在したことを示す最古の証拠は、スリランカで発見された人骨の化石と石器である。南西部のファ・ヒエン洞窟では三万一〇〇〇年前の現生人類の化石と細石器が、バタドンバレナ洞窟では二万九〇〇〇年前の化石と石器が見つかったのだ[4]。マイクとラヴィの主張が論争を招いたのも当然である。その倍以上古い時代にジュワラプラムに現生人類がいた、と言うのだから。

マイクに言わせれば、これらの石器は、その地域にいた現生人類が大噴火の灰を浴びながら生きのびたことを物語っているそうだ。「灰の上と下から石器が見つかり、しかも種類や様式がそれほど変わっていないことには本当に驚かされる」と彼は言った。

たしかに、それは注目に値する。科学者の中には、トバ大噴火によって、地球は「火山の冬」(火山噴火によって地球規模で長期間にわたって気温が低下すること)に突入したと考える人もいる。北半球では、大気中に火山塵が充満したせいで気温が平均で五度も下がり、その状態が数年続いた可能性がある。トバ山が爆発したとき、地球はすでに冷えつつあったが、大噴火のせいで氷期ＯＩＳ４への移行が早まったのではないだろうか。地球が冷え、北の氷床の成長が促され、太陽熱を反射する面積が増え、寒冷化が加速した可能性は高い。[1]

遺伝学者の中には、今日の人類の遺伝子に見られる変異のパターンは、先史時代のこの時期に、「進化のボトルネック」があったことを示していると主張する人もいる。「人口が劇的に減少し、人類はしばらくの間、絶滅寸前の状態になっていたはずだ」と、彼らは言う。[5,6]

しかし他の科学者たちは、そのモデルは極端すぎると見ている。中には、「トバの噴火は大規模で、約二八〇〇立方キロの溶岩を噴出したが、気候にはそれほど影響しなかった。噴火によって平均気温は一度下がっただけで、氷期の引き金となった可能性は低い」とごく控えめな見方をする研究者もいる。[3] とは言え、たとえその噴火が劇的な気候変動を起こさなかったとしても、降灰はたしかに人類に影響を及ぼしたはずだ。[7]

マイクとラヴィは噴火が環境に与えた影響を軽視しているわけではない。「トバ大噴火が生態

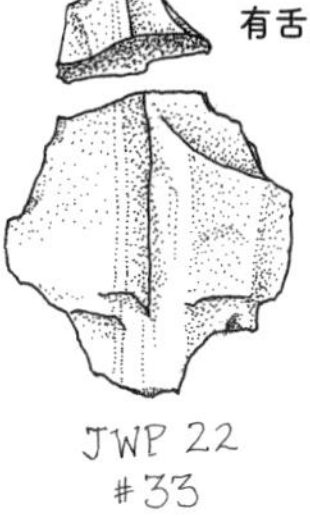

有舌尖頭器

系に影響したのは間違いない。水は汚染され、植物も動物も苦しめられた。植物や動物を食べて生きていた人類も、当然ながら影響を受けただろう」とマイクは語る。降灰が止んだ後、太古のジュワラプラムの狩猟採集民を待ち構えていたのは、生態学的な大災害だった。おまけに湖が火山灰で汚染されたため、飲み水は主に、石灰岩の崖から湧きだす泉に頼るようになっただろう。

「けれど、そのせいでこのあたりに暮らしていた人類が一掃されたとは考えていないのでしょう?」とわたしは尋ねた。

「ああ」とマイクは答えた。「トバ大噴火は、かつて考えられていたほどの壊滅的な影響は及ぼさなかったと思うよ。ここにいた集団が全滅するようなことにはならず、人々はこの地域で暮らしつづけたんだ」

「灰の上の層の石器を作った人々が、下の層の石器を作った人々とまったく同じかどうか、確信はもてないけれど」とマイクは慎重な姿勢を崩さなかったが、それでも彼は、大半の地域で、人類はトバ大噴火の時代を生きのびたと考えている。

しかし彼は、もしも今、トバと同規模の噴火が起きたとしたら、わたしたちは太古のジュワラプラムにいた人々のようにうまく切り抜けることはできないだろうと考えている。

「環境に大きな異変が起きた時、狩猟採集民は、定住する人々よりは

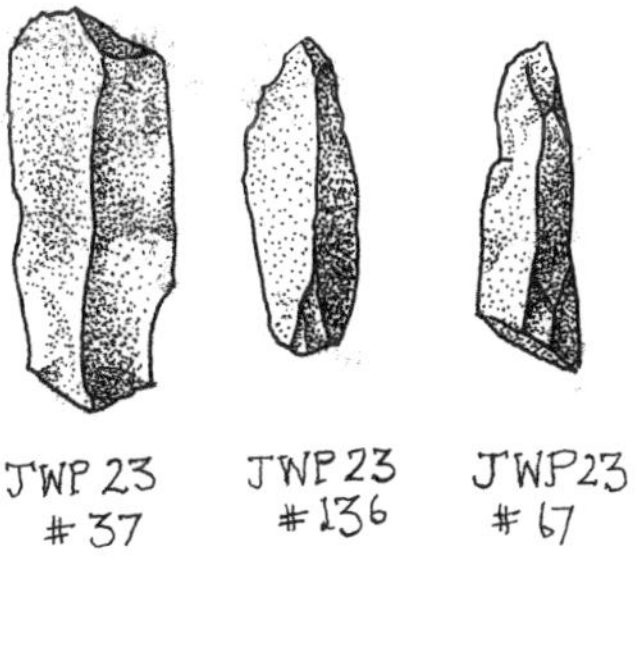

るかに巧みに、それをしのぐことができたはずだ。彼らは柔軟だからね。狩猟採集の戦略を変えることもできたし、より住みやすい場所へ移ることもできた。今日のわたしたちは、ある意味で身動きがとれなくなっているんだ。今、大噴火が起きたら、社会は深刻な影響を被るだろう」

全体的に見て、ジュワラプラムの石器には連続性が認められるが、今のところ細石刃が上の層からしか見つかっていないことには、興味をそそられる。その事実は、トバの噴火後に始まった寒く乾燥した気候のもとで、人類が狩りの道具を改良しながら生きのびたことを示唆しているようだ。その時期、森は少なくなり、草原が増えていったと思われる。そうした環境で、より高度な飛び道具（槍や矢）を開発すれば、生存していくうえでかなりプラスになったはずだ。

トバの出来事については、「下等な種はなすすべもなく死んでいったが、人類は優れた技術を用いて、その逆境を巧みに生きのびた」と解釈したくなる。当然ながら、人類の他にも多くの動物が、トバ大噴火の影響を受けたが、近年、それらの動物に関する研究が行われ、驚くべき結果が出た。噴火の後、種の中には絶滅したものもあったが、それはごく一部だったのだ。種の大半は、安全な場所に退避して、どうにか持ちこたえた。そして、最悪の状況が収束すると、ただちに再生しはじめ、噴火による環境破壊から一〇〇年たつかたたないうちに、かなり広い領域に生息するようになった。このことは、哺乳類のたくましさと、噴火後すぐに回復したのが人類だけではなかったことを示している。(8)

ジュワラプラムには探究すべき謎がまだたくさん残されているし、インドに入った後の、人類の旅の経過もほとんどわかっていない。また古人類学者の中には、ジュワラプラムの石器を、現生人類の証拠として認めようとしない人も多い。それでも、より広い見地に立てば、この大噴火以前からこの地に現生人類がいたという仮説を支持する証拠がいくつか見えてくる。まず、トバの破壊を生きのび、似たような石器を作りつづけるというのは、現生人類なればこそ可能だったのではないか。また、ジュワラプラムの石器がサハラ以南のMSAの石器（現生人類が作ったと考えられている）に似ていることも、強力な証拠となっている。さらにその年代も、人類はおよそ八万年前にアフリカを出たとする遺伝学の仮説と符合するのだ[9]。

マイクとラヴィはどうにかして確たる証拠、すなわち、現生人類の化石を見つけたいと思っているようだ。マイクは言った。「その時代の人類の骨がインドで見つかったら、それは大発見だ。まさに『ユーレカ！』だね」

ラヴィは、初期の現生人類は、ジュワラプラムのような湖を囲む盆地を伝ってインドを横断したと考えている。しかし、他の可能性もある。ジュワラプラムの石器を作ったのが現生人類であれば、そこにはたしかに現生人類がいたことになるが、だからと言って、他の場所にいなかったことにはならないのだ。それに、人類が盆地から盆地へ飛び移るようにしてインドを横断したというラヴィの見方は、従来の、アフリカを出た人類が海沿いに東へ広がったとする説明とは対立する。ポール・メラーズ[10]は、現生人類の集団はインド洋岸に沿ってかなりスピーディに進んでいったと考えており、そのルートを「海岸の急行ルート」と呼んでいる。遺伝子の証拠はたしかに、現生人類は急速に東へ移動して、マレーシアやアンダマン諸島に五万五〇〇〇年前か、ひょっとすると六万五〇〇〇年前には到達していたことを示唆している。しかし、メラーズも認めているように、この仮説の最大の難点は、インドからもアラビア半島からも、確かな考古学的証拠が見つかっていないことだ。メラーズにとってジュワラプラムは、太古のインドの「移住の最前線」に現生人類がいたことを証明しうる数少ない遺跡のひとつである。それに彼は、ジュワラプラムに残された証拠が、自らの海岸ルート仮説にとって障害になるとは考えていない。海沿いに移動した集団もいれば、内陸を移動した集団もいた――ただそれだけのことなのだ。そして、ジュワラプラムについて言えば、それを通過する東西のルートがあったという証拠はなく、そこで旅は終わったのかもしれない。

確かな証拠がないにもかかわらず、浜辺で食料を拾いながら進む海岸ルート仮説が魅力的に思えるのは、生態学的に見て納得がいくからだ。七万年前から四万五〇〇〇年前までの南アジアの環境要因から、最善の移動ルートを推定したところ、海岸に沿って行くのがいちばん楽だという結論に達した（二番目に楽なルートは、インドの西岸を縁どる西ガーツ山脈を通過し、デカン高原の南を横断するクリシュナ川の支流を下っていくというものだった）。インドの海岸線近くには中期旧石器時代の遺跡がわずかに見つかっているが、そのほとんどはあまりに時代が古く、現生人類のものとは見なせない。ただし、ヒラン渓谷の遺跡で見つかった中期旧石器時代の石器は、およそ六万年前のものと見られている。[11,12] ともあれ、考古学的証拠の有無を論じる際には、海の水位は変化するものであり、今日の海面水位は、更新世の大半の時期より高くなっていることを思い出す必要があ

ケララ州コーチンの
少し南にある道端の店

る。すなわち、太古の海岸線は、現在では海の底にあるのだ。最初期の現生人類の移住を示す考古学的証拠は、おそらく波の下に眠っているのだろう。

熱帯雨林の狩猟採集民と遺伝子　マレーシア：ペラ州レンゴン

東へ移動しても、依然として考古学的記録はとぎれとぎれにしか見つかっていない。インドでわたしを悩ませた問題が、インド洋の北の海岸沿いを進んだとされるルート全域につきまとう。すなわち、石器はあるものの、海の水位が上がったせいで化石という確かな証拠が失われ、現生人類がそこにいたとは断言できないのだ。旅の次章の舞台はマレーシアである。わたしはそこでスティーヴン・オッペンハイマーと会い、一緒にレンゴン渓谷のラノー族を訪ねた。

スティーヴン・オッペンハイマーは遺伝学者だが、古人類学の世界でも一目置かれている。専門的な科学書を幅広く書いてきたが、一般の人々に古人類学の世界で何が起きているのかを知らせることにも熱心で、その分野のポピュラーサイエンスの本も数多く出している。そのひとつ『人類の足跡10万年全史』をカバンに入れて、わたしは彼に会いにいった。スティーヴンは、かつては臨床医だった。わたしは彼が遺伝学や、初期の人類の移動に興味を持つようになった理由も知りたかった。クアラルンプールのホテルで初めて彼に会い、翌日、車に同乗して、マレー半島の北にあるレンゴン渓谷に向かった。道中、彼はこれまでのいきさつを語った。

スティーヴンが太平洋や遺伝学に惹かれるようになったのは、好奇心、放浪への憧れ、そして人類の起源への興味ゆえだった。彼はオクスフォード大学で医学を学んだ後、王立ロンドン病院の研修医になった。しかし、一年の研修期間を終えて、医師としての正式な資格を得ると、放浪の旅に出たくてたまらなくなった。「研修医の期間を終えて登録を済ませると、一週間たたないうちに、ぼくは東へ向かったんだ。まず香港へ行って、数か月、キリスト教団体が経営する病院で働いた。そして香港からバンコクへ飛び、ボルネオで飛行往診医になった」

アジアで一年を過ごすと、イギリスへ帰って三年間、小児科を専攻した。それが終わるとまたすぐアジアへ戻り、今度はパプアニューギニアで小児科医として働いた。遺伝学に関心をもつようになったいきさつについて、スティーヴンはこう語った。「臨床経験を積んでから、ぼくはニューギニアで調査を始めた。鉄欠乏性貧血の原因と予防に興味があったからね。それにニューギニアでは、貧血を引き起こす遺伝性の血液疾患であるαサラセミアの患者がとても多いことに気づいたんだ」

事実、この疾患の患者は東南アジアに多く見られ、遺伝疾患の中でその地域における罹患率は群を抜いている。スティーヴンは、もうひとつの遺伝性貧血である鎌状赤血球貧血が、アフリカの人々に多く見られることを知っていた。理由はよく知られている。この「欠陥のある」遺伝子は、貧血を引き起こす一方で、それを持つ人をマラリアから守ってくれるのだ。

スティーヴンはニューギニアで多発するαサラセミアにも、同様のメリットがあるのではないかと考えた。まさにそのとおりだった。[1,2,3] そういうわけで、彼は遺伝子に興味をもつようになり、遺伝医学は臨床医が取り組むに値する研究分野だと悟ったのである。しかし、やがて彼は、自分が調べている遺伝子が、現在その人々が住んでいる熱帯という環境への適応を示すだけでなく、彼らがどこから来たかを示す記録として役立つことに気づいた。つまり遺伝子は、人類の移住の経過を示すマーカーになるのだ。

「おもしろかったのは、αサラセミアの原因であるさまざまな変異が、異なる言語集団では異なる頻度で現れていたことだ」スティーヴンは続けた。「東南アジアの海岸や島々に暮らしオーストロネシア語を話す人々に特有の変異があり、それは、ニューギニア本島の大半で見られる変異とは違っている。その起源はおそらく、(はるか昔の)太平洋を越えた先にありそうだが、ニューギニアでも北岸の人々には、その変異が見られるんだ」

彼は異なる世界——遺伝子ではなく、化石や石器のかけらから理論が組み立てられる、考古学や人類学の世界——に足を踏み入れながらも、現代の人々の遺伝子には、人類の起源の謎を解く重要な手がかりがあると確信していた。「特定の変異遺伝子が、太古の人類の移動を示すマーカーになるというのは、わくわくするような発見だった。以来、そのことをずっと考えてきたんだ。もう二五年にもなるよ」。彼は臨床医として働きながら、遺伝と現生人類の拡散の謎をmtDNAによって解こうとする論文を数多く発表してきた。レンゴン渓谷熱帯雨林にやってきたのも、長くマレーシアの先住民と見なされてきたオラン・アスリ(「原初の人々」)の集団からmtDNAを採取するためだった。

オラン・アスリには多くの部族があり、それらは三つのグループに大別されるが、その中で最も小さなグループがセマン族で、最古の集団と見なされている。肌の色が濃く、髪の毛が太く黒い彼らのことを、アフリカ人のように見えると評した文献もある。セマン族は狩猟採集民で、昔のままの生活を保っていることでは、オラン・アスリの中でも際立っている。これからわたしたちが会おうとしているのは、セマン族のひとつであるラノー族だ。彼らは北部ペラ地区に住んでいて、自分たちのことをセマルク・ベルムと呼んでいるが、それは「ペラ川の原初の人々」という意味だ(4)。

スティーヴンは、マレー人の大半と他のオラン・アスリのミトコンドリアの系統を調べていたが、ラノー族のDNAを採取するのは今日が初めてだった。わたしは遺伝子が語る物語にも興味を惹かれたが、今も狩猟採集民として暮らしている彼らと会うこと自体が楽しみだった。ただ、残念なことに、彼らはまさに「深刻な危機に瀕している狩猟採集民」なのだ。文化人類学者のイスカンダー・ケリーは一九七六年に、セマン族はオラン・アスリの中で「農耕をほとんどか、まったく行わない」ただひとつの集団で、マレーシアで「唯一の、本物の狩猟採集民」だと書いている。だが、ラノー族はもはやその定義にはあてはまらない。一九七〇年代以降、マレーシア政府はオラン・アスリを「定住」させる政策を進めてきた。国の経済に貢献させるためだ。

わたしたちはカンポン・アイル・バ（氾濫河川居住区）に設けられた村で、ラノー族に会うことになっていた。ジャングルの大半を奪われ、かつての縄張りを失ったラノー族にとって、今や、狩猟と採集はほんの気晴らしにすぎない。マレーシア政府にとって労働とは、ゴムの大規模農園《プランテーション》や畑、木材伐採地で働くことなのだ。農業や工業で暮らす人々の周辺で細々と暮らす狩猟採集民の多くと同じように、ラノー族は掃き寄せられ、昔ながらの生活を捨てることを強いられている。このようなことは、数千年前に一部の人々が農耕を始め、文明を築くようになって以来、何千回、何万回と起きてきたにちがいない。

商業の圧力は、マレーシアに古代から暮らす人々の生活様式だけでなく、昔ながらの景観も変えつつあった。山腹は茶色い地面がむきだしになり、どこもかしこもパーム油を採るアブラヤシの農園になっていた。空から見ると、その結果は驚くべきものだった。クアラルンプールに向かう飛行機の窓から見える丘や谷は緑をすっかりはぎ取られ、その地面にブルドーザーの跡が、指紋のような奇妙なピンク色の模様を描いている。緑が芽吹いている場所もあったが、熱帯雨林が再生しているわけではなく、アブラヤシの苗木が育っているのだ。均一な緑色をしたアブラヤシのプランテーションが、整然とした模様を描いて広大な面積を覆っていた。飛行機は着陸し、わたしたちはランドローバーの四輪駆動車に乗り込んだ。延々と続くアブラヤシの農園、ドリアンの果樹園、ゴムのプランテーションを通り抜け、わずかに残る森の奥のカンポン・アイル・バに到着した。

低い土地に、家がいくつも建っていた。近代的な造りだったが、高床式になっていて、多くはすぐそばに昔ながらの小屋が立っていた。竹で骨組を作り、ブラタム（ヤシの一種）を編んで壁板にしている。そこより高くなった土地には、小さなモスク（現在、ラノー族は名目上、イスラム教徒である）と、木を組んでヤシの葉で屋根を葺いただけの大きな建物がある。これはマレー語では「バライ・セワン（儀式の場）」、ラノー語では「メナライ・テルネニョ（ダンスホール）」と呼ばれる、集会場兼ダンスホールで、この村の物理的、社会的中心となっている。

「原初の人々」ラノー族に出会う

わたしたちは車をバライ・セワンの横に停め、入口の下で靴を脱ぎ、木のはしごをのぼって、高床になったホールに入った。そこにはラノー族の

あざやかな赤い色のトンボが
そばを飛んでいった

カンポン・アイル・バ（氾濫河川居住区）の集会場兼ダンスホール。
マレー語では「バライ・セワン（儀式の場）」、
ラノー語では「メナライ・テルネニョ（ダンスホール）」と呼ばれる

ペンフル（リーダー）であるアリアス・ビン・セメダンと長老たちが揃っていた。わたしたちは促されるまま、足を組んで床に座った。アリアスらと挨拶を交わし、ラノーを訪れた理由を説明した。スティーヴンは太古の人類の系統に関する自らの研究について細かく説明し、集落の人々の、頰の細胞のサンプルを採取する許可をアリアスに求めた。わたしは、熱帯雨林での狩猟や採集に同行させてもらえないだろうか、と尋ねた。アリアスは長老たちと話しあい、やがてこちらを向いた。笑顔だったので、通訳に聞くまでもなく、いい返事だとわかった。わたしはアリアスに、これまでに行われた研究から、セマン族の遺伝子と血統は歴史が古く、彼らの先祖がこの土地に最初に暮らしはじめた人々だとわかったことを伝えた。アリアスは驚くどころか、セマン族こそが原初の人類であり、他は皆、その子孫なのだと語った。

スティーヴンはさっそくDNA採取の準備にとりかかった。持ってきた箱を開くと、中には、頰の内側をこするための柄の長い小さなブラシがたくさん入っていた（一見そのブラシは、この目的のために考案されたように見えるが、実は、体の反対側――子宮頸部――からサンプルを採取するためのものだ）。

一方、わたしはラノー族の少女たちとアイル・バ川へ釣りに出かけた。村から車でしばらく走り、森に着くとその先は歩いていった。森に入ってまず驚いたのは、信じられないほどにぎやかなことだった。目に見えない、騒々しい虫や鳥が、木々に潜んでいるかのようだった。川にたどり着くと、靴を脱いで水に入った。少女たちはすぐに素手や、竹で編んだ蓑ざる（片方が開いたざる）で、魚を追いはじめた。ざるを下流に構えておいて小さな石をひっくり返し、出てきた魚をすくいあげる。大きな石があれば、恐れることなくその下に手をつっこんで、何か隠れていないかと探る。わたしも徐々に大胆になり、太ったオタマジャクシを一匹つかまえた。少女たちは先が分かれた木の枝に、つかまえた魚を——生きたまま——エラのところで突き刺しはじめたが、わたしは西洋人としての繊細さに邪魔をされ、オタマジャクシを川へ戻した。あのオタマジャクシはいつかまた彼女らと一戦交えることになるのだろう。

　わたしは岩のそばに座って、少女たちを見ていた。彼女らはびしょぬれになって、大きな丸石の下に手をつっこんでいる。歓声をあげたのは、きっと指先が魚に触れたのだろう。子どものころから馴染みのあるこの川で、水しぶきをあげ、笑いあっている。流れがどこで曲がるか、どの石の下に魚がいるか、そういったことを熟知しているらしい。そしてたしかに、彼女らは魚を採るのがうまい。その魚は、今晩の夕食になるのだ。しかしこの十代後半の四人の少女たちにとって、魚を採るのは楽しい遊びの時間でもあった。太古の暮らしはおそらくこんなふうだったのだろう。食料の確保に励みつつ、友だちと楽しい時間をすごす。すべては自分と家族と友人のために。しかし現在、賃金労働に従事する若者は増えつつあり、このような生活がこの先も長く続くとは思えない。

　次にわたしは、狩りに行くアリアスと若者に同行した。狩りの道具は吹き矢だ。滝が流れ落ちる崖上に皆で座り、アリアスから、この数十年でラノー族

マレーシア、レンゴンの渓谷にたたずむラノー族のペンフル（リーダー）、アリアス・ビン・セメダン

の生活がどのように変わったかを聞いた。かつてラノー族は、季節ごとに移動しながら暮らしていた。わたしが想像していたのとは違って、熱帯雨林では、いつでも豊かなごちそうにありつけるわけではないそうだ。狩猟採集生活を営むには、何が食べられるもので、どこに行けばそれが見つかるかといった知識が必要とされるのだ。野生の食物だけで生きていくのはたいへんなことであり、そのためにラノー族は広い縄張りを歩きまわっていた。

二〇世紀半ばまでに、ラノー族は半ば定住し、半ば放浪するようになった。アリアスによると、彼が子どもだったころ、部族は一、二年ほど同じ場所に暮らし、周辺の食料を採取し、その後、よそへ移動していたそうだ。縄張りはラノー族だけのものではなく、他の部族の縄張りと重なっていた。また、ラノー族はマレー人の村のことも知っていた。当時すでに、彼らはマレー人と交易をしていて、籐や松脂《まつやに》などのジャングルの産物を、お金や、米や砂糖などの食材と交換していた。時代が下ると、交換する品はオートバイやテレビになった。やがてラノー族は、小規模な農業もするようになった。育てたのは陸稲やキャッサバ、トウモロコシなどだが、たいていは、種を播いて、よその土地へ移動し、実ったころに戻ってくるといったやり方だった。一九七〇年、ラノー族はついに放浪の暮らしを捨てて、カンポン・アイル・バに定住した。より多くの作物を育てるようになり、以前ほど狩猟や採集をしなくなった。定住を促すために政府が設けたゴムのプランテーションも、彼らに現金収入をもたらした(4,5)。

「昔は、食べ物や籐、木材は、ジャングルで探して手に入れたものだ」アリアスは言う。「父とジャングルへ行って、サルやリスや鳥を狩った。いろんなものがどっさりあったよ。それが今では、ジャングルへ行くとしても、探すのは金になるものだ。なんであれ、手に入れたものを売って金にするようになった」。ラノー族の生活は、わずか一世代で、これほどまでに変わったのだ。

ラノー族の吹き筒

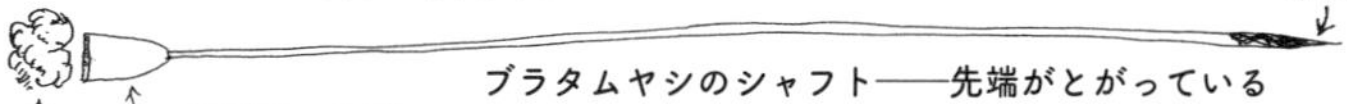

「昔は自由で幸せだったよ。行きたいところへ行けたし、したいことができた。ずっとジャングルにいても、だれにも文句は言われなかった。だが、今はそうじゃない」

それでもアリアスは、まだ熱帯雨林で生き抜く方法を知っている。どの植物が食べられてどれが毒かを知っており、サルやリスに忍び寄って吹き矢で殺すすべも身につけている。現金を稼ぎ、食べ物を育てたり買ったりできる時代に、そのような技能は生きていく上で欠かせないものではなくなったが、アリアスは依然として、知識や技能を次の世代に伝えることが重要だと考えている。なぜなら、それらはラノー族のアイデンティティの一部だからだ。

とりわけ吹き矢の筒は、狩猟採集民というラノー族の生き方のシンボルであり、男性の大半はそれを持っている。アリアスは筒がどんなつくりになっているか見せてくれた。筒はセウォオルという竹の、節のないまっすぐで長い部分からできていた。吹き口には幾何学的な模様が彫り込まれている。セマン族は、グループによって異なるモチーフを用いるが、その模様は狩りの幸運を招くためにも重要である。アリアスは腰から矢筒（彼らの言葉で「レ」）を下げていた。レは短い竹でできていて、やはり模様が彫り込まれており、籐を編んで作った蓋がついている。矢はブラタムヤシから作り、先端を尖らせて、イポー（つる性植物）の毒のある樹液にひたす。アリアスは、矢を吹き筒の手前から入れると、カポック（熱帯性の高木）の実の綿を小さく丸めたものをその下に詰めた。準備は整った。わたしたちは川沿いに下っていった。アリアスは周囲

マレーシア、レンゴン、カンポン・アイル・バの、昔ながらの小屋

レンゴンを訪れたスティーヴン・オッペンハイマー

に気を配りながら静かに歩を進め、獲物の気配を感じると、吹き筒を唇にあてた。しかし、その日の午後、ジャングルの動物たちはうまく隠れていた。もっとも、後ろからがさがさ音を立てながら解剖学者がついてくるのだから、狩りが成功する見込みはほとんどなかった。

アリアスらは狩りをあきらめ、吹き矢の練習をすることにした。わたしも挑戦してみたところ、初めてでも正確に射込めることがわかった。吹き筒が長いので的を狙いやすく、一〇メートルくらい先の木の幹にあてることができた。もちろん、高い梢を動き回る獲物を射落とすのとはわけが違うが、わたしは自分の腕前を得意に思うと同時に、この単純ながら優秀な道具に感心した。

とは言え、吹き筒が使われるようになったのは、かなり最近のことなのだ。ラノー族は一九一〇年頃まで弓矢で狩りをしていたが、近隣の部族が使うのを見て、吹き矢を用いるようになった。弓矢は一〇〇メートル先の獲物を射ることができるが、吹き矢で狙える距離はせいぜい三五メートルだ。[6] それでも吹き矢を選んだのは、おそらく、熱帯雨林に入っていくのに便利だったからだろう。まばらな林では弓矢の方が効果的だが、木が生い茂った森では吹き矢の方が使いやすい。ラノー族が吹き矢を取り入れたことは、外からの刺激に応じて文化が変化したごく最近の事例である。

集落へ戻ると、お祝いのダンス、「セワン」の準備が進んでいた。スティーヴンは、すでにDNAのサンプル採取を終えていた。わたしは彼とともに、木陰に腰をおろした。アリアスが採ったばかりのココナツを鉈で割って、そのミルクを飲ませてくれた。キャッサバの粉でつくった焼き菓子も食べた。すぐにはわからなかったが、しばらくして、焼き栗の味に似ていることに気づいた。

あたりが暗くなってきたので、スティーヴンとわたしはバライ・セワンへ向かった。人々が集まりはじめていた。四人の演奏者が竹の楽器で拍子をとり、ダンスが始まった。わたしたちも交互に部屋の中央に引っ張りだされ、皆に混じって踊った。その合間にスティーヴンから、ラノー族の起源、東南アジアの人々の遺伝系統、解剖学的な現生人類の起源や移住について、研究の経過や、彼がどう考えているかを聞いた。

東南アジアの人々の遺伝系統については、いくつかの驚くべき事実が明らかになっている。東アジア人の多くには、共通する特徴――蒙古ひだ(目頭の内眼角贅皮《ないがんかくぜいひ》)、一重まぶた、平板な顔、裏側がシャベル状にへこんだ上顎の切歯――が見られる。こうした特徴は北東アジア(中国、モンゴル、朝鮮、日本など)の人々に強く現れるので、従来は、東アジアの人類や遺伝子は北から南へ移動したと考えられていた。(7) しかし、解剖学の研究の中には、その流れが南から北だったことを示唆するものがあり、また、マレーシアのmtDNA系統に関するスティーヴンの研究も、それを支持している。遺伝学的に見ると、マレー人が北東アジアから南へ拡散した人々の子孫なのではなく、逆に、北の中国や台湾、日本の人々の方が、東南アジアの人々の子孫であるらしいのだ。(8)

もっとも、マレー人の大半は、原初の時代に東南アジアに住んでいた人々の直接の子孫ではない。マレーシアで見られる最も古い遺伝系統はセマン族である。遺伝的多様性を失い、絶滅に向かいつつあるが、その系統はおよそ六万年前までさかのぼることができる。(9) すなわち、わたしがアリアスに伝えたように、セマン族は真の意味で「オラン・アスリ」、すなわち、「原初の人々」なのだ。セマン族は、言うなれば太古の移住の痕跡であり、彼らの祖先はこの地域に最初に住みはじめた人々だったのだ。スティーヴンは、セマン族の六つの異なる集団のうち、四つの集団のDNAをすでに採取していたが、ラノー族のDNAを集めるのは今日が初めてだった。

今日の作業で、ｍｔＤＮＡツリーの東南アジアの部分に、新しい枝が加わることになる。スティーヴンがやっていることは、切手の収集に似ていなくもない。彼は世界中の集団の遺伝情報を集めて、ＤＮＡアルバムを一ページずつ増やしているのだ。新しい集団のサンプルを採取するたびに、遺伝子の樹形図は枝が増えていく。そうやって根元から枝先まで、その構造が明らかになっていくにつれて、枝が分岐した正確な時期を、簡単に特定できるようになる。「ラノー族のＤＮＡを調べる第一の目的は、彼らが本当にこの地域に最初に移住した人々の子孫なのかどうかを検証することなのだが、遺伝子を採取するポイントを増やしていけば、彼らの祖先がここに到着した時代や状況も、はっきりさせることができるだろう」と、スティーヴンは語った。

スティーヴンは、肌の色も、過去の移住の詳細を知る手がかりになると考えている。肌の色は、わたしたちが互いに異なることを、おそらく他のどの特徴より明確に示している。そして、今のところ、環境への適応として矛盾なく説明できる、唯一の変異であるようだ。肌の色は、緯度と紫外線の放射量によって異なる。本人や先祖の暮らす場所が赤道に近いほど黒くなり、赤道から遠ざかるにつれて白くなる[10,11,12]。

黒い肌にはメラニン色素が多く含まれ、皮膚の深層を日焼けから守り、がんになりにくくしている。強い日差しが降り注ぐ地域では、肌を黒くする遺伝子は自然選択によって守られ、一方、白い肌をもたらす変異は不利益なものとして排除される。したがって、アフリカで生まれた現生人類の「もともと」の肌の色は、かなり黒かったはずだ。しかし、赤道から遠ざかり、アジアの北部やヨーロッパの曇りがちな地域へ移動していくにつれて、黒い肌をよしとする選択圧は消えていった。そして「白い肌」になる変異が起きても、排除されないようになった。北方では、むしろ白い肌に対するプラスの選択圧さえあったかもしれない。わたしたちはビタミンＤを食品から摂取するが、日光を浴びれば皮膚でそれを作ることもできる。日射しが強い場所なら、黒い肌でも十分な量のビタミンDを作れるが、北へ移動すると、黒い肌は弱い日差しを遮断し、ビタミンDを作れなくなるのだ。

　ビタミンDはカルシウムを吸収するのに必要なビタミンで、不足すると骨が軟化し、曲がりやすくなる。長い骨は湾曲し、骨盤は変形するので、極端な場合、くる病になったり、子どもが産めなくなったりする。ゆえに、メラニン色素の生成を抑える（すなわち、白い肌になる）変異は、太陽を奪われたヨーロッパの人々にとってプラスにはたらいた可能性がある。こうして人類は、北上するにつれて、次第に肌の色が薄くなっていったのだろう。同じことが北アジアでも起こり、現在では、その原因となった遺伝子の一部が詳しく知られている。ヨーロッパとアジアでは、変異した遺伝子群は異なるようだが、いずれも白い肌をもたらした。これは収斂《しゅうれん》進化の一例である[12]。

　ラノー族の肌の色は、マレーシア人の大半よりずっと濃い色をしている。しかし首都クアラルンプールが北緯三度という、赤道の間近にある国なので、強烈な太陽から身を守るのに、「正しい」肌の色をしているのはラノー族の方なのだ。スティーヴンは、今日のマレー人の大半は、後の時代に北のインドシナ半島から流入した、マレーシアの先住民よりずっと色白の人々の子孫だと考えている。おそらく彼らは、最終氷期極相期（LGM）に、寒さを逃れて南下してきたのだろう。しかし、自然選択による変化が起きるには、膨大な年月が必要とされる。「その尺度で見れば、二万年はそれほど長いとは言えないんだ」とスティーヴンは言う。「そういうわけで、大半のマレーシア人は、熱帯に暮らしているわりに肌の色が浅いのだろう」

　わたしは、肌の色についてスティーヴンの話を聞きながら、性選択の影響や、異性に対する嗜好はどうなのだろうと思った。インドでもマレーシアでも、看板やポスターに登場するスターたちは、街で見かける人々よりはるかに色白だった。そうした憧れの対象は、若く、華やかで、ほとんど白人といっていいくらいに肌が白い。一方、わたしの故郷イギリスで、ポスターなどを飾る美人は、現地で見かけるアングロサクソン人の大半よりはるかに日焼けしている。マレーシアでは肌を白くする保湿クリームを売っているが、イギリスでは、肌を褐色にするクリームが人気を集めている。わたしたちは皆、恩知らずにも、進化が気候に合わせてくれた肌の色に満足していないらしい。もっとも、スティーヴンによると、特別な肌の色に憧れるのは、「人と違う」ようになりたいからだけではなさそうだ。さまざまな民族が入り混じった集団では、肌の色は、社会的地位や富のイメージと結びついており、その背景には文化的、経済的歴史がある。肌の色は、身分や階級を分ける基準になりうるのだ。スティーヴンは、「もし肌の色が皆同じだったら、わたしたちは何か他の特徴を見つけて、それを元に人種差別をしただろうね」と言った。

スティーヴンの研究のメインテーマに話を戻せば、彼や他の遺伝学者の発見のすべてが、現生人類の起源がアフリカにあることを指し示しているように思われる。スティーヴンはその分野における自分のニッチを「遺伝系統地理学」と名づけ、遺伝子の情報に基づいて系統樹を構成し、それを地理と関係づけようとしている。

「従来の集団遺伝学は、集団が全体としてもっている遺伝子の種類や頻度を他の集団と比較してきたが、遺伝系統地理学では、個々の遺伝子を追いかけて、その系統がどこにつながるかを見ていくのだよ」とスティーヴンは説明した。彼はやや詩的に、「遺伝系統は世界地図を覆っていくツタのようなもので、深緑の古い枝から薄緑色の新芽が芽吹いていく。新しい枝は、そこで新しい変異が起きたことを示しているのだ」と語った。

ツタはアフリカに根を張り、一本の太い枝「L3」を伸ばしていく。そこから、MやNをはじめとする、アフリカの外へ伸びていく第二枝のすべてが生えている。今日、世界の非アフリカ人は皆、このMかNの系統に属している。インドにはMから枝分かれした古い枝がいくつもあり、ハプログループMがインドで生まれたことを示唆している[13]。けれども、東インドでは、Mのより若い枝も繁茂していて、スティーヴンは、「おそらくそれらの枝は、トバ大噴火のせいで激減した人類が、その後、ふたたび数を増やしていったことを示しているのだろう」と推測する。

また、トバの大噴火だ――この地域では、少し深入りすると決まって、太古の大災害の残響が聞こえはじめるらしい。わたしは訪れる機会がなかったが、スティーヴンはコタ・タンパン遺跡の話をしてくれた。コタ・タンパンはレンゴン渓谷にある旧石器時代の遺跡で、トバ大噴火の時代の石器が火山灰層に埋もれている。石器はかなり荒っぽい造りで、片側だけが加工されており、他の土地で旧人類の化石とともに発見されたものに似ている。

しかし、マレーシアの考古学者たちは、同様の道具が、およそ一万年前にペラ川周辺にいた現生人類「ペラ人」の化石とともに発見されたことから、コタ・タンパンで見つかった石器も現生人類が作ったのだろう、と推測している。興味深い見解である。本当に現生人類は、トバ山が噴火する七万四〇〇〇年前までに、遠くマレーシアにまで到達していたのだろうか。スティーヴンはそう考えている。もっとも、トバ大噴火の時代にさかのぼる現生人類の化石が東南アジアで見つからないかぎり、結論を出すことはできない[14]。

スティーヴンとの会話のテーマは、セマン族に戻った。彼らの枝は、遺伝系統地理学のツタの、どのあたりから伸びているのだろう。mtDNA系統に見られるセマン族特有の変異は、彼らの枝が古い枝から「新しく生えた」薄緑の枝であることを示している。しかしスティーヴンは、本当に重要なのは、枝の長さだと言う。セマン族の枝はこの地域だけに見られるもので、MやNの枝から直接生えているきわめて古い枝なのだそうだ。ゆえに、セマン族の祖先が、インド洋岸に速やかに広がっていった移住者たち（MやNの系統）の先鋒の一部だったことがわかる。実際、この海岸沿いに伸びる枝の図は、そんなふうに見える。ツタの深緑の枝（MやN）は「熊手のように」、海岸沿いに急速に枝を伸ばしていくが、あまりにそのスピードが速いので、変異を蓄積することができず、どこも深緑のままだ。薄緑色をしているのは、このMやNの長い枝から新しく生えた枝で、それはその場所で変異が起きて定着したことを意味する。

わたしとスティーヴンは、人類の起源や人種の定義という一般的なテーマについても話しあった。スティーヴンは、「アフリカ単一起源説」を支持している。しかしながら彼は、「現生人類の遺伝子には、旧人類（ホモ・エレクトスやネアンデルタール人など）との交配を示唆する痕跡は残されていないけれど、だからといって、旧人類と交配しなかったとは言い切れないよ」と言った。つまり、現生人類と旧人類が出会って子どもを持った可能性もなくはないが、その子どもが不妊だったか、あるいはその子孫が途絶えたので、今日の世界に、その混血の系統は残っていないと考えることもできるのだ（少なくとも、着々と採取されているDNAの中には見あたらない）。

スティーヴンは、現生人類は事実上、旧人類に取って代わった、と考えているが、種の線引きについては、リベラルな見方をしている。彼は、「最初の現生人類はごく小さなグループで、ホモ・ハイデルベルゲンシスに属する種のひとつにすぎず、ネアンデルタール人もそのような種のひとつだったにちがいない」と言った。したがって、今日、世界中に拡散した現生人類は、人類の他の種がことごとく絶滅した中で唯一生きのびた種と見なすことができるというのだ。これは示唆に富む見解であり、彼がそう語るのを聞くことができてよかった。世界中の現生人類の遺伝

A,C,D
B

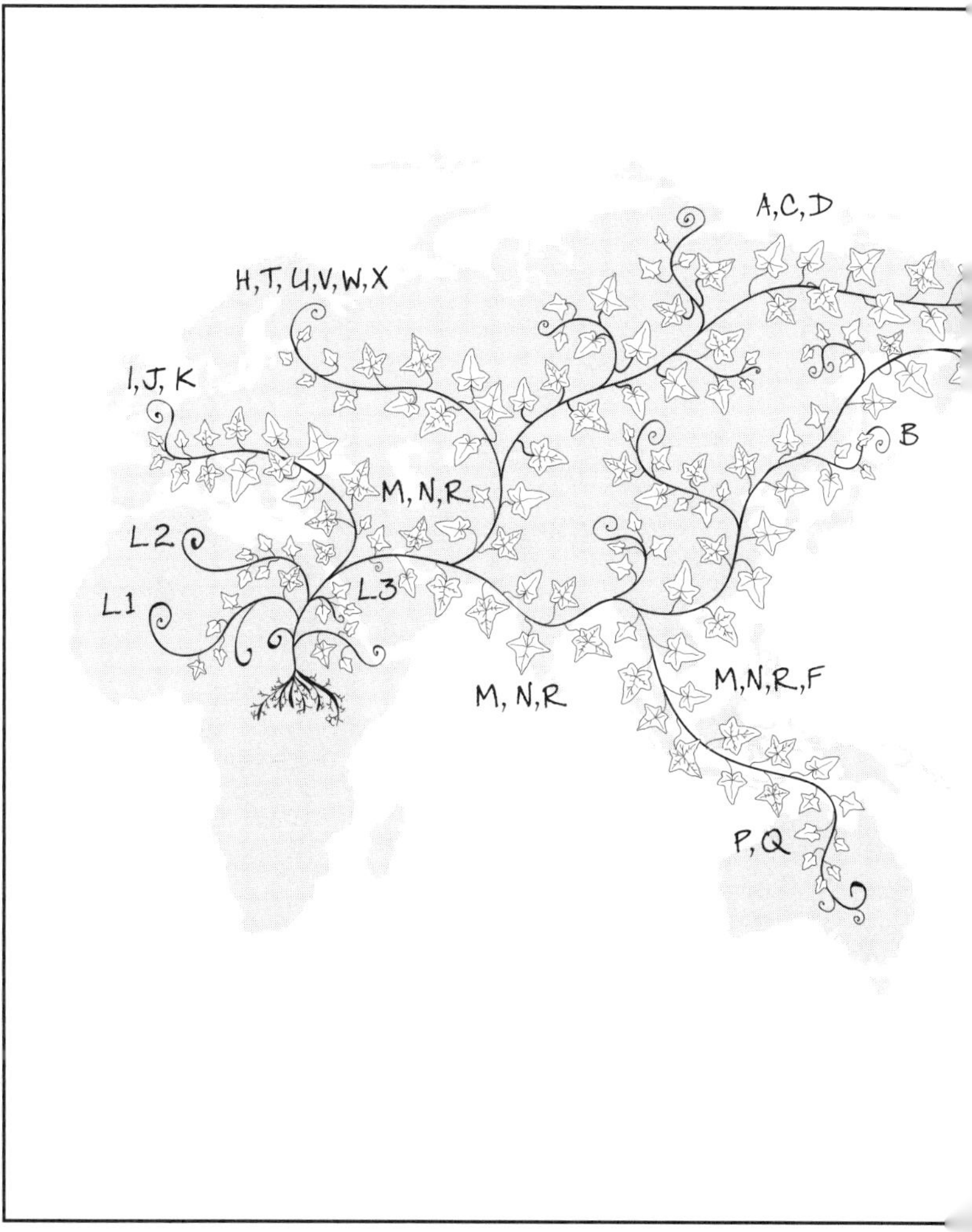

世界地図に広がった、ミトコンドリアDNA系統のツタ

構造を調べてきたスティーヴン・オッペンハイマーが、その知識ゆえに、およそ一九万年前にアフリカに住んでいた数千人の小集団が、今生きているすべての人間の祖先だと考えているのだ。

しかし、だからと言ってハイデルベルゲンシスやネアンデルタール人が、人類という種から排除されるわけではない。それらは絶滅した系統だが、他にも多くの人類の系統が絶滅したのだ。そう考えると、ハイデルベルゲンシスやネアンデルタール人の存在とその認知能力、道具を作る能力や人間性について、別の見方ができるようになる。彼らはわたしたちと同じ人類だったが、わずかに能力が劣っていたために、傲慢で優秀なサピエンスに踏みつけにされたのだ。スティーヴンは医師でもあり、かつて何年にもわたって若い患者を診断し、治療してきた。そのように科学的な目で人間を見てきた経験があればこそ、集団の遺伝的性質といった抽象的で数学的なものから、人間の姿を思い描くことができたのだろう。

スティーヴンとわたしは、カンポン・アイル・バとレンゴン渓谷を後にした。愛する国と愛する人々を訪れたスティーヴンは、保冷ケースにぎっしり詰まった新しいDNAサンプルを携えて帰途についた。わたしは熱帯雨林での生活や、絶滅の危機にある文化を守ること、東南アジアに広がるツタの枝について、ほんの数日で多くのことを学んだ。次の旅では、マレーシアの別の場所を訪れる。今度は島だ。

太古の頭骨を探して　マレーシア：ボルネオ島、ニア洞窟

わたしはマレーシアのボルネオ島サラワク州行きの飛行機に乗り、またもや熱帯雨林に向かった。ニア洞窟は、グヌン・スビスという石灰岩山塊にある洞窟群の一部で、サラワクの海岸から

およそ一五キロのところにある。洞窟は国立公園の中にあるので、わたしたちはその公園のロッジに泊まった。洞窟までは、フェリーでニア川をわたり、ジャングルの中の遊歩道を三・五キロほど歩くそうだ。

ニアへ行くのだと思うと、心が湧きたった。そこは、この旅の計画を立てたときに真っ先にリストに挙げた場所のひとつなのだ。いかにも考古学の遺跡らしい洞窟のイメージをわたしは思い描いていた。熱帯雨林にそびえる石灰岩の断崖にぽっかりと大きな口を開いた、神秘的な洞窟だと聞いている。東南アジアで最も有名な考古学遺跡のひとつである。

サラワク博物館の館長トム・ハリソンは、妻のバーバラとともに、一九五四年から一九六七年までニア洞窟の発掘を行った。彼が初めてボルネオを訪れたのは一九三二年で、学部生として鳥類学のフィールドワークをするためだった。しかしその後、鳥よりも、ボルネオ島の首狩り族、ダヤクの文化に興味を持つようになり、人類学者の道を進むことになった。第二次世界大戦中には、英陸軍の少佐としてボルネオの熱帯雨林にパラシュートで降下した。ボルネオの先住民をゲリラ兵に仕立てて日本兵と戦わせるという作戦を指揮するためだった。おぞましいことに彼は、ダヤク族の首狩りの風習を日本兵に対して復活させた。日本が降伏して戦争が終結した後もハリソンはボルネオにとどまり、やがてサラワク博物館の館長に就任した。第二次世界大戦をはさんで、ジャワでは何体分かの古代の人骨（ホモ・エレクトスの亜種「ジャワ原人」）が発見されていた。彼はそれに刺激されて、「ボルネオ原人」を発見するべく、ニア洞窟の発掘にとりかかった。[1]

ニア洞窟へは、「商人の洞窟」と呼ばれる巨大な洞窟を通っていく。その名は、洞窟で採取されたツバメの巣が、その場で料理人に売られていたことに由来する。巣の採取は今も続いている。

「商人の洞窟」から木の階段を上ると、遊歩道に出た（口絵⑩）。ゆるやかなカーブを描くその道を進んでいくと、ふいに、ニア大洞窟の巨大な「西の口」が現れた。その入り口は、異様に大きかった。高さは六〇メートル、幅は一八〇メートルもある。写真で見たことはあったが、実際の大きさは予想以上だった。洞窟の天井から木の棒がぶら下がっている。見ていると、ツバメの巣を集める人が、まず結び目のある縄を上り、次にその棒を上って、洞窟の高い天井にたどり着いた。彼は巣を採って、下で待ち受けている仲間に放り投げた。プラスティックのお椀のような小さな巣は、ツバメの唾液腺からの分泌物でできており、羽毛がこびりついている。その外見は食欲をそそるものではない。巣が過剰に採取されたせいでツバメの数が激減し、今では採取には厳しい制限が設けられている。多くの贅沢な食材と同じく、わたしのような外国人には残酷に感じられ、あえて食べる必要はないだろうと思える。それでもこの中華料理の珍味はけっこうな稼ぎになるのだ。

ハリソンは、ニア洞窟を初期の人類が使っていた証拠を数多く発見した。五〇〇〇〇年前から二五〇〇〇年前までの新石器時代の墓もたくさん見つかった[2]。わたしは、「西の口」の、ハリソンが掘削したあたりを歩いてみた。掘った穴がそのまま残され、新石器時代の埋葬跡が露出していた。わたしは不思議に思った。普通なら、見つかった骨はそれなりの施設で保管することになっている。と言うのも、骨は何千年、何万年を持ちこたえてきたかもしれないが、土から掘り出されて環境が変わるとたちまち劣化が進むからだ。実際、ここの新石器時代の埋葬跡はいくらか傷んでいるように見えた。ニアの洞窟口からは、高木が一掃され、日光が差し込むようになり、観光客はこの巨大で荘厳な洞窟を鑑賞できるようになった。しかし、その光のせいで、緑藻が石灰岩の洞窟の壁や天井に広がり、新石器時代の墓も覆い尽くそうとしていた。

もっとも、わたしがここを訪れたのは、新石器時代の埋葬跡を見るためではない。それらはあまりに時代が新しすぎるのだ。その埋葬跡の先の池底質（かつて池の底に堆積した層）に、ハリソンらが掘った長さ七メートル半の「地獄壕《ヘルトレンチ》」がある。そう呼ばれるのは、彼らがここを掘っていたとき、熱く、湿度が高く、地獄のようだったからだ。だが、暑さにあえぎながらの重労働は報われた。一九五八年、ハリソンはそこで「深い頭骨（ディープ・スカル）」を発見した。それはまぎれもなく現生人類のもので、頭蓋は丸く、眉弓や後頭部も現生型だった。発見された場所の深さから、かなり昔のものであることが察せられた。頭骨のすぐ上の地層に炭が含まれていたので、彼はただちにそれを専門機関に送り、放射性炭素年代測定にかけた。その結果、頭骨は、アフリカの外で見つかった現生人類の、当時としては最も古い化石であることがわかった。およそ四万年前のものと推

ニア大洞窟

定されたのだ[2]。しかし、当時、その年代は信じてもらえなかった。現生人類がボルネオにたどり着いた年代としては、あまりに早すぎたからだ。

その頭骨は、普段はサラワク州の州都クチンにあるサラワク博物館に保管されているが、今回に限って館長のイポイ・ダタンはそれを洞窟の発見地点に届けさせてくれた。博物館から届いた段ボール箱をそっと開けた（口絵⑪）。発見時には細かく割れていたそうだが、今では接着されて、いくつかの大きなかけらになっていた。わたしはそのかけらを慎重に持ち上げた。森の中をオートバイでここまで運ぶ間、骨が傷まないよう、箱の中には脱脂綿が敷き詰めてあった。頭蓋冠の大半を成す大きなドーム型のかけらや、左耳の周囲の側頭骨、そして、頭骨底部のかけらがあった。歯の生えた上顎は博物館に残されていたものの、報告書から、それには第三大臼歯、すなわち、親知らずが生えていないことをわたしは知っていた。すなわち、この頭骨の主は、一〇代後半から二〇代前半までの若者だったのだ。頭骨底部の「蝶後頭軟骨結合《ちょうこうとうなんこつけつごう》」という、長々しい名前の軟骨の結合部が骨化しかけていることからも、若者の頭骨だとわかる（蝶後頭軟骨結合は、思春期後に骨化する）。

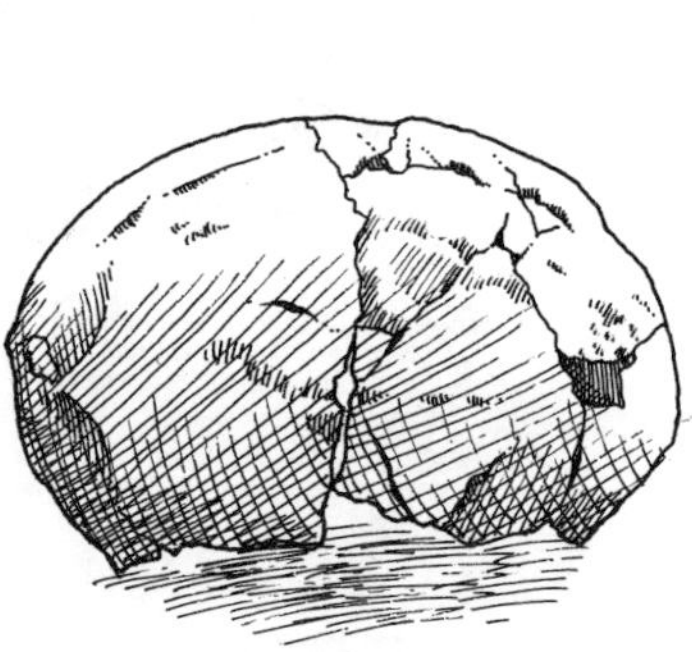

ニア頭骨の上部

このような若い頭骨の場合は、それが男性なのか、女性なのか、判別しにくいことがある。男性は一般に女性よりたくましく、がっしりしているので、頭骨も頑丈で分厚くなるが、二〇《はたち》そこそこの男性では、そのような特徴はまだ現れない。一八歳の男性の多くは、（当人は認めないかもしれないが）まだ女の子のように見える。大学で教えていると、男子学生の一年生と三年生の違いを実感する。全体的に成長するが、その三年間で目に見えて変化するのは顔である。ハリソンが見つけた頭骨は、わたしには女性のもののように見えたが、そういう理由から、確信はできなかった。研究者たちは、「おそらく女性のものだ」と報告している。

角張った眼窩や、幅広の鼻、やや突き出た顎や歯の形は、太古の東南アジア人――アンダマン諸島民や、マレーシア、フィリピン、オーストラリアなどに暮らすアボリジニの祖先――の頭骨に期待される通りのものだ(2)。

ハリソンはこの遺跡について、詳細な論文を発表することはなかった。二〇〇〇年、ケンブリッジ大学のグレアム・バーカーと、サラワク博物館のイポイ・ダタン(わたしのために頭骨をニアに届けてくれた人物)が率いる、国際的な考古学者チームがニア洞窟にやってきた(3)。発掘時の壕やノート、写真、発見されたものから情報を収集し、新たな発掘をするためだ。「ディープ・スカル」が四万年前のものだというハリソンの主張は、常に議論の的になってきた。年代測定の方法がまずかったのだと言う人もいれば、頭骨はもっと最近のもので、ことによると新石器時代のものかもしれないが、何かの加減で古い時代の堆積層に押し込まれたのだと主張する人もいた。

ゆえに、バーカーのチームの最大の目的は、その頭骨が本当にハリソンが言うほど古いかどうかを調べることにあった。「地獄壕」に向かったチームは、「ディープ・スカル」が発見された場所を探しあて、頭骨が、見つかった地層に押し込まれたものではないことを確認した。次にチームは、頭骨があった地層の年代を新しい技術で調べなおした。最先端のＡＭＳ(加速器質量分析法)で地層に含まれる炭を調べ、ウラン系列年代測定法で骨そのものを調べたのだ。そうして判定された新しい年代は、およそ四万六〇〇〇年前から三万四〇〇〇年前で、ハリソンのおよそ四万年前という主張は裏づけられた。

近くの島でも、かなり古い時代の化石が出土している。ボルネオ島のすぐ北にあるフィリピンのパラワン島のタボン洞窟では、およそ一万七〇〇〇年前の頭骨と、五万八〇〇〇年前までさかのぼる可能性のある脛骨が発見された。[4] 南のジャワ島のプヌンの堆積層で見つかった小臼歯はさらに古い時代のものだが、やはり現生人類の遺物と見なされている。[5] また、韓国にある後期旧石器時代の洞窟遺跡からも現生人類の化石の一部が出土しており、同じ層にあった他の生物の化石から、およそ四万年前のものと推定されている。[6] それでも、「ディープ・スカル」は、発見から五〇年たった今も、東南アジアに現生人類がいたことを示す最古の証拠であり、アフリカの外で見つかった現生人類の化石の中でも最も古いもののひとつなのだ。[2]

ニア洞窟を再発掘した折には、脛骨のかけらや頭骨の一部が見つかった。頭骨のかけらは、内側がオーカー（赤鉄鉱）で汚れていたので、考古学者らは、埋葬の儀式の一環としてオーカーを塗ったのだろうか、ひょっとしてオーカーを入れる壺として使ったのだろうか、と頭をひねっている。

彼らの生活の痕跡

ニア洞窟では、人類の骨だけでなく、その暮らしぶりを示す証拠もたくさん見つかった。それらを調べた結果、洞窟に人類が住みはじめたのは、「ディープ・スカル」の時代よりさらに昔だったことがわかった。ニア洞窟で暮らしていた狩猟採集民は、厳しい環境の中、工夫しながらどうにか生きのびていたようだ。周囲には緑が豊かに生い茂っていただろうが、食料を手に入れるのは難しかったにちがいない。おいしそうに見える植物の多くは毒を含み、動物は密生する草や葉の陰にうまく身を隠した。マレーシアでわたしは、熱帯雨林で食料を集めるにはどんな技術や知識が必要とされるのかを見てきたが、ニア洞窟には同じような創意工夫や知恵の痕跡が残されていた。それらは、およそ四万六〇〇〇年前までさかのぼるものだった。

バーカーのチームは、ハリソンが発掘してそのまま放置していた大量の動物の骨を分析し、ニア洞窟の初期の住民が、どのように狩りをし、どんなものを食べていたかを解き明かしていった。動物の骨は四万六〇〇〇年前から三万三〇〇〇年前までの地層から見つかった。多くは焼けており、火を消した炉に捨てたものと推測され（旧石器時代の家事の様子が垣間見える）、切って解体した跡が残るものもあったので、人類が関わっているのは確かだった。太古の狩猟採集民は、洞窟周辺に暮らす多様な獲物をうまく捕まえていたようだ。ヒゲイノシシ、ラングール（サルの一種）、オオトカゲなど、さまざまな動物の骨が見つかった。

いくつかは簡単に捕まえられるものだった。貝は川や沼で拾えるし、現代の熱帯雨林の狩猟者がヤマアラシやセンザンコウ、オオトカゲやカメを素手で捕まえることが報告されている。現にわたしは、ラノー族の少女たちがアイル・バ川ですべりやすい魚を手づかみするのをこの目で見た。

しかし、サルを狩るのはそれほど易しくない。ニア洞窟の堆積層にサルの骨があったことは、そこにいた人々が、樹上で暮らす動物をうまく狩っていたことを示唆している。彼らが飛び道具（弓矢、吹き矢、槍など）を使っていたという直接的な証拠はないが、獲物を見るかぎり、使っていたのは確かだ。ラノー族の吹き矢が思い出される。あれはすべて有機素材でできていたので、地中に埋まるとそれほど長くもたないだろう。竹や木でできたものは、何千年、何万年前の手がかりを探す考古学者の目に触れることはないのだ。見つかるのはほんのわずかな石や骨のかけらだけといった状況で、かつてそこにいた人々の暮らしぶりを知るのがどれほど難しいことであるかを、わたしは改めて実感した。

吹き矢や弓矢が登場した時期については、今も議論が続いている。いずれもニア洞窟で見つかった遺物ほど古い時代から使われていたという証拠はないが、有機物の痕跡はほぼ完全に消えてしまうことを忘れてはならない。弓矢が使われていたことを示す最古の決定的な証拠はヨーロッパで見つかっており、それはほんの一万一〇〇〇年前のものだが、多くの考古学者は、弓矢はそれよりずっと昔に発明されていたはずだと考えている(7)。ニアでは骨や軟骨で作った尖頭器が見つかっているが、もしかするとそれらは矢じりだったのかもしれない。

解体されたブタの骨も、彼らが高度な狩猟技術を持っていたことを示している――そして、ブタ肉が好きだったということも。現代マレーシアで行われている伝統的な野ブタ狩りでは、イヌ、槍、吹き矢、弓矢が用いられ、待ち伏せや、罠で捕獲することもある。イヌは新石器時代以降にボルネオに持ち込まれたが、それ以外の道具や手法は、ニア洞窟の時代から使われていた可能性がある。とは言え、考古学的な証拠が見つからないかぎり、すべては推測の域を出ない。

ニア洞窟ではブタの骨が数多く見つかったので、バーカーのチームは、人類は主にブタを狩るためにこの地域にやってきたのではないかと考えた。残された骨を分析した結果、食べられたブタの五分の二は子ブタだった。現代のマレーシアでは、森に群生する熱帯特有の木、フタバガキの実が豊作かどうかによって、野ブタの個体数が著しく増減するが、実のなり具合は、南半球の天候のサイクルに影響される。実り豊かな年には、野ブタの数はほんの二、三か月で一〇倍に増えることがあり、当然ながら、そういう年には子ブタの割合が増す。狩猟採集民の集団《バンド》がニア洞窟の入り口で季節限定のキャンプを張って、ブタ肉を大いに堪能したのは、そのような「ブタ豊

ニア洞窟の入り口から見た景色。午後の雨があがり、熱帯雨林から水蒸気が立ち上っている

作の年」だったのだろう[3]。

ニア洞窟で見つかるサルの骨も、当時の環境を知る手がかりになる。それらは周辺が森林に覆われていたことを示しており、「地獄壕」の堆積物に含まれる花粉もそれを裏づけている。花粉から見えてくるのは、時代によって山地と低地が交互に熱帯雨林に覆われる様子だった。四万年前頃、そのあたりは湿潤な低地で、今日に比べると気候が乾燥していたため、森林はまばらだったが、雨は十分、降っていた[2,6]。ＯＩＳ３半ばの四万七〇〇〇年前から四万年前にかけては、温度も湿度も上がった[6]。わたしがニア洞窟を訪れたのは雨期のさなかで、午後には何度となく豪雨に見舞われた。洞窟の中に座って、土砂降りの雨に打たれる熱帯雨林を見ていると、初期の狩猟採集民もこんなふうに過ごしていたのだろうか、と思えてきた。雨が止むと、木々がまとった雨水は

暑さゆえにたちまち水蒸気になる。向かいの山の木々に覆われた急な斜面から、霧が渦を巻きながら空へ上っていった。

ここにいた狩猟採集民は、熱帯雨林の植物を活用するすべも身につけていたようだ。ヤムイモ(学名：ディオスコレア)の中でも苦味種のディオスコレア・ヒスピダは有毒(青酸性)で、大人でも二、三口食べれば死に至るが、その実や種は、二週間ほど土に埋めてから煮るか、種を灰の中に長く埋めておくことで解毒できる。バーカーのチームは、洞窟の中でそのヤムイモの実のかけらと灰が入った穴を発見し、太古の狩猟採集民がその穴でヤムイモを解毒していたのだろうと推測した。また、その太古のハンターたちが野焼きをしていたと考える人もいる。それは、洞窟周辺の地層に、キツネノマゴ(ジャスティシア)の花粉が高濃度で含まれていたからだ。その小さな一年草は、森林火災の後、旺盛に繁殖することで知られる。事実、四万年前から三万年前にかけて、東南アジアの密集した湿度の高い熱帯雨林で野焼きが広く行われていた証拠がある。(8)

ごく最近まで、東南アジアの狩猟採集民の部族は、季節ごとに移動しながら、熱帯雨林の薄く広がった資源を利用していた。ニア洞窟に残された証拠から見て、太古の狩猟者もまた、放浪しながら、この洞窟へ繰り返し戻ってきていたと思われる。この洞窟は彼らにとって、食物を探しに出る準備を整えるベースキャンプの役目を果たしていたのではないだろうか。洞窟の中で人類が暮らしたことを示す証拠の大半は、食事の後に残された動物の骨である。石器はほんのわずかしか見つかっていないが、発見されたものは、五〇キロも離れた土地で採れる石から作ったものだった。ゆえに、そういう貴重な道具をうっかり洞窟に置き忘れたりしなかった(だからほとんど見つからない)という見方もできる。

ハリソンが四万六〇〇〇年前から三万三〇〇〇年前の地層から掘り出したものの中には、解体された動物の骨だけでなく、数こそ少ないが、骨角器も混じっていた。加工された骨は六点あり、ひとつは千枚通しのように先がとがっていた[3]。骨角器は後期旧石器時代を特徴づけるもののひとつで、一般に、およそ四万年前のヨーロッパでオーリニャック文化とともに現れた、洗練された技術や文化の一部と見なされている。しかし、この「革命」のように見えるものも、実のところ、その起源ははるか昔のアフリカにあるのかもしれない。最初にアフリカを出た人類は、骨角器に柄をつけた矢のような、洗練された道具をすでに作っていた可能性があるのだ。

ニア洞窟には、ヨーロッパの後期旧石器時代の遺物に匹敵する、洗練された石器や、装飾品や美術の証拠は残されていないが、バーカーは、「ニアの遺物に見られる創意工夫や知恵や計画性には、現生人類ならではのアプローチを見ることができる」と主張する。たしかに、ニアの狩猟者はさまざまな資源を活用する能力を備えていたようだ。おそらく彼らは、罠で動物を捕え、飛び道具で狩りをし、ヤムイモの毒抜きをし、野焼きをして空地を作っていたのだろう。熱帯雨林で生き抜く力があればこそ、人類は東南アジアに拡散できたのだ。

しかし、その地域にいたのは彼らだけではなかった。居住地を広げていくにつれて、彼らは先住者の縄張りに侵入していった[2]。

ホビット　インドネシア：フローレス島

この一〇年の間に人類の進化の物語に加わった、興奮に満ちた新たな一章は、インドネシアのフローレス島で暮らしていた小さな人々の化石の発見にまつわるものだ。その発見は、古人類学の世界を揺るがしただけでなく、世紀の発見として新聞の大見出しにもなった。世間の人々をいちばん驚かせたのは、ホモ・サピエンスとは別の人類が、現生人類と同じ時代に暮らしていたことだ。

ホビット（小人）はインドネシアの島に、一万二〇〇〇年前まで住んでいた。考古学的尺度で言えば、ごく最近のことである。現生人類がヨーロッパに到達した時、そこにはまだネアンデルタール人が歩きまわっていたという話はよく知られているものの、このホビットのニュースは背筋がぞっとするほど衝撃的だった。わたしたちは人間のことを今日の地球で唯一の人類と見なしがちだ（ただし、遺伝的には、チンパンジーやゴリラもホモ属に含まれるという考え方もある）。他の動物とあまりにも似ていないので、特別な創造物だと考える人もいるほどだ。しかし、人間の独自性を脅かすような種が発見されたとなると、その幻想は揺らいでしまう。ホビットが発見されたとき、クリス・ストリンガーはこう言った。「これは注目に値する驚くべき発見で、しかも……人間を人間たらしめているのは何か、という問いそのものを否定しかねない」

この地球上に、人間とは呼べなくても、他の人類がいた（今もいる、と言う人もいる）と考えると、なんとなく薄気味が悪い。さらにぞっとするのは、フローレス島に伝わる神話で、それによると、昔、フローレス島の洞窟には、「エブ・ゴゴ」という小人が住んでいて、村人たちを怖がらせていたというのだ。

一九九五年、オーストラリアのニューイングランド大学の考古学者マイク・モーウッドとダグ・ホッブズは、オーストラリア北西部のキンバリー海岸で一八世紀の遺跡を発掘していた。かつてその海岸では、インドネシアの漁師たちが、中国人に売るためにナマコを煮ていた。そのようなアジアとの交流は有史以前にさかのぼり、最初のオーストラリア人はインドネシアからやってきたと考えられている。そういうわけで、このふたりの考古学者はある計画を思いついた。インドネシアに渡って、その一帯に最初に移住した現生人類、すなわちオーストラリア人の遠い祖先の痕跡を見つけようというのだ。(1)

インドネシアのフローレス島は、その挑戦の舞台とするのにふさわしく思えた。インドネシアの古生物学者や考古学者と協力すれば、発掘はスムーズに進むだろう。それにその島では、好奇心をそそられる「石器」が見つかっていた。フローレス島は、旧石器時代を通してずっと「島」で、近くのバリ島、ロンボク島、スンバワ島とは深い海峡で隔てられていた。一般に、現生人類は海を渡ることに成功した唯一のホミニンと見なされている。だが、フローレスで見つかった石器はとても古い時代のもので、現生人類が作ったものとは思えなかった。そもそも、それらが本当に石器なのかどうかも不確かだった。

一九九七年の発掘で、この国際的なチームは、島の中部にあるソア盆地の凝灰岩（火山の噴出物が集積・凝固してできた石）に埋もれていた石器を発見し――それはたしかに石器だった――、それが九〇万年前から八〇万年前までのものであることを突き止めた。非常に重要な発見であり、その論文は『ネイチャー』誌に掲載された。モーウッドは、石器はその時代に東南アジアにいたことがわかっている唯一のホミニン、ホモ・エレクトスが作ったに違いないと主張した。もしそうだとすれば、ホモ・エレクトスも海を渡ったことになる。たしかに物議を醸す主張だった。

ソア盆地での発掘作業はその後何年も続いたが、モーウッドらは並行してふたつの洞窟遺跡も調べることにした。それらの洞窟からは、一万年前頃の埋葬跡や石器など、比較的最近の現生人類の痕跡がいくつか見つかっていた。二〇〇一年四月、「リアン・ブア（涼しい洞窟）」の発掘が始まった。作業員として雇われたマンガライ族の男たちが、スコップや竹の棒で掘り、固いフローストーン（流れ石）の層は大ハンマーやのみで砕いた。壕の側面を慎重に補強しながら、以前に発掘されたところよりさらに深い層まで掘り進んでいった。人類が活動した跡がまったく認められない「不毛」な層が続いたが、モーウッドはあきらめなかった。底の底まで掘りたかったのだ。その熱意は報われ、深い層から何千もの石器や、動物の骨や歯が見つかった。バート・ロバーツがルミネッセンス年代測定法で化石の年代を調べたところ、七万四〇〇〇年前から一万二〇〇〇年前までのものであることがわかった。その発掘で見つかった人類の骨は、やや曲がった、小さくて奇妙な橈骨《とうこつ》一個だけだった。

二〇〇三年になって、チームはホモ・エレクトスの子どもの全身骨格と思われるものを発見した。待望の発見だった。頭骨は厚く、額が傾斜しており、ホモ・エレクトスの特徴を示していた。そして、とても小さかった。骨は意図的に埋葬されたものではなかった。洞窟の浅い水たまりで息絶えた体が、どういうわけかすぐ堆積物に覆われ、保存されたのだ。骨は化石化しておらず、崩れやすかったので、家庭用接着剤のUHUとアセトンの除光液を混ぜたもので固めて、運べるようにした。ところが、研究室に持ち帰ってよく調べたところ、リアン・ブア一号（LB1）と名づけられたその骨の持ち主は、子どもではなく、小さなおとなだったことが明らかになった。

ニューイングランド大学の古人類学教授、ピーター・ブラウンは、モーウッドと共にジャカルタへ行き、この小型の骨を調べた。ブラウンが頭骨にマスタードシード（カラシナの種子）を詰めて容量を調べたところ、それは驚くほど小さかった。わずか三八〇ミリリットルだったのだ。これまでに見つかった化石からすると、ホモ属の成人の脳は、少なくとも六〇〇ミリリットルはあるはずだった。現生人類の脳は、一〇〇〇ミリリットル以上、二〇〇〇ミリリットル以下である。大きな脳は人類の基本的な特徴なのだ。小頭症などの病気によって脳が小さくなることもあるが、六〇〇ミリリットル以下というのは稀である。アフリカの外で見つかった最古のホミニンは、グルジア共和国ドマニシで発掘された一八〇万年前のもので、体も脳も小さかった（身長一四〇センチメートル、脳の大きさは六〇〇ミリリットル）が、それでもLB1に比べれば、どちらもはるかに大きかった。

ブラウンは、その骨が病気でそうなったとは思わなかったし、それをホモ・エレクトスだとも考えていなかった。実のところ彼はその骨に「スンダントロプス・テガケンシス」というまったく新しい属名と種小名をつけようとしたくらいだった。たしかにLB1は変わっていた。ホミニンにしてはとても小さく、ブラウンには、どのホモ属よりも、太古のアフリカにいたアウストラロピテクスに似ているように思えた。しかしモーウッドの意見は違った。脳は極めて小さいが、LB1の骨格には、ホモ属にふさわしい特徴が認められると彼は見ていたのだ。[1] LB1の行動の痕跡も、その見方を後押しした。LB1は道具を作っていたので、ホモ属より前の種ということはありえないのだ。二〇〇四年、この発見は『ネイチャー』誌上で発表され、LB1は新しい小型のホミニン、「ホモ・フロレシエンシス」と命名された。[2] その論文でモーウッドらは、ホモ・エレクトスの一グループがフローレス島で孤立し、その地域だけで矮小化してホモ・フロレシエンシスになったのだろう、と結論づけた。

この論文は、古人類学の世界に嵐をまきおこし、世界中の新聞の一面を飾った。特に議論が集中したのは、それが本当に新しい種なのか、あるいは病気になった現生人類にすぎないのかという点だった。インドネシアの古人類学者、テウク・ヤコブは、LB1は小頭症のピグミーに過ぎないと主張したが、[3] リアン・ブアの発掘を進めたところ、さらに一二体の個体の骨の一部が見つかり、それぞれの骨格はLB1と同じくらい小さいと推測されたため、LB1を病気と見なす説は却下された。LB1の頭蓋容量を測りなおしたところ、最初の見立てよりやや大きく、約四一七ミリリットルあることがわかったが、いずれにせよ、その頭蓋の形状は、小頭症によるものとは大きく異なっていた。[4] その後も議論は続き、ごく最近も、LB1の体や脳が小さいのは先天性の甲状腺異常のせいだとする仮説が『英国王立協会紀要』に掲載された。[5] 写真で見ると、下垂体窩（下垂体が入る、頭骨下方のくぼみ）が通常より大きいので、それが先天性の甲状腺機能不全のしるしだと言うのである。もっとも、この新説の提唱者は、化石の実物を見ることなく、写真だけでその診断を下しているので、信憑性は薄い。すでに、頭骨のCTスキャン画像を根拠とする異議が唱えられている。

LB1は病気だったとする説は、頭骨が小さい理由さえ説明できればそれでよしとしているらしく、頭骨の形状や骨格の四肢のバランスが現生人類とははなはだしく違っていることには、触れようとしない。デビー・オーギュ率いるオーストラリアの研究者チームは、LB1をピグミーや他のホミニンの骨格と比較して、モーウッドと同じく、LB1は小頭症などではなく、現生人類ともホモ・エレクトスとも異なる種で、独自の種名が必要とされるという結論に至った。もっとも彼らは、LB1がホモ・エレクトスから進化したという見方には賛同しておらず、アウストラロピテクスと初期のホモ属の中間的な種だと考えている。[6] LB1の手根骨や肩の骨を詳しく調べたところ、たしかに原始的で、現生人類と異なることがわかった。[7,8]

ホビットと対面する

そのように侃々諤々の議論が交わされてきたその骨を、この目で見ることができるのかと思うとわたしの胸は高鳴った。三月のその日、ジャカルタの空は厚い雲に覆われていた。国立考古学研究センターを訪れ、所長のトニー・ジュビアントノに会った。彼の案内でセンターの廊下を進み、奥の一室に入った。そこには机とソファと金庫が置かれていた。トニーは、金庫からプラスティック容器を取り出し、広い標本貯蔵室へと持っていった。容器には、LB1の骨が入っており、貯蔵室にはその骨を並べるテーブルが用意されていた。

トニーとテレビカメラが注視する中、わたしは黙ったまま容器から骨をとりだした。本当にびっくりした。骨はものすごく小さかったのだ（口絵⑫）。

わたしは全身の骨を順々に並べていった。まず、テーブルの端に頭骨を置き、脊椎のかけらを並べ、次に、腕の骨、手の骨、骨盤、下肢骨、足、と置いていった。ブリストルの研究所で考古学的な骨を扱うときにいつもそうするように。

その骨格はとても奇妙で、小さかった。LB1が成人であることに疑いの余地はない。すべての骨端（長骨のこぶ状の端部）が骨幹と結合しており（子どもは、骨端と骨幹の間に軟骨板があり、そこが成長する）、永久歯も全部揃っていた。けれども、その小ささは信じがたかった。病気のようには見えなかったし、いずれにせよ、LB1に見られる特徴をすべてもたらすような病気は、SFの世界でなければ存在しないだろう。なにしろその病気は、ある種のタイムワープを引き起こし、人体の各部分を、何百万年も退行させるのだから。

LB1の一部は、現生人類そのもののように見えた。特に歯は、放物線状のカーブを描いて顎に収まり、形も大きさも現生人類の歯のように見える。しかし、現生人類とはっきり異なるところもあった。その極端に小さい頭骨の円周は、耳のあたりが最大となっており、下顎の中心は丸みを帯び、顎は突き出ておらず、内側が厚くなっていた。また、下顎は全体的に厚く、下顎枝（顎関節につながる部分）の幅が広い。四肢骨は大きさの割に太く、骨盤は奇妙な形で、アウストラロピテクスの開いた骨盤を思い出させる。また、腕はやや長く、脚はやや短い。そのプロポーションは現生人類よりも、初期のホモ属やアウストラロピテクス——その化石はアフリカの外では見つかっていない——に似ている。

わたしは、写真か復元模型でしか、初期のホミニンの骨を見たことがなかったが、それでも、この小さな骨はアウストラロピテクスによく似ているように思えた。すなわちアウストラロピテクス・アファレンシスやアウストラロピテクス・アフリカヌス——四〇〇万年前から二五〇万年前にかけてアフリカにすんでいた華奢型のアウストラロピテクスである。そうだとして、そのようなホミニンがインドネシアでいったい何をしていたのだろうか。

仮にホビットが病気の現生人類で、不幸にも全員が先天性小頭症を患う小人の集団だったとしたら、話は簡単で、現在の諸理論との矛盾も少なくなる。だが、骨の形から見ても、化石の年代から見ても、そういうことはなさそうだ。LB1の骨はおよそ一万八〇〇〇年前のものと見られているが、他のホモ・フロレシエンシスの化石や石器の年代はそれよりずっと昔のものであり、最も古いものはおよそ九万五〇〇〇年前までさかのぼる。(9) だとすれば、ホビットは病気になった現生人類だという説は破綻する。なぜなら、その年代は、ホモ・サピエンスが東南アジアに残した最古の証拠より、二倍以上古いからだ。すなわち、ホビットの存在は、ホミニンの拡散や移住のパターン、骨格のヴァリエーションの範囲について、定説を揺るがそうとしているのだ。ホモ・フロレシエンシスはアウストラロピテクスとホモ属の中間的な種であり、ホモ属がアフリカを出るずっと以前、おそらく二〇〇万年以上前に、アフリカから出たはずだとオーギュは主張する。つまり、ホモ属の他にも——より早い時期に——アフリカを出た種があったというのだ。インドネシアの洞窟人によって打ち込まれた一撃で、なぜ、古人類学の世界がかくも動揺しているのか、もうおわかりいただけただろう。モーウッドは、ホモ・フロレシエンシスはホモ属だと信じ切っているようだが、それが事実であれば、ホモ属の分散に関して重大な意味を持つことも承知している。彼は、ホビットの発見についてつづった近著で、ホモ属はアジアで誕生したのではないか、と問いかけてさえいる。実に驚くべきことだ。

骨だけでなく、フローレス島で出土した石器も、東南アジアで「誰が何を作ったか」に関する定説にいくらか混乱を招いた。それまでは、大きな「石核石器」を作ったのはホモ・エレクトスで、小さな「剝片石器」を作ったのはホモ・サピエンスだとされてきた。けれども、フローレスのやり方だと、自ずとその二種類の石器ができていたらしいのだ。剝片石器を作るのに向く大きな石は運びにくかったので、彼らはその岩から大きな剝片をはがし取り、元の岩はそのまま放置した。そして、持ち帰った剝片を、小さく加工して石器として使ったのである。そう考えれば、二種類の石器が別々の場所で見つかった理由が説明できる。それらは実は、同じ工程から生まれたものであり、製造方法が文化的に異なっていたわけではないし、異なるホミニンが作ったわけでもなかったのだ。さらには、そういうことがフローレスで起きていたのであれば、舞台がどこであれ、特定の石器を特定の種が作ったとするこれまでの見方に、疑問が投げかけられることになる。(9) わたしの専門が骨で、石器でなかったのは幸いだった。

さあ、誰もが知りたがっていることに進もう。人類とホビットは会ったことがあるのだろうか。フローレス島の先住民であるグレゴリウス・ブイ・ウェアとアンセルムス・ラ・リ・ウェアは、丘の洞窟に住んでいたエブ・ゴゴという小さな人々にまつわる昔話を語ってくれた。彼らによると、この人間のような動物はごちそう目当てに人里近くやってきたが、たいていは村はずれに留まり、人とかかわろうとしなかったそうだ。しかし、村人たちを怒らせてもいたようである。「奴らは作物を盗んだ。キャッサバや果物はいつもエブ・ゴゴに盗まれていたよ」

「怖い存在でしたか？」わたしは尋ねた。

「そうでもない」というのが答えだった。「でも、子どもを盗むこともあったな」

それはかなり怖いことのように思えた。「子どもをどうしようとしたのです？」

「単に子どもが好きだったんだよ」とふたりは答えた。

わたしはエブ・ゴゴの外見について尋ねた。

「全身が毛むくじゃらで、顔はサルのようだった。それに背が低くて、一メートル半もなかったなあ」。ここまでの答えは信じてよさそうだった。とはいえ、もっとグロテスクな特徴もいくつかあったようだ。

「胸板が厚くて、カンガルーのようにおなかにはポケットがあり、そこに奴らは盗んだものを隠すんだ。女の乳房は大きくて長くて、膝まであった」

実に興味深い。フローレスの人々はやがて、食料や子どもを盗もうとする、この小さくて奇妙な人々に我慢できなくなり、彼らを滅ぼすことにした。物語によると、何人かが集まって、エブ・ゴゴの住む洞窟へ行き、籐の敷物を差し出した。その小さな人々は次々に敷物を受けとったが、島民は最後の敷物に火をつけてから洞窟に渡した。火は洞窟の中の敷物すべてに燃え広がり、エブ・ゴゴは滅びた。ひどい話だが、今でも世界の至るところで人間は、自分たちと異なる人々に対して似たようなことをしているのではないだろうか。

もちろん、民話で何かが証明されるわけではない。では、考古学的な証拠はどうだろう。当時、この島の近くには、たしかに現生人類がいた。東ティモールのジェリマライの岩陰遺跡では、四万二〇〇〇年以上前に現生人類が暮らした証拠が見つかっている。(10) しかし、現生人類がフローレス島にやってきたのはずいぶん後の時代だったらしく、人類とホビットが出会ったことを示す証拠は、考古学的にも歴史的にも存在しない。ホビットはフローレス島周辺に少なくとも一万二〇〇〇年前までいたが、[11]その時期のこの島にホモ・サピエンスがいたという証拠はないのだ。

わたしはフローレス島のふたりに、難を逃れたエブ・ゴゴがまだ生きている可能性はあるだろうかと尋ねた。

「たぶんね」とふたりは答えた。

石器時代の船旅　インドネシア：ロンボクからスンバワへ

出アフリカ説がまだそれほど認められていなかったころから、考古学者らは、初期の現生人類は海沿いに世界に広がっていったのだろうと推測していた。海岸沿いなら、採って食べるものが豊富にあるので、生態学的に理にかなっており、また、近年明らかになった遺伝学的な証拠もこの仮説を強く後押ししている。しかし、海沿いの道はやがて途切れる。オーストラリアは常に海によって東南アジアから隔てられており、その距離はとても長かった。

ｍｔＤＮＡの分析によれば、現生人類は八万五〇〇〇年前以降にアフリカで誕生し、それから（考古学的尺度で言えば）「急速に」東へ広がった。[1,2,3] オーストラリア先住民のｍｔＤＮＡの情報は、七万年前から四万年前までの間に、最初の集団がその大陸に到着したことを示唆している。[3,4,5] その具体的な時期については、五万年前から四万年前までという従来の見方を支持する考古学者もいるが、[6]大方の専門家は、遺伝情報とオーストラリア最古の遺跡を分析した結果から、六万年前から五万年前までの間だと考えている。[7]

そのころ、東南アジアの海岸の河口や浅瀬にはマングローブの林が広がり、原始的な船で魚や貝を採るには最適の環境だった。[8] 海水位は現在よりおよそ四〇メートルも低く、ボルネオ島、スマトラ島、ジャワ島、バリ島は、本土とつながって広大な亜大陸「スンダ大陸」を形成していた。初期の移住者たちは、この亜大陸を南へと進んでいったが、海岸に沿ってではなく、亜大陸の中央を進んでいったかもしれない。と言うのも、そこには草が茂る細長い「サバンナの通路」があったからだ。[9]

スンダ大陸の南東では、ニューギニアやオーストラリア、タスマニア島が「サフル大陸」という大きな陸塊を形成していた。スンダ大陸とサフル大陸のあいだには、ウォーレシアの島々が並んでいた。現在のヌサ・トゥンガラ諸島（インドネシアの小スンダ列島の東側。ロンボク島、スンバワ島、フローレス島、スンバ島、ティモール島など）である。東南アジアの動物にとって島々を隔てる海は、拡散を妨げる障壁となったが、大型哺乳類の中で唯一、現生人類だけがその海を越えて島から島へと渡っていった。[6] 動物の移住が起きていないことから、今日に比べるとつながっている部分が多かったとは言え、スンダ大陸からウォーレシア群島やサフル大陸に移住するには、海を渡らなければならなかったことがわかる。

スンダ大陸の浜辺で暮らす人々が、サフル大陸へ渡る手段をもっていた可能性は高い。アフリカで見つかった一二万五〇〇〇年前の人類が沿岸資源を活用していたことを示す証拠は、当時の人類には現在の人類と変わらない能力があったことを物語っている。きっと舟を作ることもできたはずだ。ディヴィッド・バルベックは「川と海が出会うところ」[8] と題した理路整然たる論文の中で、「浜辺で暮らした初期の人類にとって小さな舟は大いに役立ったはずだ。沿岸部や河口で漁をしたり、川を利用して食料や必要な資源を運んだりしただろうし、イリエワニなどの水中に潜む危険から身を守ることもできただろう」と書いている。また彼は、豊かな河口環境のおかげ

スンダからサフル大陸への経路

で、人口が増え、インド洋に沿って居住地を広げていったのではないかと推測する。彼が想像するのは、河口の定住地が鎖のようにつながり、相互に行き来しながら、東に向かってじわじわと移住していく様子である。その最前線では、川沿いや住みやすい土地に沿って人々が内陸へ進み、土地を「満たして」いっただろう。人類が盆地から盆地へ飛び移るようにしてインドを横断したというラヴィ・コリセッターの見方と同じである。

スンダ大陸からサフル大陸に行くには、八回から一七回、海を渡らなければならず、そのうちの少なくとも一回は、七〇キロ以上の距離になったはずだ(6)。そのルートには、ふたつの候補がある。スラウェシ島を通る北のルートと、ヌサ・トゥンガラ諸島に沿って進む南のルートである。もちろん当時の人々には知る由もないことだが、北のルートの方が有利だった。ニューギニアまでずっと、手前の島からひとつ先の島を見ることができたし、モンスーンのおかげで島々には水が豊富にあったからだ。また、風は主に西から東へ吹き、彼らの航海を後押ししてくれたはずだ(10)。南のルートにそういう利点はなかったが、そちらは省エネ型で、海を渡る回数が北のルートより少なくてすんだ。こんなふうに現在の知識をもとに「最適なルート」を考えていると、太古のインドネシアの浜辺のヤシの木の下で、南への移住計画を練る狩猟採集民たち、という奇妙なイメージが浮かんでくる。しかし、サフル大陸への初期の移住を、ひとつのルートを通った一度きりの出来事と見なすのは、単純すぎるだろう。サフル大陸の近くにはウォーレシア群島が散らばっており、移住は、あちこちの近い島から次々にやってくるといった具合に、行き当たりばったりに進んだものと思われる。

ところで、かつてスンダ大陸とサフル大陸だった土地に、初期の定住者の考古学的痕跡は残されているのだろうか。移住の最前線に近い遺跡を見つけるのは難しい。オーストラリアに近い島では、旧石器時代の遺跡がかなり見つかっているが、その大半は三万年前以降のものだ[6]。一方、わたしたちが遺伝子の情報に基づいて探しているのは、七万五〇〇〇年前から六万年前までの遺物である[3]。インドと同じように、スンダ大陸からサフル大陸までの一帯も海水位が上昇したため、当時は海岸にあった遺跡の多くが、現在では陸から数キロ沖合の、海面から最大で一三〇メートルも下に眠っている。実際のところ、七万五〇〇〇年前から六万年前にかけて、インド洋の北の縁やウォーレシア諸島に人類が住んでいたことを示す証拠はひとつも見つかっていないのだ。

東南アジアに現生人類が残した最古の遺跡は、ニア洞窟で発見されたおよそ四万二〇〇〇年前のものである。その遺跡は、狩猟採集民がスンダ大陸に住みはじめたころの暮らしぶりを垣間見ることができるという点では興味深いが、比較的新しい時代のものであり、移住の最前線と見なすことはできない。オーストラリア国立大学の考古学者、スー・オコーナーは、東ティモールのジェリマライで見つかった岩陰遺跡は、人類が南のルートを通ってサフル大陸へ移住したことを示す強力な証拠だと述べている。それは約四万二〇〇〇年前のものであり、その一万年以上前にオーストラリアに人類がいた証拠があるが、現時点では、現生人類がウォーレシア諸島にいたことを示す最古の証拠となっている。そこではヒトの化石は見つかっておらず、石器も原始的なものだが、貝のビーズや釣り針、魚やカメの骨、海の貝は、まぎれもない現生人類のしるしである。マグロのような外洋性の大きな魚の骨が見つかったため、そこにいた人々は舟を使って漁をしていた可能性が高い[7]。ただ、ここで問題になるのがフローレス島で、大規模な調査が行われてきたにもかかわらず、一万年前以前にその島に現生人類がいた証拠はひとつも見つかっていないのだ。南のルートを通ったのであれば、当然フローレス島も経由したはずなのだが。

それなら、実験航海をしてみよう

最初のオーストラリア人を運んだのがどんな舟だったのかは推測するほかない。それほど昔の舟になると、世界のどこにも考古学的証拠は残っていないので、一から十まですべて想像に頼ることになる。ジェリマライにその証拠があると言っても、ただ岩陰遺跡に大きな魚の骨が残されていたというだけのことだ。

そこで、わたしは実験してみることにした。実験考古学者のロバート・ベドナリクは、考古学上の仮説を実験によって証明することに挑戦している。これまで彼は、旧石器時代でも用いることのできた素材と技術だけで、いくつも筏《いかだ》を作ってきた。最初期の移住者が海を越えるのに使った乗り物が、容易に作ることのできる「筏」だったと考えるのは、理にかなっている。ロバートは、その材料として、旧石器時代にも東南アジアに豊富に生えていた竹を用いた。そして、この一〇年間、ウォーレシア諸島の島から島へ、筏で渡る実験を繰り返し、ついにティモール島から、オーストラリア北端、ダーウィン沖に浮かぶメルビル島まで、一三日で渡ることに成功した(11,12)。

わたしはロンボク島の東海岸の浜辺でロバートに会った。彼は地元の漁師たちを雇って、三日がかりで、自らの目的に沿う筏を作らせていた。素晴らしい出来栄えだった。二段に並べた太い竹に横木を渡し、籐で結んで固定している。両脇には、漕ぎ手が腰掛けられるよう、長い竹を二本ずつ、横木の上に渡してあった。航海に最適なように見えたが、ロバートはこれまでに何度か、海を渡るのに失敗している。

「これまでに七隻作って、実際に渡る実験をしたのは五隻。そのうち成功したのは三隻だけだ」と彼は言った。

「じゃあ、かなり失敗もしたのですね」とわたしが言うと、「そうだね」とロバートは笑った。「失敗の話をするつもりはなかったのだけれど、最初の一隻は完全な失敗だった。ひどいものさ。どう設計すればいいか、まるでわからなかったのだからね。当時、海洋を渡る筏について、科学的なことは何もわかっていなかったのだよ」

「そうでしたか。では、この筏はどうです？　沈む可能性も？」

「いや、筏は絶対に沈まない。それが、筏のすごいところでね、舟は沈むことがあるけれど、筏は沈まないんだ」

とは言え、この筏は、ロバートがそれまでに作ったものとは少し違っていた。「青竹を使うのは、今回が初めてだよ。これまでは、半年かけて竹を完全に乾かしてから使っていたんだ」と彼は説明した。今回、もうひとつ新しい変化があった。「それに、今まではずっと男だけでやってきた。女性が乗るのは今回が初めてだ。それも新しい試みだね」と彼は冗談めかして言った。

進水の準備は整っていたが、その前に、筏と、作り手と漕ぎ手（わたしも含めて）は、ドゥカンと呼ばれる土地の巫女《みこ》によるお祓いを受けなければならなかった。ドゥカンはまずミニチュアの筏に、種と砕いたココナツのようなもので模様を描き、中心に小さな卵型の石を立たせた。それから筏を海に浮かべ、寄せてくる波に押しやった。その後、巫女は本物の筏のところへやってきて、黄色い粘土を、順々にわたしたちの額、頬、そして、胸骨の上へと塗っていった。巫女は筏のまわりを歩き、筏にも粘土を塗った。次に、細長い黄色い綿をより合わせて長いひもを作り、ナイフで短く切ると、各人の左手首に結びつけた。儀式は一時間以上続き、皆、押し黙って恭しくお祓いを受けた。島民の大半がイスラム教徒であるこの島で、太古のアニミズムのような儀式が根強く残っているというのは、かなり興味深かった。

お祓いは終わり、進水の準備が始まった。まず作業現場の日よけを取り外し、筏を海へ押していく際にぶつからないようにした。次に、急勾配の砂浜に太く長い竹を並べ、それを「ころ」にして、筏を海へと引きはじめた。三〇人ほどの男性に交じってわたしも引っ張った。一メートルほど進むごとに止まって、ころを調整し、また進んでいく。ついに波打ち際までやってきたが、筏は一向に浮かびあがろうとせず、全重量を砂浜に預けたまま、波に洗われていた。信じられないほどそれは重かった。わたしたちは押して、押して、ついに筏は、飛行機が滑走路から浮かび上がるように、海に浮かんだ。わたしを含む一四人ほどが飛び乗り、波が引かないうちに沖に出ようと、必死で漕ぎだした（口絵⑬）。

わたしたちは躁状態のようになって漕ぎつづけたが、やがてその動きは収まった。筏は穏やかな海に出ていた。進水は成功し、幸い、筏は壊れそうになかった。ロバートは、この最初の難関でしくじることをいちばん恐れていた。筏は八人乗りだったので、六人は浜へ戻った。八人の内訳は、インドネシア人の漁師が五人――ムハンマド（「M」）・スウド、イドルス、マラブルハナ、ナルノ、アマ・ロス。それに、通訳のインドネシア人、ムリアノ・スサント（ニックネームは「トウキョウ」）、船長を務めるロバート、そして、わたしである。わたしたちは腰をすえ、スンバワ島に向かって漕ぎはじめた。水平線上にかすんで見えるスンバワは、何百キロも先にあるように思えた。

「理想的な天候だな」とロバートはわたしを安心させた。「ほとんど風はないし、海は凪いでいる。実を言うと、いちばんの障害は海流でね。世界のどこの海峡でも、流れは予測できないんだ。南に流されたら困ったことになる」

船出は午前七時二五分だった。「どのくらいかかるかしら？」船出から一〇分しかたたないのに、わたしは尋ねた。「いい質問だ」とロバート。「ぼくらもそれを知りたいよ！　予想でいいなら、この条件だと……六時間から九時間、といったところだ」

　三〇分おきくらいに、左右の漕ぎ手は交替した。それはロバートのアイデアで、これまで何度も筏の旅を経験した彼は、片側で漕ぎつづけると疲れることを学んでいたのだ。竹を渡しただけの座席が一段高くなっている点も重要で、おかげで漕ぎ手は背筋を伸ばして座り、足を踏ん張ることができる。その足を波が優しく冷やした。「デッキ」にはヤシの繊維を編んだ敷物を敷き、医療品や救命胴衣などはその中央に置いて波をかぶらないようにしている。櫂《かい》は人間工学的によくできていて、片手で柄の先を握り、もう片方の手で水かきの近くを握ると、力強く水をかくことができた。いい気分で漕いでいると、ロバートがGPSを見て、「軽く三ノットは出てるよ」と言ったので、ますますうれしくなった。だが、続けて彼は、「おおかたは海流のおかげだな」と言った。

　何回か場所を替わるうちに、わたしはロバートの前の席になった。そこで、漕ぐのを少々休んで、彼の方を向いて座り、考古学や筏作り、人類の起源について質問した。彼は、「現生人類以外の人類も、海を渡る舟を作ることができただろう」と言った。一〇〇万年以上昔にホモ・エレクトスが最初の船乗りになった可能性があると彼は考えているのだ[11,12]。これはかなり奇抜な見解である。一般に、海上への進出は現生人類だけに見られる行動だと考えられているからだ。もっとも、フローレス島のホビットは、本当にそうなのか？　と問いかけているようだ。

　他の人類が舟か筏に乗ってウォーレシア諸島のどこかに漂着できたとしても、サフル大陸まで行くのは桁違いに大変だったはずだ。南の経路を進めば、次々に目指すべき島は見えているが、最後の航海だけは例外で、空を飛ぶ渡り鳥や、立ち上る山火事の煙から、前方に陸があることは察せられたかもしれないが、ティモール島からサフル大陸を見ることはできなかったのだ。旧人類が海を越えてフローレス島へやって来たのだとしても、おそらくは、嵐で折れたマングローブなどの天然の筏に乗って偶然流れ着いたのだろう。しかし、サフル大陸への移住は、もっと高度な航海が行われたことを示唆している。考古学者の中には、フローレス島の事例は「原則を明らかにする例外」だと言う人もいる。つまり、フローレス島への旧人類の移住はきわめて例外的であり、原則的には、ホモ・エレクトスやホモ・フロレシエンシスはウォーレシア諸島やサフル大陸に舟で渡ってくることはできなかった、という意味である。(13)

さらに質問を続けるうちに、ホモ・エレクトスは現生人類並みの能力を備えていたとロバートが信じる背景には、深い理由があることがわかった。彼は、アジアのホモ・エレクトスが局地的にホモ・サピエンスに進化したと考えていたのだ。

「およそ五〇万年前までに、ひとつの種が違う種になったんだ」とロバートは言った。

「じゃあ、ホモ・エレクトスがアフリカを出て、アジア一帯に広がってから、さまざまな場所で独自にホモ・サピエンスになったとお考えなのですか?」と、わたしは尋ねた。「化石も遺伝学も、現生人類の系統は二〇万年前から一〇万年前までの間にアフリカで始まったと語っているのじゃなかったかしら?」

「やれやれ、また全能なる遺伝子か」とロバートは言った。「ぼくは信じないね。すべての始まりは二〇〇万年前だ。そのころ、ホモ・エレクトスがアフリカを出たんだ」

彼は「多地域進化説」の信奉者で、現生人類は、アフリカやヨーロッパやアジアで、初期の人類から進化したと考えている。「ではなぜ今日の人類は遺伝子レベルで一様なのか」と問われると、「多地域進化説」の信奉者たちは、「進化途中の集団の間で遺伝子の交雑が起きたために、全体が均一になったのだ」と主張する。この考え方は多くの矛盾を抱えているが、中でも、ほぼ世界全体に広がった種（ホモ・エレクトス）が、大幅に変化しながら、いずれも同じ種（ホモ・サピエンス）になったというのは、どう考えてもおかしい。通常、進化は小さな集団で起きる。たとえば、大災害で母集団が滅んだ後に残された小さな集団や、母集団から地理的に分断された集団である。また、大集団の縁でも進化（種分化）は起きる。しかし、広く拡散した集団がすべて同じ方向に進化するなどということはあり得ないのだ。生物学的に見てもっと筋が通っていて、証拠も見つかっているシナリオは、ある場所で誕生したホモ・サピエンスが世界中へ分散した、というものだ。

「一〇年前は、多地域進化説を支持する人はほとんどいなかった」とロバートは言う。「けれども、今では増えてきた。アフリカのイブを強力に支持する主な化石は、イングランドにあるだけだ。きみは時代遅れの理論に基づいて番組を作っているんだね」

かなり乱暴な主張のようにわたしには思えた。それに多地域進化説の支持者が増えているというのもでたらめで、古人類学者らは、古人類学と遺伝学の研究に基づいて、現生人類がアフリカで誕生したことを支持する方向にまとまりつつあるのだ。ロバートは、実際に何が起きたかについて、（大半の）専門家とは正反対の見方をしているらしい。さあ、困ったことになった。出アフリカ説論者と多地域説論者が、これから一〇時間半も、ひとつの筏で過ごさなければならないのだ。

一〇時間半の旅の末に

意見の相違はあるものの、ロバートは優れた船長だった。全員に目を配り、決断が必要なときには民主的に解決した。インドネシア人の船乗りたちはこのあたりの海に通じていることをロバートは承知しており、何かを決める際には彼らに相談した。静かな大海原で、熱帯の日差しに晒されているわたしたちにとって、最大の危険は波でもサメでもなく、熱射病と疲労だった。飲み水は十分用意されており、わたしたちは「アイル・ミヌム!」(わたしが覚えた数少ないインドネシア語で、「水を飲みなさい」という意味)と声をかけあって、水分補給に努めた。

筏に乗っていると、世界から切り離されたような気分になった。二隻の小さなモーターボートと一隻の大きな伴走船が常に近くにいることは知っていたが、ボートと船が、筏の前方に出ることはほとんどなく、ときどき周囲をまわって航海の様子を撮影し、飲み水の量をチェックするくらいだった。わたしたちの筏は、長い綱《リード》でつながれて自由に動き回っているような感じだった。それでも、万一の場合、助けてくれる人たちがそばにいるというのは、とても心強かった。そこのところが旧石器時代の海の冒険とは大違いだ。

海に出て五時間ほどたった頃、ロバートは考古学の道に入った経緯を語りはじめた。わたしは、彼が大学に属していないことを知っていたので、そのいきさつには興味があった。彼は長年にわたってビジネスの世界で活躍した後、早期に引退し、以前から興味を持っていた考古学——具体的には、岩壁画と実験航海考古学——に時間とお金をつぎ込むことにしたのだった。これまでの短い期間に、一〇〇〇本を超す論文を発表したことを自慢した。素晴らしい偉業のように思えたが、ずいぶん後になって、オーストラリアで岩壁画を研究しているサリー・メイと話していて、ロバートの論文の大半は、彼が発行する雑誌で発表されたことを知った。つまり、専門家の査読を受けていないのだ。

ロバートにはやや自分を偉く見せたがるところがあり、学究的な考古学を見下しているようにも見受けられたが、根はとてもいい人だった。傲慢さが目につくものの、屈託のない好人物で、ただただ遠い過去の歴史に魅了され、人間の精神――発明の才や創造力、冒険心――の起源がずいぶん昔にあることを信じているのだった。

わたしたちはひたすら漕いだ。いつまでたっても、ロンボクの浜辺からほとんど離れていないように思われ、スンバワははるかかなたに青くかすんでいた。後ろを見るとがっかりするので、前方でうねる青い海に集中し、トウキョウを相手に、サメについておしゃべりした。このあたりにいるのかと尋ねると、彼は、「いるよ、きみはサメが好きなの？」と問い返した。わたしはサメを食べたいわけではない。食べられたくないのである。

幸いサメの姿は見あたらず、海はとても穏やかで、太陽は輝いていた。島と島を隔てる海峡の真ん中あたりに来ると、海はとても濃い青になり、ほとんど紫に近くなった。漕ぐというより、体が一定のリズムで自然に動いているような感じで、瞑想しているような穏やかな気分に包まれた。思っていたより楽な旅になりそうだ。旧石器時代の舟で海を渡るのは、存外、容易なことのように思えた。

ところが、スンバワに少し近づくと、状況が変わりはじめた。まず、海面が乱れてきた。次いで風が勢いを増し、白波が立ちはじめた。スンバワの山々の上には雲が集まっていた。ずいぶん近くなってきたが、歓迎されていないのは明らかだった。雲が広がり、太陽は隠れ、海は荒れた。

筏の全員が救命胴衣をつけ、いっそう気合いを入れて漕いだ。さらにスンバワに近づき、砂浜も見えてきた。上陸する場所はいくらでもありそうだ。しかし、筏は海流に弄ばれ、向きを定めることができない。陸に近づくにつれて、流れはますます予測できなくなった。ロバートは、目指す浜を基準に筏の現在地を調べなおし、方向を指示した。わたしたちはそれに応じて漕いだ。

やがて浜辺に並ぶ家が見えはじめた。おそらく小さな漁村なのだろう。ゴールはすぐそこだ。九時間ほど漕ぎ通しで、皆、くたくたになっていたが、安堵感が筏全体に広がっていくのがわかった。漁師たちは歌をうたって櫂を漕ぐのを助け、その歌がやむと、わたしが子どものころに父から習ったボーイスカウトの歌を教えた。「ぼくらは波に乗っている」も喜ばれたが、「ジンガングーリー」は最高に受けた。トウキョウの通訳で、英語の歌詞に何の意味もないと伝えると、皆、大笑いした。

筏は順調に進み、湾に入りかけた。わたしは、南に突き出た岬の方から大きな波がいくつかこちらに向かって進んでくることに気づいた。目を大きく見開いて波を指差すわたしを見て、漁師たちは笑った。彼らは少しも動じなかった。波との間には十分な距離があったのだ。しかし、岸は一向に近づいてこなかった。懸命に漕いでいるのに、横を向くと、依然として岬の同じ場所が見えた。ふいに筏がその岩だらけの岬にぐいぐい引き寄せられはじめた。わたしたちは浜から遠ざかり、大波に向かっていった。強い離岸流に巻きこまれたのだ。なすすべもなく、筏は流されていく。わたしは伴走船に無線で連絡した。幸い、まだ波まではかなり距離がある。わたしたちは漕ぐのをやめて、筏を海流に任せた。波にはぶつからなかったものの、筏は外海に押し流された。まるでスンバワ島がわたしたちをいったんおびき寄せ、それから吐き出したかのようだった。

筏は海流に乗って、スンバワの海岸沿いに南へと運ばれていったので、わたしたちは最初に目指した浜辺への上陸をあきらめた。岬をまわると、岩塊に隔てられた小さな浜辺がいくつもあった。どこも上陸するのによさそうだったが、海岸全体に大波が押し寄せていた。波の切れ目を探したが、海岸沿いにさらに二キロ進んでも、見つからなかった。全員がくたびれ果てていた。

それでも、わたしたちは漕ぎつづけた。ここまで来て、旅を終えないわけにはいかない。それも、筏を捨てたりせず、陸につけて終わらせるのだ。しかし、また困ったことになった。もう三〇分も漕いでいるのに、筏は海流に囚われ、一向に進まないのだ。日没が急速に近づいてきた。明らかに二一世紀に助けを求めるべき時だった。伴走船がやってきた。わたしたちはロープを投げ、数百メートルひっぱってもらって、海流の外に出た。

しばらくしてようやく大波の切れ目が見つかった。わたしたちは猛烈に漕いで、その波と波の隙間を通過した。大きな波が両側で砕けたが、しぶきをかぶる前に通り抜けることができた。筏は自ら懸命に波を越えようとするかのように、うねりに乗って身をよじったり曲げたりした。そして、みごとに波を乗りこなした。岸に近づくと、小さな波にぶつかり、竹の間から海水が噴き出してわたしたちはずぶぬれになった。全員が筏に乗ったまま漕ぎつづけ、かなり浅いところまで来た。わたしたちは次々に飛びおり、急に危険なほど重く、扱いにくくなった筏を浜辺まで押していった。無事、砂浜にたどり着くと、わたしは飛び上がってロバートを抱きしめた。一〇時間二五分の船旅だった。うまくいった。わたしたちの旧石器時代の航海は成功したのだ。

すばらしい経験だった。航海の大半は順調で、予想していたよりずっと楽に漕ぎ進むことができた。けれども、最後の二時間は、海が、どちらが支配者かをわたしたちに思い知らせようとしたかのようだった。それでもわたしたちは、石器で竹を切って作った、帆もモーターもない筏で大海原を渡っていけることを証明したのだ。しかし、達成感にひたる一方で、わたしは、そのような太古の航海に目的はあったのだろうか、と思うようになった。わたしたちが海流に乗ってスンバワの海岸を流されていったように、いたずらな波は太古の漁師が乗った筏を、新しい土地へと運んだことだろう。インドネシアとオーストラリアの間の風や海流は、そのような意図しない旅を何度となく引き起こしたはずだ。また、自然の力は、わたしたちに対してそうだったように、意図的な航海を助けもしただろう。例えば現在の、ティモール島からオーストラリアを目指す不法移民は、三日もあれば、小さな帆をかけたモーターのないボートでキンバリー海岸までたどり着くことができるのだ。これまでの研究結果は、サフル大陸への移住は、かつて考えられていたように「妊娠した女性が丸太に乗って流されてきた」といった偶発的なものではなく、意図的になされ、移住者たちは故郷の人々と連絡をとっていたことを示唆している[14]。研究者の多くは、最も可能性が高いのは意図的かつ無秩序な移住で、ウォーレシア諸島のさまざまな島に暮らす小さな集団が、時を変えて何度となく、サフル大陸北岸のあちこちに到達したのだろう、と推測している[8,10]。

サフル大陸に到着した彼らは、何を目にしただろう。彼らが上陸したのは、幅が最大で二〇〇キロもある、広大な海岸平野だった。ウォーレシア諸島から来た人類にとって、植生は見慣れたものであっただろう。オーストラリアの熱帯雨林はOIS3に拡大し、およそ五万年前にピークに達していた[15]。だが、動物は、初めて見るものばかりだったに違いない。この孤立した大陸では、奇妙な姿の有袋類が独自の進化を遂げていた。当時の動物の多くは、今日でも見ることができるが、姿を消したものもあり、中には奇怪な姿をしたものもいた。巨大なヘビ「ウォナンビ・ナラコルテンシス」、肉食のオオトカゲ「メガラニア・プリスカ」、大きなエミューのような鳥「ゲニョルニス・ニュートニ」、サイほどもある有袋類「ディプロトドン・オプタトゥム」、体高が三メートルもある巨大カンガルー「プロコプトドン・ゴリアー」などである。こうした巨大な動物は皆、絶滅したが、その絶滅の時期は人類が到来した時期と不思議なほど一致している[10]。

さあ、わたしもオーストラリアを旅することにしよう。

現生人類の足跡と化石　オーストラリア：ウィランドラ湖

小型機は、直線の道路が交差する赤い土地の上を、何キロも何キロも飛んだ。眼下に広がる風景は広大で、空っぽで、乾いていた。半砂漠の中心にあるミルジューラという町に到着したのは、午後も遅い時間だった。その晩わたしは、考古学者でマンゴ国立公園役員のマイケル・ウェスタウェイや、オーストラリア各地からやってきた考古学者たちに会った。彼らがこの町に来たのは、ウィランドラ湖群を再調査するためだった。

翌日わたしたちはランドローバーに荷物を積みこみ、一一三キロ北東へ向かったが、じきに周囲は砂漠になり、アスファルトの舗装は途切れた。三台のランドローバーはもうもうと土煙を立てながらひた走った。

数時間後、車は道をそれ、台地を目指して坂を下った。ここまでゆるやかな砂漠がつづいていたので、坂は珍しかったが、下りきってから振り返ると、それは砂岩でできた低い尾根の斜面だった。何もない砂漠に、白い壁のような尾根がカーブを描きながら遠くまで続いていた。低い建物の前で車は止まった。マンゴ国立公園のビジターセンターに到着したのだ。

マイケルは尾根を指差し、それが「万里の長城」と呼ばれていることを教えてくれた。一九世紀に羊の牧場で働いていた中国人労働者が名づけたのかもしれない。その奇妙な尾根は、大きな弧を描いて、わたしたちがいる場所をぐるりと囲んでいた。現在、ウィランドラ湖群に水はない。数万年前にすっかり干上がってしまったのだ。地平線上にカーブを描くその尾根は、かつては湖岸である。そして、眼前に広がる乾ききった平原は、かつては湖底だった。藪の中に、先史時代のカンガルーがいた。わたしがオーストラリアで初めて見るカンガルーだ。

ウィランドラ湖群は、ビジターセンターがあるマンゴ湖を始めとする一九の干上がった湖からなる。かつてそれらの湖はつながっていた。氷河時代には水をたたえていたが、今はすっかり干上がってしまったという湖群の歴史を聞いて、わたしはいくらか当惑した。逆ではないかと思ったのだ。氷河期には多くの水が氷に閉じ込められ、海面が低くなり、一般に世界は乾燥するが、間氷期には暖かくなって氷が融け、海面が高くなり、真水も増えるというのが、わたしが慣れ親しんできた氷河期と水の関係だった。しかし、それには地理的な要素も絡んでくるということを、ここで学んだ。氷河期のウィランドラ湖群は、東オーストラリア高地の氷河から流れてくる水でうるおっていたが、気候が暖かくなると氷河は融け、一万八〇〇〇年前にはついに流れこむ水がなくなり、湖は干上がったのだそうだ[1]。

巨大カンガルーの骨

その晩、わたしはビジターセンターのロッジに泊まった。センターは、小さな博物館と時代がかった毛刈り小屋の間にある。ロッジの部屋は簡素だが居心地がよく、オーストラリアの内陸部で熟睡するために必要なものがすべて揃っていた。ベッドとエアコンである。別の建物にはキッチンと食堂があり、その壁には高さ約三メートルの巨大なカンガルーの絵が描かれていた。遠い昔に絶滅した史上最大級のカンガルー、プロコプトドン・ゴリアーの想像図である。特別よく描けているわけでもなかったが、どこへ行っても、その目が追いかけてくるような気がして、落ち着かなかった。

こうした太古の動物を、最初期のオーストラリア人は皆殺しにしたのだろうか。人類と巨大動物《メガファウナ》は、オーストラリアで少なくとも一万年のあいだ、共存していたらしい。巨大動物が人類に狩られて絶滅したと考える研究者もいるが、人類が巨大動物を殺したりさばいたりした痕跡は見つかっていない。一方、真犯人は気候の変化で、旧石器時代のオーストラリアにいた巨大動物たちは最終氷期極相期（ＬＧＭ）の寒冷で乾燥した気候のせいで滅びた、と考える研究者もいる。しかし、それらの化石の年代を最新の方法で調べたところ、大半は五万年前から四万年前までの間に絶滅したことがわかった。ＬＧＭより二万年から三万年も早い時代である。となると、やはり人類が関与しているように思えてくる。直接手を下したか、あるいは何らかの方法で生態系を乱したのだ。[2] ちょうどその時期に、環境に人類が影響を及ぼした証拠が残されていると主張する考古学者がいる。約四万五〇〇〇年前から森林は減少しはじめたが、彼らはそれを広域の火災と結びつけ、原因は人類にあると考えているのだ。[3,4] もっとも、火をつけたのが人類かどうかは調べようがない。

二万年前の足跡

翌日、わたしたちは「ウィランドラの足跡」を見にいった。車に乗り込み、茂みの中の曲がりくねったでこぼこ道を走ってその場所に到着すると、すでに考古学者たちが集まっていた。保存に取り組んでいるウィランドラの足跡の現状を調査し、今後の方策を検討するためだ。それは貴重な足跡で、およそ二万年前のものと見られている。遺跡の周囲には、アボリジニの長老も数人いて、作業を監督していた。若い考古学者のうち数名はアボリジニで、その土地の考古学的な特徴に通じており、自分たちの遺産を管理するための訓練を受けていた。

足跡が発見されたのは二〇〇三年のことだ。クイーンズランド州ロビーナにあるボンド大学の考古学者、スティーヴ・ウェッブは、しばしば学生を率いて考古学のフィールドワークに出かけ、太古の遺物を見つけたりその特徴を見極めたりする方法を教えていた。その日、彼らは目的地とは違う場所へ来てしまったが、ウェッブは実習の場としては十分だと判断した。ところが、作業を始めてまもなく、二六歳のアボリジニの女性、メアリ・パピン・ジュニアが足跡を発見した。最近のものでないのは確かだった。すっかり化石化したその足跡は、長く砂の下に埋もれていたが、風が砂を吹き散らしたせいで、地表に現れたのだった。しかも、ひとつではなかった。数えてみると、八九個の足跡が露出していた。

その場所を本格的に発掘したところ、八五〇平方メートルにわたってさらに五六三個の足跡が見つかった。(5) それらは固いシルト質粘土（やや粒の粗い粘土）の層に残されていた。足跡がついた時は、おそらく雨が降った後で、粘土が湿っていた。その後、粘土は乾いて固くなり、風の運ぶ砂で覆われた。そして二万年後、風はその砂を払いのけ、古代の人類が残した足跡を見せてくれたのだ。しかし今度は、その風によって、露出した足跡が損なわれる恐れが出てきた。風が砂を吹きつけ、磨滅させてしまうのだ。

「足跡は、発掘されて自然の力にさらされると、たちまち劣化が始まったんだ」とマイケルは言った。「まず、吹きつける砂で表面が削られ、次に、夜昼で凍結と融解が繰り返され、ぼろぼろと砕けはじめた。見る間に、足跡は変化していったよ。ほんの数か月のあいだにね」

考古学者たちはある方法で、その貴重な足跡を保存することにした。その方法とは、六五トンの砂で足跡を覆い、その砂が吹き散らされないよう、上から薄い布をかぶせるのだ。その前に、遺跡全体をデジタルカメラで撮影して、コンピュータに記録を残した。

今日、彼らは、その保存計画がうまくいっているかどうかを調べに来たのだった。つまり、わたしはとんでもない幸運に恵まれて、たまたま足跡の「健康診断」が行われているときにこの遺跡を訪れたのだ。ここへ来るのが一週間ずれていれば、遺跡を覆う布しか見られなかっただろう。しかしわたしは今日ここにいて、考古学者が保護シートを何か所か丸く切り取り、慎重に掘っていって、いくつかの足跡から砂を払うのを見ている（口絵⑭）。

「数個だけ掘り出して、砂の重さのせいで歪んでいないか、調べているんだ」とマイケルは言った。わたしの目には、足跡はよく保存されているように見えた。ひとつひとつの指の跡までくっきりと残っていて、指の間からぬかるんだ粘土が押し出されている様子まで見えた。

以前にも、わたしは太古の足跡を見たことがあった。場所はイングランド北西部のフォーンビー沿岸だったが、オーストラリアの足跡は、それよりずっと古い。考古学上も、人類学上も、足跡はとても役に立つ。実際のところ、タンザニアのラエトリで見つかった太古の足跡から、アウストラロピテクスの歩き方が再現され、彼らが二足歩行していたことが明らかになったのだ。

ウィランドラの足跡

初期の現生人類の足跡は、彼らがいた場所や、その社会や社会的行動についてもいくらか教えてくれるが、足跡から得られる「科学的」情報の大半は、もっと具体的なものだ。すなわち、過去の人類（子どもも含め）は、走っていたか、歩いていたか、それはまっすぐにだったか、それともカーブを描きながらであったか、といったことである。身長も推定できる。正直なところ、それらはあまり刺激的な情報とは言えない。ただ、ウィランドラには興味深い足跡が残されていた。それは片脚の男のもののようで、しかもかなりのスピードで移動しているのだ。

もっとも、わたしには、足跡はデータを提供するだけでなく、長く忘れられていた人々とわたしたちを同じ人類として結びつけてくれるように思える。足跡は、誰かの人生の一瞬を記録している。普通ならすぐ消えてしまうはずの他人の存在の証が、何万年もの年月に耐えて今日まで残り、それを見て、自分が今立っている場所を太古の昔に誰かが歩いたことを確かな事実として知るということには、言葉にできない感動を覚える。

ところで、考古学者たちはどうやって足跡の年代を測定したのだろう。答えはOSL、光ルミネッセンス年代測定法である。足跡のすぐ上とすぐ下の堆積物からサンプルを採取し、それに含まれる石英粒が地中に埋もれていた年月をOSL法によって測定したのだ。その結果、足跡が刻まれたのは、二万三〇〇〇年前から一万九〇〇〇年前までの間だとわかった[1]。

では、先史時代のアボリジニの人々はそこで何をしていたのだろう。足跡は、さまざまな年齢の人々が集まって、湖の縁を移動していたことを語っているが、足跡を残した人々が実際のところ何をしていたのかは、推測するしかない。だが、その当時、湖には魚や貝、水鳥や動物がたくさんいて、そこが狩猟採集民にとって頻繁に訪れる価値のある場所だったのは確かだ[1]。

足跡が現在まで残ったのは、いくつもの幸運が重なってもたらされた、きわめて稀なことである。

「オーストラリアのどこでも足跡が見つかるわけではないし、ここで足跡が保存されていたこと自体、少々不思議に思えるんだ。けれども、ここには好ましい要因がふたつあったようだ」とマイケルは語った。「ひとつは粘土そのもので、珍しいマグネサイトという鉱物が含まれていて、そのせいで完璧な足跡が残ったらしい。それから、人々が歩いたときに粘土が湿っていたことと、すぐ後に風砂が足跡を覆ったということも大きい。その後、およそ二万年にわたって足跡は砂の下にうずもれていたんだ」

保存計画を進めてきたマイケルや他の考古学者たちは、足跡の現状を見て安心した。露出していた時の写真と見比べたところ、劣化はごくわずかのようで、砂と布はその役目をしっかり果たしていた。彼らはレーザースキャナも用意していた。それで足跡の詳細な情報を読み取り、以前の記録と比べるのである。今回掘り出した六、七個の足跡は、精査、撮影、スキャナによる計測を終えると、再び砂で覆われ、布をかぶせられた。その布はケーブルタイ（ナイロン製の丈夫な結束バンド）で固定された。

マンゴ湖の人骨

他にも、湖のまわりに人類が住んでいたことを示す証拠がある。実を言えば、ウィランドラ湖群は、足跡が発見されるずっと前から古人類学の世界ではよく知られていた。一九六八年に、マンゴ湖畔の浸食が進んだ砂丘で、火葬された人骨の化石が見つかったのだ――地理学者のジム・ボウラーと仲間たちは「万里の長城」から貝や石器を掘り出していて、焼けた骨のかけらを発見した。彼らはそれを、初期のオーストラリア人が食べ残した動物の骨だと思ったが、よくよく見てみると、人骨のように思えてきた。

当初は地表に出ているものだけを集める予定だったが、急遽、そこを本格的に発掘することになった。ばらばらの骨のかけらを拾い集め、カルクリート（自然にできた石灰質の塊）の骨を含む部分も切り出し、スーツケースに詰めて研究所へ運んだ。

研究所では、人類学者のアラン・ソーンが歯科用ドリルを使って慎重に骨からカルクリートを削り落としていった。骨は間違いなく人類のものだった。二体の人骨であることがわかり、それぞれ名前がつけられた。お察しの通り、「マンゴ1号」と「マンゴ2号」である。マンゴ2号は、ほんのわずかな骨から再現された。一方、マンゴ1号は、全体の二五パーセントに相当する骨が見つかったので、小柄な若い女性のものだと断定することができた。頭骨はかけらが少々見つかっただけだったが、多くの点で現代のオーストラリア先住民（アボリジニ）に似ていた。

骨を詳しく分析すると、弔いの儀式に関していくつかのことが明らかになった。体は完全なまま焼かれ、脊椎や後頭部に炎は届いていなかった。骨は火葬後、砕かれていた。ごく最近までオーストラリアやタスマニアで行われていた葬儀の方法と同じである。その後、骨のかけらは湖岸の浅い穴に埋葬されたらしい。骨のそばに埋まっていた貝を放射性炭素年代測定法で調べたところ、火葬されたのはおよそ三万年前頃だとわかった。その骨は、当時としては、オーストラリアで見つかった最古の人類の化石だった[6]。

考古学者は、その骨が埋もれていた場所の近くで、石器や動物の骨、炉の跡を発見した。それらは「マンゴレディ（マンゴ1号）」やその集団の生活様式について、重要な手がかりをもたらした。彼女らの食事はバラエティに富み、湖で捕まえたパーチ（大型の淡水魚）、湖の縁で集めた貝、エミューの卵、それに小鳥や動物の肉を食べていた。考古学者は、湖岸に残された証拠から、一〇人から二〇人くらいの小集団が、何度かそのあたりで暮らしたことを確信した。そこは野営場として数シーズンにわたって使われ、その後、放棄され、砂や泥に覆われたのだろうと彼らは見ている。

この太古のアボリジニの食事や生活様式は、一九世紀にマレー川やダーリング川の流域に住んでいたアボリジニのそれによく似ているようだ。彼らは、春と夏には川や湖の畔《ほとり》で野営して魚や貝を食べ、冬になると、ブッシュに分け入って、さまざまな有袋類を捕まえて食べていた(6)。世界の他の地域では、人々は早々と定住し、農耕を始めていたのに、オーストラリアで一九世紀まで太古の生活様式が脈々と続いていたというのは不思議な気がする。他の地域では、何らかの圧力がかかって、人々は狩猟採集生活を断念し、定住するに至ったのだろうが、その圧力はオーストラリアには存在しなかったか、あるいは、どうにか克服されたのだろう——生活戦略を大幅に変更することもなく。

マンゴレディが発見された六年後、ジム・ボウラーは砂丘でまた別の墓を発見した。数日後、アラン・ソーンとともにそこを掘ってみたところ、人骨が出てきた。骨盤の上あたりで手を握り、オーカーの粉で覆われていた。埋葬されていた場所から、およそ三万年前に埋められたものと推定された。この人骨「マンゴ3号」は、華奢な体つきをしていたが、男性のものだとわかり、さっそく「マンゴマン」と名づけられた。

一九九九年になってソーンはマンゴマンの年代を測定し直した。人骨を電子スピン共鳴法（ESR法）とウラン系列年代測定法で調べ、墓の下の堆積物から採取した砂粒を光ルミネッセンス法（OSL法）で調べたのだ。結果はすべて、かつての推定（三万年前）よりずっと古い年代を示していた。六万年以上も前に埋葬された可能性さえ出てきたのだ(7)。信じがたいほど昔であり、それが本当だとすると、マンゴマンは、アフリカの外で見つかった最古の現生人類ということになる。

ボウラーはこのきわめて古い年代に納得せず、反論する論文を発表した。題名は「オーストラリア最古の化石の年代再測定——懐疑論者の見解(8)」である。彼はソーンが用いた方法に疑問を投げかけた。「マンゴマンが埋まっていた堆積物の構成と浸食に関するソーンの仮定は間違っているので、ESR年代測定やウラン系列年代測定の結果は支持できない」と主張したのだ。また、OSL年代測定の結果についても、ソーンが人骨のすぐそばのサンプルではなく、四〇〇メートルも離れたところから採取したサンプルを用いた点を攻撃した。

数年後、ボウラーのチームは、マンゴマンとマンゴレディの新しい年代を発表した。墓の上下の堆積物のサンプルを四つの研究所に送り、OSL法で調べてもらったところ、すべて、およそ四万年前という結果が出たのだ。[9] これは最初にマンゴレディを放射性炭素年代測定法で調べた結果（三万年）より昔だが、ソーンのチームが発表した数字よりはるかに信用できた。それでも、マンゴマンとマンゴレディが、わかっている限りオーストラリア最古の人類であることに変わりはない。

わたしはマンゴに到着した時点でもまだ、その人類の化石を見せてもらえるかどうか、わからなかった。アボリジニにとって太古の人骨はアイデンティティの象徴なのだが、彼らは、自分たちの先祖伝来の財産や信念は尊重されず、それどころか踏みつけにされてきたと感じているのだ。植民地主義の責任は重い。その埋め合わせをするべく、現在、オーストラリア政府は、先史時代の人類の化石はどれほど古いものでも、先住民のコミュニティに返還すべきだとしている。[10] しかし、何らかの事情から、その約束を果たせない場合もある。

マイケルの話はとても興味深かった。彼は何年にもわたって、人類の化石をアボリジニに返還する取り組みを進めてきた。マイケルによると、アボリジニのコミュニティは、先祖からの遺産の詳細を明かすうえで考古学的調査や人類学的調査が有益だということを認めていて、その調査を自分たちとの共同プロジェクトと見なしているそうだ。さらに彼らは、敬意をもって扱われるのであれば、太古の人骨が博物館で保管され、将来の研究に役立つことを強く望んでいるらしい。「難しい立場になってしまってね」とマイケルは言った。「ヒトの化石をコミュニティに返すのが仕事だったんだが、アボリジニの人々は、むしろこちらが化石を保管することを望んでいるんだ」。おもしろい対立である。地域のコミュニティを相手にする時、こちらが正しいと思う行動が、そのまま受け入れられるわけではないらしい。

マンゴの状況はさらに複雑で、バーキンジ、ンギヤムパア、ムッティ・ムッティという三つの部族の間に政治的緊張があるため、人類の化石をどこがどのように保管するかについて、三者の合意を得るのは難しかった。公式には、マンゴレディは一九九二年に地域のアボリジニの集団に返還されたことになっているが、実はマンゴ博物館の保管室にある奇妙な色を塗った金庫にしまいこまれている。対照的に、マンゴマンの化石はソーンが管理を任され、彼はそれをキャンベラに保管している。どちらも一時的な措置であり、現在、マイケルは、アボリジニのコミュニティと協力して、マンゴに恒久的な骨の「保管場所」を設置し、三つの部族が化石を管理できるようにしようとしている。[11] わたしには、それは完璧な解決法のように思えた。イギリスでも似たような措置が――ずいぶん新しい時代の骨に対してだが――、採られている。イギリスの共同墓地は人骨を納める神聖な場所だが、埋葬されている骨を研究に用いることが許可されているのだ。マイケルは、ウィランドラ湖畔に「保管場所」を作ることを熱望しており、それが実現すれば、アボリジニのコミュニティは、考古学的調査により熱心に協力してくれるようになるだろうと期待している。

結局、わたしはマンゴマンを見せてもらえることになったが、そのやりとりには政治的な駆け引きが感じられた。バーキンジとンギヤムパアの長老は、マンゴレディを見ることを許可してくれたものの、それを収めた金庫の鍵は、マンゴから数百キロも離れたところに住むバジャー・ベイツという人物が持っているという。しかし、マンゴマンなら、ソーンのところに行けば、すぐにでも見られると言われた。

そこで、わたしは――喜びに胸躍らせて――乾燥した埃っぽい、蠅だらけのマンゴを離れ、キャンベラへ向かった。マンゴマンとソーンに会うのが楽しみだった。どちらも、オーストラリアの先史学上、異論の絶えない「人物」である。マンゴマンの年代を巡っては熱心に議論されており、実を言えば、性別に関してもそうなのだ。最初は男性だと報告されたが、後にピーター・ブラウンがその骨を詳しく調べ、見つかっている部分があまりに少ないので、それだけでは性別は断定できないと反論したのである。[12]

ソーンがマンゴマンをずいぶん古く見積もったことはよく知られるが、オーストラリア人の起源に関する彼の「ふたつの波」仮説も、物議を醸している。彼は多地域進化説を信じており、近くのジャワ島にいたホモ・エレクトスがオーストラリアへやってきて、がっしりしたタイプの現生人類に進化したと考えている。その後、第二波として、すらりとした現生人類が渡ってきて、最初の集団と交雑したというのだ。その仮説では、ほっそりしたマンゴマンは第二波に属し、がっしりした他の化石は、第一波としてジャワ島からやってきた人類の特徴を保っていることになる。

わたしは多地域説を信じていないが、ソーンに会って、その化石を見せてもらえるのはうれしかった。キャンベラにあるオーストラリア国立大学の小さな研究室で、アボリジニの長老たちの監視のもと、ソーンは、マンゴマンをいくつもの箱から取り出した。その骨はとても華奢で、ブラウンが指摘したように、性別の特定に役立つ骨盤の部分が欠損していた。腕と脚の骨はすらりとしていて、関節は小さく、頭骨も女性らしいが、下顎はたくましく男性的だった。わたしは心の中で、「性別不明」という判断を下した。だが、男であれ女であれ、それは解剖学的に見てたしかに現生人類で、しかも非常に古い骨だった。

次に、ソーンはＷＬＨ50の頭蓋冠を取り出した。ＷＬＨは「ウィランドラ湖群の人類」の略で、このもうひとつの重要な化石は、一九八〇年にマンゴ湖の北にあるガーンプン湖の岸で発見された[10]。地層の中ではなく、地表で見つかったため、年代ははっきりしない。ウラン系列年代測定法では約一万四〇〇〇年前のものと推定されたが、ＥＳＲ年代測定法だとその二倍古い値が示されるので、結論は出ていない[13]。ともあれＷＬＨ50は、ソーンが主張する、東南アジアのホモ・エレクトスがオーストラリアに渡ってからホモ・サピエンスに進化したという仮説にとって、重要な化石である。

目の前のテーブルに置かれたそれを見て、わたしは驚いた。立派な眉弓を備え、額は傾斜しており、山が低く前後に長く、まるでホモ・エレクトスの頭蓋冠のように見えたからだ。手にとってみると、異常なほど分厚く、重かったので、病気のせいではないかとわたしは疑った。例えばページェット病では骨が分厚くなる。ページェット病は原因不明の奇妙な病気で、全身の骨代謝回転（骨の形成サイクル）が早くなる。健康な頭蓋冠の扁平骨（頭頂骨）は、高密度の骨板（外板と内板）が海綿状の板間層を挟んだ三層構造になっているが、ページェット病に罹ると、頭骨が全体的に肥厚し、頭頂骨の外板と内板は薄くなって骨全体が奇妙な海綿状になっていくのだ。しかし、ＷＬＨ50の頭蓋冠の断面を見るかぎり、その三層構造は正常で、ページェット病ではなさそうだった。それでも、何かの病気ではないかと、わたしはソーンに言った。彼は言下にそれを否定した。

「細かく調べたが、病気の兆候はひとつも見つからなかった。ぶ厚いが、正常な頭骨だ。オーストラリアには、ぼくが発掘したコウ沼の遺跡のように、ぶ厚い頭骨が見つかる場所が他にもある」

ミシガン大学の人類学教授で、おそらく多地域進化説の急先鋒となっているミルフォード・ウォルポフは、WLH50を他の太古の頭骨と比較して、イスラエルのスフールやカフゼーの洞窟で見つかった現生人類の頭骨より、ジャワ島中部のンガンドンで発見された原始的な頭骨に近いと結論づけ[13]、「ゆえにWLH50は、東南アジアとオーストラリアの人類の連続性を裏づけている」と述べた（ンガンドンの頭骨についてはまだ評価が定まらず、遅い時代まで生きていたホモ・エレクトスと見なす人もいれば、原始的なホモ・サピエンスだと考える人もいる[14]。最近、ウラン系列年代測定法で調べたところ、その頭骨は七万年前から四万年前のものだということがわかった[15]）。一方、クリス・ストリンガーは、WLH50とンガンドンの頭骨、スフールやカフゼーの現生人類の頭骨、そして、もっと最近の南オーストラリアのアボリジニの頭骨を比較し、WLH50の頭骨はたしかに前後に長く、幅が狭いが、ジャワの原始的な頭骨よりも現生人類の頭骨に近いと判断した。ただ、彼もWLH50は病気かもしれないと考えており、自らの結論を確信するには至っていない[16]。

他にも、WLH50が病気だった可能性を示唆する研究者がいる。ボンド大学の生物人類学者、スティーヴ・ウェッブは次のように書いている。「この個体の頭蓋の構造には、独特な発達が認められるが、世界中の他のホミニンにも、より最近の集団にも、それに類した特徴を持つものはいない[17]」。つまり、わたしの推理はまったくの見当違いというわけではないのだ。ウェッブは、その頭蓋骨の板間層の肥厚は、貧血がもたらした結果かもしれず、ひょっとしたらその貧血症は遺伝性のものではないか、と述べている。わたしは、αサラセミアの原因遺伝子がマラリアに対する抵抗力を強めるというスティーヴン・オッペンハイマーの研究を思い出した。最も悪性の熱帯病のひとつに対するその適応が、最初期のオーストラリア人において、すでに進化していたのかもしれない。

ソーンの「ふたつの波」仮説に対する主な反論は、彼がそれぞれ第一波、第二波と見なしているがっしりした頭骨と華奢な頭骨が、実は同じ集団の男と女ではないか、というものだ。ピーター・ブラウンはWLH50を分析して、頭骨が分厚いのは奇妙で、病気に罹っていた可能性が高いが、他の特徴の多くは「アボリジニの男性として異常とは言えない」と結論づけた[18]。またソーンは、ほっそりしたマンゴマンを男性と見なしているが、それを疑う人もいる[19]。つまり、WLH50とマンゴマンの違いは、前者が男性で後者が女性であるなら、それだけで説明がつく程度のものなのだ。

まったく別の見方を提示する研究者もいる。WLH50やコウ沼で発見された頭骨（前者は一万四〇〇〇年前、後者は二万年前のものとされる）に見られる極端な頑丈さは、ジャワ島のホモ・エレクトスから遺伝した原始的な特徴でもなければ、著しい「男らしさ」でもなく、最終氷期極相期（LGM）の寒く乾燥した気候に対する適応であり、その後、完新世になって、気候が穏やかになるにつれて、オーストラリアの人々はすらりとした体型になったというのである[20]。

しかし、ソーンは、マンゴマンとWLH50の頭骨は、「ふたつの波」仮説の正しさを裏づけるだけでなく、東南アジアとオーストラリアの地理的連続性の証拠でもあると確信している。彼は、遺伝学に対しては懐疑的で、それが自らの分野に貢献できるとも思っていない。現代の遺伝子プールに太古の遺伝子はあまり残っていないので、それを元に、過去を構成し直すのは無益だと考えているのだ。ゆえに、もっぱら化石に基づいて人類の系譜を解き明かそうとしている。そして、ホモ・エレクトス、ホモ・ハイデルベルゲンシス、ホモ・ネアンデルタレンシス、ホモ・サピエンスは実は同じ種であり、その違いは同一種のヴァリエーションにすぎないと考えているのだ。

「出アフリカは一回だったはずだ」とソーンは言った。「それにぼくは、ホモ・エレクトスの存在を認めていない。それは現生人類の初期集団につけられた時代遅れの名前に過ぎない。今日の人類も非常に多型《ポリタイプ》で、ヴァリエーションに富んでいる。それを思えば、化石に多様なヴァリエーションがあるのは当然だよ」

ずいぶん変わった主張だと、わたしは思った。ソーンに別れを告げ、彼の研究室を出た。オーストラリア・アボリジニがはるか昔に起源をもつことはよくわかったが、だからと言って、彼らがわたしたちとは根本的に異なり、ジャワ島のホモ・エレクトスから進化したのだとは、とても思えなかった。化石の証言はあいまいだったが、WLH50のぶ厚い頭骨は、わたしには異常に思えたし、ホモ・エレクトスからホモ・サピエンスまでは同じ種だというソーンの主張を受け入れることもできそうになかった。それにわたしは、遺伝子が有益な情報を教えてくれるということを確信していた。

遺伝子が語る系統

実際、わたしの次なる使命は、遺伝子が最初期のオーストラリア人について何を明かしてくれるのかを探ることだった。わたしはシドニーへ行って、ニューサウスウェールズ大学のシェイラ・ファン・ホルスト・ペレカンの研究室を訪ねた。シェイラはアボリジニの人々の遺伝情報について膨大な量の研究をしている。当然ながら、アボリジニの人々は調査の動機や意図を疑ったが、シェイラはひとりひとりと心を通じ合わせ、彼らの信頼と協力を勝ち得た。シェイラにとって、ＤＮＡを提供してくれるアボリジニの人々は、単なる協力者や調査対象ではなく、それによって得られる知識の恩恵を受けるべき人々であった。また彼女は、ケープタウン大学のラージ・ラメサー博士と同じく、遺伝子に何が記されているかを確信していた。それは、わたしたち全員が、比較的最近アフリカに誕生した、ひとつの若い系統に属するというメッセージである。「オーストラリアからヨーロッパ、アフリカまで、さまざまな地域に暮らす人類のｍｔＤＮＡを見ていて、圧倒されるのは、ほとんどすべての部分が同じだということです。系統樹の構造を解き明かす手がかりになるのは、ときどき見つかるほんの小さな変化だけなのです」

そう言うとシェイラは、ヨーロッパやアフリカ、オーストラリアに起源をもつ、幅広い人々のｍｔＤＮＡの配列をコンピュータ画面で見せてくれた。彼女は、ごくまれだという個体群間の違いを見つけるために、数百に及ぶ、Ａ、Ｃ、Ｔ、Ｇをスクロールした。だが、どの人の配列も大部分はまったく同じだった。「誰でも内側はこんなに似ているのですよ」と彼女は言った。

シェイラたちがアボリジニのｍｔＤＮＡを調査した結果は、オーストラリア人の系統はハプログループＭとＮの枝を成し、その起源はアフリカにあるということを裏づけていた[21]。それらの系統はすべて、四万年前にひとつの系統から枝分かれしたものなので、遅くともそのころまでに、人類はオーストラリアに移住していたと考えられる[22]。また、他の集団との比較により、オーストラリア・アボリジニはメラネシアやニューギニアの先住民と密接なつながりがあることがわかった。そして確かにｍｔＤＮＡの樹形図は、オーストラリアとニューギニアへの移住が、およそ五万年前に同時に起きたことを示唆していた[21]。

オーストラリアではその時代の人類の化石は見つかっていないが、現生人類が活動した痕跡は発見されている。例えば、北部のノーザンテリトリー準州にある三つの岩陰遺跡、マラクナンジャ、ナウワラビラ、ジンミウムでは、およそ六万年前の痕跡——石器や、顔料を使用した跡——が見つかり、それらはオーストラリア最古の考古学遺跡として（良くも悪くも）有名になった。

一九七〇年代に、世界遺産の評価《アセスメント》の一環で、考古学者らがノーザンテリトリーの北部、アーネムランドのアリゲーター・リバー地区で、マラクナンジャとナウワラビラの岩陰遺跡を発掘した。放射性炭素年代測定法で調べたところ、どちらの遺跡も、人類が暮らしたのはおよそ二万年前という結果が出た。一九八〇年代に、ライ・ジョーンズとルミネッセンス年代測定法のスペシャリストであるバート・ロバーツが、それらの遺跡を再調査し、九〇年代になってその結果を発表した。驚くべきことに、両遺跡に残されていた人類の痕跡は、六万年前から五万年前のものだというのだ。

マラクナンジャは、イースト・アリゲーター・リバーの支流のマジェラ・クリークに程近い断崖にある。近年の岩壁画があることでも知られ、西洋の服を着た男やライフル銃、車輪などが描かれている。もっとも、そこで人類が暮らしていたのは、はるか昔のことだ。内部の堆積層から出土した太古の遺物には、石器や、顔料を用いた証拠——石臼とオーカー——も含まれていた。ジョーンズとロバーツが、遺物が発見された層を熱ルミネッセンス法で調べたところ、最も古い層はおよそ六万一〇〇〇年前のものだった。[23] 一方、ナウワラビラⅠはマラクナンジャのおよそ七〇キロ南のデフアダー峡谷にあり、崖から崩れ落ちた巨大な砂岩の板によって形成された。考古学者らは、厚く堆積していた砂を、いちばん下の赤い砂にたどり着くまで三メートルにわたって掘っていった。その層には上から下までずっと、人類が作ったに違いない石の薄片が埋まっていた。他にも、すりおろした跡が平面《ファセット》になっているオーカーが見つかった。またしても、顔料を使用した痕跡である。ジョーンズとロバーツがこの岩陰遺跡の最古の居住層をOSL法で調べたところ、六万年前から五万三〇〇〇年前のものであることが示された(24)。

北オーストラリアに人類が定住しはじめた時期として、六万年前から五万年前までという推定はあまりに早すぎるのではないか、と、考古学者のジム・アレンやジョー・カミンガらは疑った(このふたりはマラクナンジャを発見し、ナウワラビラの発掘も行った。わたしはカミンガと中国で会うことになっていた)。

年代が早すぎると批判する人々は、熱ルミネッセンス法やOSL法の正確さを疑い、また、遺物が砂の層に押し込まれて、実際より古い層に入っていた可能性もあると見ている。一九九八年に、ジム・アレンとジェームズ・オコンネルは、人類は四万年前から三万五〇〇〇年前にオーストラリアに入ってきたという見方を発表した。アフリカとオーストラリアをつなぐ考古学の文脈で考えれば、その方が筋が通っていると言うのだ(25)。六年後、ふたりは新たに見つかった考古学的証拠から、その年代を四万五〇〇〇年前から四万二〇〇〇年前に修正したが、それでも「短い年代記」であることに変わりはない(26)。彼らの主張は、保守的な見方に基づくもので、より昔の考古学遺跡が海中に失われた可能性は考慮していない。一方、ディヴィッド・バルベックは、オーストラリアに人類が初めて移住したのは六万年前だとする見方を支持している。なぜなら、人類はスンダ大陸とサフル大陸に向かって、インド洋沿いに拡散したという自説に合うからだ(27)。しかし、いずれの主張も確かな根拠はない。

ジョーンズとロバーツは、そうした批判に対してこう反論した。「石器は縦ではなく、横に寝た形で発見されたため、砂の層に潜りはしなかったはずだ。また、マラクナンジャとナウワラビラの岩陰遺跡の年代は相互に裏づけあっており、遺跡の上の方の層でルミネッセンス法と放射性炭素年代測定法の結果が一致したことから、ルミネッセンス法は信頼できる」[24,28]。わたしはインドで偶然、ロバーツに会ったが、その時の彼は、ジュワラプラムでルミネッセンス年代測定法にかけるサンプルを採取していた。彼は、六万年前に人類がオーストラリア大陸の北岸に到達していたことを確信しており、自らの手法にも結論にも自信を持っていた。しかし、多くの考古学者は、ジョーンズとロバーツが挙げる証拠は堅牢でもなければ、決定的でもないと考えている。

一九九六年、ある論文が『アンティクィティ』誌で発表され、考古学界に大きな衝撃を与え、オーストラリアのメディアは大騒ぎとなった[29]。その論文の報告によると、ノーザンテリトリーで発掘されたもうひとつの岩陰遺跡「ジンミウム」の、石英の破片を含む層を熱ルミネッセンス法で調べたところ、一七万六〇〇〇年前から一一万六〇〇〇年前という驚くべき年代がはじき出されたのだ。しかし、わずか二年後に騒ぎは収まった。測定し直したところ遺跡の年代は一万年前にも届かないことがわかったのだ[30]。

マルヴァニーとカミンガ[10]は、このしくじりを教訓として掲げ、オーストラリアに人類が定住し始めた年代に関して、安易な推定に飛びつかないようにと、考古学者やメディアに警告している。結局のところ、マラクナンジャやナウワラビラの年代は正しいのだろうか。わたし自身はそうであることを願っているが、今後出てくる証拠を、公正な目で見ていくつもりだ。確たる証拠がないという批判は、もっともである。ふたつの岩陰遺跡は、六万年前、すなわち、ヨーロッパで最初の現生人類の証拠が見つかる時代より二万年も前に、人類がオーストラリアに移住したかもしれないという、心躍る可能性を示唆しているが、それが事実かどうかをはっきりさせるには、さらなる調査が必要とされる。

風景の中の芸術　オーストラリア：ノーザンテリトリー準州グンバランヤ（オエンペリ）

マラクナンジャやナウワラビラで見つかったオーカーは、オーストラリアの岩絵《ロックアート》にはとても古い歴史があることをほのめかしている。すりつぶされたオーカーは多くの点で謎めいていて、もどかしく思える。ちびた鉛筆を見つけたのに、それで何を書いたり描いたりしたのかわからない、といった感じなのだ。北西オーストラリアには、より最近の、と言ってもかなり昔の、岩絵が残っている。二万年以上前のものだが、マラクナンジャやナウワラビラで見つかった「クレヨン」ほどには古くない。その洗練された象徴的な描き方には、一万年以上前に描かれたボルネオの岩壁画とのつながりが認められる。マイク・モーウッドは、この地域の岩絵や語族の複雑さも、オーストラリアの定住が北から始まったと考える理由になる、と語る。[1] 太古の岩絵の様式につながりがあるかどうかはあいまいだが、岩絵がオーストラリアに深く根づいており、今日でも重要な意味を持っているのは確かだ。

わたしは、現役のアボリジニの芸術家に会って、その芸術が彼らにとって意味するところを知りたいと思った。多くの土地で、アボリジニの芸術は大衆化され、毒を抜かれ、商業化されてきたが、わたしは古い伝統が生きつづけている（と思われる）土地を訪ねることにした。ノーザンテリトリー準州の北にあるグンバランヤだ。飛行機で到着したとき、ノーザンテリトリーは雨期の最中だった。この時期、マラクナンジャのような遺跡に行くのは難しいが、町や村へ行くのも等しく困難だ。雨期の数か月、グンバランヤ（オエンペリとも呼ばれる）の集落は、島になる。

洪水に見舞われたオーストラリア、ノーザンテリトリーの上空を飛ぶ

川が氾濫し、土手を破って集落の周囲の土地を飲み込むのだ。わたしはグンバランヤに行く唯一の手段である飛行機——小型のセスナ——に乗った。ダーウィン空港を離陸したセスナは、濡れた緑の風景の上を東へ三〇〇キロ飛んでいく。氾濫した川の中に木々が白いマッチ棒のように立ち並び、水かさを増した川は、普段なら蛇行するところをまっすぐ北の海に向かっている。

グンバランヤの小さな滑走路に着陸すると、わたしはインジャラク・アート・クラフトセンターに直行した。

グンバランヤの人口はおよそ一〇〇〇人で、大半はアボリジニである。ほとんどがクンウィンジュク族で、独自の言語を持ち、アーネムランド西部で孤立して暮らしてきた。自分たちを「ビニンジュ」と呼び、白人のことを「バランダー」と呼ぶ（「オランダ人開拓者《ホランダー》」が変形したのかもしれない）。四人にひとりはアーティストで、絵を描いたり、彫刻をしたり、籠を作ったりしている。

インジャラク・アート・クラフトセンターは、町はずれにある平屋の建物で、ギャラリーと事務室、スタジオがある。ギャラリーには、樹皮や安物の画用紙に描かれた美しい絵や、ディジュリドゥ（アボリジニの笛）、墓標、籠などが飾られていた。わたしは事務室で館長のアンソニー・

マーフィーに会った。彼はセンターの展示をアレンジするとともに、営利事業としての経営を管理している。事務室の裏のドアから、アトリエに案内された。狭く、簡素な造りだったが、アトリエの機能は十分果たしていた。アボリジニの画家がコンクリートブロックにすわって、大きな画用紙に「ドリームタイム」（天地創造の神話）のモチーフや動物を描いていた。

そのひとり、グラハム・バダリは青緑色の背景に黒いオオコウモリを描いている。見る間に、コウモリの数は増えていった。細い白の縁取りとハッチング（面を細い線で埋める技法）が加わるにつれて、その姿は生き生きとしてきた。

「オオコウモリを見たことがあるかね」とグラハムはわたしに尋ねた。「昼間は寝ていて、日が沈むと飛びはじめるんだ」。わたしはそのコウモリを見たことがあり、たしかに彼の言うとおりだった。夕暮れになると高い木の梢を離れ、勢いよくグンバランヤの通りを飛び交うのだ。

もうひとりの画家、ガーショム・ガールンガーは、オーカーで赤く塗った背景に、死と破壊をテーマにした壮大な物語を描いていた（口絵⑮）。大地に黒い裂け目が開き、カメやカモノハシ、ワニなどの動物を呑みこんでいる。ミミ（岩にすむ精霊）やヨークヨーク（よどみや小川にいる人魚のような水の精霊）までもが吸い込まれ、

オーストラリア、
ノーザンテリトリー

最期の時を迎えていた。アンソニーによると、ノーザンテリトリーで新しいウラン鉱山が開抗されようとしたとき、アボリジニたちは文化を守る観点からそれに反対し、これによく似た絵が、文化的証拠として法廷に提出されたそうだ。迫力のある絵だった。

アボリジニの「ソングライン」を探す旅を描いた、イギリスの作家ブルース・チャトウィンの著書が思い出された。ソングラインとは、オーストラリアを縦横に走る太古の道のことで「オーストラリア全土を迷路のように曲がりくねって進む、見えない道」であり、歌によって伝えられている。この道は「祖先の足跡」としても知られ、チャトウィンは、それがアボリジニの創造神話といかに密接につながっているかを述べている。「その神話は伝説のトーテムについて語っている。トーテムは、ドリームタイムにこの大陸を放浪し、道々で出会ったあらゆるものの名前を歌いながら世界を創造していったのだ」。ソングラインは、いたるところに存在する聖地とも関係がある。チャトウィンが出会ったアボリジニのアーカディは、聖地の場所を調べており、彼にこう語った。「大地を傷つけることは……自分を傷つけることであり、他人に大地を傷つけられたら、自分が傷つけられたことになる。ゆえに、大地を傷つけることは避け、祖先たちが歌でこの世界を創ったドリームタイムのままに残しておかなければならない(2)」

わたしは広い部屋に入っていった。以前はスクリーン印刷に使われていたそうだが、今は共同の寝室になっている。スクリーンを並べるトレッスルテーブル（架台を並べた上に板を載せたテーブル）が、ベッドとして使われていて、アーティストたちが休憩したり、ごろごろしたり、おかしなことに、『ザ・ビル』（イギリスの刑事ドラマ）の再放送を見たりしていた。センターの裏では、ウィルフレッド・ナウィリジが床にすわりこんで、コンクリートの上でオーカーをすりつぶし、新しい絵の背景を塗る準備をしていた。オーカーはグンバランヤ周辺から集められ、画家たちの伝統的な配色――主に赤と茶色、黄色――を支えている。絵を描くという儀式は、その材料を集めるところから始まる。オーカーを集める場所は、画家たちにとって聖なる場所であり、絵に用いられるさまざまな色にも儀式的な意味がある。白い粘土と黒い炭は、輪郭や影の細い線に使われる。しかし最近では、チューブ入りのガッシュ（不透明の水彩絵の具）を使って、新しい色――グラハムのコウモリの絵で背景に使われていたような、紫や青や緑――を多用する人もいる。伝統的に、オーカーは、ランの根から作る糊に混ぜて使われてきた。ウィルフレッドはセンターのすぐ裏で、ランの種を植えつけた木を見せてくれた。しかし、ウィルフレッド自身は溶剤として普通の洗濯糊（ＰＶＡ糊）を使っている。オーカーの粉と糊を混ぜたものを水で伸ばし、大きな筆に含ませ、画用紙に太い線を描いていくのだ。また、一九九〇年代から、ここの画家たちは、水彩画家にはおなじみの、厚めの画用紙を使うようになった。かつては樹皮を使っていたのだが、樹皮は雨期にしか採れず、耐久性にも欠けるからだ。

センターの設立者のひとり、ガブリエル・マラルングラが、外のテーブルの前に座って絵を描いていた。

「この絵には物語があるのですか」とわたしは尋ねた。彼は赤いオーカーを塗った上に、白の絵の具で丁寧にハッチングを入れていた。

「ああ。洪水と真水の話だ。始まりの物語で、これは崖だよ」そう言って、彼は、ハッチングしたところを指した。

「滝があって、真水が流れていて、そこは海だ。虹蛇《にじへび》が小川を作っている。世界が生まれたところだ」

虹蛇「ンガルヨッド」は、ドリームタイムの時代に世界を創造した力強い精霊のひとりである。

マラルングラは、ンガルヨッドが大洪水をもたらし、真水が流れはじめたときのことを描いているのだ。曲がりくねった黒い線が次第に太くなり、その先に池が現れた。マラルングラは、四本のスゲの繊維を束ねた筆を用いて、その池を白く細い線で埋めていった。

「一枚の絵にどのくらい時間がかかりますか？」

「だいたい一週間半といったところだ」

「いくつのときから絵を描いていらっしゃるの？」

「そうだな……一二のときからだ」。わたしは、誰かに絵の描き方を習ったのか、と尋ねた。

「じいさんのそばに座って見てたんだ。隣に座って、絵を描くのを見て、話を聞いた。昔は誰もがそうやって学んだものさ」

「いま、絵の描き方を学んでいる子どもはいますか」

「ああ、いるとも。学校に通っているよ。カメとカモノハシの物語について粘土でアニメを作った子もいる」

（カメとカモノハシの話というのは、それらの由来にまつわる奇妙な物語だ。昔、ふたりの女がいた。ひとりの女は、もうひとりの女の子どもたちの世話をしようとしながら、どういうわけか、その子たちを食べてしまった。当然ながら、子どもの母親は怒って、そのがつがつした女に石を投げつけた。その石が女の背中にくっついて、女は首の長いカメになった。カメは仕返しに、怒った母親に槍を投げ、母親はカモノハシになった、というものだ）

センターには男性のアーティストしかいなかった。「女性のアーティストはいないのですか？」わたしはマラルングラに尋ねた。「いや、そういうわけじゃない。女たちは籠を作る。女だけができる仕事さ」彼はにこりとした。確かに、籠はそれ自体が芸術品だった。タコノキの葉で編んだ籠は、天然の顔料で赤や茶色、オレンジといったオーカーに似た色に彩色するが、植物性の染料で緑や黄色も添える。センターのギャラリーには、大きく平らなトレーやマットから、ひもを編んだバッグや透かしの入った小ぶりのディリーバッグ（バケツ型の袋）にいたるまで、さまざまな大きさと形の籠細工があった。ディリーバッグは、実用的だが象徴的な意味合いもあり、森で採れる食料だけでなく、神聖なものを運ぶ際にも用いる。マラルングラが絵を描くことを祖父から学んだように、幼い女の子は母親や祖母のそばに座って、籠を編むのを見ながら、ドリームタイムの物語に耳を傾けるのだろう。また彼女らは、より実際的なこと、例えば、タコノキの葉や植物の繊維、顔料や食料を集める方法なども、そうやって学んでいくのだ[3]。

岩絵の「ギャラリー」の神秘

グンバランヤではアーティストの共同体が栄えているが、この地域には岩絵の「ギャラリー」も集中している。ギャラリーは、その土地の所有者であるアボリジニの許可がなければ訪れることができない。わたしは運よく、ウィルフレッドと彼のいとこのギャリー・ジョルロムの案内で、ギャラリーを見せてもらえることになった。グンバランヤは「石の国」と呼ばれる断崖地帯の西の、海岸の平地にある。インジャラク・アート・クラフトセンターの名前の由来となったインジャラク・ヒルはその断崖地帯のはずれにあり、雨期には池ができて、集落から隔てられる。

わたしはウィルフレッドとギャリーとともに、インジャラク・ヒルに向かった。と言っても、現在、そこまでの道のりの大半は水没している。ボンネットの上まで水がきても平気なランドローバーもあったが、その辺りは水深があるとわかっていたので、平底のボートで行くことにした。深いところはそれでよかったが、水深が三〇センチに満たない場所もあった。岸が近づくにつれて池は浅くなり、このままモーターで進むと、ボートの底を砂利で傷つけそうなので、わたしたちは水に入り、ボートを押していくことにした。このあたりにはワニがいると聞かされていたので、全員が目を大きく見開いて周囲を警戒したが、それらしき姿は見かけなかった。

ついに、わたしたちは再び乾いた地面を踏んだ。ウィルフレッドとギャリーの案内で、（今度はヘビに注意しながら）背の高い草の間を抜け、インジャラク・ヒルのふもとについた。曲がりくねった狭い道をのぼっていくにつれて、道の両側の石が大きくなっていった。中腹でわたしたちは足を休め、平たい岩に腰をおろして、風景を眺めた。眼下には、今しがた通ってきた池や、みずみずしい緑の風景が広がり、その先にグンバランヤの集落が見えた。ギャリーはブッシュで行われる狩りについて教えてくれた。グンバランヤで暮らすアボリジニは定住生活を営んでいるものの、多くの人は時々ブッシュに出かけて狩りをするそうだ。ギャリーは、彼らは、スーパーマーケットに並ぶ西洋のまずい食品に食べ飽きると狩りに出るのだ、と言った。

かつて祖先たちがしていたように、彼らは家族全員でブッシュへ向かう。そこには、みずみずしく豊かな自然が待ち受けている。ブッシュは、狩猟採集民にとっていつも良い場所だった。一年中、食べ物が豊富にあり、モンスーンが豪雨を降らせても、巨大な岩の陰で雨宿りすることができた。

さらにのぼると、広く平らな場所に出た。片側から巨大な岩が張り出し、屋根のようになっている。ギャリーとウィルフレッドに促されて上を見上げ、わたしは驚いた。岩はどこもかしこも絵に覆われていたのだ。それも塗り重ねるように何度も上から描かれている。絵の層の下に埋もれている最初の絵が描かれたのは、何百年前か、あるいは何万年前なのか、見当もつかない。最も新しい絵は一九六〇年代に描かれ、最も古い絵は、ドリームタイム、すなわち、この世界が誕

インジャラク・アート・クラフトセンターの名前の由来となったインジャラク・ヒルに立つ、アーティストのギャリー・ジョルロム

インジャラク・ヒルの頂上から見渡すグンバランヤの眺め

生した頃にさかのぼる、と彼らは言う。

いたるところに動物が描かれていた。ギャリーは絵を指差しながら、その名を挙げていった。カモノハシ、ワニ、カメ、カンガルー、ヘビ、それに、ひげの生えたナマズ、太ったバラマンディ、細長いロングトムなど、多種多様な淡水魚が描かれている。それもそのはずで、「インジャラク」とは「魚を夢見る場所」という意味なのだ。カンガルーの頭の上から、人間の手らしきものが差し出されている。赤、黄、白、黒といった配色や、ラルクと呼ばれる細かな網目模様、それにレントゲンにかけたような、背骨の見える魚のデザインなどは、アートセンターで見た絵と共通していた。

一見、それらの動物の絵は、このあたりで捕れる獲物を描いた、言うなれば、狩猟採集民用のメニューのように思える。しかし、そういう意味もありはするが、それぞれの動物は、風景の特徴も表している。アボリジニの神話は地理と緊密に結びついていて、創造神話は大地や海が生まれた経緯だけでなく、特定の風景がどのようにして作ら

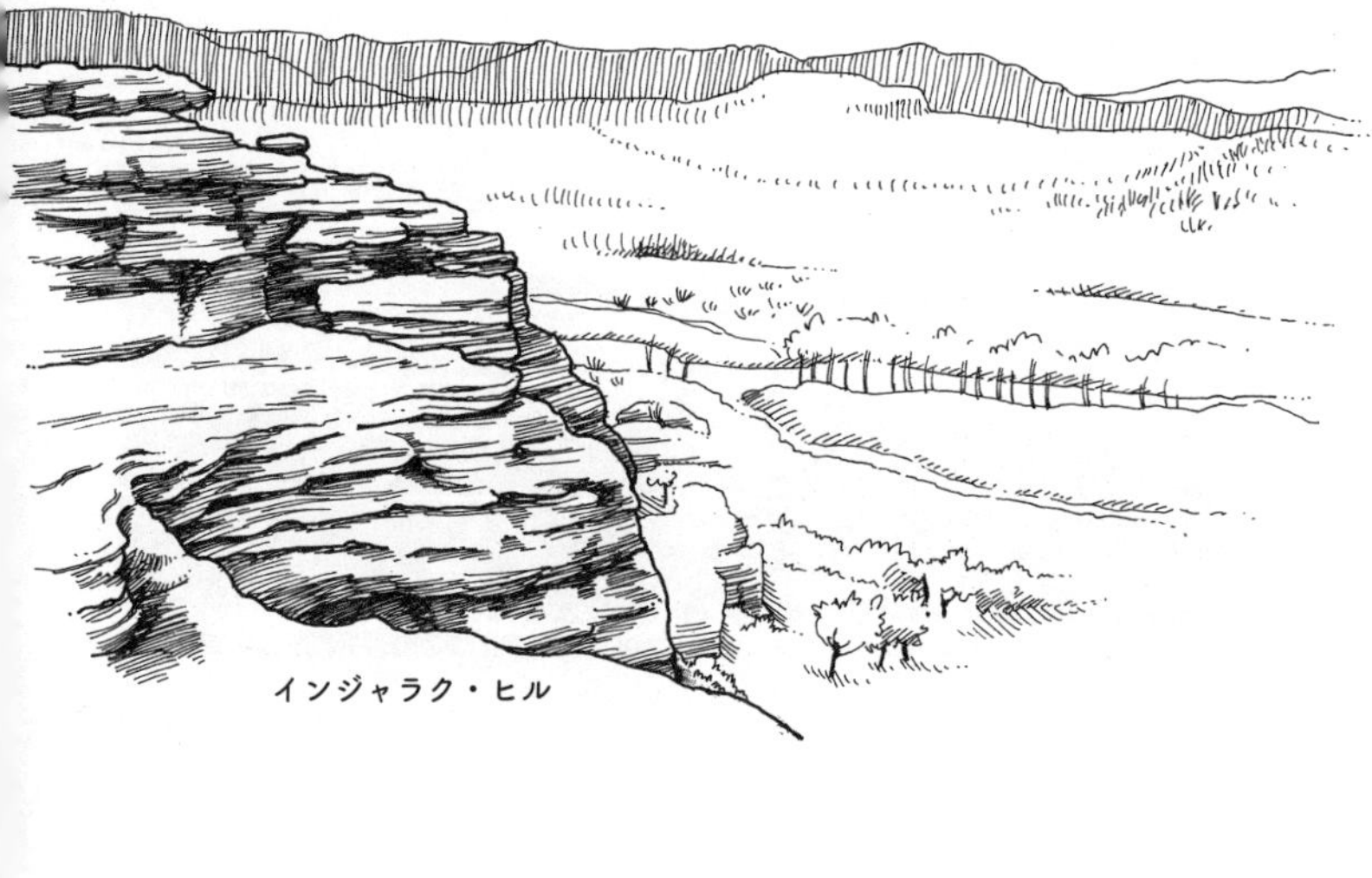
インジャラク・ヒル

れたかも語る。太古の動物の中には、神聖な風景の一部になったものもいるのだ。

ギャリーによると、今でもグンバランヤの子どもたちはここへ来て、自分たちを取り巻く環境や、上の世代から受け継ぐものについて学んでいるそうだ。岩絵は単なる装飾ではなく、思想を伝える方法なのだ。そして、わたしがすでに学んだように、この伝統は、文字が生まれるはるか昔から続いているのである。

「岩絵の伝統は、途切れることなく伝えられていく。絵の本当の価値はそこにあるんだ」とギャリーは言った。

さらに丘をのぼり、わたしはふたりに続いて、巨大な岩の割れ目にできた狭い道に入っていった。一方の岩のくぼみには、特殊な絵が描かれていた。そこに動物の姿はなく、神だけが描かれている（口絵⑯）。「これは、地母神イガナだよ」ウィルフレッドが教えてくれた。彼はストーリーテリングが好きだ。いい声で、ゆったりとリズミカルに語る。奇妙なことに、彼の英語にはイギリス訛りがあった。後になって、わたしは、彼が宣教師に育てられたことを知った（グンバランヤは、宣教師が築いた町だった）。たしかに彼の話しぶりは、イギリスの田舎牧師が説教壇に立って寓話を語っているかのようだった。

「イガナは海岸からやってきた」とウィルフレッドは言った。「ディリーバッグをたくさん持ってね」。岩に描かれたイガナは、ヘッドバンドをはめており、そのバンドから一四個ほどの縞模様のディリーバッグがぶらさがっている。ウィルフレッドは、そのひとつひとつに赤ん坊が入っていた、と言った。

「イガナは、ひとりの赤ん坊を降ろし、言語とスキンネーム（固有名とは別の、一六種の名前）、半族（スキンネームと系統によって分けられるグループ）を与えた。それから、別の場所へ行き、そこでも赤ん坊を降ろし、異なる言語とスキンネーム、そして半族を与えた。イガナは旅を続け、また別の場所で別の赤ん坊に、異なる言語と半族を与えた。そうやって旅を続けながら、あちこちに赤ん坊を降ろしていった。それがぼくたちの祖先なんだ」

物語は続いた。イガナはオーストラリアに最初の人間の種をまいていった。

「わたしは、どうやってオーストラリアに最初の人類がやってきたかを知ろうとしているのよ」とわたしは言った。「これまで化石や遺伝子を調べてきたわ。多くの人は、オーストラリア人の祖先は、北から海を越えてやってきたと考えているの」

「北からか……そうだね。おそらく地母神イガナはインドネシアのマカッサルのあたりからやってきたのだろう。ぼくの考えだけど」

彼もそう考えていると知って、わたしは胸が高鳴った。けれども、よく考えてみれば、驚くほどのことでもないのだろう。ウィルフレッドは教養がある。マカッサルが北にあることも知っている。したがって、部族の起源にまつわる物語と、古人類学の最近の知見をすりあわせることはできたはずだ。

だが、アボリジニの物語には、他にも北に出発点を置くものがあるらしい。チャトウィンは聖なる歌「ソングライン」を元に、オーストラリアを放浪する祖先の旅をたどり、次のように書いている。

オーストラリアの主なソングラインは大陸の北か北西からスタートする。ティモール海かトレス海峡を渡ってこの大陸に入り、そこから南へ向かっていく。その内容は、最初のオーストラリア人が進んだ道筋を表しているのではないだろうか。加えて、彼らがどこか別の土地から来たことを示唆しているように思えるのだ。

岩の割れ目を通り抜けると一気に視界が開けた。わたしたちは鷲が巣を作りそうな高い場所にいて、グンバランヤや周囲の丘、タートル・ドリーミング・ヒルやマグパイグース・ドリーミング・ヒルを見渡すことができた。崖の縁の近くにウィルフレッドやギャリーと座って、彼らの祖先が暮らしてきた土地を眺めた。わたしはその土地に対して、かつて経験したことのない強い感情を覚えていた。その感情はウィルフレッドとギャリーから伝わってきたものだ。丘や小川や池は、ゆるやかに、しかし力強く、このふたりに結びついていた。それは彼らの祖先がそこに暮らし、彼ら自身もその風景の中を幼いころから歩きまわり、熟知していたからだ。

グンバランヤのような土地に住むアボリジニは、今でも歩いて旅をして、わたしたちがそうするように、友人や親類を訪ねる。その旅は、祖先の物語と土地を忘れないための旅でもある。ウィルフレッドやギャリーは、特定の場所に帰属していると感じているわけではなく、そうやって旅をする地域全体との強いつながりを感じているようだ。原始的というわけではないが、古風に感じられるのは、わたしたちの多くが、村や町や都市にすっかり定住し、そのような感覚を失ってしまったからだろう。

こうしてわたしは最初期のオーストラリア人が残した痕跡を見ることができた。最初の定住者のかすかな足跡をたどり、はるばるスンダ大陸とサフル大陸までやってきた。そして、オーストラリアの人々と出会い、人間とは芸術を通じて世代から世代へ知識を伝え、今も故郷の土地を放浪しないではいられない存在だということを学んだのだった。

第三章

遊牧から稲作へ

北アジア・東アジア

人類はいかにして北方へ移住したのか。シベリアの極寒の旅、トナカイの遊牧の体験が教えることとは。そして中国で見た、人類の起源をめぐる奇妙な論争と真実

上海の茶館

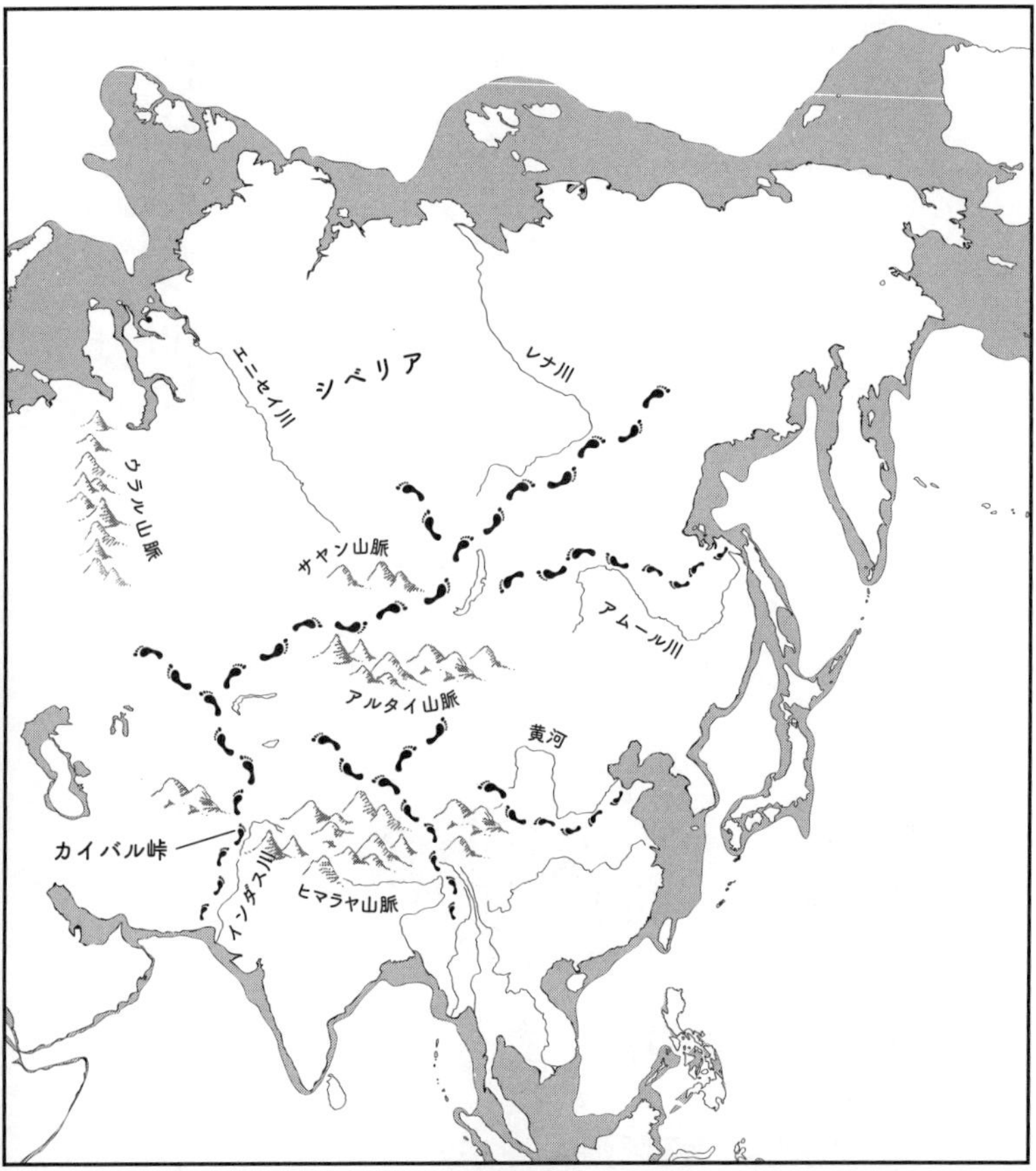

中央アジアと北アジアへのルート　アジア人の遺伝子（ミトコンドリアとY染色体）を調べると、その祖先が、アジアの南部と東部の沿岸地域に定住した後、大河の流域を遡り、ヒマラヤ山脈を越えてシベリアに至ったことがわかる

内陸での集団移住　中央アジアへのルート

南のルートでアフリカを出た人々は、海岸づたいに進み、インドから東南アジアやオーストラリアへと散らばった。しかしアジアの残りの地域についてはどうだろうか。その北部と東部には、広大な土地があり、現在そこにはロシアと中国というふたつの大国が存在する。しかし旧石器時代には、荒野が果てしなく広がり、多くの動物がいた。まさに初期の狩猟採集民にうってつけの場所だった。

この広大なアジアで、わたしは最初期のロシア人と中国人を探すことにした。彼らはどのようにしてこの大陸を通過したのだろう。そして、旧石器時代の技術によって、どのくらい北まで行けたのだろう。彼らはどんな顔をしていたのだろう。東アジア人の特徴的な顔の起源はどこにあるのだろう……そうした謎を解き明かしていきたい。また、この調査では、必然的に、例の議論に立ち返ることになるだろう。つまり、現生人類はアフリカを起源とするのか、あるいは多地域で進化したのかという議論である。

ｍｔＤＮＡを分析した結果、北方アジアのすべての系統は、南アジアのハプログループＭとＮにさかのぼることがわかっている（１５４〜１５５ページ参照）。これは、アフリカから南のルートで出て、海沿いにアジアへやってきた人類が、北上して北方アジアに住みついたことを示している。[1] 彼らは、南アジアの沿岸部から河川をたどって内陸へ向かった可能性がある。しかし

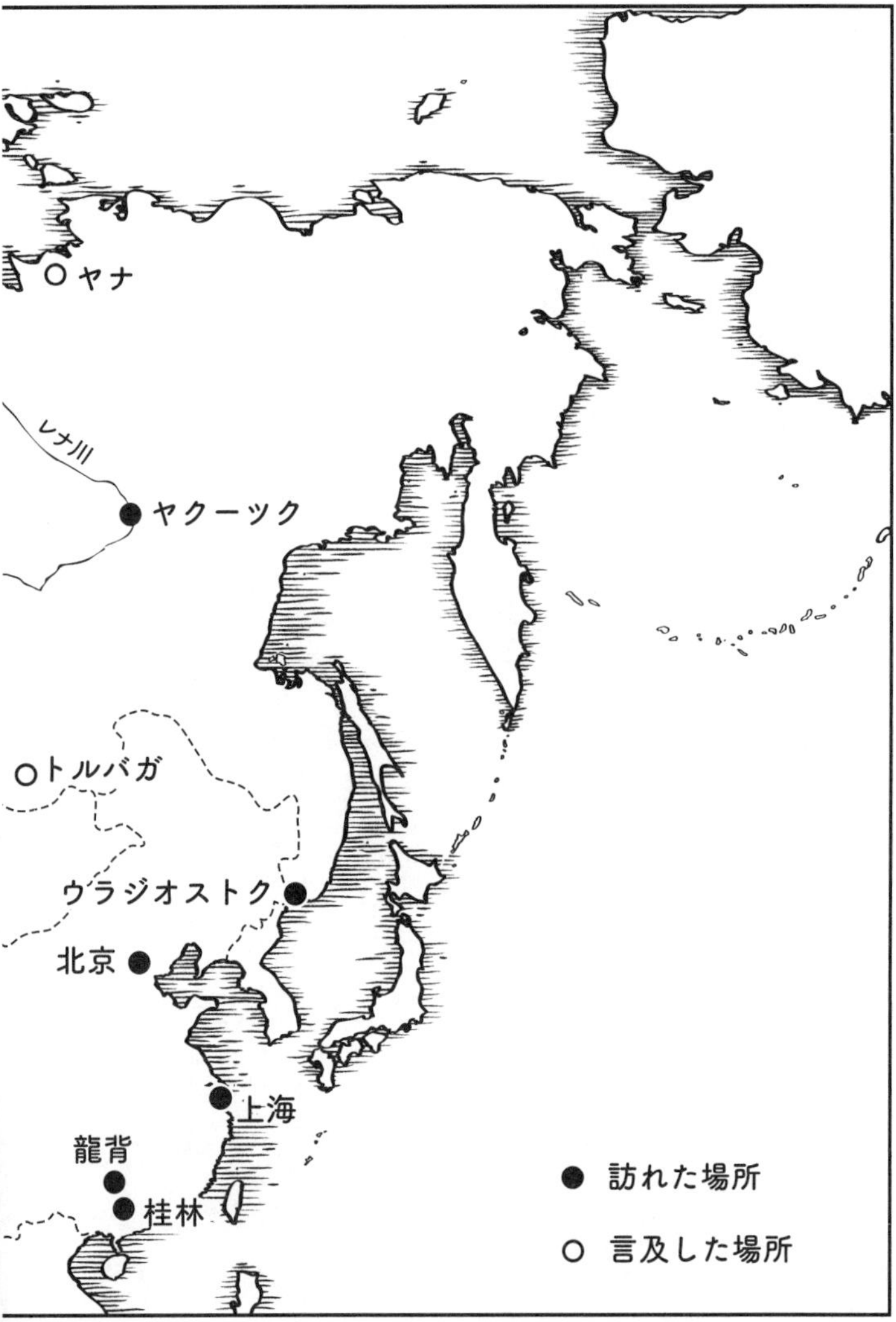
ヤナ
レナ川
ヤクーツク
トルバガ
ウラジオストク
北京
上海
龍背
桂林
● 訪れた場所
○ 言及した場所

オレニョク
ロシア
サンクトペテルブルク
コステンキ
バイカル湖
マリタ
オクラドニコフ洞窟
デニソワ洞窟
カラ・ボム
モンゴル
中国

南アジアと中央アジアの間には、西はアフガニスタンから東は中国に至る巨大な壁、ヒマラヤ山脈が立ちはだかっている。

　オッペンハイマー[2]は『人類の足跡10万年全史』において、この障壁を通り抜けて中央アジアへ到達するルートをいくつも挙げている。人類は、インダス川に導かれ、ヒマラヤ山脈の西にあるカイバル峠を越えたのかもしれない。あるいは、東南アジアの川沿いを北上した可能性もある。海沿いに、アジアから中国の沿岸部へ向かい、そこから、後のシルクロードに沿って、ヒマラヤ山脈の北部を抜けたのかもしれない。ロシアのアルタイ地方からアジアへ入ったとも考えられる。

　どこをどう通ったにせよ、ヒマラヤ山脈を越えた先には、中央アジアとシベリアの広大な土地が広がっていた。シベリアは総面積がおよそ一〇〇〇万平方キロメートルにおよび、南はアルタイ山脈やサヤン山脈、北は北極海沿岸、西はウラル山脈、東は太平洋にまで広がっている。しかし、その環境は、人類が誕生し、数を増やした熱帯地方とは異なっていた。初期のパイオニアたちは多くの試練に直面したはずだ。食べられる植物は少なく、極度に寒く、場所によっては、住まいを作ったり暖をとったりするための木がほとんど生えていなかった。そんなシベリアに住みつくには、新たな狩りの方法や、生きのびるための新たな手法を開発しなければならなかった。

　現代のシベリアの人々のｍｔＤＮＡには、複雑な移住の記録が刻まれている。ヨーロッパの系統とアジア（モンゴル）の系統が混じり合っているのは、その両方向から人類がやってきたことを示唆している。遺伝的多様性が最も豊かなのはアルタイ山脈の人々で、それは現生人類がその地域に最も長く暮らしていることを物語っている。しかし、東南アジアの人々のｍｔＤＮＡの系統樹は熊手のように分岐した枝が細く長く伸び、海沿いに西から東へ移動していった人類の軌跡を示しているのに比べて、シベリアのｍｔＤＮＡの系統樹は、枝が非常に込みいっているため、

北へ広がっていった人類の足取りを知る手掛かりにはならない。(3)

中央アジアがあまりにも広大なせいもあって、初期の現生人類がヒマラヤ山脈の北側に移住したという考古学的証拠はそれほど見つかっていない。最古の考古学的証拠は、ヒマラヤ山脈のはるか北、ロシアのアルタイ山脈のカラ・ボムで発見された。カラ・ボムは野外の遺跡で、ウルサル川の支流に程近い絶壁の下にあり、一九八〇年代から一九九〇年代初頭にかけて発掘された。五メートルの深さまで掘っていくうちに、三つの層から人類の痕跡が出てきた。いちばん深い層からは、中期旧石器時代のムスティエ文化の石器が出土した。ルヴァロワ技法の石核や剝片、それに、尖頭器、削器《さくき》（サイドスクレイパー）、ナイフなどの完成品である。それらはネアンデルタール人の石器によく似ていた。(4) ひとつ上の層には、現生人類の明らかな痕跡が残されていた。後期旧石器時代初期の石器、つまり石刃を作った後に残るプリズム型石核や、片面または両面が加工された多くの石刃、それに、掻器《そうき》（エンドスクレイパー）や削器、刻器《ビュラン》である。その上の層からは、細石刃《マイクロブレード》を含む、後期旧石器時代末期の石器が見つかった。

一九八〇年代に、考古学者たちは従来の放射性炭素年代測定法によって、カラ・ボムの後期旧石器時代の層の年代を測定し、およそ三万二〇〇〇年前のものだと発表した。しかし、一九九〇年代に、新しく、より確実なＡＭＳ（加速器質量分析法）によって細石刃と同じ層（いちばん上の層）に含まれていた木炭を調べたところ、およそ四万二〇〇〇年前という結果が出た。(5,4)

カラ・ボムからは動物の骨も多く出土しており、それを見れば、その一帯にいかに多くの動物がいたかがわかる。ウマ、ケブカサイ（有毛のサイ）、バイソン、ヤク、アンテロープ、ヒツジ、ホラアナハイエナ、タイリクオオカミ、マーモット、ノウサギ等々、旧石器時代のハンターたちにとっては、まさに楽園だっただろう。

事実、南シベリアには、東はバイカル湖、南はモンゴルまで、後期旧石器時代の遺跡が散在している。(6) 今のところ、中央アジアで現生人類の最古の痕跡が残るのはカラ・ボムだが、南シベリアでは、四万年前から三万年前という、ほぼ同じくらい古い年代の遺跡がいくつも見つかっている。洞窟遺跡もありはするが、ほとんどはカラ・ボムのような野外の遺跡だ。これらの遺跡では、後期旧石器時代の特徴的な石器の他に、骨や象牙や枝角で作られた遺物や、鹿の歯のペンダントも発見された。もっとも、芸術的な遺物はほとんど見つかっていない。わずかに、赤いオーカーを塗った円盤状の石や、クマの頭らしきものが彫られたケブカサイの椎骨、そして象牙で作った球が出土した程度である。

より深い層で見つかった道具から見て、多くの場所で、現生人類がやってくるはるか以前に、旧人類、おそらくネアンデルタール人が暮らしていたと考えられる。ユタ大学の考古学者、テッド・ゲーベルは、旧人類が南シベリアに暮らしていたのは、更新世の二〇万年前から一〇万年前までで、現生人類が定住したのは、四万五〇〇〇年前から三万五〇〇〇年前頃だろうと推定している。

ネアンデルタール人は、現生人類がやってきたときもまだシベリアにいたのだろうか。アルタイ山脈のオクラドニコフ洞窟で発見された太古の骨の年代とDNAは、その可能性を示唆している——オクラドニコフ洞窟からは、ムスティエ文化の道具やおよそ四万年前の人類の歯が発見されたが、それらを残したのが、現生人類なのか、それともネアンデルタール人なのかについては、意見が分かれた。人骨も見つかったが、粉々に砕けていたので形状から種を判別することはできなかった。しかし最近になって遺伝学者がそれらの骨片からDNAを抽出することに成功し、それがネアンデルタール人のものであることがわかった。驚くべきことに、ネアンデルタール人は、アジアの、それまで考えられていたよりずっと内陸部まで到達していたのだ。おそらく彼らは、ヨーロッパでそうだったように、アジアでも現生人類と同じ時代に生きていたのだろう[7]（とはいえ、ネアンデルタール人と現生人類が出会ったかどうかはわからない。この問題については、次章で詳しく述べる）。

ネアンデルタール人を含む旧人類が、南シベリアの山地に住んでいたことははっきりしているが、彼らはそれより北の、亜北極や北極地方へは行かなかったようだ。それは南シベリアに住んだ最初の現生人類も同じだった。ゲーベルが言うように、最初の移住者たちは「その場所にとどまっていた」らしい。そこには道具をつくるのに適した石があり、動物も豊富だった。道具はその土地の石で作られており、遠方と交易した痕跡は残されていない。その点では、後期旧石器時代初期のヨーロッパの状況とよく似ているが、道具には、はっきりとした違いが見られる。後期旧石器時代初期のシベリアや中国の石器は、ヨーロッパの石器に比べて、少々奇妙な「寄せ集め」になっているのだ。小型の掻器、穿孔器、尖頭器、刻器といった軽量で「現代風」な道具がある一方、削器やムスティエ文化風の尖頭器や握斧といった、旧式の道具も見つかっている。このことについて、一部の孤立した集団では技術の進歩が遅れたからだ、と説明する考古学者もいるが、道具の機能に注目する考古学者もいる。つまり、道具には環境と生活様式が反映されるというのだ。この解釈は、人類は常に「よりよい」道具を作ろうとしてきた、という見方に釘を刺す。そうではなく、人類は、ある場所で生きていくのに必要な道具を作っていただけなのだ[8]。

氷河期のシベリア人の足跡をたどる　ロシア：サンクトペテルブルク

わたしは氷河期のシベリアについてさらに詳しく調べるために、サンクトペテルブルクを訪れた。春もなかばで、市内を流れるネヴァ川の川面の氷はほぼ融けていた。わずかな氷が川岸にしがみつき、あるいは橋の下で小さな氷山のように浮かんでいた。

レストランでロシア人考古学者のウラジミール・ピツルコと会い、シベリアのはるか北東に興味深い遺跡があることを教わった。ほんの数年前まで、現生人類が北極圏に到達したのは、最終氷期極相期（ＬＧＭ）が終わった後、つまり一万八〇〇〇年前以降のことだとされていた。しかしピツルコがその遺跡で発見したものは、初期の現生人類が過酷な環境に適応し、ＬＧＭよりかなり前の時代に、旧人類よりさらに北上して亜北極や北極に近いシベリアへ到達していたことを語っていた。その遺跡「ヤナ」は、後期旧石器時代の遺跡で、かつては永久凍土に覆われていた。

一九九三年に地質学者のミハイル・ダシュツェレンが、ヤナ川渓谷でケブカサイの角でできた槍のフォアシャフトを発見した（フォアシャフトは素早く付け替えられるので、大型の獲物を狩るときには有利である）。これがきっかけとなって、永久凍土層が融けて出現した旧石器時代の遺跡が発見された。後にその遺跡はヤナＲＨＳ（Rhinoceros Horn Site：サイの角の遺跡）と命名された。二〇〇二年になってようやく発掘が始まり、硬い粘板岩でできた削器や掻器などの石器が見つかった。これらはすべて剝片から作られていたが、石刃《せきじん》は見つからなかった。大量の動物の骨も出土し、大半はトナカイの骨だったが、マンモスやウマ、バイソン、ウサギ、トリの骨もあった。ほぼすべての骨に、肉を削ぎとった跡が残されていた。マンモスの牙でつくったフォアシャフト二本と、骨製の錐一本も発見された。放射性炭素年代測定法により、これらの遺物はおよそ三万年前のものと推定された。[1]
その時代のヤナは、カラマツとカバノキの森が北シベリアを覆っていた温暖な時期から、一帯が樹木のないツンドラになった寒い時期への移行期にあった。平均気温は現代より低かったはずだ。[1,2]
ヤナの時代と位置は重要である。それは、現生人類はLGMよりずっと以前に北極圏に到達していたことを語っているからだ。そして石器やマンモスの牙のフォアシャフトは、ベーリング陸橋や南北アメリカで発見された最古の道具の前触れと見なすことができる。[1]
わたしがサンクトペテルブルクを訪れた年の夏、ピツルコは再びヤナを発掘する予定になっていた。そこで、現地で彼に再会するべく飛行機の手配をしたが、それは実現しなかった。ロシアの航空会社の運航スケジュールが急に変更になり、氷河期の北極圏に人類が暮らした証拠を見ようというわたしの計画は、無慈悲にも潰されてしまったのだ。
二万六〇〇〇年前から一万九〇〇〇年前にかけて、世界はLGMに向かって冷えつつあった。北ヨーロッパでは、氷床が広がった。シベリアでは気候が乾燥し、想像を絶するほど広大な平原、「マンモス・ステップ」が誕生した。[3] このステップは非常に乾燥していたため、北部では多くの動植物が局地的な絶滅に追いやられた。人類を含む、現在、北極圏のツンドラに見られる動植物は、何千マイルもじわじわと南下するか、あるいは東のアジアへ向かい、アジアと北米の間に出現したベーリンジア（ベーリング陸橋）へ進んでいった。[3] 後期旧石器時代のシベリアにいた人々は、過酷な環境でどうにか生き残り、北極圏に暮らすすべを身につけたが、今日でも厳しい状況にあることに変わりはない。考古学的遺跡の数は、氷河期が頂点（LGM）に近づくにつれ、少なくなっていく。[4]

シベリアの大部分は永久凍土層に閉じ込められていたが、バイカル湖周辺のザバイカル地方やエニセイ川の上流はやや温暖だったらしい。人類や動物の集団は、シベリアの大部分が寒冷な荒地だった時代に、これらのレフュジアで生きのびたのかもしれない。LGMの頃のシベリアの環境を思い描くのはむずかしい。なぜならそのような環境は現在の地球には存在しないからだ。マンモス・ステップで生きた動物と植物も、現在では見られないものだった。植物の大半は草で、樹木は生えていなかった。トナカイやホッキョクギツネなど、寒い環境を好む動物もいたが、今日、温暖な環境で暮らしているチーターやハイエナやヒョウなどもいた。氷河期のシベリアは、現在に比べて、冬はより寒く、夏はより暖かいという極端な環境だったのだ。[3]

氷河期シベリアに開花した文化

その頃、シベリアでは文化の変化も起きた。イルクーツクのおよそ八〇キロメートル北にある、マリタと呼ばれる遺跡の出土品を見ればそれがよくわかる。[5]最初にそれを発見したのは地元の農夫だった。一九二八年、彼はモスクワへ向かう道沿いで骨をいくつか発見した。考古学者たちがそこを発掘したところ、旧石器時代の野営地跡と、頑丈な半地下の家がいくつも見つかった。その遺跡からは、四万四〇〇〇個以上の石器と、五〇〇〇個以上の、骨や象牙や枝角でできた人工物が出土した。中には目を見張るような芸術品もあった。マンモスの牙を彫って作った三〇個ほどの人形と、五〇個ほどの鳥である。[6]放射性炭素年代測定法で調べたところ、遺跡の年代は、約二万一〇〇〇年前と出た。それはLGM直前の、氷河期がまさにピークにさしかかろうとしていた時代である。[5]

マリタで見つかった遺物は、サンクトペテルブルクのエルミタージュ美術館に保管されている。

わたしがヨーロッパロシアのこの美しい都市を訪れたもうひとつの目的は、それらを見ることだった。ネヴァ川を見下ろす堂々たる建物の裏の入り口から入り、近年の華やかな芸術品が展示されたギャラリーを通り抜け、長い廊下を進んでいくと、突きあたりに立派な木の扉があった。わたしはそこで入室の許可が下りるのを待った。キュレーターのスヴェトラーナ・デメシュチェンコが出迎えてくれた。はつらつとした小柄なロシア人女性である。

最初の扉を抜けると、もうひとつ扉があった。スヴェトラーナに続いてその扉を抜け、らせん階段で上の階へ上がると、考古学のオフィスや倉庫が並ぶフロアに出た。金箔で飾られた柱や新古典主義の彫刻が並ぶ、ぴかぴかの床の豪華な展示室とは、まったく別世界だった。廊下には背の高い木製の戸棚が据えられ、壁には色あせた考古学の特別展のポスターが数枚、貼ったままになっている。オフィスを覗くと、ごちゃごちゃ並ぶ鉢植えの植物と、埃をかぶった本の山の間で、数名の考古学者が資料を読みふけっていた。

スヴェトラーナに案内されて、浅い木の引き出しや戸棚が並ぶ部屋に入った。彼女はマリタ遺跡の人工遺物を箱から出しはじめた（口絵⑰）。ベルベットで覆われた板を取り出し、その上に、子供の骨格とともに発見された骨製の美しいネックレスを置いた。マンモスの牙を長方形に切り取ったものもあり、片面には点描で渦巻き模様が描かれ、もう一方の面にはヘビのような線が三本、彫り込まれていた。「祈禱の際に、地図として使われたのではないでしょうか。真ん中にあいた穴は、天界と、地上世界のつながりを意味していると思われます」と、スヴェトラーナは言った。たしかに謎めい

マリタで出土した、象牙を彫って作った人形

た遺物だが、そのデザインに深い意味があるかどうかは、おそらく今後も明かされることはないだろう。

スヴェトラーナは、箱からティッシュでくるんだものを何個か取り出した。象牙でできた小さな人形だった。細く手足の長いものもあったが、ヨーロッパの「ヴィーナス」（地母神を現した土偶）を彷彿とさせる、ふくよかな人形もあった。裸で、乳房が彫られているものもあれば、衣服を着ているように見えるものもある。ひとつは明らかに帽子をかぶっており、体には引っかき傷で織り目のような模様が彫り込まれている。おそらく毛皮の衣服を表しているのだろう。[6,7] この時代のいくつかの遺跡では、骨でできた錐や針が見つかっており、すでに衣服を作る技術が発達していたことを示唆している。ウクライナのコステンキ遺跡やバイカル湖の南のトルバガ遺跡では、三万五〇〇〇年前から三万年前のものと思われる、穴のあいた針も見つかった。アルタイ山脈のデニソワ洞窟から発掘された針はもっと古く、およそ四万年前のものと見なされているが、その年代に関しては異論がある。[8] しかし、そのような証拠がなかったとしても、衣服を作る技術があったことは推測できる。氷河期のシベリアでは、丈夫な毛皮の衣服がなければ人類は生きていけなかっただろう。

いくつかの人形の足には穴があいている。ペンダントにして――人形はさかさまになるが――身につけたらしい。象牙製の鳥のような像も、二つあった。わずか六センチほどの長さで、首は長く、羽根は短い。ガチョウだろうか。それともハクチョウだろうか。太古のシベリアに暮らした人々が、テントの中に集まって、日に日に厳しさを増す氷河期の寒さに耐えながら、炉の傍らでこれらのものを彫っている様子を、わたしは思い描いた。それは長く寒い夜の手なぐさみにすぎなかったのか、それとも、何か意味があったのか。これらの人形や鳥の像は、神話や呪術の象徴だったのかもしれない。人類学者の中には、近年の民族誌学の発見に基づいて、シャーマンの衣装につけるスピリット・ヘルパーだったのではないか、と推測する人もいる。(6,7) その意味ははるか昔に失われたが、今もそれらはとても美しい。

マリタを始めとする三万年から二万年前のシベリアの遺跡を見ると、氷河期が始まってからもこの地域で狩猟採集民は生きつづけ、芸術的な感性さえ開花したことがわかる。また、この時代にシベリアで作られた道具や芸術品がヨーロッパのものとよく似ていることは、広範な地域をつなぐネットワークがあったことを示唆している。人々は大規模なベースキャンプを設営し、その周囲に狩りのための小さなキャンプを張りながら、広域を移動していたようだ。往々にして、ベースキャンプの痕跡は、石器に適した石が採れる土地からは遠く離れた場所で見つかる。おそらく、石器になる石の有無はさておき、獲物になる動物が多い場所を選んでキャンプを張っていたのだろう。しかし、そうすると理想的とは言いがたい粗い石で石器を作るか、あるいは、石器に向くきめの細かい石を遠くから運んでこなければならなくなる。マリタの石器の多くは小さな石核から作られた「小石刃」だった。良い石は貴重だったので、おのずと石刃は小さくなったのだろう。(4)

マリタで発掘された動物の骨は、氷河期のシベリア人がさまざまな動物を狩っていたことを示している。ケブカサイ、マンモス、バイソン、トナカイ、馬、アカシカといった大きな動物だけでなく、ノウサギやホッキョクギツネ、クズリ、ガチョウ、カモメ、ライチョウなどの小型の獲物も彼らは狩っていた。マリタでは、巨大なトナカイの枝角が数多く出土したが、それらは獲物の遺物というより、家の建材にするために拾い集めたものなのかもしれない。と言うのも、トナカイの角は毎年、自然に抜けるからだ。ＬＧＭやその直後の時代には、メジリチという有名な遺跡も含め、ロシアの平原の多くの場所で、マンモスの牙や骨が小屋を建てる材料として使われた。

エルミタージュ美術館を出ると、わたしはネヴァ川をわたってロシア科学アカデミー動物学研究所へ向かった。このミュージアムにもやはり裏口から入り、長い廊下を進んでいった。もっとも、ここの廊下の両脇に並ぶ部屋にしまいこまれているのは、芸術品ではなく、骨である。この研究所はマンモスの研究で知られる。二階の展示室には太古のシベリアの風景がジオラマで再現されており、さまざまな哺乳類の中で、マンモスがひときわ大きくそびえ立っている。その部屋にはマンモスのミイラも展示されていた。永久凍土に閉じ込められ、今日までその姿が保存されたのだ。階下の保管室には、巨大な骨や頭蓋骨や牙が、文字通り山積みになっていた。大腿骨の隣に立つと、それはわたしの胸の高さまであった。こんな骨の持ち主に比べれば、わたしなど小人みたいなものだ。太古のステップに暮らすハンターたちにとって、マンモスは恐るべき獲物だったにちがいない。

更新世のマンモスの化石は、北は北極海から南はモンゴルまで、中央アジアのいたるところで見つかっている。しばしば川岸で大量に発見されるのは、動物やその骨が川に流され、そこに堆積したからだ。しかし、考古学的遺跡で人類の活動や居住の証拠とともに発見されることも多い(9)。

シベリアの平原やヨーロッパ、北米で、人類とマンモスがどのような関係にあったかについては、広く議論されてきた。シベリアでは、たしかに人類はマンモスを利用していたようだ。おそらくその肉を食べ、骨や牙で家を建て、道具や芸術品を作ったのだろう(5)。西シベリアのいくつかの遺跡では、「マンモスをさばいた跡」が見つかった。ほぼ完全な骨格が、石器や火の痕跡とともに発見されたのだ。しかし人類がそのマンモスを狩ったのか、それとも死んで氷漬けになっていたのを運んで来たのかはわからなかった。他のいくつかの遺跡の様子から、太古のシベリア人がマンモスの古い骨や牙が豊富にある場所の近くに住み、それらを利用していたことがわかる。湖岸や川の土手に集まった骨は、何百年も何千年も前に死んだマンモスのものだった。おそらく氷の割れ目に落ちて死んだのだろう。[9]

最後のマンモスは、一万年前頃までシベリア北部にいたらしい。では何がマンモスを絶滅させたのだろう？　一部の研究者にとって、その答えは明白だ。人類である。しかし、シベリアにいた人類は、本当にマンモスを盛んに狩っていたのだろうか？　マンモスの個体数と人口の変動を調べた研究によると、少なくともLGMのかなり後まで人類はマンモスの数にほとんど影響を及ぼさなかったようだ。更新世を通じて人類の数は少なく、しかもその大半は、マンモスの生息地より南に暮らしていた。LGMが終わるとマンモスの数は増えたようだが、一万三〇〇〇年前頃から減りはじめ、一万一五〇〇年前には絶滅した。この時期、人類の数は、逆に増加の一途にあった。すでに縮小し、ストレスがかかっていたマンモスにとっては、人類が少々狩っただけでも絶滅に向かうには十分だったのかもしれない。[10]

このころ、気候や環境に大きな変化があった。世界は温暖になっていき、マンモス・ステップは消えようとしていた。研究者の中には、この変化だけで、マンモスや他の更新世の巨大動物の絶滅は説明できると考える人もいる。[11,12]　シベリアの後期旧石器時代中期の遺跡でマンモスの骨が見つかっているとはいえ、それが狩りによるものか、それとも死骸を集めてきたのかを判別するすべはない。[5]　シベリアでは、人類がマンモスの「墓場」から古い骨や牙を集めた証拠はいくつも存在するが、人類がマンモスを狩った証拠は発見されていないのである。

氷河期のハンターたちが、大きな獲物を専門に狩る「マンモス・ハンター」だったという見方は、少し調べればすぐ間違いだとわかる。この時代のハンターたちは、獲物の選り好みをしなかった。考古学的遺跡でケブカサイやマンモスやバイソンなどの大型哺乳類の骨が見つかることはまれで、むしろトナカイやアカシカや馬などの中型哺乳類の骨の方がよく見つかる。それに、ガチョウ、カモメ、ライチョウなどの鳥や、キツネやクズリなどの小型の獲物も古代のハンターたちは狩っていた(5,12)。オオカミの骨も多く見られるが、それは食料ではなく、ペットだったのかもしれない。だとすれば、「人間の最良の友」の最古の痕跡、ということになる(12)。

そういうわけで、マンモスを絶滅に追いやったのが、気候の変化なのか、人類による過剰殺戮なのか、それともその両方なのか、という謎は、当分、解けそうにない(13,14)。

氷河期の最も厳しい時期のあと、マンモスなどの巨大動物は永遠に姿を消し、他の植物や動物や人類は、気候が温暖になるにつれてふたたび北へ散らばっていった。もっとも、「温暖」という表現は、いささか誤解を招く恐れがある。この後、わたしはそれを思い知らされる。北のトナカイ遊牧民の生活を体験するのだ。

人類が住む最も寒い地でトナカイ遊牧民に会う　ロシア：シベリア、オレニョク

わたしは人類が暮らす最も寒い地域へ向かった。北シベリアだ。冬の気温は、摂氏マイナス七〇度以下になることさえある。ヤクーツクまで飛び、飛行機を降りて氷のように冷たい空気を吸い込むと、気管支が抗議してちぢこまった。気温はおよそマイナス二〇度だった。ガイドを務める人類学者のアナトリー・アレクセイエフが出迎えてくれた。空港から車で雪の積もった道を走った。沿道には永久凍土の荒野が広がり、今にも崩れ落ちそうな家が点在している。市街に入ると、広場には、右手をのばした巨大なレーニン像がそそり立っていた。ヤクーツクは、ダイヤ

モンド交易でにぎわう現代のクロンダイク（ゴールドラッシュで栄えたカナダの街）だと聞いたことがあるが、裕福な街のようには見えなかった。新しいバーやカジノがたくさんあり、シックな毛皮の帽子をかぶってハイヒールのブーツをはいたおしゃれな女性も見かけたが、全体としてはみすぼらしい印象だった。ホテルに到着し、凍てつくような寒さを振り切って中へ入ると、ロビーは暖房がよくきいていて、暑いほどだった。わたしは、ヨーロッパロシアとは異なる文化圏に入ったことを実感した。壁には、馬の毛《ホースヘアー》を織って長いひげの老人たちとトナカイを描いたパネルが飾られていた。人々の顔も——アナトリーも含めて——サンクトペテルブルクやモスクワの人々とは違っていた。面長の顔と高い鼻は見かけなくなり、多くの人は東洋的な顔立ちで、顔は丸く、目は細く、鼻は低かった。

翌日、わたしたちは小さなプロペラ機に乗り、北のオレニョク郡へ向かった。機内には、洗練された身なりのシベリア人がたくさんいた。男性はスーツ姿で、女性は美しい毛皮のロングコートをまとい、しゃれた帽子をかぶっている。雪をまばらにかぶったカラマツ林の上空を飛び、氷結した上に雪が積もったレナ川の、曲がりくねった白い線を追うようにして北上し、その後、西へ向かった。

飛行機がオレニョクの空港に着陸する時、翼のすぐ後ろのわたしの席からは、車輪が雪煙をあげるのが見えた。滑走路には歓迎の人々が集まっていた。やはり毛皮のロングコートを着た女性の集団で、ひとりは、白い毛皮で縁どられた深紅のコートという、サンタクロースのようないでたちだった。アメリカ先住民のような伝統的な毛皮の服を着たダンサーの集団もいた。ひとりの女性が丸いパンと、塩の入った小さな壺を差し出した。わたしはパンを少しちぎって、塩をつけて食べた。子供たちがトナカイの角でできたネックレスを持って走ってきて、わたしたちの首にかけてくれた。この思いがけない歓迎ぶりには理由があった。明日オレニョクでは、毎年恒例のトナカイ祭が開かれるのだ。飛行機に同乗していたのも、それを目当てにやってきたダイヤモンド鉱山のオーナーや政治家など、ロシアの慣用句で「大きなモミの実」と呼ばれる有力者たちだった。

どういうわけか、アナトリーとわたしは、ダイヤモンドの利益を独占する人々とともに、地方行政官のオフィスに案内された。そこでわたしたちは、オレニョク郡で進行中の変化について説明を受け、意見を求められた。わたしはロシアへ来たのは初めてだったが、この会合にはソビエト色が感じられた。別れ際に、トナカイ祭のバッジのついたキーリングをプレゼントされた。アナトリーとわたしは、古びたトヨタの小型バンに乗りこみ、凍ったオレニョク川を渡って、対岸にある宿に向かった。

シベリア、オレニョクでの歓迎の集まり

宿は、地元の女性、マリーナ・ステパーノワが所有する平屋の木造住宅だった。私道脇のフェンスのそばに薪小屋と屋外トイレがある。短い階段を上がるとそこが玄関で、扉は重く、機密性を高めるためにフェルトで縁取られていた。中に入ると、扉はバタンと勢いよく閉まった。暖気を逃がさないようになっているのだ。狭い玄関の壁にはコートかけのフックが並び、廊下の先は右手が小さなキッチンで、左手がダイニング。奥にベッドルームがふたつある。家は暖かく快適だった。中央にある薪ストーブは、日中はつけっぱなしになっている。暖をとるだけでなく、氷を融かして水を貯めているのだ。夜は離れのボイラー室で沸かした熱湯が、各部屋のラジエータを流れる。わたしたちがここにいる間、マリーナは他の家で家族とともに暮らし、食事を作りに来てくれる。彼女は寛大にも、自宅を貸してくれたのだ。

ひと息ついた頃、ピアーズ・ヴィテブスキーが現れた。クマのように大きな男性で、これから数日、わたしが「エヴェンキ族」の文化を経験し、理解するのを手助けしてくれることになっている。ピアーズはシャーマニズムが専門の人類学者で、インドや北シベリアの部族について研究してきた。ケンブリッジ大学のスコット極地研究所で、人類学とロシア北方研究の指導もしている。アナトリーが人類学への興味を深め、自らの部族の歴史を研究するようになったのも、ピアーズの薫陶を受けたからだった。

マリーナ・ステパーノワの薪小屋

マリーナの作るディナーは量が多く、メニューは毎晩同じだ。テーブル中央のケーキスタンドに厚切りの白パンとビスケットと甘いお菓子が盛りあわされ、電気ポットのお湯でいれたお茶と、クランベリージュースが用意されている。席に着くと、小さな器に入ったニンジンとキャベツのサラダと、大皿に盛ったジャガイモとトナカイ肉の蒸し料理が出される。わたしたちが外出から戻ると、いつもこのテーブルいっぱいのごちそうが待っている。ピアーズがトナカイ遊牧民である「エヴェンキ族」

（アナトリーの部族）と暮らした経験をまとめた本によると、エヴェン族のキャンプで料理を担当する人は、寒い中で働いて戻ってくる仲間のために、いつもチュム（移動式の円錐形テント）にディナーを用意しておくそうだ。つまりマリーナは部族の慣習を守っているのだ。

到着した日の午後、わたしたちは凍った川を渡ってオレニョクの美術館を訪れ、ピアーズの案内で中を見て回った。その地域で出土した新石器時代の壺や石器、エヴェンキ族の鳥葬と脚つきの棺の模型、トナカイの皮を縫いあわせて作った衣服、シャーマンの道具などが展示されていた。動物をかたどった鉄製の飾りとトナカイ皮の尻尾のついた、シャーマンのコートも飾られており、尻尾の長さは二メートルもあった。シャーマンの助手はこの尻尾を握り、トランス状態のシャーマンを現実に引き戻していたらしい。わたしはシャーマンに会いたいと思ったが、ソビエトの統治以来、その数は減り、また、人目を忍ぶようになったそうだ。その夜、わたしたちは村のホールで開かれたコンサートに出かけ、フォークロックやポップスを楽しんだが、シャーマンの伝統が今も息づいていることを知った。伝統的なシャーマン風の衣装をまとったフォークシンガーが登場し、皮製の太鼓を叩きながら歌を披露し、それに合わせてトナカイに扮したダンサーが踊ったのだ。明日のトナカイ祭を祝ってのパフォーマンスだった。

翌日わたしは、祭りの舞台となる凍った川へ出向いた。アメリカ先住民のテントによく似たチュムがふたつ、色とりどりの旗で囲まれた会場内に立っている（口絵⑱）。人々はそれぞれいちばんいい毛皮の服をまとって来ていた。少女たちは頭から足先まで、真っ白の毛皮でかわいらしく着飾り、女性は毛皮のロングコート、男性は毛皮のジャケットを着ている（口絵⑲⑳）。トナカイたちは囲いの中で、準備の整ったそりにつながれて辛抱強く待っていた。何頭かは華やかなビーズ刺繍の頭飾りや装飾をつけている。わたしはシベリアにくるまで、トナカイの実物を見たことはなかったように思う。しかしここでは、どこにでもトナカイがいる。輝く雪の上で日差しを浴びる姿は、伝説上の動物のようだ。会場では終日、さまざまなレースが行われた。子どもはトナカイの背に乗り、女性は一頭立てのそり、男性は二頭立てのそりに乗って、凍った川面の三キロから八キロのコースでスピードを競いあう。この祭りには、サハ共和国のジガンスク地区と近隣地区の全域から人々が集まる。それは非常に広大な地域で、英国とフランスを合わせたくらいある。レースに参加するためにヘリコプターで運ばれてくるトナカイもいる。トナカイ遊牧民が本物の遊牧民だったころの祭りのように、この祭りは、散り散りになった人々が集まり、特に若い男女が出会う機会になっているのだ。

わたしは川縁の崖の上からゴール直前のせめぎ合いを見た。そこからは会場全体とチュムを見渡すことができた。やがて祭りは終わり、わたしはディナーが待つマリーナの家へ戻った。しかし、いつまでもそこにいるわけにはいかなかった。旅の次の行程へ、さらに遠隔の地へと、向かうときがきたのだ。オレニョクでは、トナカイ遊牧民が移動式のキャンプを張って暮らしている。わたしはそのうちのひとつで、村から七〇キロ離れたキャンプへ行くことになっていた。

極寒の旅への出発

ナップザックに必要なものを詰め、メリノウールの保温下着、フリース、ジャケットなどを重ね着し、最後にトナカイの毛皮のコートを着た。その日、祭りの会場をバフィンブーツ（カナダ製の防寒ブーツ。南極探検やエベレスト登頂でも使われた）で歩きまわった足は、冷え切っていた。そのブーツが役に立たないのを見て、マリーナはトナカイの皮でブーツを作ってくれた。わたしは二足の厚いウールのソックスを重ね履きした上に、内も外も毛で覆われたブーツを履いた。

頭には黒の毛糸の帽子をかぶり、首にはバフ（筒状の防寒具）を二重に巻いて鼻の上まで引きあげ、スキー用のゴーグルで目をカバーすると、肌の露出はなくなった。さらにオオカミの毛皮の縁どりのあるフードですっぽりと顔の周りを覆い、手袋を二枚重ねてはめた。一枚目は絹の手袋で、二枚目は、フリースで裏打ちされた防風仕様の手袋である。わたしは、ぎこちない動きで家を出て、階段を下りた。その日レースで見かけた男たちが、わたしたちの荷物をスノーモービルの後ろにつないだそりに載せているところだった。

六時に出発する予定だったが、ピアーズから、北シベリアでは「予定の時間」と「実際の時間」は違うと聞いていた通り、九時過ぎにようやく出発の準備が整った。オレンジ色の太陽が地平線に沈もうとしていた。ピアーズとアナトリーとわたしは、それぞれスノーモービルにつながれたそりに乗り、トナカイ遊牧民と共に旅をするのだ。わたしはそりに乗ると、かばんの山にもたれて座った。そりは、夕日に向かって雪道をがたがたと進みはじめた。たちまち、ゴーグルのレンズが凍りはじめた。ときどきレンズの上の縁から木がちらちら見えるくらいで、視界の大半は黄灰色の膜にふさがれた。そりは雪だまりにぶつかったり乗り越えたりしながら、騒々しく進んでいった。

それほどたたないうちに周囲はますます暗く、寒くなり、互いとの距離が離れていった。感覚を遮断する奇妙な訓練を受けているような気分だった。視界は暗灰色に覆われ、聞こえるのはチェーンソーの音に似た、スノーモービルの単調なエンジン音だけだ。じっとしていると眠くなるので、努めて体を動かすようにした。向きを変えたり、傾いたり、前のめりになったり、揺れたりしながら、体の下の防水シートに結びつけた細いロープをしっかりつかんでいた。そうしていないと、そりが曲がったりぶつかったりしたときに振り落とされてしまうからだ。それにわたしは目が見えないも同然で、いつ振り落とされるか予想もつかないのだ。

　重ね着した毛皮から保温下着まで、寒さが少しずつ染み込んできた。とりわけ足が冷え、つま先がかじかんできたので、ロープにつかまるだけでなく、足の指を絶えず動かすことにも気を配った。温かい血液がつま先まで流れるよう、脚をばたつかせたりもした。

　数時間後、スノーモービルが止まったので、わたしはゴーグルを上げた。もうすっかり暗くなっており、わたしたちはカラマツ林に挟まれた雪深い谷間にいた。水筒のお湯を少し飲んだ。数分後、ピアーズとトナカイ遊牧民が到着し、わたしの無事を確認した。酒の臭いが漂った。ピアーズのドライバーはウォッカ数本の助けを借りて、長く寒い旅を耐えてきたらしい。わたしはそりを降りてスノーモービルの後部にまたがり、最後の行程にそなえた。と言っても、キャンプまで、まだ少なくとも二時間かかるということだった。手袋をはずし、凍って固くなったリュックサックの中を探っていると、二分もたたないうちに指が痛くなってきた。小さなカイロを入れた手袋に手を戻すと、指はちりちりと痛みながら暖まった。

　凍りついたゴーグル越しの暗灰色の世界に戻ると、奇妙な精神世界に迷いこんだかのように感じた。脳の一部は、しがみつくという肉体の任務を監督しているが、脳の別の部分は、この旅が始まった頃のことを回想していた。わたしはサンクトペテルブルクの科学アカデミー動物学研究所の地下室で、埃だらけの巨大な骨を調べていたかと思うと、エルミタージュ美術館のフランス印象派、フランドル美術、イタリアルネッサンスの絵画の部屋をぶらぶらしていた。故郷の家族や友人のことも思い出された。庭のスイセンやサクラソウが花をつけはじめるころだ。故郷はあまりにも遠く感じられた。

　わたしを乗せたスノーモービルは、丘を越え、でこぼこ道を進んでいった。祭り帰りの牧夫が乗ったスノーモービルが、何台も追いつき、追い越していく。後ろからスノーモービルが近づいてくると、そのヘッドライトでわたしの世界は明るい灰色になり、通りすぎると、また暗くなった。数時間後、スノーモービルは再び止まった。キャンプに到着したのかと思ったが、ゴーグルを上げると、まだ雪深い森の中だった。ドライバーが一服するために止まったのだ。わたしの手足は凍えきっていた。手袋を、ボクシンググローブほどもあるダウンのミトンに換えた。ロープにつかまるのはさらに大変になるが、指の冷たさは緩和されるだろう。再度出発する前に空を見あげると、星空を背景に、輝く光の糸が踊るように流れていくのが見えた。息をのむほど美しかった。

旅の最後の三〇分間は、これまで経験したどの三〇分より長かった。わたしは絶望しそうになった。あまりに寒く、あまりに遠く、しかもこの状況から抜け出す手立てはないのだ。手を上げて、「わかった、もうじゅうぶんよ。家に帰して！」と叫んだところでどうにもならないのはよくわかっていた。疲れ果て、凍えそうになりながら、一分一分をのりきることに全身全霊を集中させた。手足の指には感覚がなく、体は震えはじめた。極寒に対するわたしの防備は十分ではなかったらしい。もう他に着るものはない。北極では、体を暖める手段を持たずに「基地」から一キロ以上離れてはならないと、極地探検のエキスパートから忠告されたことがある。最低でも寝袋は必要で、理想としてはチュムとストーブが必要だと彼は言った。わたしはそのどれも持っていないし、事実上、暗闇でひとりぼっちなのだ。ドライバーと話すこともできず、ピアーズやアナトリーとも離れている。一刻も早くキャンプに到着することを祈るばかりだった。

闇と静寂の中、突然スノーモービルは止まった。わたしはゴーグルを上げた。キャンプに着いたのだ。よろよろとチュムに入ると、点火したばかりのストーブが、かすかな光とわずかな熱を放っていた。わたしはかつて経験した中で最も過酷な状況を耐え抜きはしたものの、そのような状況で人間がいかにもろい存在であるかを思い知らされた。シェルターと暖かさを、これほどありがたく思ったことはなかった。

旅は六時間かかった。キャンプに到着した後も、二時間ほどは眠る場所を見つけられずにいた。すると、もうひとりのマリーナが現れた。こちらはマリーナ・ニコラエワだ。堂々たる女性で、オレニョク周辺のトナカイ遊牧民を仕切っている。彼女が現れると、人々は急にてきぱきと動き出した。やがてマリーナは、わたしが使えるチュムを見つけ、ストーブがついていることを確認した。ありがたい。ようやく眠ることができる。わたしはダウンの寝袋の中に潜った。やがてストーブは消え、まつげが凍って何度か目が覚めた。寝袋の縁のあたりは、息で湿ったところが凍っていた。目が覚めるたびに寝袋のひもをきつく引っぱり、いっそうちぢこまった。

目覚めると、チュムは朝日に照らされ、オレンジ色に染まっていた。マリーナの夫が来て、ストーブに火をつけてくれた。わたしは外へ出るために、服を何枚も着た。チュムから出ると、外はまだ凍りそうに寒かった。しかし昨晩通ってきた、悪夢のように暗い森は消え、周囲はカラマツがまばらに立つ空き地だった。雪は輝き、太陽の光がまぶしい。それでもマイナス二〇度以下だが、むきだしの顔に、日光が暖かく感じられる。一〇〇〇頭ものたくましいトナカイの群れが、キャンプの周辺の森の中を移動しているのが見える。キャンプにつながれている数頭は、特に騎乗用に飼い慣らされたトナカイだ。男たちは薪にする木をのこぎりでひいたり、そりやスノーモービルをいじったりしている。子どもたちがトナカイに乗ってキャンプの周囲を回っていた。

その日の午後、わたしはそのキャンプでリーダーを務めるワシーリー・ステパノフと一緒に、二頭のトナカイが引くそりに乗った。ワシーリーはライフルに弾丸を込め、そりの後方を覆うトナカイ皮の下にしまった。わたしはどきどきしながらその上に腰かけた。わたしたちは、トナカイが引くそりの小さなキャラバンを率いて、キャンプを出て丘を下っていった。野生のトナカイを狩りに行くのだ。まもなくワシーリーはキャラバンを停止させ、雪の上の、トナカイが通った跡を指さした。おそらく野生のトナカイだろう。野生のトナカイも飼いならされたトナカイも同じだが、ここはキャンプからも、ワシーリーたちのトナカイの群れからも、遠く離れている。雪上には他の動物の足跡も残されていた。ホッキョクウサギや、おそらくクズリのものと思われる大きな足跡、それに雪をほんの少しくぼませただけの鳥の足跡もあった（そり跡の深さは三〇センチほどだったが、降りると体は一メートル以上雪に沈みこんだ）。わたしたちのそりが止まると、五羽の白いライチョウが丘から飛び立った。

今でもエヴェンキ族の暮らしには、先祖の狩猟採集民の生活を彷彿とさせるところがあるが、その生活には二〇世紀になって変化が起きた。エヴェンキ族はトナカイを狩るだけでなく、その大群を遊牧している。トナカイの家畜化は、比較的最近始まったと考えられている。おそらく三〇〇〇年前以降のことだろう。[1] トナカイを飼っているのなら、なぜその上、狩る必要があるのかと、不思議に思うかもしれないが、彼らがトナカイを飼うのは、食料にするためではない。昔から家畜のトナカイは、人や荷物を運び、ミルクをしぼり、野生のトナカイを引き寄せ、それらを狩る際に乗るためのものなのだ。[2] すなわち、エヴェンキ族は、トナカイを狩るために、トナカイを飼いならしたのである。これは、野生の動物を狩るために、同じ種の動物を家畜化した唯一の例だと、ピアーズは考えている。

シベリアは一七世紀にロシアの一部になった。ロシア人は大河に沿ってシベリアに侵入し、行く先々で木の要塞を築いて土地の部族を制圧し、一世代のうちにシベリア全土を支配下に収めた。

ソビエト政府に支配された二〇世紀には、トナカイ狩りやトナカイを飼う伝統は苦難に見舞われた。家畜のトナカイは肉の供給源と見なされるようになり、トナカイ遊牧民には、大量の食肉を生産することが求められるようになったのだ。群れの規模は拡大し、遊牧地は、北方の鉱業都市に食肉を提供するための巨大な「農場」になった。一九三〇年代からは、トナカイの肉を加工するためにオレニョクのような村が築かれた。それまでトナカイ遊牧民は家族でまとまって生活していたが、ソビエトの政策によって家族は引き裂かれた。男たちはソビエトの労働者として、労働集団、すなわち「旅団（ブリガータ）」（オレニョク周辺には三つある）に入ってキャンプを運営し、女と子どもは村で生活するようになったのだ。一緒に暮らすことを選んだ家族もあったが、女と子どもがキャンプで生活できるのは学校が休みの間だけで、冬場は村で過ごさなければならなかった。その習慣はソビエトが崩壊した今も続いている。幸い、わたしがエヴェンキのキャンプを訪れたのは春休み中だったので、キャンプには家族全員が揃っていた。キャンプの中心となっているのはステパノフ家で、ワシーリーはその家長にしてキャンプのリーダーである。

ソ連が崩壊して鉱業都市が閉鎖されると、トナカイ肉の需要は激減した。しかし現在シベリアでは他のものが採掘されはじめた。ダイヤモンドである。ダイヤモンドマネーのおかげで、オレニョクには新しい学校が建ち、仕事の場が増え、再びトナカイ肉の大規模な需要が生まれた。ステパノフ家は一〇〇〇頭超のたくましいトナカイを飼っており、販売用の食肉にする他、乗ったりそりを引かせたりしている。もっとも、彼ら自身は主に野生のトナカイの肉を食べている。実のところ、この地域では家畜のトナカイは減少気味で、野生のトナカイを狩ることが増えている。つまり牧畜生活から狩猟生活に逆行しているわけだが、その背景には、野生のトナカイが増えているという事情がある。西のタイミル半島には野生の大群がいて、その個体数が急増しているのだ。野生の群れがやってきて、家畜のトナカイを「さらう」こともある。ステパノフ家の群れを見ていると、そういうこともあるだろうと思えてくる。乗るために飼いならしたトナカイはおとなしいが、そうでない群れの大半は、野生のトナカイと少しも変わらないように見えるのだ。いつでも、簡単に野生の状態に戻るだろう。

ピアーズはこの二〇年間を通じて、アナトリーが属するエヴェン族を観察してきた。エヴェン族はエヴェンキ族の姉妹族で、どちらもシベリアとアルタイ山脈の土着の民族である。北アジアのこれらの民族には共通する生活様式が見られ、いずれも、遊牧、あるいは、遊牧と狩猟を生業としている。いくつかの民族、たとえば近隣のヤクート族は、牛と馬を飼うかたわら狩猟もし、チュルク語を話す。牛の飼育とチュルク語の使用は、シベリア南部で一般的に見られるので、おそらくヤクート族は、元は南シベリアのステップに暮らしていた部族で、一三世紀から一五世紀にかけてモンゴル帝国が拡大した時期に、それに押されるようにして北へ移動したのだろう[3,4]。

エヴェン族とエヴェンキ族は伝統的にトゥングース語を話し（もっとも、わたしたちが話す相手はたいてい、より広域で使われるヤクート語を話す）、トナカイを飼い、トナカイを狩る。遺伝子を調べると、アジア人とアメリカ先住民は、ヨーロッパとアフリカの系統から枝分かれした系統だということがわかる。そして、そのアジアとアメリカ先住民のグループは、大きく二つの枝に分かれる。一方は、（エヴェンキ族を含む）シベリアの民族とアメリカ先住民で、もう一方は、中央アジアと東南アジアの人々である。この二つの枝は、二万四〇〇〇年前から二万一〇〇〇年前までに分岐したものと見られているが、北アジアと中央アジアに人類が暮らしはじめた時期からすると、分岐の時期はもっと早かったのかもしれない[5]。

ピアーズはシベリアでトナカイ遊牧民と長く暮らしてきたので事情に通じており、足跡を残した群れを捕えられるだろうかなどと、無粋なことをワシーリーに尋ねてはいけないと、わたしに忠告した。結局、その群れとは距離がありすぎて、その日のうちに追いつくのは無理だとわかったので、わたしたちはキャンプに戻った。

狩りがうまくいかなかった時には、家畜をさばいてその肉を食べる。これはわたしには耐えがたいことのように思えた。この土地では、生と死がきわめて身近に感じられる。トナカイはとても美しい動物なので、それを殺すのは残酷に思えるが、この厳しい環境でエヴェンキ族が何を頼りに生きのびてきたかを、当然ながらわたしはよく知っていた。この生きるか死ぬか、尊重するか殺すかの激しいせめぎあいは、エヴェンキ族の文化に深く織り込まれており、彼らはトナカイ、特に野生のトナカイを崇拝している。その日の夜、ワシーリーは狩りに関連する儀式についていくつか教えてくれた。

シベリアのトナカイ

「狩りに出る前にはいつも火を燃やして、土地の精霊を慰めるようにするのだ。狩りが成功したときは精霊にも肉を捧げ、トナカイをさばき終えると、骨も頭も角もすべて壇上に上げることになっている」

再生を祈って、トナカイの骨は、頭を東に向けて高い位置に置かれる。人間を鳥葬する際のしきたりと同じである。

「そうすれば動物は何度も生まれかわるだろう。そして、われわれの子どもや孫の腹も満たされるのだ」

狩りにまつわる倫理や道徳は、グループの他の人々はもとより、狩りの対象となる動物にも及ぶ。また、そこには「因果応報」のカルマの要素もあるそうだ。マリーナはこう言った。「自然を敬わなければ、次はうまくいかないわ。それに、親しい人や収穫の少なかった人と分かちあうことが大切なのよ。そうしていれば、いつでも狩りはうまくいくでしょう」

この極寒の地で夜通しそりに乗っていながら、生きのびることができ、手足の指も無傷だったのは、トナカイのコートとフードと手袋と——おそらく最も大切なのは——ブーツ、そして、親切にもそれらを貸してくれたエヴェンキ族の村人たちのおかげだということは、よくわかっていた。そうしてわたしはここにいる。毛皮はけっして買わないことにしている菜食主義者が、頭のてっぺんから足先まですっぽりと、死んだ動物の皮に包まれて、シベリアの雪の中に立っているのだ。しかし、これらの衣類は借りもので、このトナカイはわたしのために殺されたわけではない。それは、これから殺されようとしているトナカイについても言えることだ。わたしはトナカイが殺されるのをキャンプのはずれからながめていた。エヴェンキ族の男たちは、投げ縄で捕らえたトナカイを優しく地面に押しつけ、すばやくその心臓を刺した。

しばらくして、男たちが手なれた様子でトナカイの皮をはぎはじめたので、近くまで行った。トナカイの目はまだ輝いていた。しかし、たちまちのうちにそれは、死んだ動物から肉の山へと変わった。男たちは、外科医のような正確さで内臓を取り出し、肉を切り分けていった。アナトリーは金属製のマグカップを切り口からトナカイの腹に入れ、新鮮な温かい血を汲みだして口に運んだ。わたしも勧められたが、丁重にお断りした。

皮は毛の方を下にして、雪の上に広げられた。肩のあたりに、豆くらいの大きさの妙なものがくっついていた。ピアーズは、それはウシバエの幼虫で、ウシバエはトナカイの皮の下に卵を産みつけるのだと教えてくれた。その日の午後、わたしは三人のエヴェンキ族の女性、ヴァリア、ターニャ、ゾーヤが、加工ずみのトナカイの皮でブーツを作るのを見た。脚の毛皮でブーツの上の部分を作り、足の皮の切れ端を縫いあわせて靴底にする。糸もトナカイから採ったものだ。乾燥した靭帯から引きぬいた長い繊維である。

完成したブーツは一種の芸術品であり、機能的にも優秀である。このように比較的簡単なつくりのものが、バフィンブーツにまさっていたことには驚かされる。トナカイの毛皮は断熱材として非常にすぐれている。長い保護毛が体表をカバーし、その下に短い下毛が密生している。断面を顕微鏡で見ると、保護毛の内部が空洞（気室）になっているのがわかる。そこに空気が閉じ込められているので、断熱性が高いのだ。[6]

処理された肉は、すみやかに夕食のテーブルを飾る。マリーナはしごくあっけらかんとしていた。

「血が好きな人なら誰でも飲めるわ」と彼女はいう。「肝臓もおいしいし、目も食べられるのよ。おいしくて、きっとあなたも気にいると思う。いつも脳みそは生で食べます。味もいいし、体にもいいんだから」

エヴェンキ族の食卓には、大量のトナカイ肉が並ぶ。ほとんどがゆでたもので、脂っこいスープも添えられる。刻んだ脂や、凍らせた乳が出されることもある。わたしにとっては幸いなことに、パンや、ホイルに包まれた小さな三角形のやわらかいプロセスチーズや、ボンボン（わたしたちのために用意してくれたらしい）もあった。わたしはインスタント食品を少し持ってきていた。それに熱湯を注いでいると、エヴェンキの人々の冷たい視線を感じた。ひとりの子どもが勇気をふるってひとくち味見をしたが、それを見た他の子どもたちは叫びながら逃げていった。

エヴェンキ族の肉がたっぷりの食事は、わたしたちから見れば、少々偏っていて体に悪そうに思えるが、この過酷な環境で生きていくために必要なものだという証拠がある。わたしたちの体は代謝の副産物として、つねに熱を生産しているが、エヴェンキ族の代謝率はとても高い。おそらく甲状腺ホルモン（細胞の代謝率を上昇させる）の量が多いからだろう。エヴェンキ族の甲状腺ホルモンレベルに関する研究によると、彼らの体が生産するエネルギーの量と、摂取するタンパク質の量には相関が見られるそうだ。そして、エヴェンキ族の摂取エネルギーの大半は、タンパク質と脂肪の形でもたらされる。トナカイ肉中心の食生活を考えれば、当然ともいえる。たくさん食べること――とりわけ肉をよく食べること――によって、甲状腺が刺激され、より多くのホルモンが分泌されるらしい。その結果、代謝率は上昇し、より多くの熱が生産される。まるで体に燃料がどんどん供給されるので、熱としていくらか「無駄遣い」しているかのようだ。もっとも、北シベリアでは、その無駄遣いが人々の命を支えているのである。[7,8]

エヴェンキ族のような肉中心の食生活を続けていると、心臓病の警報ベルが鳴りそうだが、偏った食生活をしているにもかかわらず、エヴェンキ族の血中の「悪玉コレステロール」の値は低い。これについてはいくつもの理由が考えられる。遺伝的に低コレステロールの体質であること、代謝率が高いこと、体をよく動かすライフスタイルといった要因が、「悪玉コレステロール」の値を低く保つのに役立っているのだろう。他の北部の土着民の研究を見ても、心臓病になる人の割合が不思議なほど低い。オメガ3脂肪酸が豊富な魚を多く食べていることも一因かもしれない。だが、悲しいことに、最近の報告によると、シベリアとアラスカの民族が伝統的なライフスタイルから離れるにつれて、心臓病の発生率が上がっているそうだ。心臓病や糖尿病といった現代の生活習慣病が、極北にも広まりつつあるのだ⑨。

寒さと人類の微妙な関係

その夜、わたしは、マリーナと二人の子どもたちと同じチュムで寝た。スペースは十分あった。真ん中近くにストーブを置き、わたしたちは端の方の（もっとも、夜間に外はマイナス四〇度まで下がるので、あまり端にはいかないようにした）、カラマツ材の上げ床のうえで眠った。マリーナの夫は別のチュムで寝ていたが、数時間ごとにやってきて、ストーブの燃え具合を調べ、カラマツの薪を足していった。暖かなチュムの中で、わたしたちは眠りについた。ストーブの熱で顔が熱いほどで、わたしはダウンの寝袋にはいったまま、着込んでいた服をほとんど脱いでしまった。もっとも、必要になったときのために、脱いだ服は寝袋の中にそのまま入れておいた。そうしておいてよかった。

目を覚ますとチュムの中は冷え切っていた。生命の源であるストーブが燃えつきたため、チュムの中の気温は急激に下がり、外気温と同じになっていたのだ。しかし、まもなくマリーナの夫がやってきて、ストーブに再び生命を吹き込んだ。わたしは寝袋から出ると、服を何枚も着こんで、チュムの外へ出た。不思議なことに暖かく感じられた。気温以外の条件が変わったのか、それとも新しい環境に慣れたのかはわからないが、わたしはマイナス二〇度の屋外にいながら、なんて気持ちのいい穏やかな日だろうと思っているのだ。ヤクーツクの飛行場に降りたったときと同じ気温だが、その時の感覚とはまるで違う。しかしエヴェンキ族は、わたしよりずっと薄着で歩きまわっている。このキャンプまでの旅で見かけたスノーモービルのドライバーたちの多くも、トナカイ皮の帽子をかぶっていたものの、顔は出したままだった。

人類の「寒冷適応」は、なかなか扱いづらい問題である。そもそも、人体の解剖学的な特徴が、環境の結果なのか、それとも環境への適応なのかは、判断がつきにくい。例えば、背が低く手足が短い体型は、寒い環境ではたしかに理にかなっている。体表面積が少なくなり、体温を保ちやすくなるからだ。そのような体型は、成長期に寒さによるストレスがかかった「結果」と見なすことができる。別の言い方をすれば、寒さの副産物というわけだ。しかし、寒い環境に対する解剖学的・生理学的「適応」という可能性もある。その場合、育つ環境のせいではなく、遺伝によってそうなるように決まっているのだ。

一九六〇年代に人類学者のカールトン・クーンらは、「細い目、内眼角贅皮《ないがんかくぜいひ》、低い鼻、幅広の扁平な顔——東アジア人によく見られ、当時は〝モンゴル人に似た〟顔立ちと言われた——といった特徴は、明らかに寒冷な気候への適応で、眼球を保護し、寒気にさらされる突出した部分（鼻）を減らそうとした結果である」と発表した。しかし同じ大陸の西側の、寒い環境で暮らしたネアンデルタール人や現代ヨーロッパ人は、寒冷適応として大きな鼻が突出し、冷たい空気を肺に入る前に温めるようになっている。もし東アジア人の顔立ちが寒冷適応だとしたら、なぜ北ヨーロッパ人も同じ外見にならなかったのだろう。クーンらの主張はたちまちぐらつき始めた。

文化の力によってストレス（寒さも含め）を緩和するのが現生人類の特徴であることを思えば、環境の条件によって体つきや顔つきが変わるというのは、わたしには信じがたく思える。今日もそうであるように、太古の人類が北シベリアで暮らすには、毛皮を縫いあわせて寒さから身を守るものを作る能力が不可欠だっただろう。わたしがここへ来た夜に、同じくそりに乗ってやってきた少女は、可哀そうなことに、右の頰がしもやけのせいで大きく腫れあがっていた。エヴェンキ族といえども寒さに免疫があるわけではなさそうだ。

そのようなわたしの直感や経験は別にしても、その後、さまざまな解剖学的、生理学的証拠によって、東アジア人の顔が寒冷適応の結果ではないことが明らかになった。一九六〇年代から七〇年代にかけて、人類学者のA・T・スティーグマンは一連の論文を発表した。その中で彼は、〇度の環境で日本人とヨーロッパ人の顔の表面温度を比べて、熱応答（温度が変化する速さ）に違いがないことを明らかにした。[10] スティーグマンは、「むしろヨーロッパ人の細くてタカのような顔の方が、アジア人の顔よりも寒さに耐性がある」と書いた。進化生物学者のブライアン・シェア[11]は、エスキモーの顔の構造を調べて、「鼻と副鼻腔の内部構造には、いくらか寒冷適応の兆候が見られなくはないが、アジア人の顔が『寒冷地仕様』であるという一般的な見方を後押しする証拠は皆無だ」と結論した。

寒冷適応の結果ではなかったとしても、典型的な東アジア人の顔立ちが、なぜ（あるいは、いつどこで）生まれたかという疑問は残る。本章の後半では、中国で人類の化石と遺伝的証拠を検討するが、その時にこの疑問に戻ることにしよう。

とは言え、最近、寒冷適応に関して少々興味をひく論文が発表された。それは、北方の人々には、寒冷適応による変化が——顔にではなく、細胞の内部に——起きたことを示唆している。現生人類には、自然選択による適応や遺伝子頻度の変化はほとんど見られない。鎌状赤血球貧血や、スティーヴン・オッペンハイマーが注目したサラセミア（地中海貧血）はそのまれな例であり、その因果関係はわかりやすい。つまりある変異遺伝子は、保有者に何らかの悪影響（これらの例では貧血）を及ぼすものの、自然選択における優位性（マラリア感染の予防など）をもたらすために、遺伝子プールから排除されない、というものだ。

先に述べた甲状腺ホルモンによる代謝率の上昇は、食べたものを効率的に熱に換えるための短期的な生理メカニズムであって、寒さに対する適応ではない。この最近の研究が寒冷適応と見なしたのは、ミトコンドリアの効率の変化である。一個の細胞に数千個も含まれるこの微小な「発電所」は、食物のカロリーを、細胞で使えるエネルギー（アデノシン三リン酸／ＡＴＰ）に変換している。ｍｔＤＮＡの遺伝子は、一三種のタンパク質しかコードしておらず、そのタンパク質のすべてがエネルギー生産に関わっている。カリフォルニア大学の遺伝学者、ダグラス・ウォレスは、ミトコンドリアの熱烈なファンで、ｍｔＤＮＡの遺伝子の変異によってエネルギー変換の効率がどう変わるかを研究している。変換効率が悪くなれば、単位カロリーあたりのＡＴＰの生産量は少なくなり、エネルギーの一部は熱となって失われる。しかし寒冷適応の観点に立てば、その変異はむしろ望ましいものと言える。ウォレスは、「熱帯地方では、ミトコンドリアはとても効率がよく、熱をほとんど発生させないが、北極圏では遺伝子の変異によってミトコンドリアの効率が悪くなり、熱を発生させるようになった」と結論づけている。[12]

つまり、わたしが使い捨てカイロの顆粒の化学反応に頼って指を暖めていた時に、エヴェンキ族は体の内側からぽかぽか暖められていたのだ。さらに、トナカイの肉がもたらす短期的な生理反応が、その効果をさらに高めていた可能性がある。なぜなら、甲状腺ホルモンはおもにミトコンドリアで働くからだ。このように、土着のシベリア人は代謝率が高いので、たとえわたしが菜食主義をやめてトナカイ肉を食べるようになったとしても、代謝による熱の生産量では、到底かなわないだろう。

現生人類は、北極圏と亜北極圏に移住した唯一のホミニンであるらしい。それを可能にしたのは、生物学的適応、および、行動や文化における適応であり、熱を多く発生させるミトコンドリアも一役買ったのだろう。しかしもうひとつの適応がさらに重要だと思われる。それはトナカイ狩りである。トナカイは、豊富な肉と寒さを防ぐ毛皮を提供し、北方への移住の道を開いたのだ。

エヴェンキ族の話に戻ろう。引越し準備がはじまり、キャンプは忙しくなってきた。ストーブを片付け、いよいよチュムの解体だ。わたしは、カラマツの骨組にトナカイの皮を留めていた革ひもをほどくのを手伝った。ほどきにくい小さな結び目がいくつもあったので、手袋をはずして数分間作業しては、手袋をはめて、かじかんだ指を暖めるという繰り返しだった。トナカイ皮はたちまちのうちに外された。それをたたんでそりに縛りつけると、次は円錐状に組んだカラマツの柱をばらばらにする。もたせかけているだけの柱を外していくと、最後の三本だけは上部がひとつに縛られていた。この三脚がチュムを頑丈なものにしているのだ。それを倒してまとめると、残るのはカラマツ材の床だけだ。こんな仮住まいなら、考古学的痕跡は残るはずがないと思うと、なんだかおかしかった。

長さ六メートルのカラマツの柱をしっかり縛り、そりの後ろに結びつけ、出発準備が整った。トナカイが引くそりのキャラバンが、雪景色の中を進んでいく。群れの雌のリーダーに輪縄をかけて、連れていく。振り返ると、雪に覆われた谷間に、驚くような光景が広がっていた。群れ全体が、巨大な波のようになって、わたしたちの後についてくるのだ。一頭一頭の姿を見分けることはできそうにない。毛皮とひづめと枝角の洪水が押し寄せてくるかのようだ。そしてもちろん、これこそが、エヴェンキ族が遊牧生活を営んでいる理由である。トナカイは、新鮮な牧草を求めて移動しなければならないのだ。雪の下に埋もれている地衣植物を「牧草」と呼べるかどうかは別として。わたしたちが止まるとすぐ、群れはひづめで雪を掘って食べ物を探しはじめた。どのトナカイが群れを導いているのかはわかりづらい、とピアーズは言う。トナカイの群れは、定期的に移動への衝動にかられる。それを予測して、移動を正しく導かなければならないそうだ。

チュムを組み立てる

新しい宿営地を決めると、男たちは木の鋤で雪を丸く掘った。カラマツの若木が運ばれ、チュムの床にするために枝が切り落とされた。あたりに新鮮な木の香りがただよう。三本の基礎の柱がまず立てられ、他の柱がそれに立てかけられていく。全部で二〇本ほどだ。つづいてトナカイ皮を開いて所定の位置に結びつけていく。チュムの中に並べたカラマツの枝の上にもトナカイ皮が敷かれた。わずか一〇分ほどで、彼らの「家」ができあがった。

　エヴェンキ族とともに遊牧生活をしてきたが、そろそろわたし自身も移動する時が来た。気温が日に日に下がってきていたので、ワシーリーからその日の午後に発ったほうがいいとアドバイスされた。ピアーズとアナトリーとわたしは荷物をまとめ、ふたたびスノーモービルの旅の支度を整えた。今回は昼間なので、ここへ来たときよりかなり暖かい（比較的、という意味である。それでもマイナス二〇度以下なのだ）。わたしは思いきってゴーグルなしで行くことにした。後ろ向きにそりに乗り、エヴェンキ族の子どもたちに手を振り、木々のあいだのトナカイの群れを最後にひと目見て、森と雪の中へと旅立った。風景は美しかった。薄赤色の崖に沿って、谷の底をずいぶん長く走った。雪をかぶったなだらかな丘が遠ざかっていく。やがてオレニョクの家々の窓が見えてきた。オレンジ色の夕日を反射して、かがり火のように遠くで輝いている。

　その晩は、もう一度マリーナ・ステパーノワの家で過ごした。翌朝、村の人々と別れの挨拶を交わしていると、一緒に村に戻っていたもうひとりのマリーナ、トナカイ遊牧民の女性リーダーを務めるマリーナ・ニコラエワが近づいてきて、わたしの両頬にキスをし、トナカイ皮のブーツをプレゼントしてくれた。

北京原人の謎　中国：北京

北方アジアへの人類の拡散に関する遺伝子や考古学の証拠を調べ、シベリアで生命を脅かす極寒を経験したわたしは、少々方向転換して、東アジアへ進出した最初の現生人類を探すことにした。東洋では、古人類学における最大の議論の一つに足を踏み入れることになるだろう。と言うのは、中国では、中国人は「ホモ・エレクトス」の直系の子孫だという見方が多くの人に支持されているからだ。中国の古人類学者たちは中国人の地域的連続性を支持する証拠はいくらでもあり、中国人は一〇〇万年以上前に東アジアに到達した旧人類の直系の子孫なのだ、と主張する。彼らは、太古の中国のホモ・エレクトスの化石には、現在の中国人の顔立ちの特徴がすでに現れている、とも言っている。これは、全世界の現生人類は皆、アフリカに起源を持つという、より広く受け入れられている説に真っ向から対立するものである。香港科技大学の社会科学者、バリー・ソートマンは、「中国政府は考古学を利用して、単一民族国家主義を強調し、『中国人』としての国民の意識を高めようとしている」と批判している(1)。

わたしはヤクーツクから、この世の果てのような重苦しいムードが漂うウラジオストク空港を経由して、北京へと飛んだ。北京では、ふたりの古人類学界の偉大な人物に会った。ひとりは呉新智（ウー・シンジー）教授、もうひとりは北京原人である。

北京原人と中国人の祖先をめぐる議論の歴史は古いが、東洋と西洋との間ではオープンな科学コミュニケーションがとりにくいことや、言葉の壁や政治的圧力のせいで、その進展は妨げられてきた。西洋の人類学者たちは、中国の化石や研究との接触を長らく制限されていた。[2] しかし、状況は好転しつつある。今では英国とカナダの研究者たちが、北京の古脊椎動物・古人類研究所（IVPP）で中国の恐竜について研究しており、中国人研究者の方も、国際的な学術誌に論文を発表するようになった。

わたしは、北京原人の化石が発見された周口店で、呉に会った。まるで聖地に来たような気分だった。周口店は北京の南西五〇キロほどのところに位置し、その大半を占める石灰岩質の丘にはいくつも洞窟がある。一九二一年に、スウェーデンの地質学者、ユハン・グンナール・アンデションが周口店を訪れ、地元の人の案内で、「竜の骨」がたくさんあると評判の、竜骨山の洞窟へ行った。アンデションはその骨が化石であることを一目で悟った。一九二〇年代から一九三〇年代にかけて、科学者の国際チームによる大規模な発掘が行われた。やがて太古の人類の歯や頭骨の一部が見つかり、「シナントロプス・ペキネンシス」と名づけられた。それは後に「ホモ・エレクトス」であることがわかった。一か所から発掘されたホモ・エレクトスの化石としては、最も量が多かった。

呉は、竜骨山の山腹に口を開けたトンネルのような洞窟にわたしを案内した。洞窟の奥は急傾斜の立坑《たてこう》になっていた。深さ四〇メートルほどのこの穴が、すべて考古学調査のために掘られたものだと知って、わたしは驚いた。たいへんな作業だったにちがいない。太古の昔には洞窟だったところが、すっかり堆積物で埋まり、天井部も崩れ落ちていた。考古学者たちがそこをどんどん深く掘っていくと、やがて石灰岩や化石や石器がたくさん埋もれた層にたどり着いた。北京原人（シナントロプス・ペキネンシス）のほぼ完全な頭骨が発見されたのは、地表からおよそ二〇メートル下の層だった。

「シナントロプス・ペキネンシス」（文字どおりの意味は「北京の中国人」で、のちに「北京原人」と呼ばれるようになる）の頭骨は、ドイツの解剖学者フランツ・ヴァイデンライヒが研究し、中国人の祖先のものだと結論づけた。彼には、その太古の頭骨は、現代の中国人につながる特徴を持っているように見えたのだ。ヴァイデンライヒが助手のルシール・スワンとともに復元した頭骨は、この新たに発見された人類の象徴になるはずだった。[3] 中国人の系統は一〇〇万年前にさかのぼるという考えに後押しされ、中国人考古学者リン・ヤンは、中国人は「地球最古の民族である」と発表した。[1]

呉とわたしはその洞窟を出て、竜骨山の北西の斜面を登っていった。頂上からは山頂洞がよく見える。この一帯は一九三〇年代に発掘され、穴のあいた動物の歯や小石や貝殻とともに、保存状態のよい現生人類の頭骨が三つ発見された。それらの頭骨もヴァイデンライヒが調査し、詳細を記録した。

中国、周口店からの景色

　しかし、一九三七年七月上旬に、北京からおよそ一五キロ離れた城塞都市、宛《えん》平県城《へいけんじょう》で、中国軍と日本軍が衝突した。この「盧溝橋事件」を機に、日中戦争が勃発した。七月末には、北京が陥落した。開戦を受けて、周口店での発掘は中断され、北京原人の化石は木箱に詰められて、保管のためにアメリカへ送られることになった。しかしその貴重な化石がアメリカに届くことはなかった。この悲劇的な化石紛失事件は、古人類学の大いなるミステリーの一つとされている。その化石が（もし今も存在するのであれば）どこにあるのかについては、さまざまな話が伝えられている。台湾の博物館に移送された、という説もあれば、ロシアの船でクリミア半島へ送られた、あるいは北京の病院で保管されているという説もある。(4) そういうわけで、先にわたしは「北京原人」に会うと書いたが、実際に会うのは、その複製である。

意外な対面

呉とわたしは、北京のＩＶＰＰへ戻った。そこには北京原人と山頂洞人の頭骨の複製が保管されている。部屋に入ると、一方の壁には高さが天井まであるロッカーが並んでいた。中央のテーブルは深紅のクロスで覆われている。管理責任者がロッカーから頭骨を出す間、わたしたちはいったん部屋を出て、廊下で待たなければならなかった。

「どの引き出しから出されるのか、わたしも見ることは許されていません。いつもここで待たされるのですよ」。頭骨のありかは、呉にさえ明かされていないのだ。それほどまでに厳重なセキュリティ・システムが敷かれているのである。

「責任者が鍵を管理していて、だれにも引き出しの番号を知られないようにしているのです」と呉は言う。

「あなたもご存じないのですね」

「ああ、知りたいとも思いませんよ。もし知っていて、頭骨がなくなったら、責任をとらなければばなりませんから。今は何も知らないので、責任もないけれど」と言って、彼は微笑んだ。

廊下で待つ間、わたしは呉に、古人類学に興味を持つようになったいきさつを尋ねた。彼は医師の資格を持っているそうだ。しかし、学生だった頃、中国では医者よりも医学の教師が必要とされていたので、彼は解剖学の教師を目指した。解剖学と古人類学は結びつきが強いため、一九五〇年代に周口店で発掘が再開されると、自然にそれに関わるようになったという。

今度はわたしが経歴を尋ねられた。わたしも同じく、医師としての教育を受けて解剖学の講師になり、古人類学に興味を持つようになったことを話せるのはとても嬉しかった。彼が師匠で、その弟子になったような気がした。呉は八〇歳だが、今も毎日（自転車で）ＩＶＰＰに来て、研究を続けているそうだ。

頭骨の準備が整ったらしく、わたしたちは入室を許された。六、七個の頭骨が、テーブルの上に整然と並べられていた。現生人類の頭骨がいくつかと、「ホモ・エレクトス」のレプリカが二個。ひとつはヴァイデンライヒとスワンが復元したものだ。もうひとつは、後の時代にニューヨークのアメリカ自然史博物館のイアン・タッタソールとゲイリー・ソーヤーが復元したものだ。呉はこちらも出すように手配してくれていたのである。その他に、頭骨のてっぺん部分のかけらも二枚あった。

「このかけらは、本物の北京原人の頭骨ですよ」と彼は言った。わたしはびっくりした。第二次世界大戦のときに化石の入った木箱がなくなった話を知っていたので、本物を見られるとは思ってもいなかったのだ。

「化石は全部なくなったと思っていました」とわたしは言った。

「戦争が終わって、一九五〇年代から発掘を再開し、新しい化石を見つけたのです」と呉は語った。

つまり、わたしが手に持っているのは、何十万年も前に中国に住んでいた人の頭骨の破片なのだ。信じられないような気がした。とてつもなく古いとわかっているものをこの手に持っているというのは、妙な感じだった。これらの化石化した骨は、果てしなく長い年月を経て、奇跡的にここに存在しており、それによってわたしたちは過去を知ることができるのだ。そう思うと、頭がくらくらしそうだった。周口店の地層の年代は、さまざまな方法によって測定されてきたが、その大半は、このホミニンの化石が含まれていた層は四〇万年前から二五万年前のものだと語っていた。しかし近年のウラン系列年代測定法では、この化石は四〇万年以上昔、おそらくは八〇万年も前のものだという結果が出た。[5,6] わたしは破片を赤い布の上に戻した。これは大きな眉と傾斜のある額を持つ、本物の中国の「エレクトス」なのだ。

本物の北京原人を見た衝撃から立ち直り、わたしは復元された頭骨と、中国のホモ・エレクトスの顔に注意を向けた。「ヴァイデンライヒ／スワン」によるレプリカと「タッタソール／ソーヤー」によるものは、見かけがかなり異なる。ヴァイデンライヒらのレプリカは、わずか三個の破片を元にして作られたものだ。頭蓋冠と、下顎の右側の一部と、左上顎（上歯を支える骨で、頬の大部分を形成する）の破片である。しかも、写真で見ても、頭骨そのものを見ても、どの部分が本物で、どの部分が作りものなのかはっきりしない。一方、タッタソールとソーヤーは、より多くの破片を用いることによって、主観的な造形をできるだけ避けようとした。[3] それは可能だった。本来の化石の大半は失われたものの、それぞれレプリカが残されており、頭骨の破片のレプリカも一二個あったからだ。

呉は「ヴァイデンライヒ／スワン」のレプリカを手に取り、自らが中国人の地域的連続性の証拠と見なしている特徴を挙げていった。鼻梁が低いことや、頬骨の縁の形などを指摘し、自分の顔とわたしの顔で、それらの部位がどうなっているかを比較した。たしかに呉の鼻はわたしの鼻よりずいぶん低く、頬骨は幅広で扁平である。「ヴァイデンライヒ／スワン」のレプリカは中国人らしい特徴をあえて強調しているように見えたが、それでもわたしには、そのレプリカと呉の顔に似たところがあるとは思えなかった。一方、「タッタソール／ソーヤー」の頭骨は、鼻骨が目立ち、顔は頬骨が高く、幅が狭い。そして顎はもっと突き出ている。全体的に見て、このレプリカは「中国人」というより、世界各地で見つかっている「エレクトス」の頭骨に似ていた[3]。

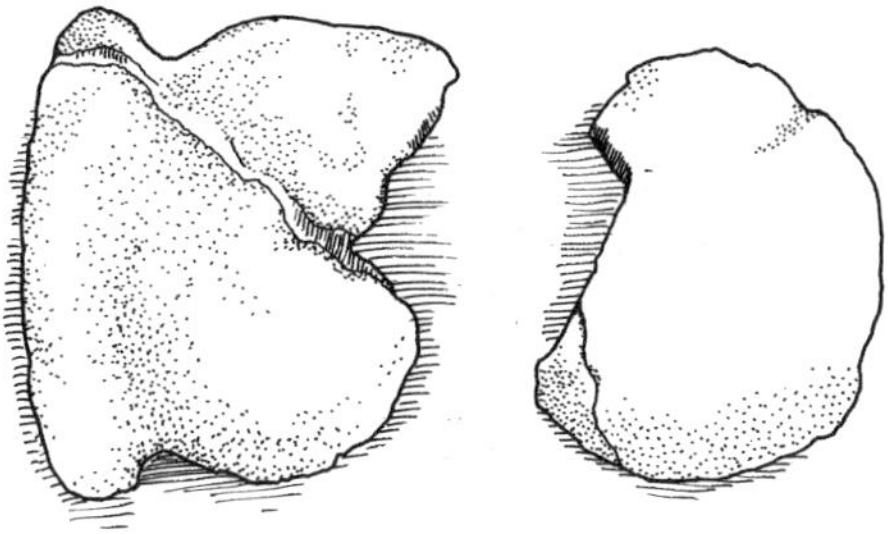

北京原人の本物の化石

前歯の形は、呉が地域的連続性の証拠と見なすもう一つの特徴である。ヴァイデンライヒは、ショベルのような形の切歯は、中国の「ホモ・エレクトス」と、現代の中国人に共通する地域的な特徴だと主張した。しかしこの歯の形は、アフリカの「エレクトス」やネアンデルタール人にも見られるので、旧人類の特徴であって、東アジアに限られたものではないのだろう。また、現在の中国人の歯と北京原人の歯は似ているように見えるが、発達の過程は異なっているようだ。いずれの理由からも、歯の形によって中国人と北京原人をつなげることはできそうにない[7]。

次にわたしたちは、山頂洞人の頭骨の模型を含む現生人類の化石を見た。それらの年代はまだ特定されていないが、同じ層にあった動物の骨を放射性炭素年代測定法にかけた結果から、三万年前から一万年までと推定されている。考古学者の中には、山頂洞人の頭骨はそこに落ち着く前に動物があちこち移動させていた可能性もあり、そうだとしたらもっと古いはずで、一万年前という見積もりは甘すぎる、と主張する人もいる。

「両者には、共通する特徴がいくつも見られます」呉は山頂洞人と北京原人の頭骨を指差して言った。「山頂洞人はホモ・エレクトス（北京原人）の子孫と見なしていいでしょう」

わたしから見れば、山頂洞人の頭骨はより現代的だが、東アジア人には似ていなかった。東アジア人の特徴である低い鼻や突出した頬骨が見られないのだ。むしろヨーロッパの現生人類、つまりクロマニヨン人によく似ていた。そして、北京原人の頭骨とはまったく違っていた。

結局わたしは、頭骨を見ても、呉の熱心な説明を聞いても、中国人の地域的連続性に確かな証拠があるとは思えなかった。頭骨の特徴の解釈が主観的になりがちだということは、わたしにも十分、理解できる。生涯をかけてこれらの頭骨を研究してきた呉は、明らかにいくつかの特徴は地域的連続性を裏づけていると、信じ切っているのだ。

頭骨の形状分析の難しさ

頭骨分析のエキスパートであるクリス・ストリンガーは、旧人類と現生人類の頭骨の、相違点と類似点の定量化（数量で表すこと）に取り組んでいる。頭骨の「太古」と「現代」の特徴を数えあげるよりも、頭骨の形の違いをきちんと測定して客観的に比較したほうがいいと考えているからだ。ヴァイデンライヒが主張した地域連続的進化モデルは、中国の「ホモ・エレクトス」を現生人類の直接の祖先と見なすだけでなく、ネアンデルタール人を始めとする後の時代の化石を、「エレクトス」と「サピエンス」をつなぐ中間段階のものと見なしている。その中間段階の化石には、マバ族やダーリ人の頭骨も含まれる。[2] マバ族の頭骨は一九五八年に中国南部の広東省で、ダーリ人の頭骨は一九七八年に陝西省で、それぞれ発見された。同じ地層に埋もれていた牛の歯をウラン系列年代測定した結果から、ダーリ人の頭骨は二〇万年前頃のものとされたが、牛の歯がどれほど頭骨の近くにあったのかははっきりしないので、この年代をそのまま信じることはできない。[5] マバ族の頭骨の方は、一五万年前頃のものと報告されている。

ストリンガーは、マバ族とダーリ人の頭骨も含め、アフリカ、ヨーロッパ、東アジアから発掘された旧人類の頭骨、および、各地の現生人類の頭骨の形状を定量化し、それらが互いとどのくらい近く、どのくらい遠いかを数字で示した。もちろん、山頂洞人の頭骨も調べた。その結果、東アジア人も含む現生人類の祖先としては、太古のアフリカ人の頭骨が「形状的に見て、最もふさわしい」ことがわかった。ダーリ人とマバ族の頭骨は、現生人類のそれとはかなり異なっており、「中間段階」とする根拠は見つからなかった。[8] それらは東アジアの「ホモ・ハイデルベルゲンシス」か、もしかするとネアンデルタール人で、やがて現生人類に取って代わられたのだ。[9]

頭骨の形状の分析は、たしかに難しい。解剖学的特徴は、集団（種）の間で異なるだけでなく、個体間でも異なるからだ。さらに厄介なのは、往々にして個体間の違いが、集団間の違いより大きいことだ。[2,7] したがって、集団間の違いを見つけるには、まず、どの特徴に注目するかを、注意深く決めなければならない。もうひとつの大きな問題は、頭骨のさまざまな特徴の「つながり」がまだよくわかっていないということだ。ただ特徴を「数えあげる」場合であれ、ストリンガーのように客観的に比較する場合であれ、そのようなつながりは、データを歪める恐れがある。

このような「つながり」を理解するのは少々難しいが、たとえば、こう考えてみよう。あなたが幼いころから歯ごたえのあるものを食べていれば、頭骨の形状にはいくつかの特徴が現れるはずだ。下顎の骨は大きくなり、噛む筋肉を支えるために眉弓が張り出すだろう。頭骨全体の形にも影響するかもしれない（これは単なる喩えではない。この一〇〇〇年ほどの間に人類が柔らかいものを食べるようになったことと、顔が小さくなったことの関連を示す証拠がある）[10]。そして、あなたの頭骨と、柔らかいものばかり食べている人の頭骨を比べると、咀嚼《そしやく》に関わる部位にいくつか違いが認められるはずだ。あなたの頭骨は、むしろ硬いものを食べていた旧人類の頭骨に似ているかもしれない。その場合、あなたと旧人類の頭骨には、共通する特徴を少なくとも三つぐらいは見つけることができるだろう。だからといって、あなたがスープばかり飲んでいる現代人より旧人類に近いというわけではない。単に、古代人と同じように硬いものを食べているだけのことなのだ[7]。

また、頭骨のさまざまな特徴には、遺伝的な「つながり」もありそうだ。頭骨の特徴は、それぞれ別々の遺伝子にコントロールされているわけではない。それどころか、一個の遺伝子が、頭骨の特徴のすべてに影響しているかもしれないのだ。ゆえに、頭骨の違いを数え上げるだけでは、二つの集団や種が遺伝学的にどのくらい近いかを測ることはできないのである。

形態に関する遺伝学は複雑で、本格的な研究はようやく始まったところだ。遺伝子は単独で働くものではなく、チームで働き、そこにタンパク質も関わってくる。今日、遺伝学者たちはゲノム全体を見渡せるようになったが、それは外国語（「AGTCTGTTAATCCGG」というようなスペルの）で書かれた本のようなもので、今のところ意味がわかる単語はごくわずかに限られている。細胞内の化学的作用に関わるものもあれば、体の構造を決めるものもある。受精卵は遺伝子に導かれて増殖と変化を繰り返し、やがて人間の形になっていく。二一世紀において、この複雑な発達のプロセスが織り込まれたタペストリーをほどいて、どの遺伝子がどの図柄を決めているのかを突きとめることは、活気に満ちた研究領域となっている。

このように、頭骨の特徴は、機能や遺伝子によって相互につながっているため、現生人類と旧人類の頭骨の特徴を書き連ねたリストを正しく読み取ることは難しい。ゆえに、同じリストが正反対の主張、つまり、地域連続説（多地域進化説）とアフリカ単一起源説の両方に利用されるというようなことも起きるのだ。だからといって、進化の歴史を形態学によって解き明かすことができないわけではないが、その作業は、慎重に進めていく必要がある。形態学的な特徴が、機能や遺伝子とどう関わっているかが解明されていない現状では、相互につながりがありそうな特徴の扱いには気をつけなければならない[7]。

遺伝子と機能と形態の関係はまだあまり解明されていないものの、現生人類の遺伝子は人類の系統や移住の仮定を復元する強力なツールとなる。わたしは呉に、現生人類はすべてアフリカに起源を持つことを示唆した遺伝学の研究についてどう思うか、と尋ねた。呉は、遺伝情報から系統樹を組み立てることには懐疑的で、特に、系統が分岐した年代を遺伝子から解明することはできないと考えている。「遺伝子による研究は、人類共通の祖先が存在した時代についてさえ意見が分かれているのですよ」と彼は言う。「分子時計による年代の特定は、遺伝子の変異が一定の速度で起きることを前提としているが、その前提自体、怪しいものです」

たしかに、人類共通の祖先がいた時代について、遺伝子研究が出した答えはさまざまだが、そのほとんどが二〇万年前から一〇万年前という枠に収まっているのも事実だ[11]。

呉は明らかに、自らが確かな証拠と考えているもの、つまり化石の証拠を、遺伝情報より重視していた。そして、化石は地域連続性を示していると確信していた。彼にとって（アラン・ソーンも同意見だが）、「ホモ・エレクトス」と「ホモ・サピエンス」は別々の種ではなく、同じ種の亜種にすぎないのだ。ゆえに、「ホモ・サピエンス・エレクトス」や「ホモ・サピエンス・サピエンス」という呼称の方がふさわしいと彼は考えている。種が分化（進化）したわけではなく、一つの型（ホモ・エレクトス）がゆっくりと別の型（ホモ・サピエンス）に移行したのであり、現在、世界中でホモ・サピエンスという種の単一性が保たれているのは、交雑により個体群間で遺伝子が交換されたからだ、と彼は主張する。この「交雑による種の連続性」仮説を提議したのは呉自身である。

しかし中国の旧人類と現生人類の化石の時代には、かなりの隔たりがあるようだ。中国で発見された旧人類の化石で、最も時代が新しいものは、許家窯で出土したもので、一二万五〇〇〇年前から一〇万年前までのものと見られている。一方、中国で最古の現生人類の化石は、下顎骨や四肢骨を含み、周口店の遺跡からおよそ六キロ離れた田園洞で出土した。加速器質量分析法により、四万二〇〇〇年前から三万九〇〇〇年前までのものであることがわかった[12]。次に古い極東の現生人類の化石は日本の沖縄の山下町で発見された大腿骨の化石で、放射性炭素年代測定により、およそ三万二〇〇〇年前のものと推定された。山頂洞人の頭骨は、三万年前から一万年前のものと見られている。研究者の大半は、中国で発見された旧人類の化石と現生人類の化石は、時代が隔たっているだけでなく、形態学的および遺伝学的な隔たりも大きいと考えているようだ。わたし自身も、北京原人の化石やレプリカを見て、それが中国人の祖先だとはとても思えなかった。

しかし中国には他にも、呉が地域連続性の証拠と見なしているものがある。それは素朴な石器である。これに関しては、呉の主張にも一理あると認めざるを得ない。ヨーロッパには、その地に現生人類が到達したことを示す「考古学的痕跡」が残っている。それは、より洗練された石器である。しかし、東洋では、現生人類が暮らすようになった後もしばらくは、現生人類らしさの感じられる石器は出現しなかったのだ。

石器と竹の謎　中国：遼寧省、祝家屯

一〇〇万年前から三万年前頃まで、東アジアの石器の大半は、原始的なオルドワン型のものだった。この地域で見つかる考古学的遺物は、ヨーロッパのそれらとはずいぶん違う。三万年前になっても、握斧に代表されるアシュール文化は開花しておらず、中期旧石器時代さえ始まっていなかった。[1,2] この地域の人々は、素朴な石器をずっと使いつづけたのだ。それらの石器は、仮にネアンデルタール人が見ても原始的だと思っただろう。一九五五年にアメリカ人考古学者ハラム・ムビアスは、東洋を「はなはだしく文化が遅れた地域」と軽蔑的に呼んだ。[3]

三万年前の更新世の末になってようやく、アジアでも後期旧石器時代が幕を開け、掻器《エンドスクレイパー》や、刻器《ビュラン》、石刃、細石刃《マイクロブレード》といった、より手の込んだ石器や、骨や角で作った道具が出現した。しかしそれは、遺伝子の研究から東アジアに現生人類が到達したとされる時期よりも二万年から三万年も後であり、中国で見つかった最古の現生人類の化石の年代から一万年後のことなのだ。[4] それ以前の時代にアジアで現生人類が作っていた道具は、旧人類の道具と何も変わらない。呉は、このように素朴な石器――いわゆる「チョッパー・チョッピングツール」――がずっと使われていたことも、地域連続性を裏づける証拠として挙げる。たしかに、石器だけ見れば、それも筋が通っているように思えてくる。

しかし、アフリカ単一起源説が正しく、（頭が良くて適応力があったはずの）現生人類が東南アジアや東アジアへ移住した時期が、遺伝子や化石記録が示す通り、六万年前から四万年前だっ

たとすれば、彼らはなぜ道具に無関心だったのだろう。東洋の現生人類は、本当に文化的に遅れていたのだろうか。それともムビアスが、旧石器時代の東アジアの真の技術力を見誤っていたのだろうか。

旧石器時代の考古学的遺物は、石器以外、ほとんど残っていない。わたしがシベリアで見たように、快適な家を建てて暮らし、やがて引っ越して、未来の考古学者に手がかりとなるものを一切残さないということも可能なのだ。道具についていえば、生分解性物質——木やその他の植物や、動物の皮など——で作られたものは、まさにその性質ゆえに、考古学の記録から消えてしまう。

東アジアの石器の謎は、生分解性と、その地域一帯に存在する「あるもの」によって、説明できると見ている考古学者がいる。わたしはその見方についてより深く知るために、オーストラリア人の考古学者のジョー・カミンガと連れだって、中国北部、遼寧省の祝家屯という小さな村へ向かった。

ジョーは典型的な小石と剝片の石器を携えていた。わたしはそのひとつを見せてもらった。

「これはかなり原始的な石器ですね」とわたしは言った。

「ああ、これはぼくたちが中国と東南アジアで発見したものだ。オーストラリアにも同様の石器がある。形は美しくないけれど、意外に鋭いんだよ」とジョー。

「ヨーロッパでは、旧石器時代の終わりには、非常に高度な石器が作られていましたよね。どういうわけで、アジアではこんな石器がずっと使われたのでしょう?」

「それは、環境が違ったからだ。まずアジアには、ヨーロッパのチョーク(石灰岩)層で見つかるような大きなチャート(燧石)はない。ここのチャートは小さすぎて、刃先を鋭くしづらいんだ。だが、それより重要なのは、アジアでは気候も植生も違うということだ。ここでは、ヨーロッパにはない材料が手に入る。それは竹だ。竹はしなやかで強く、他の地域では石で作っていたさまざまな道具を竹で作ることができるんだ」

つまり、これらの原始的な石器は、それで竹を切るか叩くかして、より優れた道具を作るためだけのものだったのだろう。竹は東アジアには豊富に生えているイネ科の植物で、今日のアジアでも広く使われており、最初の移住者たちの目にもとまったに違いない。もっとも、竹の道具は、痕跡が残らない。加工に使った石器に何らかの跡が残るだけだ。ムビアスは、周りを打ち欠いて尖らせた石器だけに注目していたが、おそらく彼は見るべきものを見ていなかったのだ。たしかに剝片をはがした小石は原始的な鉈《なた》として使えるが、はがされた鋭利な剝片も、いろいろと使い道がある。

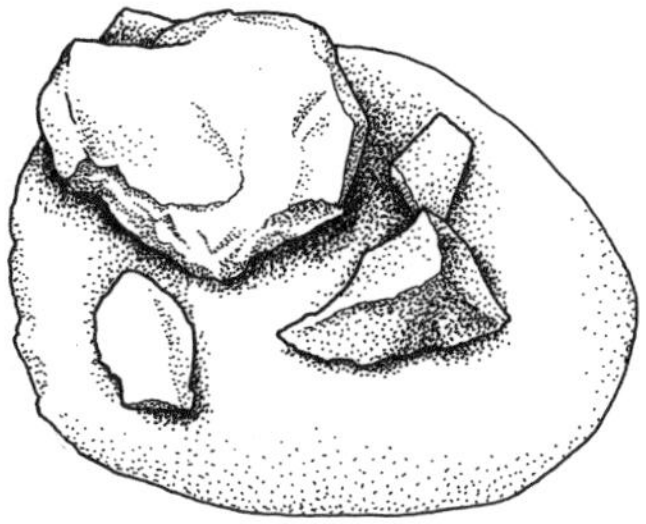
ジョーが持ってきた小石と剝片の石器

「どうしてわざわざ高度な石器を作る必要があるだろう」とジョーは大げさな口調で言った。「竹でナイフを作って、使い終わったら捨てればいいのだ。なにしろこのあたりでは、竹は、どこにでも生えているのだから」

彼の言うとおり、祝家屯は竹林に囲まれている。遠くから見ると、丘の中腹は羽毛に覆われているように見え、風になびくトウモロコシ畑のように、竹の葉が揺れている。ジョーとわたしは、ちょっとした考古学的実験に挑戦した。乱暴に打ち欠いて尖らせた大きな丸石を使って、竹を切り倒せるかどうか、試してみたのだ。竹は太く、直径が一五センチほどあったので、

祝家屯のニワトリ

倒すのは大変だろうと覚悟していたが、根元近くを石器で強く叩いていると、ほんの数分で倒れた。ねじると根元からちぎれ、「旧石器時代の竹の道具」の材料が手に入った。

　わたしたちはそれを近くの村へ運んだ。その村では今でも竹からさまざまなものが作られている。太い竹が積み重ねられているのは、家か小屋を建てるためだろう。招かれて一軒の家に入ると、床に竹籠が積みあげられており、その傍らで老人が、竹を細く裂いた、しなやかな平竹ひごで籠を編んでいた。庭では、竹製の鳥かごの中で、子ガモたちが身を寄せあっている。

　ジョーとわたしは竹の道具作りに取りかかった。石を打ち欠いた剝片で竹を削ると、すぐに鋭い「ナイフ」ができあがった。驚くほど速く簡単にできた。とは言え、この竹ナイフが丈夫で鋭いかどうかは、試してみなければわからない。その家の人が、夕食のためにニワトリを一羽屠《ほふ》ったので、わたしはさっそく竹ナイフでそれをさばき、手羽ともも肉と胸肉に分けた（わたしはベジタリアンだが、解剖学者でもあるのだ）。竹ナイフは、太平洋の向こう側でも使われている。民族学の研究でも、地域によっては石より竹の方が道具としてよく使われると報告されている。たとえばイリアンジャヤ（ニューギニア島の西半分）のある部族は、今でも石の手斧を使っているが、肉を切る時には、竹を割っただけの簡単なナイフを使うそうだ[5]。わたしの青竹ナイフはうまく仕事をこなしたが、ジョーは、乾燥した竹で作ればもっと鋭くなるだろう、と言った。

竹は、家や籠の材料になるだけでなく、すぐれたナイフにもなることがこれでよくわかった。

そして、わたしがすでに体験したように、筏にもなるのだ。すばらしく用途の広い素材である(竹は食べることもできる。わたしは中国を訪れて以来、竹が好物になった。もっとも、わたしが好きなのは、よく知られる白くて柔らかいタケノコではなく、長さが五センチほどの細長いタケノコで、形はアスパラガスに似ているが、歯ごたえがある)。しかし竹から有用な道具を作ることができるからといって、竹が使われていた証拠にはならない。今でも竹で道具を作っている地域があるという事実も、ただそれだけのことだ。

竹が道具として使われていたことを裏づける考古学的証拠はあるのだろうか。

「いや、竹そのものについては、何も残っていない」とジョーは認めた。「でも、竹が加工されていたことや、籐やヤシの木などが使われた証拠は残っている。それらにはケイ酸が多く含まれるので、削った石器には独特の光沢が出るんだ」

その光沢は肉眼でも見ることができる。ジョーは、竹を切るのに使った石の剝片を持ってきた。その刃の部分は、明らかにつやつやしていた。

「こんなふうに光沢が出るまでに、どのくらいかかるのかしら?」とわたしはジョーに尋ねた。

「すぐに出はじめるよ」と彼は言った。「切りはじめてから数分もたてば、刃の周囲がつやつやしてくる」

電子顕微鏡や光学顕微鏡で、道具の先端の微小な磨耗や光沢を調べれば、何を切ったかまで突きとめることができる。切ったものが違えば、磨耗の具合も違ってくるからだ(6)。つまり、石器を調べれば、それが竹を切ったのか、籐を切ったのか、あるいは別の素材を

若竹

切ったのかがわかるのだ。道具として竹が使われた証拠も、同じようにして見つけることができる。竹ナイフと石の剝片で骨に切り傷をつけ、その傷面を走査型電子顕微鏡で細密な3D画像にしたところ、両者の違いをはっきり見分けることができたそうだ。[3]

以前ジョーは、ティモールの岩陰遺跡で発見された石器に、籐を切ったために生じた光沢を見つけた。しかし、それらの石器はわずか数千年前のものだった。

「ぼくのいちばんの願いは、中国のごく初期の石器をこの目で見ることなんだ」とジョーは言う。

アジアの旧石器時代の遺跡が発見されるにつれて、アジアの石器は、一九四〇年代にムビアスが考えていたよりはるかにバラエティに富んでいたことが明らかになった。当時、ムビアスは、西洋のアシュール文化の握斧と、アジアの素朴な石器を見比べて優越感に浸ったが、彼は、道具をその環境において考えるということをしなかった。道具が何に使われたか、あるいはその土地でどんな材料が手に入ったか、といったことを考慮しなかったのだ。現在、考古学者たちは、道具を見かけの精巧さだけでランク付けしないように、と警告し、旧石器時代の道具は以前考えられていたより多様で、さまざまな環境への知的な適応を反映している、と主張する。[5]

しかし東アジアでさまざまな石器が発見されるようになっても、やはり西洋の石器との間には、歴然たる違いがあった。竹という素材は、その違いの理由を説明してくれそうだ。多雨林地域では、加工しやすい良質の石を見つけるのは難しかったが、竹は豊富にあった。現代の多雨林地域の狩猟採集民は、おもに菜食主義で、ときおり小動物を食べる。ちょうどわたしが村でニワトリをさばいたように、小さな動物なら竹ナイフで簡単にさばけるからだ。処理用の頑丈で重い道具は、多雨林では持てあますだろう。[3] 単純な石の剝片で、いかに簡単かつ迅速に、竹ナイフを作ることができるかをわたしは身を以て知った。竹を加工することは、多雨林という環境に対する、

祝家屯の村の上の竹林。祖先たちは道具をつくるために、近場の竹林を利用していたかもしれない

現在の中国で、竹は、家の建築から籠の製作まで、多種多様な目的のために使われている

祝家屯の村

適切で賢明な適応だったように思える。

竹そのものは考古学的証拠として残らないが、現在では、顕微鏡で石器の磨耗や骨の切り傷を調べることによって、この仮説が検証できるようになった。竹の道具という筋書きで、東アジアの石器の素朴さを説明できるかどうか、じきに明らかになるだろう。

しかし謎はまだ残る。それは、東アジアでは、旧人類が残した考古学的遺物と、初期の現生人類が残した遺物の間に、違いがほとんど見られないということだ。現生人類が登場したのであれば、その時期に、ある種の「現代的な兆候」が見つかってしかるべきではないだろうか。現生人類は知的にすぐれているのだから、先行する人類には欠けていた、高度な技術の痕跡が残っていていいはずなのだが。

あるいは、わたしたちもまた、環境と石器を切り離すという過ちを犯そうとしているのだろうか。道具について考えるには、まず道具の製作者をその環境に置くことから始めなければならない。現生人類が単純な石器を使っていたことは、竹の使用によって説明できそうだが、それは旧人類についても言えるのではないだろうか。竹が豊富な多雨林で竹を使うのは、賢明な選択だからだ。

ではなぜ、三万年前頃になって、アジアの石器はより高度に変化したのだろう。製作者が変わったわけではない。その頃に何が変化したのだろう。答えは、気候である。三万年前に東アジアは、最終氷期極相期（LGM）を目前に控え、寒さと乾燥が厳しくなった。その時、現生人類ならではの行動が現れた。まわりの環境が変化すると、東アジアの現生人類は新たな技術を発明することによって、それに適応したのである。

遺伝子が明らかにする、東アジアの真実　中国：上海

地域連続説とアフリカ単一起源説に関して、中国人の遺伝子に何が記されているかをわたしは知りたかった。それに、中国の遺伝学者と話をしたかった。

北京を後にして、商業の中心地、上海へ向かった。北京は、都市全体に政治的なドグマが染みついているように感じられ、感情を押し殺した灰色がかった都市のような印象を受けた。一方、上海は、第一印象だけで言うと、より進歩的で、開放的で、世界に目を向けているように感じた。街の中心部では、さまざまな時代の建築物が入り混じっていて、戦前のアールデコ調のホテルの隣にコンクリートの高層ビルがそびえ、殺風景な高架式道路のそばに、古代の青銅の大釜を思わせる格調高い博物館があったりする。目抜き通りには、海外ブランドの店と地元の店が窮屈そうに建ち並び、ビルの高いところに取りつけられた巨大スクリーンには広告が休みなく流され、同じようなスクリーンを載せた船が、黄浦江を行き来している。夕暮れ時になると、外灘《ワイタン》からは、ライトアップされた浦東地区が見える。それ自体が、商業主義と資本主義の巨大広告のようだ。中国は変わりつつある。

わたしは車で復旦《ふくたん》大学へ行き、遺伝学研究所の金力（ジン・リー）教授と会った。彼は研究所の中を案内してくれた。研究室では、ポスドクの研究者たちが、ピペットを手に、遠心分離機の前で熱心に作業を進めていた。二〇〇一年にこの研究室で、中国人の起源について説得力のある遺伝的証拠が発見されたのだ。

当時、金のグループは、東アジア人の起源に関する仮説を検証する、大規模なプロジェクトに取り組んでいた。

「中国人の遺伝子に、地域連続性の証拠が残されているかどうかを知りたかったのです」と彼は言う。「そこで、中国人のY染色体を調べることにしました。Y染色体マーカーを分析して、アフリカに起源をもつ人を排除すれば、残った人々は、この土地で進化した系統ということになります。わたしたちは中国全土から何千人分ものDNAを採取しました」

つまり金は、中国人は一〇〇万年前に中国にいた「ホモ・エレクトス」に起源をもつという、愛国的な理論を証明するために、その研究をスタートさせたのだった。彼が利用したマーカーは、M168と呼ばれるY染色体上の突然変異――シトシン（C）がチミン（T）に置き換わったもの――で、すべての非アフリカ系男性が持っている、つまり、アフリカに起源をもち、アフリカを出た人々に広まったと見なされている。しかし、かつてそれを調べたときに用いたアジア人のサンプルはごくわずかだった。そこで金のグループは、東南アジア、オセアニア、東アジア、シベリア、中央アジアの一万二〇〇〇人以上の男性からDNAサンプルを集めた。その中に、より昔の、アフリカ以外に起源をもつY染色体が見つかるのではないかと考えたからだ[1]。

「M168の変異は、およそ八万年前にアフリカで起きたことがわかっています。したがって、アフリカ単一起源説が正しければ、中国の男性も皆、この変異後のM168を持っているはずです。しかし、中国の現生人類が独自の起源をもつとしたら、変異する前のM168を持っている人が見つかるはずなのです」

「それで、結果はどうでした？」

「中国人の中に、変異前のM168を持つ人はいませんでした。東アジアの全域から、膨大な数のサンプルを集めたのですが、どの人のM168も変異後のものでした」

中国人のM168がすべて変異後のものだということは、アフリカからやってきた現生人類が、それ以前に東アジアに住んでいた旧人類にすっかり取って代わったことを意味する。[1]今日、北京原人の子孫は生きていないのだ。

「その結果を、あなたはどう捉えましたか?」とわたしは尋ねた。

「そうですね、もちろん中国人としては、わたしたちのルーツが太古の中国にあるという証拠を見つけたかったですね。そういう教育を受けてきましたから」と金。「わたしたちは皆そう教わったのです。しかし科学者としては、この結果を受け入れなければなりません。そしてこの結果は、アフリカ単一起源説が正しいことを示しているのです。地域連続説は間違っていたのです」

「他の遺伝的証拠も、アフリカ単一起源説を支持しているとお考えですか?」とわたしは尋ねた。

「正直なところ、すべてがアフリカ単一起源説を支持しています」彼はきっぱりと答えた。

遺伝学は、現生人類が東洋に移住した過程についても、いくらか謎を解いた。タイやカンボジアなど、アジアでも南方の人々のY染色体の方がより多様であることは、人類が最初にその一帯に移住し、それから北へ広がっていったことを語っている。そしてY染色体の系統樹は、人類が東アジアに入ってきた時期は、六万年前から二万五〇〇〇年前のいつかであることを示唆していた。[2]mtDNAも南方の人ほど多様であり、移住が南から始まり、北へ広がっていったことを支持している。そして東アジアの四つの主なハプログループ(B、M7、F、R)は、すべておよそ五万年の歴史を持っていた。[3]

人類が初めて東洋に移住してから何万年も経過し、以来、人類はさまざまな地域に拡散していったというのに、現在のアジア人の遺伝子から、彼らがどこから来たかをたどれるというのは、実に驚くべきことである。パリンプセスト(文字を消して書き直すことが繰り返された羊皮紙)

のように、遺伝子には最初に記されたストーリーがかすかに残っているのだ。東アジア人のｍｔＤＮＡを解析すると、北部と南部での多様性の違いだけでなく、各地域に人類がどのように拡散していったかを知ることができるのだ[4]。

しかし、ｍｔＤＮＡは全体として南から北への移住を示しているものの、北部には、南部には見られないｍｔＤＮＡの系統――特にＣとＺ――が存在する。これらはどこからきたのだろうか？　スティーヴン・オッペンハイマーは、それらの系統の起源がインドにあることを特定した[5]。ヒマラヤ山脈の西の端にいた初期のアジア人が、五万年前から四万年前の間にロシアのアルタイ山脈に到達してシベリアに住むようになったのだ。その考古学的痕跡はカラ・ボムなどに残されている。Ｙ染色体の証拠も、ｍｔＤＮＡと同じく、北アジアの集団が東と西に分かれたことを示唆している。西へ向かった集団は、ヨーロッパに行き着き、東へ向かった集団は、マンモス・ステップを通って現在の中国北部に至ったのである。

何度も上書きされたパリンプセストから、驚くほど詳しい情報が明かされることもある。日本のアイヌ民族に見られる、ｍｔＤＮＡのハプログループＹ１は、彼らが北東シベリアから日本北部の島々へ移住したことを語っている[6]。この北東アジアの集団には、アメリカ先住民と同じｍｔＤＮＡの系統が見られる。それについては、また別の章で見ていこう。

つまり、わずかながら北方に、中央アジアや北アジアから東へ向かった人々の子孫が暮らしていることを除けば、東アジア人はたしかに東南アジアの海沿いで暮らしていた人々の子孫であるらしい。またＹ染色体のＭ１３０というマーカーは、東南アジア沿岸を進んでいった人々が、やがて北上して日本へ移住したことを示唆しており、韓国と日本に散在する、四万年前から三万七〇〇〇年前頃の遺跡は、この移住の波を記録している[7]。

金力は、東アジア人の顔立ちの起源についてどう考えているのだろう。そのような地域特有の顔立ちの起源を、いずれ遺伝学が明かすことになるのだろうか。彼は、アジア人らしい顔立ちは、LGMの頃に東南アジア人に現れたと考えているが、それを寒冷適応と見なす説に対しては懐疑的だ。新石器時代に稲作が始まって人口が急増した時期に、東アジア人の顔立ちが拡散したという仮説もある。しかしその時期は、突然変異が起きたとされる時期と符合しないようだ。

金は、遺伝子と顔の形態との関係をはっきりさせたいと思っている。そうすれば、どこでどのように東アジア人の顔立ちが生まれて広まったのかが明らかになるかもしれないからだ。

「顔立ちの特徴のひとつひとつが、どの遺伝子で決定されるのかはわかっていません。現在わたしたちは、そのような遺伝子を特定しようとしはじめたところです。それができてようやく、アジア人の顔立ちがいつ発達したかがわかるようになるでしょう」

彼は、きわめて野心的なプロジェクトに着手しようとしていた。現代の人々の形態に関するデータを集め——実際に顔を測定し——、全ゲノムの全配列を調べて、顔立ちの特徴に関係があると思われる遺伝子を見つけようというのだ。

「わたしたちは、一〇〇〇人の人の顔立ちを調べてその記録をとり、合わせて、彼らの全ゲノムのスキャニングも進めているところです」

この研究は、遺伝学と形態学の間に橋をかけ、わたしたちの理解の大きな空白を埋めることになるだろう。すでにいくらか成果が出ている。

「つむじの向きを決める遺伝子は、すでにわかっています」と金は誇らしげに、しかし苦笑しながら言った。

遺伝子を道標として遠い過去をひもといていけば、やがて現生人類と中国人の起源の謎は、解き明かされるかもしれない。金は遺伝子に秘められた可能性にわくわくしているようだ。わたしは彼がすべてを包み隠さず、なおかつ客観的に語ってくれたことに感銘を受けた。彼は、間違いなく本物の科学者だ。彼に限らず、復旦大学の科学者たちは、学問の自由という文化の中で活動している。地域連続説が今でも「真実」として学校で教えられ、支持されている国で、金は東アジア人がアフリカに起源をもつという証拠を発表してきたのである。

わたしたちは遺伝学研究所を出て、毛沢東の大きな影像がそびえる庭園を横切った。そのバランスの悪い像は一九六六年に学生と紅衛兵によって建てられたものだが、皮肉なことに、今では、まったく別の文化の革命を見守っている。ここでは学問の自由と個人の自由が復活しつつあるのだ。

陶器と米 中国：桂林と龍背棚田

先史時代の人間集団は、おもに気候変動の影響によって、新たな地域に侵入したり撤退したりしながら、縮小と拡大を繰り返した。しかしそのように常に全体が動いている状況でも、石器時代の「移住」は、三つの主な段階に分けることができる。まず、人類はアフリカ全体に広がり、その外へ散らばった。次に、氷河期が終わると北半球の大部分に定住した。そして農業の発明に伴って人口が増え、さらに拡散していった(1)。

東洋の「新石器革命」や農業は、ヨーロッパのそれらとは関係なく始まった。そして東アジアで農耕を始めた人々は、西洋の農耕民族がそうだったように、集団レベルで見れば、狩猟採集民よりも成功を収めた（個人レベルで健康状態や寿命を比べれば、狩猟採集民より劣っていたかもしれない)。彼らは十分な食料を生産して、増えていく人口を支え、農業の知識とその生活様式とともに、各地に散らばっていった。考古学者の中には、「東アジア人の顔や歯の特徴はかなり最近のものであり、アジアで新石器時代が幕を開けると同時に、稲作民が急速に数を増やし、各地に分散していったことを反映している」と主張する人もいる(2,3)。

定住・農業・製陶という「新石器時代セット」は、一気に出現したものではないようだ。わたしたちが新石器時代に特有のものと見なしているそれらの要素は、モザイク状に出現した。東洋で最初に現れたのは製陶技術で、農業が始まるより前のことだった。一九六〇年代以来、世界最古の壺はおよそ一万三〇〇〇年前の、日本の縄文時代のものだと考えられていた。しかし近年発見された考古学的証拠は、同じ頃、ロシア極東や中国南部でも、陶器が作られていたことを示している(4)。

更新世末期から完新世初期、具体的にはおよそ一万四〇〇〇年前から九〇〇〇年前にかけて、中国南部では、磨製石器、貝殻や骨の道具、および最古の陶器を特徴とする文化が出現した。考古学者には、それをヨーロッパの同時代の文化と並べて「中石器時代」と呼ぶ人もいれば、「前新石器時代」と呼ぶ人もいる。わたしは中国最古とされる甕《かめ》を見るために、広西チワン族自治区の桂林を訪れた。

桂林はカルストの丘に囲まれた平坦な町で、漓江(柳川)沿いにある。その風景は、とても印象的で美しい。緑豊かな平原に、樹木に覆われた石灰岩質の残丘が林立している。残丘は、円錐形のものもあれば、丸いものもある。わたしがその地を訪れたのは、清明節の直後だった。清明節は故人を偲ぶ年に一度の祭日で、人々は墓石を清め、碑文を修復し、墓地に松の若木を植える。清明とは、文字どおり「清く明るく」という意味である。車が墓地の横を通った時に中を見やると、石塚のような墓石が守護を祈願する鮮やかな赤い紙テープで飾られていた。ある村では、葬列がシンバルとドラムの音にあわせて道を進んでいた。棺は立派に飾られ、いちばん上に大きな紫色の蛾の飾りものが置かれていた。

　しかしわたしが訪れようとしていたのは、はるか昔の墓地である。甑皮《そうひ》岩《がん》洞穴遺跡に到着すると、甑皮岩洞穴遺址博物館の次長、ウェイ・ジュン氏が出迎えてくれた。洞穴の前に設けられた鉄の扉を開けてもらって、中に入った。

　洞穴の中には、考古学者たちが川の堆積物を掘ってできた深い溝が、そのまま残されていた。そこでは一八の墓が発見された。亡骸のほとんどは屈葬され、赤褐色の土をかぶせられているものもあった。石器や動物の骨も出土した。

「けれども、いちばん重要な発見は、二〇〇一年に見つかった甕です」とウェイはいう。

「七月七日の朝、外はどしゃぶりの雨でした。七、八人の考古学者が洞穴の中で作業をしていて、一人が陶器の破片を見つけたのです。それまでに発見した他の陶器とは違う、かなり薄い色をしていました」

「傅憲國（フー・シエングオ）教授がやってきて、それを念入りに調べました。教授は非常に古いものかもしれないと思ったようです」

　発見された深さから見て、陶器はかなり古い時代のものと推測された。同じ層から採取された木炭のかけらを調べたところ、およそ一万二〇〇〇年前のものであることが判明した。

「放射性炭素年代測定により、陶片は中国最古のものとわかりました」

　そして、世界最古の陶片のひとつでもある。その時代の桂林で農耕や牧畜が行われた証拠は残っていないことから、その陶器を作ったのは狩猟採集民だったと見られている。[5]

翌日、わたしは、発掘を指揮した傅憲國教授に会った。甑皮岩洞穴で見つかったその最古の陶器は、周辺の土地で採れる粘土で作られており、わざと石英の粒子を混ぜているようだった。そして二五〇度以下の低温で焼かれていた。ぶ厚くて口の広い、ほぼ半球状の甕である。桂林近くの野原で、その甕が焼かれてからおよそ一万二〇〇〇年後の晴れた日に、わたしたちは前新石器時代の甕を再現してみることにした。傅のチームの陶器専門家のトップであるワン・ハオ・ティエンは、赤みがかった粘土を集め、砕いた石英の粒子を混ぜた。ワンが丸い穴を掘り、わたしたちはその中に粘土を押し込んで半球形にした。リウ・チュヨン・ジエとリウ・チュヨン・イーの兄弟は、ベトナムとの国境にある靖西県の近くに暮らす陶芸家で、この焼成《しょうせい》を手伝うために来ていた。リウ兄弟は大きな石に丸太をわたして棚を作った。その上に、成型したばかりの甕と、ワンがその週に作ったいくつかの甕を並べた。棚の下に火のついた藁束を押しこみ、長い棒で藁をならした。一時間ほど穏やかに下から焼いたのち、リウ兄弟は甕の周囲に藁と枝を積みあげた。甕は炎に包まれた。一時間後、兄弟はまだくすぶっている火を消しはじめた。陶器を、長い棒で引っかけて地面におろすと、それらはちりちりと音をたてながら冷めていった（口絵㉑）。再現した前新石器時代の甕も含め、ほとんどの陶器は焼成に耐えた。全体は暗灰色になったが、石英の粒がきらきらと光って見えた。

火入れしたばかりの
前新石器時代の甕

傅は桂林周辺の狩猟採集民が陶器を作りはじめた理由について、独自の考えを持っていた。「中国北部で陶器が焼かれるようになったのは、農業の発達と密接な関係があると考えられる」と傅は言った。「しかしわたしたちの研究によれば、中国南部で製陶が始まったのは、巻貝をゆでることと関係があるようだ」

わたしはこの考えにはあまり賛同できなかった。たしかに甑皮岩の洞穴には巻貝がたくさんあったが、川底に堆積していたものが掘り出されただけなのかもしれない。人類が捨てたという証拠や、ましてや陶器でゆでたという証拠は見つかっていないのだ。

わたしたちの甕の機能をテストすることになった。見つかっている太古の甕のほとんどは、わたしたちが再現したものに似た、半球形の底の丸い甕で、湯を沸かすのに最適だと思われる。焼きあがった甕が冷たくなると、わたしたちはそれに水を満たし、直火にかけた。甕は割れなかった。もっとも、桂林の甕がそのような使い方をされたという証拠はない。実験でわかったのは、湯を沸かしても甕は壊れないということだけだ。

当時の人が甕に何を入れていたかは、その破片を残留分析にかけてみれば明らかになるだろう。そうやって確かなことを調べるまでは、どんな仮説も推論にすぎない。考古学者の中には、前新石器時代初期の甕は、野生種の穀類を調理するのに使われたと見ている人々もいる。確かに甕が使われるようになった時代、野生種の穀物は重要な食料になりつつあったが、この主張も、やはり直接的な証拠は見つかっていない(6)。

LGM(一万九〇〇〇年前から一万八〇〇〇年前まで)のあいだに、東アジアは寒冷化し、乾燥していった。落葉樹は揚子江より南にしか生えなくなり、現在、中国となっている広大な地域は草原になった。しかし、氷河期が終わると、気候は世界的に温暖、多湿になり、空気中の二酸化炭素が増えた（海水中に閉じ込められていた二酸化炭素が放出されたため）。その結果、草の量は、最大で五〇パーセント増えたと見られている。考古学的記録によると、この時期、ヨーロッパでも、東南アジアや中国でも、人類は熱心に野生の穀物を集めるようになった[7]。ところが、一万一〇〇〇年前頃、アジアは寒く乾燥した気候に見舞われた。おそらくこの気候の悪化のせいで、狩猟採集民は野生の穀物を栽培するようになったのだろう。その種は冬をしのぐ食料となるからだ[7,8]。

農耕の始まり

現在中国では稲作が中心となっているが、初期の穀物栽培者が主に育てたのはアワやキビだった。現代の栽培種と野生種の遺伝子を調べたところ、栽培種のイネ（学名：Oryza sativa）は、アジアの野生種のイネ（Oryza rufipogon や、Oryza nivara）に由来するらしい。栽培種のイネには二種の亜種（ジャポニカ米とインディカ米）があり、稲作の中心となった二つの地域、つまり東南アジアと南アジア（インド）で、それぞれ独自に野生種から栽培化された。アワ（Setaria italica）はエノコログサ（Setaria viridis）に由来し、キビ（Panicum miliaceum）は、同名の野生キビ（Panicum miliaceum）に由来すると思われる。世代ごとに、より種が多く採れる個体を選んで交配していった結果、栽培品種は野生のものよりはるかに多くの種をつけるようになった。

わたしは、イネを「草」の一種と思ったことはなかった。桂林の約一〇〇キロ北にある龍勝各族自治県の龍背棚田を訪れて、リヤオ・ジョンプーに会った。彼の家族はそこで代々農業を営んでいる。田植えの時には、三、四本の茎からなる苗を、水田に植え込んでいく。草のように見えるが、やがて食物になるのだ。

およそ一万年前に、気候がふたたび温暖になると、穀物の栽培はさらに盛んになり、今日に至っている。現在、中国南部のイネは北部（揚子江流域）のイネより遺伝的に多様で、栽培品種化が南部で起きたことを示している。しかし北部のイネは、遺伝的多様性は低いものの、南部の米よりむしろ野生種に近いように見える。(8) イネは長年にわたって気候変動や人間による操作の影響を受けているため、現代の分布状況からその起源をさかのぼるのは難しい。(7)

中国における農業の最古の証拠は、揚子江流域で見つかった。穀物を砕くための厚板や、野生イネの殻が、後期旧石器時代の洞窟や岩陰遺跡で発見されたのだ。それらは一万年以上前のもので、人々が野生の穀物を集めて加工していたことを示している。もっとも、野生のイネやアワ、キビの種は、主食にできるほど実らないので、食料の幅広い選択肢のごく一部だったのだろう。今日、穀物は主要な作物となっているので、わたしたちはそれに焦点を絞りがちだが、栽培化された最古の植物は、穀類でなかった可能性もある。ヤムイモやタロイモなどのデンプン質の塊根（芋）類、あるいはヒョウタンやジュートといった、現在では食されていない植物だったかもしれない。初期の農民は、さまざまな作物を栽培していたのだろう。(7)

一九七〇年代に、およそ七〇〇〇年前のものとされる新石器時代の村々が発見され、作物を栽培した証拠が見つかった。詳しい調査が進むにつれて、その地域で最初に耕作が行われた時期は、およそ一万年前、もしくはそれ以前であることが明かされた。二〇〇一年には、浙江省の上山で、新石器時代の遺跡が発見された。それは太古の村の跡で、住居跡と思われる柱の穴や深い溝が残されていた。また、石器や大きな石臼、石の乳棒や赤い陶器も見つかり、当時の暮らしぶりを知る手掛かりとなった。石器の多くは打ち欠いただけの小石や剥片などで、中国の他の地域で発見された旧石器時代のものと変わらないが、中には他では見ない新奇な石器——石斧や手斧——もあった。それらは、農耕への依存が高まったことを示していた。人々は土地を切り開き、耕していたのだ(9)。

上山で発見された陶器は、それ以前の時代のものとほぼ同じで、手で成形したか、粘土を板状にして作ったシンプルな甕で、低温で焼かれていた。しかし、よく調べてみると、それらには農耕生活の始まりを裏づける重要な証拠が残されていた。粘土には強度を増すために——史上初めて——植物片が練り込まれていた。その植物片にはモミガラも含まれ、それらは野生種より短くまるまるとしており、栽培種であることを示唆していた。そして、付着していた木炭の放射性炭素年代を測定した結果、それらの陶器はおよそ一万年前のものであることがわかったのだ。

初期の陶器は、甑皮岩洞穴のような洞穴遺跡で見つかることが多い。しかし上山の遺跡は、河川に挟まれた盆地にあった。それは、より定住性の高い生活が始まったことを意味していた。キャンプを設営したり、岩陰や洞穴のような自然の「家」を利用したりしながら、あちこち移動するのではなく、作物を育てるのに適した場所を選んで、そこに家を建

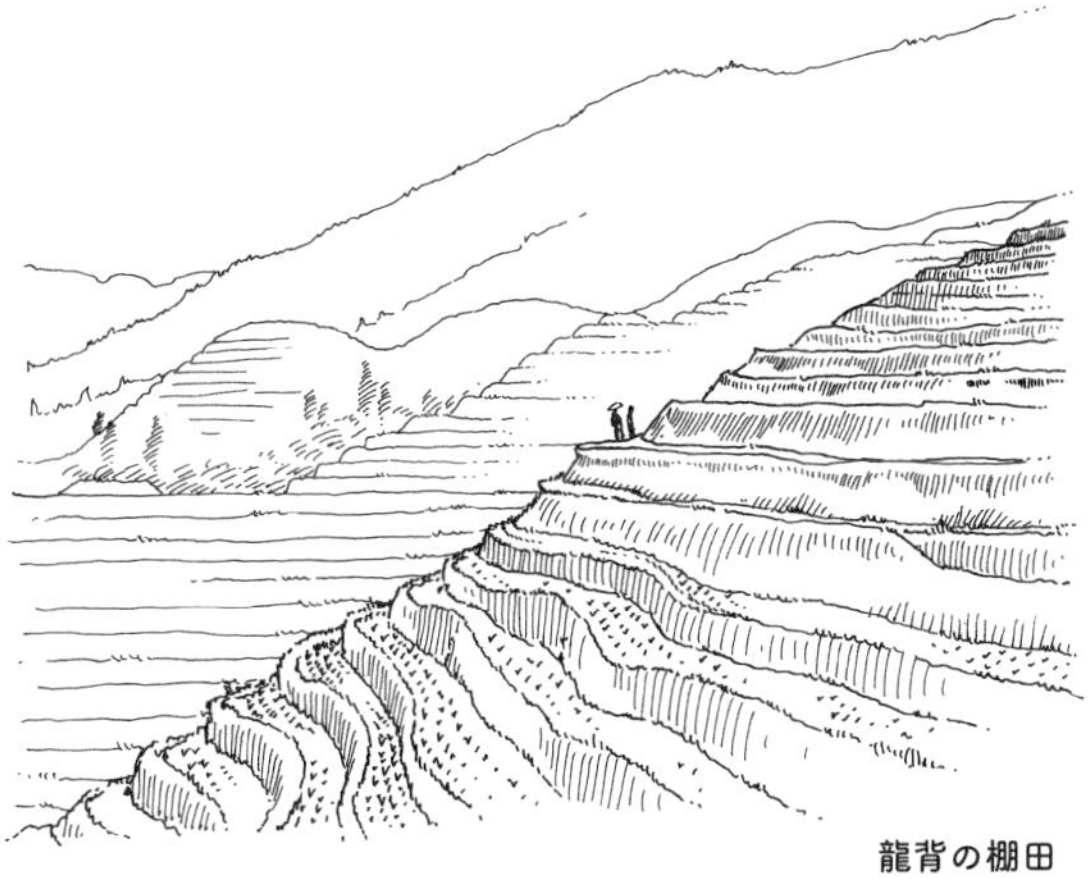

龍背の棚田

龍背の稲田　米は南アジアの最初の農民によって栽培された穀物のひとつにすぎなかったが、今日、稲田は中国の全域に広がり、米は中国人の主食になっている

てて定住するようになったのである。[9]

農耕や定住生活への移行は、ゆっくりとまばらに起きた。初期の栽培者は半狩猟採集民的な「採集者」で、主に野生の食料を食べ、足りない分を栽培植物で補っていた。作物の世話をすれば生産性が増すが、農夫を畑に縛りつけることにもなる。おそらくそれが、移動生活をやめて上山などの村に落ちついた理由だろう。しかし、農業中心の生活をするようになったからといって、狩猟や採集をすっかりやめてしまったわけではない。有史時代に入った後でさえ、農民たちは野生植物を集め、野生動物を狩っていたのだ[8]。

考古学者の中には、社会の圧力が、人々を農耕や定住に向かわせたと考える人もいる。しかし中国で大規模な定住が始まるのは、九〇〇〇年前以降のことだ。初期の定住は小規模で、発見される人工遺物もほとんどが日用品で、美しい壺や宝石などのぜいたく品は出てこない。一万四〇〇〇年前から九〇〇〇年前の中国の社会は、かなり平等だったらしい。ゆえに、「階層化した社会を支え、富を蓄積するために、農業が生まれた」、あるいは、「初期の製陶は、地位の象徴として作られた」といった見方は、どうやら間違っているようだ。わたしは「競って、もてなす」(集団の有力者が下位の人々をもてなして、自らの地位をますます高めようとすること）という考え方が嫌いではないが、それが農業や製陶を始める動因になったとは思えない。ともあれ、気候の変化は人々の生活に大きな影響を及ぼしたはずだが、環境と社会のどの要因が、彼らを農業や定住へ向かわせたのかは、まだはっきりしていない[8,5]。農業への移行を、必然あるいは進歩と決めつけるのはよくないが、いったん農業が始まると、それは広く伝わっていった（もっとも、ポリネシア、ニュージーランド、ボルネオなどでは、環境が農業に向かなかったために、農民たちは狩猟採集に戻っていった[1]）。

では農業はどのようにして広まっていったのだろうか。農民の人口が増加し、狩猟採集民とその文化に取って代わったのだろうか。あるいは農業の文化が狩猟採集民に伝わっていったのだろうか。アルバート・アメルマンとカヴァッリ＝スフォルツァは、ヨーロッパにおける農業の伝播を「進歩の波」モデルで説明した。それは次のようなものだ――農民の増加は、農民と狩猟採集民との結婚が増え、農民の遺伝子が拡散していく流れとして見ることができる。そして最終的には、農耕文化から最も遠い、完全な狩猟採集民にも農民の遺伝子が伝えられる。現に、西アイルランドの人々の遺伝子は、九九パーセントが土着の狩猟採集民から受け継いだものだが、一パーセントをさかのぼっていけば、アナトリアの農民にたどり着くのである[1]。

遺伝子と形態の関係はまだよくわかっていないが、少なくとも、人間の顔は遺伝子の構成を反映すると考えられる。だとすれば、東アジア人の顔立ちは、新石器時代の農民の遺伝子が東アジア全体に広まって、それ以前の集団に取って代わったことを示しているのだろうか。それともその顔立ちは、農業が出現する以前からのものなのだろうか。

東アジア人の顔立ちがいつ頃出現し、その後どのように変わっていったかを示す、さまざまな頭骨が残っていればいいのだが、あいにく極東地域では、旧人類の骨はあまり見つかっておらず、特に一万一〇〇〇年以上前のものはまれである。

およそ四万年前のものとされるニア洞窟の頭骨は、日本の縄文人の子孫であるアイヌ民族に多少似ているものの、典型的な東アジア人には見えない。一方、ジャワ島では、はっきり東アジア人とわかる七〇〇〇年前の頭骨が発見されたが、その時代、ジャワ島を含むインドネシアではまだ稲作は始まっていなかった[3]。

遺伝学者の中には、Y染色体の変異を追っていくと、キビ、アワ、イネを育てる農民が中国から周囲に拡散し、東アジアおよび東南アジア全域に暮らしていた集団に取って代わったことがわかる、と主張する人もいる[10]。しかしオッペンハイマー[3]は複数の遺伝的証拠から、一般に東アジア人と見なされている顔立ちの人々は、新石器時代よりはるか以前、LGMのころに東アジアに拡散した、と主張する。LGM以前の東アジアには、海沿いに南からやってきた海岸採集民が暮らしていたが、LGMの間に、東アジア人の容貌を備えた中央アジアの人々が、寒さを避けて東アジアの暖かな海岸へと移動し、海水位が下がったためにできた広大な海岸平野に暮らすようになった、というのが彼の描くシナリオだ。

オッペンハイマーの仮説が正しければ、ヨーロッパと同じく、今日の東アジアのほとんどの住民は、新石器時代にその地域に拡散した農民の子孫ではなく、海沿いにやってきた最初の海岸採集民と、LGMの間に海岸平野に拡散した人々の子孫ということになる。文化や言語は変わりやすく、移動しやすい。しかしわたしたちの遺伝子には、太古に継承したものがより克明に刻み込まれている。

ゆえに、超高層建築が林立し、科学技術が発展した現在の上海でさえ、そこに暮らす人々の顔は、おそらく二万年近く昔にその海岸平野に住むようになった狩猟採集民の顔に、よく似ているのだろう。

第四章

末開の地での革命

ヨーロッパ

現生人類がヨーロッパに到達したのは
意外なほど遅い。それには先住者である
ネアンデルタール人が関係していた。
彼らの最後の日々、
そして人類の芸術の目覚めを追う

クーニャック
洞窟の壁画

● 訪れた場所
○ 言及した場所
（LGM）の氷床の範囲
ガガリノ
コステンキ
ドン川
バチョ・キロ洞窟
黒海
カフカス山脈
カスピ海
イズミット湾
トロス山脈
ウチャギズリ洞窟
クサル・アキル
ザグロス山脈
ユーフラテス川
ペルシャ湾

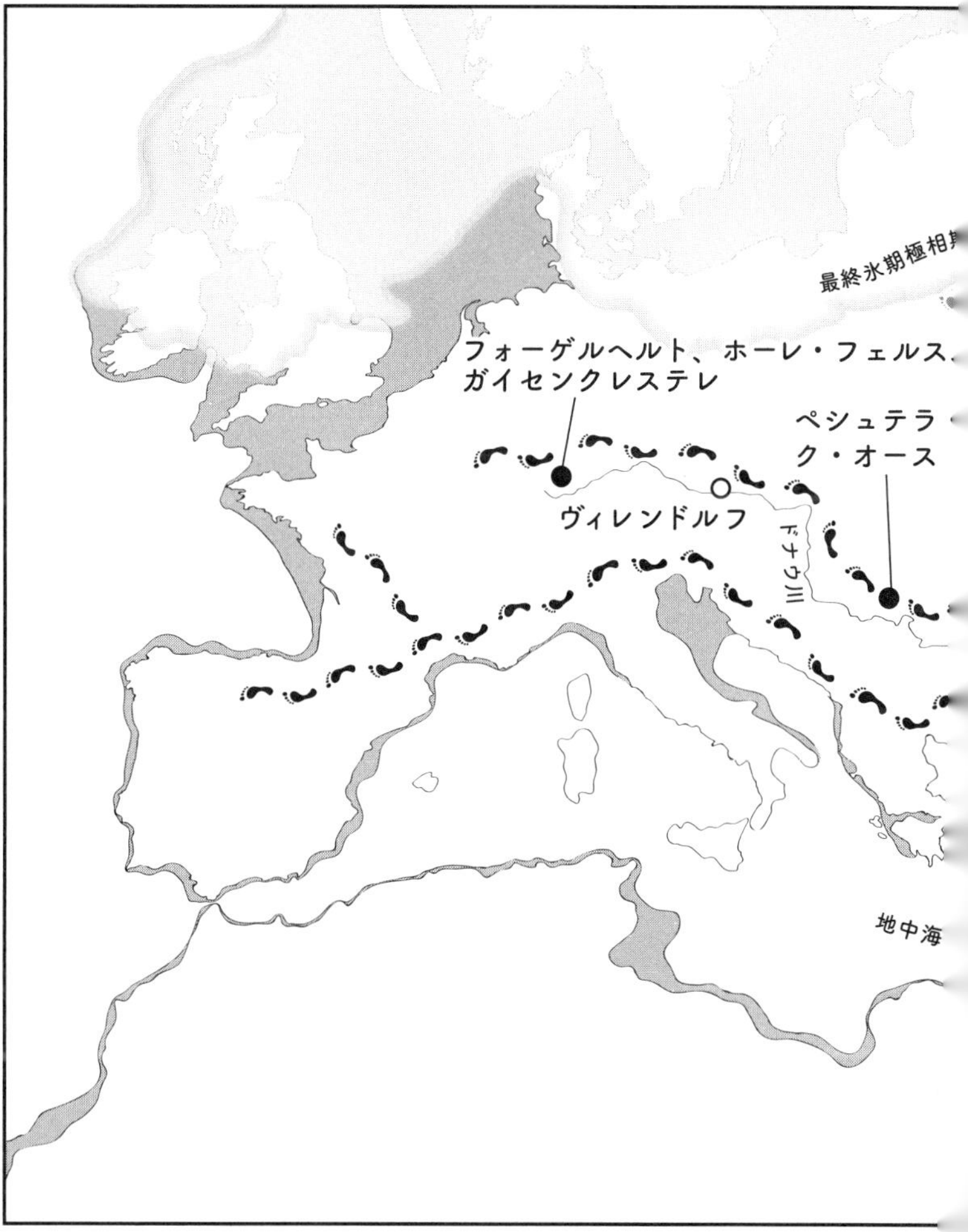

ヨーロッパへのルート　黒い足跡は、およそ4万5000年前に、オーリニャック文化（後期旧石器時代の初期）を携えた現生人類が、ヨーロッパ全域に歩を進めていった経路。グレーの足跡は、およそ3万年前に、グラヴェット文化の人々がヨーロッパに入ってきた経路

ヨーロッパへの途上　レヴァント地方とトルコの現生人類

ヨーロッパがアフリカのすぐ北にあることを考えれば、現生人類がヨーロッパにたどり着くのが、オーストラリア到着より二万年も遅れたのは、ずいぶん意外なことのように思える。なぜ、それほど長くかかったのだろう？　その背景には、地理と環境に起因する複雑な理由があり、また、すでにヨーロッパに住んでいた他の人類も関係していたと思われる。アジアの大半の地域では（フローレス島という注目すべき例外はあるものの）、現生人類が到着するはるか以前に、それに先立つ人類は消えていたが、ヨーロッパはずっとネアンデルタール人の支配下にあったのだ。

現生人類が近東（イスラエル、スフール洞窟とカフゼー洞窟）に初めて出現した時期（一三万年前〜九万年前）と、ヨーロッパに出現した時期（およそ四万五〇〇〇年前）との間には、大きな隔たりがある。スフール洞窟とカフゼー洞窟に暮らした後、現生人類はおよそ五万年にわたってレヴァント地方（アラビア半島の地中海沿岸）から姿を消すが、この間、彼らはインド洋の海岸沿いを東に向かって進んでいたようだ。

アラビア半島やインド亜大陸から北のヨーロッパへ移動するのは、簡単なように思えるが、スティーヴン・オッペンハイマー(1)によると、過去一〇万年にわたって、アフリカから出る北のルート（シナイ半島とレヴァント地方を通る）を砂漠が阻んでいるのと同様に、インド亜大陸とアラビア半島から地中海沿岸へ至る道もまた、イラン南部のザクロス山脈や、アラビア半島北部のシリア砂漠、ネフド砂漠といった地理的な障壁によって閉ざされていた。浜辺の採集者たちが東へ進んでいく一方で、北のヨーロッパへ向かう道は遮断されていたのだ。しかし、およそ五万年前、数千年という短い間だったが、気候が暖かくなった。オッペンハイマーは、この温暖な気候のせいで、ペルシャ湾岸から地中海沿岸まで緑の通路がつながり、ヨーロッパへの扉が開かれたと論じている。

移住者は、ザクロス山脈の山裾を縫うようにしてペルシャ湾岸を北西へ進み、ユーフラテス川に沿って現代のイラクとシリアを通過し、地中海沿岸に至ると、そこからヨーロッパへ広がっていった。一部の考古学者は、「ザクロス山脈の遺跡で見つかった後期旧石器時代の遺物は、人類がこのルートを通ったことを証明しており、後期旧石器時代の技術は、ザクロス山脈周辺で四万年前頃にはじまった可能性がある」と主張する。(2) しかし、その年代をうのみにすることはできない。まず、それは放射性炭素によって正しく測定できるぎりぎりの年代（現時点では四万五〇〇〇年前が限界）であり、加えて、年代が測定された一九六〇年代には、試料採取や測定の新しい技術がまだ開発されていなかったからだ。しかし、ザクロス遺跡でみつかった道具が、「レヴァント地方のオーリニャック文化」と呼ばれる、地中海東部周辺で発見された後期旧石器時代の最初期の道具に似ているのは確かだ。

いったんインド亜大陸に拡散した人類が、ペルシャ湾岸を通って地中海へ至ったというこの説明は、筋が通っているように思えるが、研究者の中には、アフリカにいた人類がエジプトからレヴァント地方を通ってヨーロッパに向かったという単純なシナリオの方を支持する人もいる。しかし、どちらを採用するにしても、人類はレヴァント地方とトルコ、すなわち地中海東岸地方を通ったことになる。

そして実際、レヴァント地方とトルコでは、最初期の現生人類に関する考古学的証拠が続々と発見されている。後期旧石器時代の石器や装飾品、あるいは人類の骨などだ。

一九四〇年代、考古学者たちはレバノンのクサル・アキルの堆積層の発掘にとりかかった。堆積層の深さは一九メートルにも及び、後期旧石器時代の遺物を含む二五の地層が発見された。最も深い層では、中期旧石器時代を代表するルヴァロワ技法による剝片石器が、掻器《エンドスクレイパー》や刻器《ビュラン》といった後期旧石器時代の典型的な石器とともに発見された。もっと新しい時代の層では、ルヴァロワ技法の亀甲型石核は姿を消し、プリズム型石核が出現する。それは後期旧石器時代の象徴的な遺物で、上下の地層の年代からおよそ五万年前から四万三〇〇〇年前までの間に作られたものと推定された[3]。そして、同じ遺跡で発見された人類の骨格から、それらの石器を作っていたのは現生人類だとわかった[4]。イスラエルのケバラ洞窟で発見された後期旧石器時代の遺物も、四万三〇〇〇年前までにその地域に現生人類が存在していたことを示している[5]。

人類が北へ拡散し、トルコへ至った過程をたどるのは難しかった。トルコの旧石器時代については長く謎のままだったが、それは主に、トルコでは考古学的研究が進んでいないことによる[6]。トルコの旧石器時代の遺跡の多くは、地表に顔をのぞかせていた石器の「発見地」にすぎず、発掘はほとんどされていなかった。しかし、この二〇年の間に、考古学者はその空白を埋めるべく努力を続け、その甲斐あっていくつかの興味深い発見があった。それらは人類のヨーロッパへの旅を追跡するための道標となった。

ウチャギズリの洞窟遺跡はクサル・アキルの一五〇キロ北のトルコ南西部、アンタキア（古代のアンティオキア）に程近い、岩がちな海岸にある。ところどころ崩れたその洞窟は、一九八〇年代に発見され、九〇年代に本格的な発掘が始まった。そして赤土の堆積層から、後期旧石器時代の遺物が発見された。出土する石器やその状況は、クサル・アキルにとてもよく似ていた。たとえば、最古の後期旧石器時代の層には、中期旧石器時代の石器とそれより古い時代の石器が含まれていた。また、上の層ではルヴァロワ技法の亀甲型石核は消え、プリズム型石核が現れる。その石核は、柔らかなハンマーなどで石刃を打ち欠いた残りである。しかしウチャギズリには、骨や枝角で作った道具もあった。ウチャギズリの後期旧石器時代の最も古い層は、四万四〇〇〇年前から四万一〇〇〇年前頃のものと推定された[3]。

クサル・アキルとウチャギズリの後期旧石器時代の層からは、後期旧石器時代と現生人類の痕跡の典型ともいうべきものが発見された。それは装飾品である。大半は小さな貝殻で、ビーズやペンダントとして使えるように穴が開けられていた。ウチャギズリだけで五〇〇個を超える貝殻のビーズが見つかっている。穴が人間によって開けられたことは一目瞭然で、削って開けたものもあれば、先の尖った道具で開けたものもある。美しい放射状の筋がはいった二枚貝のタマキガイ(Glycymeris)や、巻貝のNasarius gibbosula、アフリカタモト(Columbella rustica)、ジョルダンカノコ(Theodoxus jordani)などの貝殻があった。ウチャギズリでは貝殻が大量に出てきたので、飾りにするだけでなく、食べてもいたのだろう。穴の開いていない、大きなカサガイ(Patella)やイシダタミガイ(Monodonta)の貝殻も見つかった。それらは磨耗していなかったので、波にもまれ運ばれたものではないことがわかる。しかも

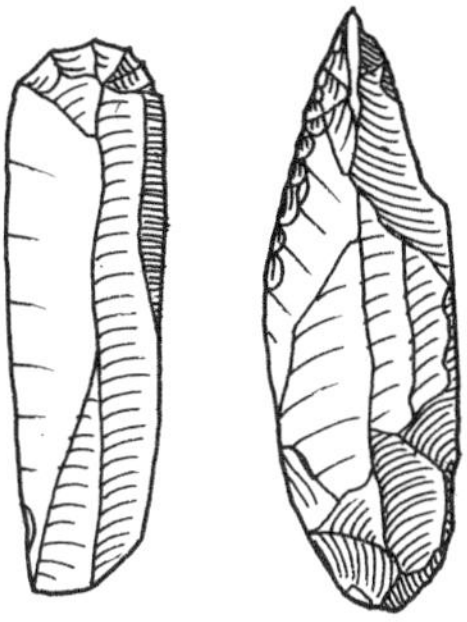

ウチャギズリ洞窟から出土した
後期旧石器時代の人工遺物

その多くは焼かれていたため、考古学者はそれらの貝が食料だったことを確信した。

ウチャギズリの貝殻ビーズは最古の装飾品というわけではない。イスラエルのスフール洞窟から出土した穴のあいた貝殻は、一三万五〇〇〇年前から一〇万年前のものと推定されている[7]。また貝殻ビーズは南アフリカ共和国のブロンボス洞窟でも発見されており、そちらはおよそ七万五〇〇〇年前のものと見られている。また、南アフリカのピナクルポイントには、およそ一六万年前の、オーカー（赤鉄鉱）が使用された痕跡が残されている。これらの発見からわかるのは、芸術や装飾の歴史は、現生人類の歴史と同じくらい古いということだ。しかし、ウチャギズリのビーズには、格別の意義がある。それらは、現生人類が文化を共有し、おそらくはアイデンティティを自覚し、それ以前の人類には見られなかったコミュニケーション・システムをもっていたことを示しているのだ[3]。

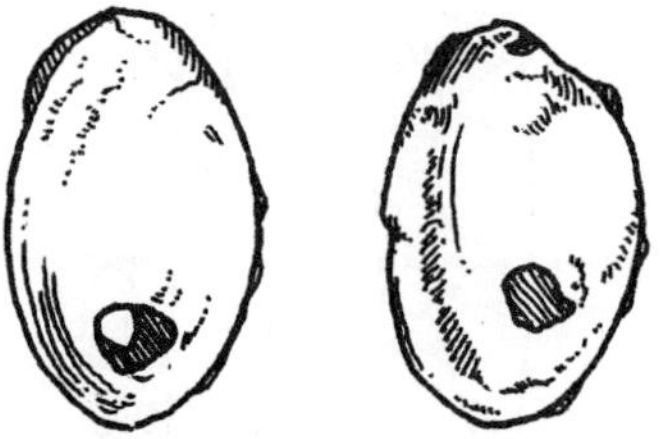

ウチャギズリ洞窟から出土した穴のあいたムシロガイの貝殻

トルコでは、後期旧石器時代の遺跡はあまり見つかっていない。その理由について、スティーヴン・キューン[6]は、アナトリア高原は大半の標高が一〇〇〇メートル以上あり、更新世後期には寒冷で住みにくかったので、現生人類は（他の動物と同じく）より温暖な海岸へと引き寄せられていったのだろう、と推測している。現在では当時より海水面が高くなっているので、海沿いに遺跡があったとしても、海底に沈んでいるはずだ。したがって、ウチャギズリはヨーロッパへの経路を明かす上でとても重要な遺跡だと言える。そこには四万年以上前の後期旧石器時代の遺物があり、およそ四万年前から三万五〇〇〇年前までの間に、後期旧石器時代の「オーリニャック文化」がヨーロッパの東から西へと広がっていくことを予言しているのだ[8]。

以上の筋書きは、つじつまが合っているように思えるが、ヨーロッパへの初期の動きは、放射性炭素年代測定法では捉えにくい時代に起きていることに留意しなければならない。二〇世紀に測定した年代の中には、見直しが必要なものもあるだろう。さらに、アフリカからの出口については、考古学者だけでなく人類学者もさまざまな意見を述べており、ヨーロッパへ「入る」ルートや、どこで後期旧石器時代の文化が始まったかについても、異論は絶えない。キューン[6]は、測定されたウチャギズリの遺物の年代は正しいと確信しながらも、その文化は、ザクロス山脈とレヴァント地方から北へ伝わったのではなく、むしろヨーロッパからレヴァント地方へ伝わったのではないか、と推測している。その他、後期旧石器時代の文化は、ザクロス山脈の北、ロシアのアルタイ地方で生まれ、現生人類とともに、カフカス山脈周辺から黒海北岸を通ってヨーロッパへ伝わったと考える研究者もいる[9]。

もっとも、研究者のほとんどは、ウチャギズリとクサル・アキルの状況は、後期旧石器時代のオーリニャック文化前期の石器を携えた現生人類が、レヴァントへ到着し、そこから北上してトルコに入り、西のヨーロッパに向かったというシナリオに合致すると考えているようだ[8]。

海を越えてヨーロッパへ　トルコ：ボスポラス海峡

トルコを西へ進んでいくと、水に行く手を阻まれる。ボスポラス海峡である。マルマラ海の北端と黒海をつなぐ狭い海峡で、マルマラ海の西端はダーダネルス海峡によってエーゲ海とつながっている。

ドルニ・ヴィエストニッツェ、
ムラデチ
カルパティア山脈
チオクロヴィナ
ブカレスト
黒海
ペシュテラ・
ク・オース
イスタンブール
ボスポラス海峡
マルマラ海
エーゲ
海
チャタル・
ヒュユク
ギョベクリ・
テペ

ライプツィヒ
ボヘミア地塊
テュービンゲン、
フォーゲルヘルト
ドナウ川
ル・ムスティエ、
アブリ・カスタネ、
ラスコー洞窟
中央高地
ヴィンディヤ
洞窟
ペシュメルル、
クーニャック
ラガール・
ウェロ
ジブラルタル
訪れた場所
言及した場所

わたしはイスタンブールでフェリーに乗り、きらめくボスポラス海峡のアジア側からヨーロッパ側へ渡った。そして初期の移住者がこの水路にたどり着いたことや、初期の人類は河口や沿岸部にうまく適応して暮らしていたというディヴィッド・バルベックの見解について思いをめぐらした。人類は、旧石器時代からすでに舟を使っていたとも言われており、ボスポラス海峡やダーダネルス海峡が彼らにとって越えがたい障害になったとは思えない。

しかも、実を言えば、ボスポラスは更新世の間、干上がっていたのだ。氷河期が終わって、ようやくボスポラスが海水で満たされ、黒海とマルマラ海はつながった。ボスポラスの海底をボーリングして採取した堆積物から、その詳細が明らかになった。マルマラ海が徐々に北へ拡大し、およそ五三〇〇年前に黒海とつながり、ボスポラス海峡が誕生したのだ。興味深いことに、更新世を通じて、マルマラ海と黒海は、ボスポラス海峡の東、現在のイズミット湾のところで時おりつながっていた(1)。ゆえに、ボスポラスが干上がっていた時期でも、アジアからヨーロッパへ行くには、少々足を濡らさなければならなかったらしい。

ボスポラスを越えた移住者たちは、黒海沿いを北上することもできたし、地中海沿いを西へ向かうこともできた。そして実際には、その両方向へ進んでいった。後期旧石器時代の石器が見つかる遺跡は、イタリアからフランス、スペイン北東部にいたる地中海沿岸に点在し、黒海のヨーロッパ側にもアジア側にもある。特に重要な遺跡はブルガリアのバチョ・キロで、そこではおよそ四万三〇〇〇年前のオーリニャック文化前期の石器が――数多くの石刃とともに――発見されている。黒海沿岸を北上した移住者は、今日のルーマニアの東端に広がるドナウ川の三角州にたどり着く。ドナウ川は、ヨーロッパの中心へ向かうスーパーハイウェイとして利用することができただろう。事実、ドナウ川とその支流に沿って、後期旧石器時代の遺跡が数多く見つかっている。従来の放射性炭素年代測定法によると、このヨーロッパを東から西へ横切る移動は、四万五〇〇〇年前から三万五〇〇〇年前にかけて起きたとされていた。しかし、新しくより正確な放射性炭素年代測定法によると、その動きはかなり急速で、四万六〇〇〇年前から四万一〇〇〇年前の間に起きたらしい。ヨーロッパを横断するこの迅速な拡散は、ヘンゲロ亜間氷期（四万三〇〇〇年前〜四万一〇〇〇年前）の温暖な気候に促されたのではないだろうか[2,3,4,5]。

最初のヨーロッパ人との対面　ルーマニア：ペシュテラ・ク・オース洞窟

次にわたしが向かったのは、そのドナウ川沿いの遺跡だった。ルーマニアへ行って、洞窟を専門とする地質学者、シルヴィウ・コンスタンティンに、ヨーロッパ最古の現生人類の化石が発見された洞窟を案内してもらうのだ。

車でブカレストから西へ、四万年前の祖先たちと同じようにドナウ川沿いの道をたどった。ひたすら走りつづけ、やがてカルパティア山脈の南西にある小さな村に着いた。洞窟の場所は秘密になっているので、その村の名を明かすことはできない。車で丘へ向かうと、二匹の野良犬が激しく吠えながら追ってきたが、車を止めて降りると逃げていった。村を見渡す丘の上のペンション「7 Brazi（7本のモミの木）」が今宵の宿だ。

翌朝、わたしたちは洞窟に同行するチームのメンバー——ミハイ・バチン（チームリーダー）、ヴァージル・ドラグシン、アレクサンドラ・ヒルブランド——と合流し、探検の支度を整えた。車に乗り込み、木々の茂る

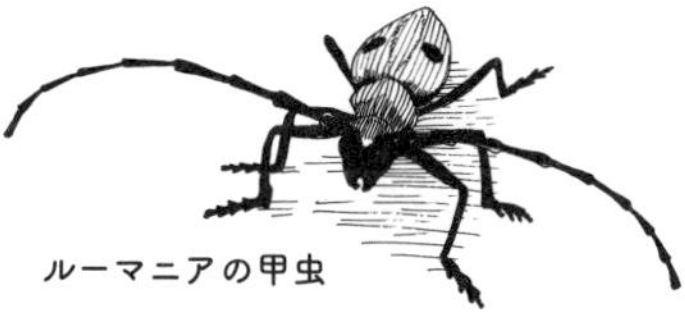

ルーマニアの甲虫

谷を抜け、廃墟となった工場跡を過ぎると、その先は未舗装の小道になった。四〇〇メートルほど進むと、道に大きな穴が開いていた。わたしたちは車から降りて状況を調べ、何個か大きな石を運んできて、その穴を埋めた。無造作にふさいだ穴の上を車はじわじわと進み、どうにか無事、通過した。しかし、その先を曲がるともうそこが目的地だった。洞窟は険しい谷の底にあり、わたしたちは装備を引きずりながら、木や草に覆われた斜面を這うようにして降りていった。谷底に降り立つと、縦に裂けたような洞窟の入り口が見えた。中からは小川が流れ出ている。

これが「Pestera cu Oase《ペシュテラ・ク・オース》」、すなわち「骨の洞窟」である。わたしはこの洞窟について書かれた、数多くの文献を読んできた。自分がその前に立っていると思うと胸が高鳴った。ブリストル大学の同僚、ジョアン・ジルホーは二〇〇三年から二〇〇五年にかけてこの洞窟を発掘したチームに参加しており、詳しいことを教えてくれた。あいにく、ジョアンはポルトガルで他の洞窟を調査中だったので、わたしはシルヴィウに案内してもらうことになったのだった。シルヴィウもかつての発掘チームのメンバーで、この洞窟から発見されたものの年代測定に携わった。

二〇〇二年二月一六日、勇敢なケイブダイバー(洞窟潜水探検家)のグループが、この洞窟を探検した。彼らは洞窟の水面下の

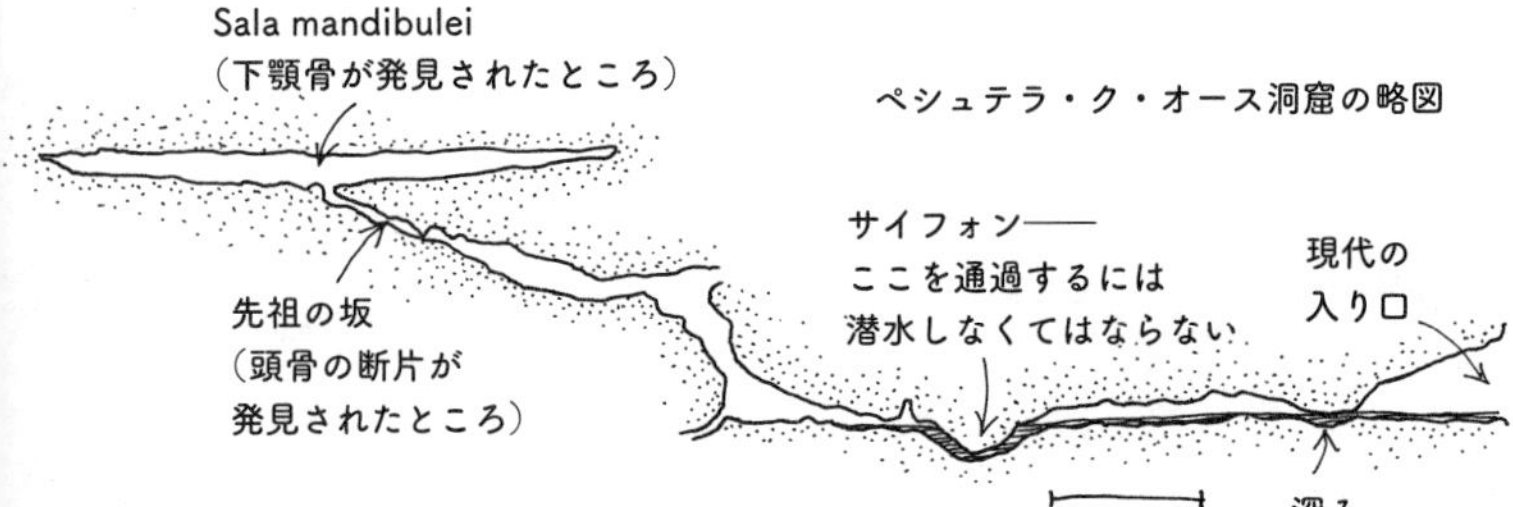

ペシュテラ・ク・オース洞窟の略図

部分を、奥に向かって泳いでいった。しばらくいくと、空洞は急な上り坂になり、水面から出た先には、動物の骨が散らばっていた。「彼らはフローストーン（滝のような形状の鍾乳石）の上に人類の下顎骨が載っているのを発見した。たぶん、最近、動物が掘り出したものなのだろう。だれかが発見してくれるのを、そこでじっと待っていたんだ」と、シルヴィウは言った。

放射性炭素年代測定法で調べたところ、その下顎骨は三万五〇〇〇年前のものであることが判明し、ヨーロッパで見つかった中で最古の、現生人類の化石となった。

「その年代がわかった時には、よほどうれしかったでしょう？」と、わたしは尋ねた。

「皆、かなり興奮していたよ」と、シルヴィウ。「最古の人類がここ、ルーマニアにいたんだ。祖国の洞窟でそれが見つかったことは、実に誇らしかったね」

この洞窟は、先史時代のその時代について研究している科学者にとって刺激的な場所だ。二〇〇三年には、考古学者の国際チームが、ここで大量の骨を発見した。大半はホラアナグマの骨だったが、人骨も見つかった。頭骨の断片だった。それは、例の下顎骨が見つかった場所から坂を下ったところで発見され、後にその場所は、「Panta Strămosilor（先祖の坂）」と名づけられた。下顎骨と頭骨は別々の個体のものだった。

それらの骨が発見された場所へは、容易に行けるわけではない。第一、水に潜らなければならないのだ。

「問題は、大量の骨がどうやってこの洞窟に入ってきたのかということだ」と、シルヴィウは言った。彼は地質学者と洞窟探検家の両方の立場から、この謎の解明に取り組んだ。年代測定にも貢献し、ウラン系列年代測定法で石筍（洞窟の床に生じる鍾乳石）の年代を推定した。彼らの調査によると、先祖の坂にはかつて別の入り口があり、ホラアナグマはそこから出入りしていたようだ。先祖の坂から延びる二つの道は、いずれも過去に地表とつながっていたように見える。現在、それらの開口部は崩れ、道の一部は通れなくなっているが、ネズミなど、小さな動物の中には、今もその穴から洞窟の中へ落ちてくるものがいる(1)。

ペシュテラ・ク・オース洞窟で見つかった骨の大半は、ホラアナグマのものだ。その他に、オオカミやホラアナライオンといった、洞窟や穴を棲みかにする動物の骨もあり、それらはおそらく、さまざまな時代にそこを棲みかとしていたのだろう。しかし、アイベックス（野生ヤギ）やアカシカのように、穴居性でない動物の骨の化石も発見された。それらは人類が持ち込んだ可能性もあるが、洞窟内に人類が暮らした痕跡はなく、動物の骨にも、人類に食べられたことを示す傷は残されていなかった。となると、原因は地質作用か肉食獣ということになる。

二〇〇五年に、考古学者たちが洞窟を再調査した。彼らはさらに多くの骨を発見しただけでなく、それらが洞窟内に集まった理由を明かす重要な手がかりを見つけた。石筍に覆われた地表の下に、厚さ三〇センチにも及ぶ、ホラアナグマとその他の動物の骨の層があり、その多くにクマやオオカミの歯型がついていたのだ。つまり、層をなしていたのは、その洞窟に棲む肉食獣に食べられた動物の骨と、その肉食獣の骨だったのだ。その下には、骨と、砂と砂利と丸石が混ざった層があり、大きな骨は斜面の表面に、小さな骨は底に堆積しており、骨の多くは角がすり減っていた。おそらく、川の水かさが増した時に、ここまで流されてきたのだろう。つまり、ペシュテラ・ク・オース洞窟の動物の骨は、その洞窟に棲んでいた肉食獣と、洪水の両方によってそこに集められたのだ。

「じゃあ、人類の骨はどうなのでしょう？」わたしはシルヴィウに尋ねた。

「水に運ばれてきた可能性が高いね」

人類の骨にかじられた跡はなかったので、生きている人か、あるいは埋葬された骨が、洞窟内に落下し、その後、川の流れによって洞窟の奥に運ばれたものと考えられている。(1) 頭骨と下顎骨しか見つかっていないのは奇妙だが、洞窟の中にはたくさんの骨が残されている。おそらく他の部分はまだ発見されていないのだろう。

わたしはシルヴィウに続いて洞窟に入り、川の中をじゃぶじゃぶ歩いて、最初の広い空洞へ向かった。後ろにはミハイ、ヴァージル、アレクサンドラが続いた。空洞の天井は高く、巨大な鍾乳石がぶら下がっている。奥にはいくつか池があり、その縁を囲むように石筍が並んでいた。わたしたちは流れに沿って左へ進んだが、その先では洞窟の地面が低くなり、進むほどに川は深くなっていった。幸い、この数週間ほど雨があまり降らなかったので、どうにか頭だけは水の上に保てた。もっと雨の多い時期だったら、水は頭の上まで届いていただろう。と言っても、そのまま歩いていくわけにはいかなかった。地面は傾斜がきつく、足がかりになるものもなかった。足が滑って進めないので、結局、わたしは泳いでいくことにした。深みを抜けた先では、肩まで水に浸かり、ロープにつかまって、右の壁際の浅くなったところを進んでいった。しだいに上り坂になり、やがて川は膝くらいの深さになった。

その後も、トンネルのような狭い通路を進んでいった。何度か地面が下降し、その度に胸まで水につかった。そしてついに、広い場所に到着したが、その先で、天井は下降し、通路全体が水面に潜っていた。それは「サイフォン」と呼ばれる洞窟の水没部分で、わたしにとってはこの探検の終着点だった。潜水しなければ、「先祖の坂」にたどり着くことはできない。この先に行けないのは残念だったが、それは最初からわかっていたことだ。それでも、ここまで来られたこと、ヨーロッパ最古の現生人類が発見された洞窟を探検できたことが誇らしかった。

近くの石筍に腰をおろし、シルヴィウにこの洞窟を調査したときの様子を尋ねた。たいへんな苦労を伴ったにちがいない――重い道具を携え、先ほどの深みとこの先のサイフォンを抜けて「現場」にたどり着き、採取した堆積物と骨を入れた鞄を持って、ふたたび水に潜って戻ってきたのだから。しかし、その骨折りは報われた。頭骨の年代を調べたところ、それは下顎骨よりもさらに古く、およそ四万年前のものだとわかった。そしてその頭骨と下顎骨には、少しばかり奇妙なところがあった。

シルヴィウとわたしは、洞窟を出ると、ブカレストへ戻るべく車を走らせた。そこで頭骨と下顎骨の実物を見せてもらうことになっていたのだ。来る時はドナウ川沿いを走ったが、帰りはカルパティア山脈の森に覆われた美しい峡谷を通った。峡谷を抜けると、その先には田園風景が広がっていた。農民が草を刈って、三本足の木製の台の上に積み上げているのが見える。干し草の山の形は場所によって違った。背が高く細いものもあれば、ずんぐりした円錐形のものもあった。車がスピードを落としたので前方を見ると、二頭立ての荷馬車が重そうな干し草の山を載せて進んでいた。車はゆっくりとその脇を抜けた。

いくつか村を通りすぎた。村の中心部には低層のテラスハウスが建っていたが、村はずれでは、巨大で殺風景なビルをよく見かけた。それらは田園風景には似つかわしくなかった。「なぜこんな集合住宅を建てたのかしら?」わたしはシルヴィウに尋ねた。「チャウシェスクが建てたんだよ」と、彼は答えた。「農地を増やすためにね」。「でも、土地はたくさんあるように見えるけど」と、わたしは言った。「たしかにその通りだ。チャウシェスクの狙いは、村を崩壊させることだったんだ」。チャウシェスクが権力の座を追われ処刑された(一九八九年)のがそれほど昔でないことが不思議に思えた。ルーマニアは、立ち直りつつあった。

シルヴィウは、若い頃にあちこち田舎を旅行した頃の思い出を話してくれた。泊まる場所がないときには、納屋を見つけて干し草の中で眠ったそうだ。もっとも、たいていは家に泊めてくれる人を見つけて、夕食もごちそうになったという。「当時の田舎では、時たまやってくるバックパッカーを、もてなすべき旅人として迎え入れてくれたんだ」と、彼は言った。「でも、今ではだれもが、お金を欲しがるようになった。観光客はお金を持っているから、そのいくらかをもらってもいいと思っているんだ」。シルヴィウは、観光客の増加によって田舎の人々の精神や生活が堕落してしまうのではないかと心配していた。彼は自然そのままが好きなのだ。

「このあたりは、四万年前にはどんな様子だったでしょうね？」と、わたしは尋ねた。

「どうだろう、」と彼は言って、しばらく考えこんだ。「当時は酸素同位体ステージ（ＯＩＳ）３だったから、今よりは寒かった。そして夏は湿気が多かった。今のノルウェーの海岸にある都市、ベルゲンのような感じだったのかもしれない」

カルパティア山脈のふもとで、毛皮に身を包んで、アカシカやアイベックス、オオカミ、ホラアナグマを狩っている人々の姿をわたしは想像してみた。ホラアナグマは遠い昔に絶滅したが、現在もルーマニアではたくさんのクマが歩き回っている。ヨーロッパのクマのほぼ半数が、カルパティア山脈にいるのだ。今もクマ狩りは行われており、ブカレストのレストランのメニューにはよく「クマの足」が載っていた。自分がベジタリアンで本当によかったと思うことが、何度かあった。

次の日わたしはブカレストの、シルヴィウの本拠地、エミール・ラコヴィタ洞窟学研究所を訪ねた。彼はオフィスの隣の研究室にダンボール箱を持ってきた。中には、ペシュテラ・ク・オース洞窟で見つかった骨のいくつかが入っていた。ふたりで注意深くそれらを取り出した。鍾乳石

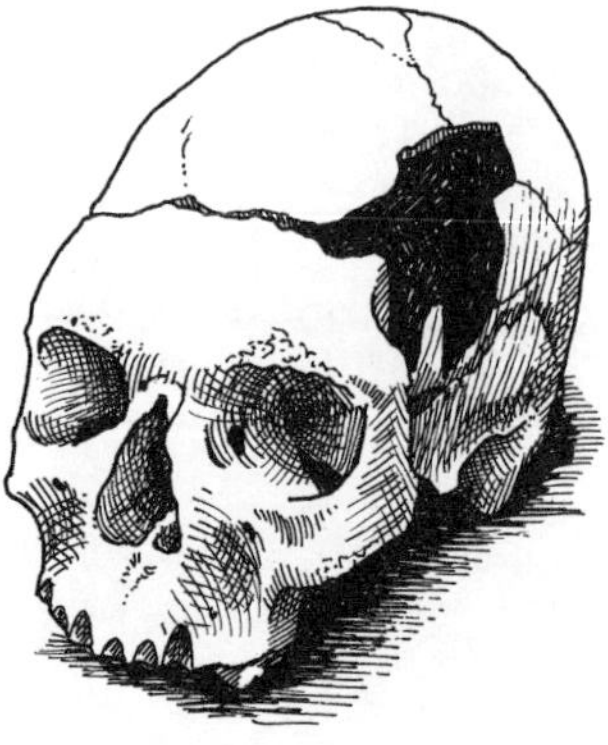

ペシュテラ・ク・オース洞窟の頭骨

に埋もれたままの動物の骨もあった。鍾乳石の年代を測定すれば、骨の年代がわかるので、シルヴィウのような地質学者にとっては、ありがたい贈り物だ。巨大で恐ろしげなホラアナグマの頭骨も出てきた。そして彼は人類の化石を取り出した。頭骨と下顎骨である。

いずれもたしかに現生人類のものだった。頭骨は丸みを帯びており、張り出した眉弓や後頭部の突出といった旧人類の特徴は見られなかった。顎はほっそりと優美で、下顎の先端がとがっているのも、現生人類らしかった。しかし、いくつか現生人類とは異なる点が、とりわけ下顎骨に見られた。下顎はまっすぐで、下顎枝（顎関節まで立ち上っている部分）は幅が広く、下顎孔（下顎枝にある、神経が下歯に入っていく穴）は少し変わっていた。それから、歯列のカーブは緩く（Uが広がった形）、大きな親知らずが生えていた。現生人類では、親知らずは前方の臼歯より小さいが、洞窟で見つかった下顎骨の親知らずは、臼歯の中でいちばん大きかった。[1,2] これらの特徴については、この化石の発見や年代に関する論文で読んだことがあったが、骨の実物を手にとって眺めるというのは、まるで次元の違う経験だった。

人にそれぞれ個性があるように、体や骨にも「解剖学的な個人差」が見られる。例えば、頭骨に開いた、神経が通る穴の数は、人によって一つだったり、二つ、あるいは三つだったりする。頭骨は何枚かの板状の骨が縫合線でつながっているが、その骨の数やつながり具合も人によって少々異なる。こうした個人差のいくつかは遺伝によるが、後天的に、食事やライフスタイルの影響で生じる場合もある。例えば、頻繁に水泳をする人は、外耳道の内側に「外骨腫」と呼ばれる骨の隆起ができることがある。このような個人差が、なぜ、どのように発生するのか、遺伝子や環境がどう影響するのか、確かなことはわかっていない。そのすべてに発生生物学上の大きな謎——すなわち、わたしたちの身体の形成に、遺伝子と環境はそれぞれどのように関わっているかという謎——が絡んでくる。

もっとも、個人差があるとしても、そうした特徴の中には、より初期の形態にさかのぼっているように見えるものがある。あなたが辛辣な人なら、それを「先祖返り」と呼ぶだろう。心やさしい人なら、「進化の歴史を反映し、わたしたちがどこから来たのかを垣間見させてくれる特徴」と捉えるだろう。そして、ペシュテラ・ク・オース洞窟で見つかった下顎骨に見られる風変わりな特徴は、まさにそのようなものだった。しかし、それらが、「進化の歴史を反映した」ものではない可能性はあるだろうか？　もしかすると、現生人類と古いタイプの人類が交流した——すなわち、交配した——ために、両者の特徴が混在しているのではないだろうか？　これはそれほど突飛な考えではない。なぜなら、現生人類がヨーロッパに足跡を残しはじめたとき、そこにはすでに先住者、ネアンデルタール人がいたからだ。

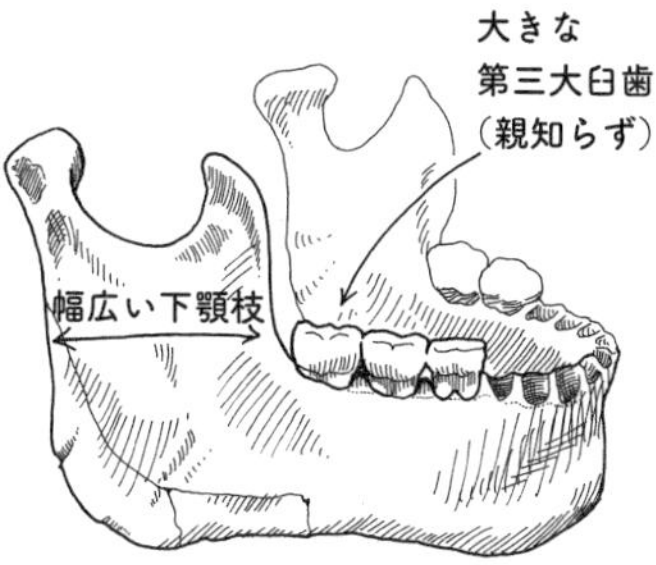

ペシュテラ・ク・オース洞窟の下顎骨

「出アフリカ」の先達

東アジアに残された考古学遺物や化石から、わたしたちホモ・サピエンスはアフリカから出た最初の人類ではないということがわかる。一連の旧人類がわたしたちより先に、「出アフリカ」を遂げていたのだ。

二〇〇三年、『サイエンス』の総説で、アン・ギボンズはこう述べている。「ホモ・エレクトスとよばれる脚の長い、比較的脳の大きいホミニンは、人類のモーセ、すなわち、一五〇万年以上前に初めて出アフリカを遂げた人類だと長く考えられてきた——」[3]

出エジプトの喩えは絶妙で、立派な眉の男が仲間を引き連れ、大股で歩いてアフリカを出て、紅海を渡っていくさまが想像される。しかし、ギボンズの弁には、ふたつの嘘が混じっている。ひとつは、実際の「出アフリカ」はそんなふうではなかったということだ。わたしたちは、祖先を英雄視し、彼らが苦難に立ち向かっていったから、今日の繁栄があると考えがちだが、事実はそうではない。

ふたつ目の嘘は、この後の段落で、初めてアフリカを出たのはホモ・エレクトスではなく、「ホモ・ゲオルギクス」だと書いていることだ。「ホモ・ゲオルギクス」とは、近年、グルジアのドゥマニシで発見された人類の化石につけられた名前で、ヨーロッパの古人類学界にちょっとした騒動を巻き起こした。見つかったのは三個の小さな頭骨で、一七五万年前のものであることがわかった。その後、ケニアで人類の小さな頭骨が発見され、およそ一五〇万年前のものと推定された。こちらはおそらくホモ・エレクトスの小集団に属し、ドゥマニシで見つかった化石ともつながりがあると見なされた。一五〇万年前というと、有名な化石、トゥルカナ・ボーイの年代と同じである。トゥルカナ・ボーイは、やや大きい脳をもち、ホモ・エレクトスに分類されることもあれば、ホモ・エルガスターに分類されることもある（古人類学者は「統合派」と「細分派」に分かれることを思い出そう——12ページ参照）。

化石の種を見極めるのは難しい。ケニアとドゥマニシの頭骨も例外ではなかった。それらは、眉弓の発達していない小型のホモ・エレクトスに似ているが、より初期のホミニンであるホモ・ハビリスに似たところもあるのだ。ドゥマニシの頭骨の発見者は、それを新しい種と見なし、ゆえに「ホモ・ゲオルギクス」と命名したのだが、研究者の多くは、その頭骨はホモ・エレクトスのものだと考えている。アフリカを出た最初のホミニンは、やはりホモ・エレクトスだったのだろう(3)。

グルジアはカスピ海と黒海の間にあり、ヨーロッパなのかアジアなのか、判断がつきにくい。したがって、その後、スペイン北部のシエラ・デ・アタプエルカで興味深い化石が発見され、「ヨーロッパで最初のホミニン」と報告されると、ドゥマニシの頭骨はすっかり影が薄くなった。スペインの化石は一二〇万年前のものと推定され、発見者はそれを「ホモ・アンテセッソール」と命名した(ホモ・ハイデルベルゲンシスに含める人もいる)(4)。

およそ三〇万年前までに、ヨーロッパのホモ・ハイデルベルゲンシスはネアンデルタール人へと進化した。そして、現生人類がヨーロッパへたどり着いたとき、彼らはまだそこで生活していた(5,6)。

ネアンデルタール人の最初の化石は一八三〇年にベルギーで発見され、一八四八年にはスペインのジブラルタルでも発見されたが、当時はほとんど無視されていた。初めて「ネアンデルタール人」と命名されたのは、一八五六年にドイツのデュッセルドルフ近郊のネアンデル谷(ネアンデルタール)で見つかった化石である。その谷は石灰石の採掘場で、採掘に先立って洞窟の泥を取り除いていた労働者たちが、骨の化石を発見した。彼らはホラアナグマの骨だろうと思ったが、地元の教師が人類の骨であることに気づき、他の骨も収集した(7)。

翌年、ボン大学のヘルマン・シャーフハウゼン教授がそれらの骨に関する報告を発表し、「病気による異常ではなく、正常な発達をしており、絶滅した動物の骨とともに発見されたことから、太古のヨーロッパに暮らした人類のものと思われる」と、当時としては大胆な仮説を述べた。それに対して、同じボン大学のオーギュスト・マイヤー教授は、「骨はおそらくもっと近年の、クル病に罹ったロシアのコサックのもので、苦痛に顔をしかめつづけたせいで眉弓が張り出したのだ」と反論した。しかし数年後、その発見は広く知れ渡り、多くの人はその骨が非常に古いものであることを認めるようになった。アイルランドの地質学者ウィリアム・キングは、その骨格に新しい種名「ホモ・ネアンデルタレンシス」をつけるべきだと提案した。こうしてネアンデルタール人は、最初に知られる化石人種となった。[7,8,9]

そのネアンデルタール人の骨が発見されてから今日まで一五〇余年の間に、数千個におよぶネアンデルタール人の骨が、七〇か所以上で発見された。また、三〇〇以上の遺跡で、ネアンデルタール人が使ったと思われる石器が出土した。

ネアンデルタール人の解剖学的特徴は、祖先種であるホモ・ハイデルベルゲンシスにもすでに現れている。たとえば、アタプエルカのシマ・デ・ロス・ウエソス（骨の採掘坑）で見つかった化石は、三五万年以上前のホモ・ハイデルベルゲンシスのものと見られているが、すでに「ネアンデルタール人」の特徴――下方が突出した顔立ち、親知らずの後ろの隙間、張り出した眉弓、後頭部の膨らみ（「ネアンデルタール人のシニョン」と呼ばれる）など――を備えている。[10] それらの特徴を十二分に発達させた「典型的」なネアンデルタール人は、およそ一三万年前までにヨーロッパを縦断し――その先へも進出していった。[11] その生息域は、西はポルトガルから東はシベリア、[12] 北はウェールズから南はイスラエルまで拡大した。そして彼らはヨーロッパと西アジアのいくつかの地域で三万年前以降まで生き残り――現生人類がヨーロッパに到着した後もそこで暮らしていた。

現在、ネアンデルタール人については様々なことがわかっているが、その消滅については謎が多い。ネアンデルタール人と現生人類が、同じ時期に同じ場所で暮らしていたという証拠はないが、ヨーロッパにいた時期が重なっているのは確かだ。共存は一万年ほど続いたと考えられてきたが、最近のより正確な放射性炭素年代測定の結果は、両者のオーバーラップがもっと短かったことを示唆している。ヨーロッパ北部と中央部では六〇〇〇年、そしてフランス北部ではわずか一〇〇〇年から二〇〇〇年だったらしい。[13] しかし、なぜネアンデルタール人は消えたのだろうか？　わたしたちが彼らを死なせたか、圧倒したのだろうか？　あるいは、消えたわけではなく、ヨーロッパの西へ押し寄せてくる現生人類に吸収されたのだろうか？

そう考える研究者がいるのは確かだ。彼らはいくつかの化石——大半は頭骨——をネアンデルタール人と現生人類の混血が起きた証拠として提示している。それらは、ルーマニアのペシュテラ・ク・オースやチオクロヴィナ、チェコ共和国のムラデチ、ポルトガルのラガール・ウェロで出土した。[1] 古人類学者のジョアン・ジルホーとエリック・トリンカウスは、それらの化石にみられる旧人類の特徴は、単なる「先祖返り」ではないと主張する。つまり、ヨーロッパの初期の現生人類にネアンデルタール人の遺伝子が混じった証拠だというのである。

ネアンデルタール人の頭骨と遺伝子　ドイツ：ライプツィヒ

そういうわけで、わたしはドイツに向かった。もっとも、行き先はネアンデル谷ではなく、ライプツィヒのマックス・プランク進化人類学研究所である。そこでは、カテリナ・ハバティ博士と会う予定になっていた。博士は、最近チオクロヴィナの頭骨を分析したばかりだった。入口の回転ドアを入ると、カテリナが迎えてくれた。わたしたちは連れだって、三階まで吹き抜けになった広いロビーに入っていった。二面の壁はガラス張りで、光がまぶしいほど差し込んでくる。上階へ向かう階段は、空中に浮かんでいるように見えた。チオクロヴィナの頭骨のCTスキャン画像を見せてくれるというので、カテリナに導かれて、二階の研究室へ行った。

研究室に入るなり、隅に置かれた骨格模型が目に留まった。異なる遺跡から出土したネアンデルタール人の化石を元に再現したものだ。ネアンデルタール人の全身骨格を見るのは初めてで、そのずんぐりした体軀の各所に興味をそそられた。胸郭は下部で外に広がり、現生人類の胸の形とはかなり異なっている。個々の骨はおおむね現生人類の骨とよく似ていたが、全体にいかつい感じがした。

「ネアンデルタール人の身体の形状と比率には、寒さへの適応が見られます。ずんぐりしていて、手足が短いでしょう?」と、カテリナは言った。

しかし、現生人類との比較において、その特徴は彼らにどのくらい有利にはたらいたのだろう。「当初は、かなり有利だと見られていたようだけど、実際はそれほどでもなく、スーツを着るか着ないかといった程度だったんじゃないでしょうか」

それではあまり役に立たなかっただろう。ネアンデルタール人が氷河期のヨーロッパを生きのびるには、衣類や火の使用といった文化的な適応のほうが、より重要だったにちがいない。

しかし、ネアンデルタール人の骨格でもっとも「独特」なのは、その頭骨である。現生人類の頭蓋は丸いが、ネアンデルタール人の頭蓋は前後に長く、ドームが低い。そして、ネアンデルタール人の顔は大きい。眉弓は張り出し、眼窩も鼻孔も大きく、口と顎が前に突き出ている。

ところで、チオクロヴィナの頭骨はネアンデルタール人と現生人類の混血だという主張は正しいのだろうか。その頭骨は一九四一年に、ルーマニア中西部のチオクロヴィナ洞窟で、リン酸塩の採掘中に発見された。最近の放射性炭素年代測定によって、およそ二万九〇〇〇年前のものと推定されている。その頭骨はまさに「頭蓋」骨で、顔の大部分は失われていた。大体の形は現生人類のものだったが、眉弓の形と後頭部がネアンデルタール人らしいという研究者もいた(1)。

ドイツ、ライプツィヒのマックス・プランク進化人類学研究所

当然ながら、ある頭骨が混血の証であるかどうかを判断するには、まず、混血だったらどうなるのかを知っていなければならない。両方の特徴が混じり合ったものになるのか、それとも、大部分は一方の親に似て、わずかな特徴だけ、もう一方の親に似るのだろうか? カテリナは他の霊長類の雑種の特徴を調べ、雑種に共通する特徴は「大きさの変化」――親集団より大きくなる場合も、小さくなる場合もある――だということを発見した。アトランタ動物園のテナガザルとフクロテナガザルの雑種や、マカクザルとヒヒの雑種などのように、雑種の中には、両親の特徴を混ぜ合わせたように見えるものもあった。また、雑種は親種より変異しやすいらしく、異形の子が生まれる確率が高かった(1)。

次にカテリナはチオクロヴィナの頭骨を分析し、混血であることを示す兆候——大きさの変化、特徴の混合、変異の頻度、異形性——があるかどうかを調べた。合わせて、現生人類や他のネアンデルタール人のものと比較するために、その頭骨の各部のサイズを測った。中国で見てきたように、頭骨を計測し、特徴を捉えることにはさまざまな問題がつきまとうが、カテリナは精密かつ客観的な方法によって、それを行った。

カテリナが最初に取り組んだのは、頭骨の形と大きさを数理モデルに変換することで、すべての頭骨に共通する造作（鼻孔や眼孔など）を「目印」にして、その大きさや位置を三次元空間の点の集まりとして表現していった。もっとも、彼女が用いたのは、昔ながらのカリパス（コンパス型の計測器）ではなく、電子デジタイザ（座標読取装置）とCTスキャンである。彼女はその作業を再現して見せてくれた。デジタイザは洗練された装置で、連結されたアームの先端に入力用のペンがついている。そのペンで頭骨の表面をなぞり、捉えた点を、三次元座標（x、y、z座標）に記録していく。デジタイザはデザインや工学技術の分野で広く使われてきたが、現在では、古い骨の研究でも利用されるようになった。三次元座標はCTスキャンによっても得られる。そちらは、頭骨の外側だけでなく、内側の形状も座標上に移すことができる。

カテリナは、この手法によって、ネアンデルタール人と現生人類、そして霊長類の頭骨を比較した。

「ネアンデルタール人と現生人類との隔たりは、現生霊長類の亜種間に見られる隔たりよりはるかに大きかったのです」と、彼女は言った。

「亜種間というより、種と種の違いと言っていいものでした」

「つまり、ネアンデルタール人は現生人類とは別の種だと、おっしゃるのですね」と、わたしは尋ねた。

「ええ、そう断言できます。現生人類とはあまりに異なっているので、もちろん現生人類ではないし、その亜種でもありません。ネアンデルタール人は、わたしたちとは近い関係ではあっても、別の種、つまり姉妹種だったのです」

ホモ・エレクトス以降の種をすべて同種と見なそうとする多地域進化説に真っ向から対立する見方だ。

「では、チオクロヴィナの頭骨はどうでした?」と、わたしは尋ねた。カテリナはコンピュータ画面でその頭骨の三次元画像を見せてくれた。地元の病院で撮影したCTスキャンをもとに作成したそうだ。彼女は画面上で頭骨を回転させ、いくつかの特徴を指摘した。眉弓は大きかったが、中央がへこんでいて、ネアンデルタール人の途切れのない「一文字眉」とは違った。後頭部はしっかりと張り出し、首の筋肉が付着していた項線はがっしりしていたが、ネアンデルタール人のようには見えなかった。頭骨のサイズはごく普通で、例外的な特徴は、何もなかった。

形状を分析した結果はどうだったのだろう? カテリナはその頭骨と、ネアンデルタール人および現生人類(後期旧石器時代のものを含む)の頭骨の鼻孔や眼孔などの「目印」の配置を比較した。いくつかの統計手法で分析してみたが、どの手法によっても、チオクロヴィナの頭骨はネアンデルタール人より現生人類の頭骨に近いという結果が出た(1)。

「わたしの分析では、チオクロヴィナとネアンデルタール人の頭骨に類似点は見つかりませんでした」と、カテリナは言った。「現生人類とネアンデルタール人との混血だという主張を支持する証拠はなかったのです。解剖学的構造を見る限り、チオクロヴィナの頭骨は、間違いなく現生人類のものです」

ペシュテラ・ク・オース洞窟の頭骨など、混血が疑われる他の化石を見るまでもなく、彼女の結論ははっきりしているようだった。しかし、彼女は自分の発見が意味するところや、これから発見されることについて、公正な視点を保とうとしていた。

「もちろん、これだけで混血が起きなかったと言い切ることはできません。混血が起きた可能性はあるし、ただその証拠が見つかってないだけかもしれない。わたしがまだ調べていない他の候補のなかに、それはあるのかもしれません。あるいは、混血は起きたけれども、あまりにも稀だったので、化石記録に痕跡が残っていないとも考えられます。ともかく、今のところ遺伝子の証拠は、混血は起きたとしても非常に稀で、進化上の重要性はないと語っています」

ネアンデルタール人のDNAに迫る

実のところこの研究所では、ネアンデルタール人の骨の形や大きさだけではなく、遺伝子についても研究されている。一九九七年、この研究所のスバンテ・ペーボ率いるチームが歴史上初めて、絶滅した人類から採取したDNAの分析結果を発表した。彼らはネアンデル谷で発見された最初の化石のひとつから、mtDNAを抽出することに成功したのだ。mtDNAの、変異が蓄積されやすいノンコーディング（遺伝子をコードしない）領域は、現生種の進化のつながりを明かす研究において有用性が認められている。ペーボたちは、その領域を見ることにした。

太古の骨からDNAを取り出すのは、大いなる挑戦である。DNAは、生物が死ぬとばらばらに壊れていくからだ。しかし、ペーボたちはいくつかの小さな断片が残っていることを期待した。現代のDNAが混入しないよう、抽出作業は無菌室で行われた。彼らは骨を粉末状にすりつぶし、DNAを増殖させる処置を施した。つまり、DNAのかけらに自らのコピーを作らせたのである。その後、その配列を解読し、およそ一〇〇〇人の現代人のmtDNAの配列と比較したところ、両者ははっきりと異なっていた。現生人類のｍｔＤＮＡ（一万六五六九塩基対からなる）の配列は、四〇〇個の塩基対に対して平均で八個、他の人と違っていた。しかし、現生人類とネアンデルタール人では、四〇〇個中、平均で二六個、違っていた。この差は、ネアンデルタール人と現生人類のｍｔＤＮＡがおよそ六〇万年にわたって、別々の進化の道筋をたどってきたことを示していた。発見されているネアンデルタール人の最古の化石はおよそ三〇万年前のもので、現生人類のそれはおよそ二〇万年前のものであることを考えると、六〇万年というのは昔すぎるように思えるが、このふたつの系統が、祖先種であるホモ・ハイデルベルゲンシスの時代から分岐しはじめたのであれば、理にかなった年数である(2)。

この結果は、現生人類はアフリカに誕生し、その後、世界に拡散して旧人類と入れ替わった、という見方を支持しているように見える。一方、多地域進化説は、太古のアフリカ、ヨーロッパ、アジアに暮らした集団が現生人類に進化したと推測する。そして、折衷説は、現生人類はアフリカで生まれ、ヨーロッパとアジアへ広がり、すでにそこにいた旧人類と交雑したとする。

ペーボの発見は、少なくともそのネアンデルタール人のｍｔＤＮＡの系統は、現生人類がヨーロッパに現れる何十万年も前に、現生人類の系統と分離し、その後も交わらなかったことを示している。交雑が起きたのであれば、ネアンデルタール人（ヨーロッパを中心に西アジア・中央アジアまで分布した）は遺伝的にヨーロッパの現生人類に最も近いことになるが、それを裏づける証拠は見つからなかった。このネアンデルタール人のｍｔＤＮＡの塩基配列は、世界のどこに暮らす現生人類のものとも、等しく異なっていたのだ。別の研究で、二万四〇〇〇年前のヨーロッパの現生人類の化石二体から抽出したｍｔＤＮＡの塩基配列を調べたところ、いずれも現生人類の変種の範囲に収まった。また、このネアンデルタール人のものとは明らかに異なっていた(3)。

スイスの研究者たちは、ヨーロッパにおける現生人類の拡散をモデル化し、ｍｔＤＮＡの変異を調べた結果、ネアンデルタール人と現生人類の交雑率は、最大でも〇・一パーセント以下だったと結論した。この値は非常に低く、統計上、意味を成さない。ゆえに、彼らは、ネアンデルタール人と現生人類は生物学的に大きく異なっており、交雑する機会があったとしても、生殖能力のある子を残すことはできなかったのだろう、と推測している。(4)

結局のところ、ネアンデルタール人のｍｔＤＮＡは、彼らがヨーロッパ人の祖先の一員ではないことを明かしているのだろうか？　たしかにその方向を指し示しているように見える。しかし、それだけでは証拠としては不十分だ。もしかすると、ネアンデルタール人の遺伝子は人類の遺伝子プールに入ったものの、その混血の系統が滅びたために、今日には痕跡が残っていないのかもしれない。また、ネアンデルタール人の男性だけが、新参の現生人類と交雑したとしたらどうなるだろう？　その痕跡は、母親だけから受け継がれるｍｔＤＮＡには現れないはずだ。ネアンデルタール人のｍｔＤＮＡに関するこれらの驚くべき研究は、交雑が起きなかったことを示唆しているが、その可能性を完全に否定するものではないのである。

では、さらに進んで、ネアンデルタール人のさらに多くのＤＮＡを――つまり核ＤＮＡを――、追うことは可能だろうか？

ペーボは、一九九七年にネアンデルタール人のｍｔＤＮＡに関する論文を発表した後、『サイエンス』誌のインタビューに答えて、ネアンデルタール人の骨から核ＤＮＡを再生し、その塩基配列を解読する可能性について、きわめて悲観的な見通しを述べた。(5)しかし、それからまだ十数年しかたっていない今、ペーボの研究室では、まさにそれが行われようとしていた。

ペーボの遺伝学研究室は、カテリナの骨の研究室から、明るい空の見える、ゆるやかにカーブした美しい廊下を行った先にある。彼の研究室は、修道院を思わせる静寂と学究的な雰囲気に満ちていた。しかしそこにいるのは、勤勉に聖書の一節を写しとる修行僧ではない。科学者たちがハイテクの筆写室に閉じこもり、ネアンデルタール人のDNA配列を解読しているのだ。

わたしは、ネアンデルタール・ゲノムプロジェクトに熱心に取り組む遺伝学者のひとり、エド・グリーンに会った。エドはDNAを抽出した化石の模型をいくつか用意してくれていた。

「これらの化石からどうやってDNAを抽出したのですか?」と、わたしは尋ねた。

「まず、抽出可能な太古のDNAを含む化石を見つけます。次は、簡単に言ってしまえば、歯科用ドリルで小さな穴をあけて骨の粉末を採取し、ごく普通のやり方で、DNAをシリカビーズに吸着させます――その先が重要で、そのDNA配列を解読し、それが何であるかを調べます。このDNAは本当に、骨の持ち主のものなのか、それとも、骨に入りこんだ虫のものなのか?(口絵㉒)」

「それに、現代の人のDNAという可能性も高いのでしょう?」とわたしは尋ねた。「それを掘りだした考古学者のものとか」。エドはうなずいた。彼は考古学者たちに、「無菌」状態で化石を扱うことを奨励しているが、DNAを調べようとする化石の中には、数十年前に掘りだされたものも多く、それらには、何人もの考古学者やキュレーターが触れていた。

グリーンのチームは、七〇個以上のネアンデルタール人の骨について、DNAを抽出できるかどうかを見極めるために、他の有機分子――アミノ酸――の状態を調べた。状態の良いアミノ酸を含む化石は六個あり、それらはDNAも保っていることが期待できた。そこで彼らはその化石からDNAを抽出したが、そのDNAが現代の人に由来するものではないことを常に確認しながら、作業を進めた。

クロアチアのヴィンディヤ洞窟で見つかったネアンデルタール人の骨のかけらは、とりわけ有望に思えた。「わたしたちにとって幸運なことに、この骨片は形態学的に見てそれほど興味深いものではなかったので、研究者にいじられることなく今日にいたったのです」と、エドは言った。

そこで彼らはこの化石から抽出したＤＮＡの配列を解読することにした。その技術は驚異的なスピードで進歩しつづけている。遺伝学研究室に置かれた、とりたてて特徴のない白い箱の中には、ＤＮＡの断片が入った数百個のウェル（くぼみ）がついた小さなトレーが数枚入っている。そのＤＮＡはばらばらの状態だった。数百万の塩基対からなる長いＤＮＡは、時間の経過とともに何度も破壊され、数百、あるいは数十の塩基対に分断されたのだ。したがって、作業では、それらの断片の配列を解読し、元通りにつなげなければならない。幸い、新しい技術が開発され、数多くの断片を同時に解読できるようになった。「ＤＮＡ配列解読の処理量は、わずか三、四年の間に、数百倍以上になりました」と、エドは言った。

彼は、その解読法について、その目で見たかのように説明した（実際には、箱を開けて作業を見ることはできない）。それぞれのウェルには、ひとつながりのＤＮＡのコピーが数多く入っており、機械はその一本一本に、次に必要な塩基（Ａ、Ｃ、Ｔ、Ｇ）を「尋ねる」ことによって、その配列を明らかにしていく。具体的には、ウェルの上をそれぞれの塩基を含むヌクレオチド溶液を順に流していく。必要とされる塩基がＴ（チミン）なら、Ａ（アデニン）、Ｃ（シトシン）、Ｇ（グアニン）を含む溶液は、何の変化も起こさない。しかし、Ｔを含む溶液が流れると、酵素がそれをつかみ、閃光を放つ。この方法は「パイロシーケンシング」と呼ばれる。「溶液を流すたびに、違うウェルが光を放ち、まるで花火のようです」とエドは言った。ヌクレオチド溶液が通過するたびに、ウェルのいずれかが光を放って「イエス」と返事をするのだ。機械は、すべてのウェルのすべての紐の配列が解読されるまで同じ作業を続ける。この方法では、一〇〇から二〇〇のヌクレオチドからなる紐を解読することができる。太古のゲノムの断片を見るには十分だ。
抽出したDNAの大半はバクテリアのものだったが、それはグリーンらも予想していたことだ。それ以外のDNA配列をヒト、チンパンジー、マウスのゲノムと比較してみると、霊長類のDNAらしきものがかなりの割合で含まれていた。グリーンらはそれらの断片を長くつなげていった。十分な断片が揃っていれば、ネアンデルタール人の全ゲノムを解読することも可能なのだ。[6]
ネアンデルタール人のDNAが解読されれば、交雑の問題だけでなく、多くの研究分野に前進をもたらすだろう。ネアンデルタール人と現生人類のDNAの違いを比較することで、両者が「分岐」した時期を推定することができる。これまでの研究からペーボのチームは、分岐はおよそ五一万六〇〇〇年前に起きたと推定している。これは化石が示すおよそ四〇万年前という時期より古いが、驚くにはあたらない。遺伝的な分岐は、それらがまだひとつの集団だった時期に起きていたのだろう。
この分野は歴史が浅いので、解決すべき問題がいくつも残っている。おそらく最大の難問は、現代のDNAが混入することで、それは結果を歪めかねない。ネアンデルタール人のゲノム解読が行われているのは、ここだけではない。カリフォルニアのエドワード・ルービン率いるチームも取り組んでおり、ネアンデルタール人のDNAの一部を解読した結果を、ペーボのチームと同じ週に発表した。しかし、その内容はペーボらのものとは異なっており、また彼らは、現生人類との分岐の時期をおよそ七〇万六〇〇〇年前と推定した。[7] ルービンらも細心の注意を払ったはずだが、もしかすると何か別のDNAが混入し、そのせいで違う結果が出たのかもしれない。[8] 実に歯がゆい問題だが、各地の研究室が互いの結果を検証することによってやがて解決できるだろうと、研究者たちは期待している。[9] ルービンらが予測した年代は、早すぎるように思えるかもしれないが、それはｍｔＤＮＡの系統が分岐した時期であって、実際の集団の分岐を示すものではないということを思い出そう。この結果からルービンのチームは、ネアンデルタール人と現生人類の分岐はおよそ三七万年前に起きたと推定した。この年代は、化石記録とも符合する。

もうひとつ、ＤＮＡ解読による進展が期待できるのは、小さすぎて識別できない化石の正体を明かすことである。すでに二つの遺跡から出た化石でそれは試されている。ウズベキスタンのテシク・タシュから出土した子どもの骨格は、最も東で発見されたネアンデルタール人と見なされていたが、異議を唱える人もいた。さらに東の、シベリアにあるオクラドニコフ洞窟から出土した骨と歯は、ムスティエ文化の石器と共に発見されたが、破損がひどく、現生人類のものなのかネアンデルタール人のものなのか判別できなかった。そこで遺伝学者の出番となった。ライプツィヒとリヨンの科学者たちが別々に、そのふたつの骨からｍｔＤＮＡを抽出して分析した。その結果、いずれもネアンデルタール人のｍｔＤＮＡを持っていることがわかった。[10] この結果には重要な意味がある。ネアンデルタール人が居住した範囲を、これまで知られていたよりずっと東の、中央アジアにまで広げたからだ。ひょっとすると、彼らはモンゴルや中国にもたどり着いていたのかもしれない。遺伝子分析が、旧石器時代を専門とする考古学者にとって、胸躍る新たな道具となっているのは確かだ。

「彼ら」は赤毛だった!?

遠い未来、人類やその他の動物の遺伝子の機能について、より多くのことがわかるようになれば、ネアンデルタール人の生態についても、さらに刺激的な発見が導かれるだろう。[6] 現在すでに、少なくとも一部のネアンデルタール人は髪を赤くする遺伝子を持っていたことがわかっている。それは、メラノコルチン1受容体遺伝子（mc1r）である。今日の人類では、この受容体遺伝子に変異が起きると、髪の毛は赤くなり、肌は白くなる。ある遺伝学者のチームがイタリアとスペインで出土したふたつのネアンデルタール人の化石からDNAを抽出した。それらのDNAには、mc1rの一部が含まれていたが、いずれも、現生人類には見られない変異を遂げていた。変異の影響を調べるために、実験室で細胞に挿入してみたところ、そのmc1r遺伝子は——現生人類の髪を赤くするmc1r遺伝子の他の変異と同じく——変異によって機能の一部を失っていることがわかった。[11] ここで注意しなければならないのは、ネアンデルタール人と現生人類のmc1r遺伝子の変異は、まったく別物だということだ。ネアンデルタール人と現生人類との間に遺伝的な混合があったわけではないし、赤い髪の人がネアンデルタール人の血を引いているわけでもないのだ。

ネアンデルタール人のDNAで確認された、もうひとつの特殊な遺伝子は、FOXP2である。この遺伝子がコードするタンパク質のアミノ酸配列は、現生人類と他の現生霊長類とで二か所違っている。また、この遺伝子に異常があると、言語能力に障害が生じることから、「言語遺伝子」と呼ばれている。現生人類特有の、つまりヒト型の、FOXP2遺伝子はおよそ二〇万年前に出現し、広まったとされてきた。その状況はアフリカにおける現生人類の出現と一致しており、ゆえに、言葉と象徴的行動は現生人類特有のものであり、それには遺伝学的根拠があると考えられてきた。

しかし、ワシントン大学の人類学者、エリック・トリンカウスは、この解釈に異議を唱えた。彼は、ネアンデルタール人が残した考古学的記録にも、死者を埋葬したことも含め、象徴的行動の証拠が見られるとし、彼らの複雑な生存戦略は、言語による社会的コミュニケーションが——

すでに八〇万年前に——行われていた証拠だと訴えた。それでも当時は、ヒト型のＦＯＸＰ２遺伝子は現生人類とネアンデルタール人の系統が分岐した後に現れたと考えられていた。[12] ところが、最近になって、スペインで見つかった二つのネアンデルタール人化石のＤＮＡを調べたところ、それらはヒト型のＦＯＸＰ２を持っていることが判明した。[13] トリンカウスにとってそれは、「ひどく見下されていたネアンデルタール人」が現生人類のような行動をとっていたことを裏づける証拠だった。以前から考古学的記録はそう語っていたのだが、多くの人はそれを認めようとしなかったのだ。

では、なぜ、現生人類とネアンデルタール人は同じ型のＦＯＸＰ２を持っているのだろう？ 答えは、ヒト型のＦＯＸＰ２がかつての推定よりずっと歴史が古く、現生人類とネアンデルタール人が分岐する前から存在していたか、あるいは、交雑によって一方からもう一方へ伝えられたかのどちらかだ。今のところ、交雑による遺伝子流動が起きたという証拠は発見されておらず、後者の可能性はかなり低そうだ。[13]

しかし、例の、意欲的なネアンデルタール・ゲノムプロジェクトはどうなのだろう？ 核ＤＮＡの研究から、交雑を示す証拠は見つかったのだろうか？ 交雑の証拠を探すときに重要なのは、ヨーロッパ人に特有の遺伝子、あるいは染色体片に注目し、ネアンデルタール人のゲノムにその塩基配列を探すことだ（遺伝的特徴の大半は、ひとつの地域に特有のものではなく、全世界の人々に共有されているため、これは無理難題と言えそうだが）。もしそれが見つかれば、ヨーロッパでネアンデルタール人と現生人類との遺伝子流動が起きた証拠と見ていいだろう。

わたしがマックス・プランク研究所を訪れたのは二〇〇八年初夏のことだったが、その時点でエドたちが解読できていたのは、ネアンデルタール人のゲノムのおよそ五パーセントだった。わたしは、プロジェクトの完了はまだずいぶん先だということを考慮しつつ、エドに難しい質問をした。「チンパンジーのゲノムはわたしたちとおよそ一・三パーセント違うそうですが、ネアンデルタール人のゲノムはどのくらい違うと予想されますか？」

「そうですね、」と彼は答えた。「チンパンジーの一〇倍は現生人類に近いでしょう。けれども、ネアンデルタール人はわたしたちにとても近いので、何パーセントというのは難しいですね。個人差があるから、どの人とどのネアンデルタール人を比べるかによって違ってくるはずです」

「では、現生人類との交雑に関して何かわかったことはありますか？」と、わたしは尋ねた。

「いいえ。今のところその証拠は見つかっていません」と、彼は答えた。「しかし夏の終わりまでに、ネアンデルタール人のゲノムの六五パーセントが明らかになるはずなので、そのときには、もっとはっきり答えられるでしょう」

現生人類がネアンデルタール人の領土に入っていったときに何が起きたかを想像するのは楽しい。わたしはエドに、もしネアンデルタール人に出会ったらどうしますか、と尋ねた。

「まず、ＤＮＡを採取させてくれませんかと頼むでしょうね」というのが彼の答えだった。どこまでも科学者だ。

結局、現時点でネアンデルタール人の遺伝情報からわかっているのは、彼らがヨーロッパとアジアの広域に暮らし、現生人類と同じ「言語遺伝子」を持ち（もっとも、言語の発達をもたらすのはただひとつの遺伝子ではない）、一部の人は髪の毛が赤かったということだ。そして、今後、多くの塩基配列が解読されていくとしても、現時点では、ヨーロッパでネアンデルタール人と現生人類とのあいだで交雑が起きたという証拠は見つかっていない（わたしがマックス・プランク研究所を訪れたほぼ一年後、シカゴのアメリカ科学振興協会の年次会議において、スバンテ・

ペーボは、ネアンデルタール人の最初のドラフトゲノム〔未解読部分を含むゲノム配列〕――三〇億個以上の塩基対からなる全ゲノムの六三パーセント――が解析できたことを報告した。現生人類との交雑の痕跡は、やはり見つからなかった(14)。

もっとも、遺伝子の研究からどのような結果が出たとしても、交雑は起きなかったと言い切ることはできない。かたや、ネアンデルタール人の血を受け継ぐ現生人類の系統は途絶え、一方、現生人類の遺伝子を持つネアンデルタール人は、化石のゲノムがまだ解読されていない、というだけなのかもしれないからだ。

だとしたら、すべての努力は無駄なのだろうか？　いや、そんなことはない。交雑の証拠が見つからないことは、仮に交雑が起きたとしても、ネアンデルタール人という種全体に重要な影響を及ぼさなかったことを意味し、ゆえに、化石記録と考古学的記録からネアンデルタール人が消滅したのは、現生人類に吸収され同化したからではない、と断言できるのだ。

これまで、すべての遺伝子の研究が示しているのは、交雑は、起きたとしても、取るに足らない程度だったということだ。氷河期のヨーロッパの、いつ、どこで、ネアンデルタール人と現生人類が暮らしていたかを詳しく知れば、それも納得がいくだろう。現生人類とネアンデルタール人が同じ時期に存在した地域は、二か所しかないのだ。三万五〇〇〇年前から二万七五〇〇年前の、フランス南部とイベリア半島の南西部である(15)。しかも、両者がそこに暮らした時期は、数百年から数千年単位でずれていた可能性があるので、種の垣根を越えてセックスをする可能性はきわめて低いと言える。それゆえ、ネアンデルタール人の遺伝子が現生人類の遺伝子プールに見つからないことも、逆に、現生人類の遺伝子がネアンデルタール人の遺伝子プールに見つからないことも、驚くには値しないのだ。

そして、それが意味するのは、ネアンデルタール人は——現生人類との非常に稀な密通の結果が、現代の遺伝子プールに残らなかっただけだとしても——本当に姿を消してしまったということだ。ヨーロッパに何十万年も暮らしていたネアンデルタール人は、なぜ、現生人類がやってくると、消えてしまったのだろうか？

それを知るには、考古学的証拠をより詳しく調べなければならない。同じ環境で、現生人類とネアンデルタール人の生き抜く力に何か違いがあったのだろうか？　現生人類にヨーロッパで「強み」を持たせる何かがあったのだろうか？

シュワーベン、オーリニャック文化の宝物　ドイツ：フォーゲルヘルト

わたしが次に訪れたのは、ライプツィヒの超近代的な研究所とは対照的な、中世風の大学町、テュービンゲンである。小高い丘の上に建つホーエンテュービンゲン城は現在、テュービンゲン大学の所有となり、博物館や研究室として利用されている。丸石の敷かれた坂道を登っていくと、大きなアーチ形の城門があった。それを抜けて中庭へ入り、噴水を通り過ぎて石の階段をのぼっていった。その先の角を曲がると、目の前の建物が、初期先史学・第四紀生態学の学部棟だった。動物や鳥の彫刻のポスターが貼ってある廊下の突き当たりに、ニック・コナード教授のオフィスがあり、彼はそこにいた。

オフィスの一方の壁には赤い戸棚が、もう一方の壁には黒っぽい木製の本棚と木製のファイリング・キャビネットが並んでいる。机は二つあり、どちらにも書類と本がうずたかく積み上げられていた。片隅に大きな灰色の金庫があり、その扉にはシュワーベン・ジュラ地域の地図が貼っ

てあった。ニックは長年にわたってテュービンゲン周辺の遺跡を発掘し、ヨーロッパにおける最初期の現生人類の遺物を発見してきた。その中には石器だけでなく、すばらしい芸術作品や楽器もあった。金庫にはその一部が保管されている。「あちらを向いていてください」と言われたのでその通りにした。その間に彼はどこからか鍵を取り出し、金庫を開けた。そして、中から小さなダンボール箱を取り出し、低いテーブルの上に置いた。わたしたちは椅子に腰をおろし、宝物が入ったその箱を開けた。

ニックが最初に取り出したのは、およそ三万五〇〇〇年前のものと推定される、マンモスの牙で作った笛だった。二〇〇八年にフォーゲルヘルトの洞窟遺跡で発見されたもので、そばには中空の白鳥の骨で作った笛も三管あったそうだ。マンモスの牙で笛を作るには、それらよりはるかに高等な技術を要しただろう。なにしろその笛は、マンモスの牙から細長い棒を切り出し、それを縦半分に割って中空になるよう内側を削り、その後、カバの木の樹脂のようなものでくっつけるという、非常に複雑な工程を経て完成したものなのだ。つなぎ目のところに数本の切れ込みがはいっているのは、元に戻すときの目印としてつけたのだろう。

発見された時、笛は粉々に砕けていたが、考古学者たちは破片を注意深くつなぎ合わせた。その際には、あの切れ込みが助けになった。ニックは、鳥の骨ではなくマンモスの牙を用いることで、より大きく、長い楽器を作ることができたのだろう、と説明した。しかし、マンモスの牙の笛は、人に見せるためのものでもあったようだ。製作者の技巧が目立つようにデザインされていたからだ。この笛を発見した時、ニックは驚きのあまり呆然となったそうだ。以前に彼のチームはフォーゲルヘルトでマンモスの牙の彫刻を発見していたが、この笛は、その遺跡で初めて見つかったマンモスの牙の「楽器」だった。その四つの小さな笛は、音楽が奏でられたことを示す世界最古の証拠なのだ。ニックは白鳥の骨の笛のレプリカを持っていた。試してみたが、音楽の素養のないわたしに、美しい音色を出すことはできなかった。それでも、少なくともいくつかの音を出すことはできた。熟練した演奏家が試せば、現代の人の耳にも心地よいフルートや笛のような音色を出せるだろう。

ニックは他のいくつかの箱から、二〇〇七年の発掘シーズンにフォーゲルヘルトと、近くのホーレ・フェルス洞窟で発見されたものを取り出した。その中に、三センチほどの、牙製の小さなマンモスがあった。丸々としていて、とても写実的だった。鼻は右にカーブを描いて垂れ下がり、小さな尾もついている。後ろ脚は前脚より短く、ちょうど良いバランスを保っていた。足裏には十文字が刻まれていた。

同じくマンモスの牙で作ったライオンもあった。背中には筋が彫り込んである。胴体は長く、たてがみが立っている。小さな、美しい鳥の彫刻もあった。

初期の発掘ではその胴体部分だけが見つかり、さまざまな推測がなされた。中には、人間の胴体だという人もいた。その後、頭と首が発見された。どちらもうっかり見過ごしてしまいそうな、ごく小さなかけらだった。それらをくっつけると、正体不明だった胴体は、首を伸ばしたカモか鵜のような姿になった。最後にニックは、小さな箱から極小のライオンマンを慎重に取り出した。高さ二センチほどの立像で、ホーレ・フェルスからそれほど遠くないホーレンシュタイン・シュターデルの洞窟で発見された有名なライ

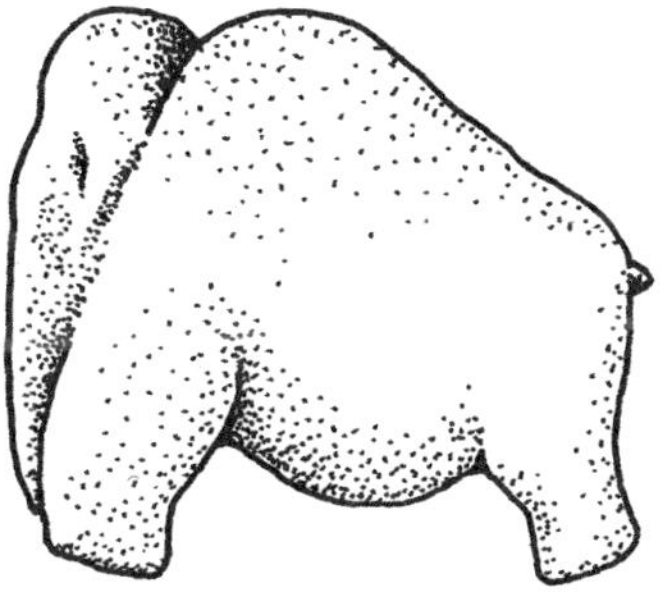

フォーゲルヘルトから出土した
極小の牙製のマンモス

オンマンのミニチュアのようだった。以上の遺物はすべて、三万年以上前のものと推定されている(1)。

シュワーベンでは、もうひとつ驚くべきものが見つかった。ニックは長い箱を開け、棒状の滑らかな石を取り出した。明らかにペニスをかたどったもので、一方の端には包皮と亀頭まで彫り込まれていた。わたしたちは、その奇妙な物体をじっとみつめた。これは単にハンマーにするための石器で、冗談でペニスの形に彫っただけなのだろうか。それとも、その形に関連した使われ方をしていたのだろうか。ニックはこの発見を喜んでいるようだった。シュワーベンのオーリニャック文化の人々が、健全なユーモアのセンスと、さらに健全な性欲をもっていたことをこの石は示しているからだ。

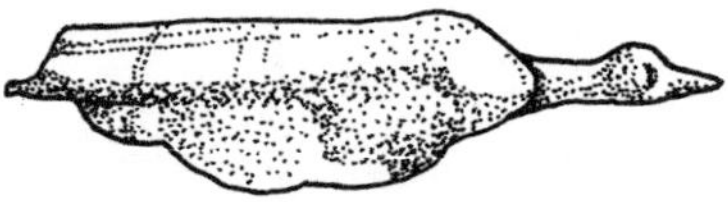

ホーレ・フェルスから出土した
小さなマンモスの牙製の鳥

シュワーベンの遺物は魅力的で、芸術と呼べるものの最古の痕跡だった。これまでわたしは、穴のあいた貝殻や、何を描いたかわからないオーカー(赤鉄鉱)の「クレヨン」を見たことがあったが、ここにあるのは入念に彫られた動物や、頭がライオンで体が人間という奇妙な半獣半人の像なのだ。ニックによると、このようなオーリニャック文化の彫刻は、シュワーベン・ジュラ地域のあちこちの遺跡で出土しているそうだ。その時代には芸術の実験が繰り広げられたらしい。しかし、ホーレンシュタイン・シュターデルとホーレ・フェルスから出土した二体のライオンマンのように、同じテーマで作られた彫像は、それらを作った人々が文化を共有していたことを強く示唆している。シュワーベンの遺物の意味や機能を巡っては、さまざまな説が唱えられてきた。狩りの成功を祈って作られたお守りだという見方もあり、半獣半人のライオンマンはシャーマニズムにつながっていると考える人もいる。ニックにとってあの小さな水鳥の彫像は、「シュワーベンで出土したオーリニャック文化の彫刻は、足が速く獰猛な動物を表し、旧石器時代のハンターたちはそれらの捕食動物に自分の姿を重ねていた」というそれまでの解釈を否定するものであった[1]。

「象徴的な品と装飾品、動物の形を模した人形、それに楽器といった組み合わせは、彼らがわたしたちと同じく、洗練された精神と創造力を備えていたことを示しているように思えるのです」と彼は言った。「それらを見ていると、彼らの思想体系までもが、ぼんやりとながらわかってきます。たとえば、ライオンマンは、人間からライオンに変身しようとしています。この人は動物の世界とつながりを持っており、ゆえに半獣半人の姿に描かれたのでしょう」

しかし、これらの小さな牙の彫刻が、現生人類が生き残り、ネアンデルタール人が消滅したことについて、なんらかの手がかりをもたらすのだろうか？　たしかにネアンデルタール人は、どんなに頭がよくても、また、現生人類のような言語を持っていたとしても、フォーゲルヘルトの遺物のようなものは残さなかった。わたしはニックに、現生人類とネアンデルタール人との違いについて尋ねた。彼は、更新世後期における現生人類の拡大とネアンデルタール人の衰退には、文化が主要な役割を果たしていると考えていた。

ヨーロッパを独占していたころのネアンデルタール人は、何不自由なく暮らしていたらしい。

「ネアンデルタール人はその地域に昔から住んでいました。彼らは洗練された技術をもち、火を操り、環境に適応するすべを知っていました。すべてを完全に支配し、うまくやっていたのです」と、ニックは言った。

「氷河期のヨーロッパで巧みに生きのびていたのなら、なぜ彼らは消えてしまったのでしょう？」と、わたしは尋ねた。

「そうですね、生態学的な方向からその答えを探ってみましょう。もしある生物があるニッチ（生態的地位）を占領していたら、何かに追い出されるまで、そのニッチにとどまるはずです。ネアンデルタール人の場合も、環境に変化が起きたか、あるいは、新たに他の生物がやってきて資源を奪い合うようになったために、そこにいられなくなったのでしょう」

「現生人類が競争相手になったというわけですか？」

「ええ、そのとおりです。ネアンデルタール人と現生人類が求めるニッチは同じでした。それは遺跡に残されたものを見れば明らかです。彼らは現生人類と同じものを食べていました――特にトナカイ、馬、サイ、マンモスといった動物をね」

「しかしなぜ、わたしたち現生人類は生き残り、ネアンデルタール人は生き残れなかったのでしょう？」

「そうですね、ネアンデルタール人も優秀なハンターで、食物連鎖の頂点にいたことは間違いありません。けれども、技術面において、現生人類とはいくつか違いが見られます。思うに、現生人類がヨーロッパで新たに作りだしたもの、つまり後期旧石器時代の石器や、有機物の道具、さらには、造形芸術や装飾品、楽器といったものが、現生人類にネアンデルタール人を凌駕する強みをもたらしたのでしょう」

芸術や音楽が現生人類の強みになったというのは、どうにも理解しにくかった。

「例えば、ライオンマンは」と、ニックは言った。「この谷だけでなく、アッハ谷でも発見されました。両者が表現しているものや、背景にある思想、神話は同じです。作ったのは同じグループに属する人々です。しかし、ネアンデルタール人の化石とともにこのような象徴的な遺物が出てくることはありません。つまり、彼らの社会的ネットワークは、現生人類のそれよりはるかに小さかったのです」

「そして、わたしの見るところ」ニックは続けた。「三万五〇〇〇年前という遠い昔でありながら、その確かな証拠が残っています。音楽は人類の生活において、重要な意味を持っていました。音楽が現生人類にどのような優位性をもたらしたかは、まだよくわかっていませんが、複雑で象徴的な表現をし、大きな社会的ネットワークを持つ人々に、それはふさわしいものだと思えます。おそらく音楽は人々をひとつにまとめる役目を果たしたのでしょう。ネアンデルタール人のやり方では、この新たなライバルたちの生活様式、技術、文化、そして社会的ネットワークに到底かなわなかったのでしょう」と、ニックは説明した。

ニッチをめぐる争いは、現生人類を、社会的ネットワークを広げる方向へ駆りたて、それに応じて、ネアンデルタール人の方は「文化的に閉じ込められて」いった。その競争の果てに、やがて現生人類は勝利を収めた。両者のテリトリーは数百年から千年にわたって拡大と縮小を繰り返したが、全体的に見れば、現生人類のテリトリーは拡大し、ネアンデルタール人のそれは縮小していった、とニックは言う。

「レヴァントのような地域には、その二つの集団の居住地が移動したことを示す証拠があります。もっとも、現生人類がつねにネアンデルタール人を圧倒したわけではなく、ネアンデルタール人が初期の現生人類に取って代わることもあったようです。しかし、人の数が増えて、資源が少なくなったとき、現生人類はネアンデルタール人より迅速に、新しい技術や解決法を見つけることができました。ある意味、両者の間では、文化的な軍備拡張競争が絶え間なく続いていたと言えるでしょう。そしてこの土地では、多くの発明がなされ、現生人類はわずかながら優勢になりました。けれども、それでネアンデルタール人が一気に追い詰められたわけではありません。優勢になったり劣勢になったりが繰り返され、最終的に彼らは、人口統計からはじき出されたのです」

「では、あなたは、現生人類とネアンデルタール人は常に接触していたとお考えなのですね？」とわたしは尋ねた。

「ええ、いくつかの地域ではネアンデルタール人の人口密度はかなり高かったようです。そういうところでは、遭遇していたでしょう。あくまで想像ですが、両者は遠くに相手の姿を見つけると、たいていは、それ以上近づかないようにしたのではないでしょうか。もっとも、それが通常のシナリオだったとしても、仲良く共存した時期もあったかもしれないし、時には衝突することもあったはずです」

「交雑についてはどうお考えですか？」

「さまざまな人間が集まる場所で、種の垣根を越えた交わりが起きるのはごく当然のことです。したがって、時には交雑も起きたでしょうが、それほど頻繁ではなく、わたしたちの遺伝子の組成や身体の構造に影響するほどではなかったのです」

　何千年にもわたって二つの集団の間にどんな相互作用があったかを簡潔に説明することはできないが、それでも、「なぜ、わたしたちは現在まで生き残り、ネアンデルタール人は消えたのか」と問うことには意義がある。互いと顔を合わせることはなかったかもしれないが、両者は同じ環境の中で競いあっていた。そして、考古学的証拠は、両者の生活戦略が異なり、現生人類は、彼らより高度な文化、複雑な社会的ネットワーク、そして、より柔軟で多彩な技術を持っていたことを語っている。それらこそ、現在わたしたちはここにいて、ネアンデルタール人はいない理由なのかもしれない。

フォーゲルヘルト遺跡の驚異的発見と意外な落胆

その日遅く、ニックはわたしをフォーゲルヘルトの発掘現場へ案内してくれた。遺跡は緑に覆われたローン・ヴァレイにあり、発掘は今も続いていた。考古学の技術者と学生たちが、最初の発掘で捨てられた土の山をせっせと掘り、かつてそこを掘った考古学者たちが見逃したものを、見つけようとしていた。

「遺跡が最初に発掘されたのは一九三一年で、掘り出された土はすべて洞窟の外に捨てられました」洞窟の入り口を通り過ぎたとき、ニックはそう説明した。「そのとき見過ごされたものを見つけるために、計画的にその土の山を調べているのです」

ここでの発掘作業は、気持ちがよさそうだった。洞窟は丘の上にあり、緑豊かな美しい谷を見渡すことができる。わたしはニックに、三万五〇〇〇年前のここはどんな様子だったのだろうかと尋ねた。

「当時は氷河期でしたから、あなたは氷に覆われた世界を想像しているんでしょう？ 白く、荒涼とした、住むのに適さない世界だったと思っているんじゃないでしょうか？ 実はそうではなかったのです。たしかに冬は寒かったでしょうが、春と夏は現在の気候に近かったはずです。草や葉が茂り、動物の食べるものはたくさんありました。氷河期の動物の代表ともいえるマンモスは、毎日一五〇キログラムの草を必要としましたが、マンモス・ステップはとても豊かな環境で、このローン・ヴァレイの遺跡でも、ケブカサイやマンモス、トナカイ、馬など、さまざまな動物の骨がたくさん見つかっているんです」

「でも、冬のあいだは、とても寒かったのでしょう?」と、わたしは尋ねた。

「ええ、たしかに。けれども現生人類は——そしてネアンデルタール人も——食料と服にする材料、特に毛皮があり、火を使うことさえできれば、ほぼどこででも生きていけたでしょう」

ニックは遺跡の一帯を歩き回り、その日、発見されたものを見るためにあちこちの深い溝をのぞきこんだ。発見物の中には、オーリニャック文化の典型的な石器である、燧石《フリント》の石刃もあった。掘り出した土はそのまま袋に入れ、ふるい分けるようにしている。この注意深い作業により、ニックのチームは笛を構成する牙のかけらと、鳥の彫刻の頭部を発見したのだった。

当初、フォーゲルヘルトで発見された物は、現生人類の「証拠」について考古学者たちに大きな期待を抱かせた。一九三一年の最初の発掘で、考古学者たちは洞窟のなかから三〇〇立方メートルほどの土を掘り出し、異なる地層から中期および後期旧石器時代の人工遺物を発見した。後者には、オーリニャック文化の道具や工芸品が豊富に含まれており、放射性炭素年代測定によって三万六〇〇〇年前から三万年前のものと推定された。それらが掘り出された地層からは、頭骨二つと下顎骨一つを含む現生人類の化石も出てきた。その化石は、現生人類がオーリニャック文化の道具や工芸品の製作者であったことを示す決定的な証拠と見なされた。同様の発見は、フランスのクロマニヨン岩陰遺跡でもなされている。そこでも、現生人類——クロマニヨン人——の骨格の化石が、オーリニャック文化の道具類とともに出土したのだ。(2)

現生人類がその文化の担い手であったことが証明されれば、骨格化石が見つからなくても、オーリニャック文化の道具や人工遺物が出てくる時代と場所には、現生人類が存在したと断定することができる。他の遺跡では、ネアンデルタール人の化石がムスティエ文化の石器とともに発見されていた。ゆえに、現生人類とネアンデルタール人はそれぞれ明らかな「サイン」を持っていると見なされ、今後はそのサインをもとに、ヨーロッパにおける両者の遺跡となわばりを地図に記していくことができる、と楽観された。

ところが、二〇〇四年にニックたちがフォーゲルヘルトから出土した骨格化石を放射性炭素年代測定にかけたところ、それらはわずか五〇〇〇年前から四〇〇〇年前のものであることが判明した。どうやら、洞窟の入り口近くにある後期新石器時代の墓に埋められていた人骨がまぎれこんだらしいのだ。オーリニャック文化を示す地層との「つながり」は、幻と消えた。この結果は、考古学者たちを大いに落胆させ、広範囲に影響を及ぼした。一方、二〇〇二年にはフランスのクロマニヨン人の骨格化石についても放射性炭素年代測定の結果が発表され、およそ二万八〇〇〇年前のものであることがわかった。それは、その岩陰遺跡で見つかったオーリニャック文化の石器の製作者にしては、あまりにも新しすぎた。もっとも、フォーゲルヘルトの骨ほど新しくはなかったが。[2] 考古学者らは、オーリニャック文化の石器だけを頼りに現生人類の遺跡だと決めつけるのは危険だと考えるようになった。

それまでフォーゲルヘルトは、ドイツのホーレ・フェルスやガイセンクレステレ、オーストリアのヴィレンドルフといったオーリニャック文化の遺跡とともに、初期の現生人類は「ドナウ沿いの道」を通って中央ヨーロッパへ進出していったとする説の根拠となってきた。[3] しかし、フォーゲルヘルトとクロマニヨン人の骨の年代は、オーリニャック文化の広がりをそのまま現生人類の拡散と見なすべきではないと語っていた。「オーリニャック文化＝現生人類の証拠」としていた考古学者にとっては大変な衝撃だった。それらの石器や、フォーゲルヘルトから出た美しいマンモスの牙の彫刻や笛を作ったのはネアンデルタール人だと言われても、反論する材料はなくなったのだ。[2]

しかし、わたしが会った時のニックは、オーリニャック文化は現生人類によるものだという信念を放棄するつもりはなさそうだった。そう考える根拠は他にもあったからだ。ペシュテラ・ク・オース洞窟で見つかった頭骨と下顎骨は、現生人類が四万年前までにヨーロッパに進出し、ドナウ川近くにいたことを示していた。そして、オーリニャック文化は突然、シュワーベンに出現した。地層で見れば、ムスティエ文化とオーリニャック文化の層は、常にムスティエ文化の石器を含む層より上にあり、しかも、ムスティエ文化とオーリニャック文化の両方の遺物が発見されている場所では、それぞれを含む層の間に、明らかに空白の層（どちらの石器も含まない層）がはさまれている。[1]偶然にしては、あまりにできすぎている。ヨーロッパにいたネアンデルタール人が、ちょうど現生人類がやってきた時期に、突如としてまったく新しい石器を作るようになったのだろうか。そうではなく、現生人類が新しい技術を携えてこの地にやってきたと考えるほうが、筋が通っている。

現生人類とオーリニャック文化のつながりを示す遺跡は他にもいくつかあった。この点で、レバノンのクサル・アキル遺跡は重要である。と言うのも、そこでは現生人類の骨格が、旧石器時代の中期から後期への「移行期」にある石器、すなわち「前オーリニャック文化」の遺物とともに出土したからだ。その骨は四万五〇〇〇年前から四万年前のものと推定され、その上の地層には、オーリニャック文化の典型的な石器が大量に含まれていた。[4,5]

チェコ共和国のムラデチ遺跡も、オーリニャック文化と現生人類の密接なつながりを示している。その遺跡が最初に発掘されたのは一九世紀のことだったが、以来、骨製の尖頭器を含む典型的なオーリニャック文化の道具とともに、一〇〇を超える現生人類の化石が出土している。二〇〇二年に、その骨格化石の上を覆う方解石は三万五〇〇〇年前から三万四〇〇〇年前までのものであると発表された。[6] その年代は、現生人類とオーリニャック文化の関連を裏づける証拠とするのに都合がよかったが、その前に骨そのものの年代を調べる必要があった。数年後、骨を放射性炭素年代測定にかけた結果が発表された。およそ三万一〇〇〇年前（未較正）という、期待通りの年代だった。[7] ムラデチのものほど年代ははっきりしていないが、フランスにも、現生人類の化石とオーリニャック文化の石器が一緒に発見されている遺跡がいくつかある。シャラント地方のレロア、ラキナと、ピレネー山脈のブラッサンプイである。[5]

これらの結果を知って、旧石器時代を専門とする考古学者は皆、ほっとしたにちがいない。オーリニャック文化の遺物は（どこのものでも）現生人類によって作られたという仮説は、ふたたびその根拠を得たのだ。しかも、今回は人類の骨の年代を直接調べているので、フォーゲルヘルトとクロマニヨンの人骨より、証拠として堅牢である。

「ここでは、ネアンデルタール人の骨も、新しい時代の物は別として現生人類の骨も見つかっていません」と、ニックは言った。「ここで見つかった遺物が作られた時代は、ネアンデルタール人の最後の時代と言うこともできるし、現生人類の最初の時代とも言えます——理屈から言えば、どちらでもいいのですが、やはり、現生人類の最初の時代と見るのが妥当でしょう」

新石器と旧石器の違いを身をもって体験する

わたしは美しいフォーゲルヘルトの発掘現場とニック・コナードに別れを告げ、谷間の道を車で一キロ半ほど南へ向かった。実験考古学者のウルフ・ヘインに会って、中期旧石器時代と後期旧石器時代の技術の違いについて、実際的なことを教わるためだ。わたしはムスティエ文化とオーリニャック文化の違いを——文字どおり——身をもって理解したかった。

ウルフ・ヘインは燧石《フリント》石器を作る名人で、旧石器時代のすべてを熱愛していた。彼の車には、燧石や槍、槍投げ器、弓、矢のはいった木箱がぎっしり積み込まれていた。完成した品々もすばらしかったが、わたしはフリント石器がどのように作られるのかを知りたかったし、ルヴァロワ技法（ムスティエ文化）で石核から剝片石器を作る様子をこの目で見たかった。

ウルフとわたしは、のどかなローン・ヴァレイの野原で、燧石片をなくさないために毛布を広げ、その上に腰をおろした（口絵㉓）。この考古学的に豊かな地域で、二一世紀のフリント石器が考古学的記録にまぎれこみ、後世の考古学者を悩ませるようなことにならないよう、ウルフは細心の注意を払った。彼は木箱からルヴァロワ技法の「整形済みの石核」を取り出した。石の表面を打ち欠いて亀甲状に整えたものだ。彼はそれを丸石で打って、大きな剝片を剝がした。中期旧石器時代の最初の頃の石器は、ただ丸石を叩いて割っただけのものだった。ムスティエ文化の技法はそれより一段階、進歩し、ウルフが今、実演して見せてくれたように、整形済みの石核（亀甲型石核）から剝片を打ち剝がす。ムスティエ文化という名称は、ドルドーニュのル・ムスティエ遺跡に因んで名づけられたが、そこではネアンデルタール人の化石がこの特徴的な石器とともに発見された。

次にウルフは、プリズム状の円錐形に整えた石核（プリズム型石核）を木箱から取り出し、わたしに手渡した。わたしはこの石核から石刃を作るのだ。彼の熟練した指導のもと、わたしは膝のあいだにその石核をはさみ、その先端近くに鹿の角《つの》の先をあて、丸石でその角の根元を打った。長く、細く、非常に鋭い石刃が、石核の側面から剝離し、地面に落ちた。

「うまいじゃないか！」と、ウルフが叫んだ。

「本当？」

「ああ、まいったな。ぼくはそれができるようになるのに、四〇年かかったんだよ」

うまくいったのは、ビギナーズラックと、良い先生に恵まれたからだろう。

プリズム型石核や長い石刃は後期旧石器時代を代表するものであり、オーリニャック文化の土台となるものだ。「オーリニャック」という呼称は、フランス、ピレネー地方のオーリニャック遺跡（一八六〇年に発掘された）に因んで名付けられた。オーリニャック文化を特徴づける石器類には、わたしが作ったような細長い石刃（打ち欠いた後、縁が修正されている）の他に、掻器《エンドスクレイパー》や、刻器《ビュラン》、竜骨状の削器《スクレイパー》、細石刃《マイクロブレード》などがある。これらの機能については議論の最中であり、特に竜骨状の削器とそれから作られる細石刃に関して、謎は深い。細石刃は竜骨状削器を作るときに出た作業屑なのだろうか？　あるいは細石刃こそが作り手が求めたものであり、竜骨状削器はそれを作るための石核にすぎないのだろうか？[5]　いずれも機能ははっきりしないが、形はきわめて特徴的だ。

　考古学者は、プリズム型石核を打ち欠いて石器を作る方法は、亀甲型石核を用いるルヴァロワ技法よりはるかに効率がよいと長く信じてきた。プリズム型石核は、ひとつからたくさんの石刃を作ることができるが、亀甲型石核は、二、三個の剝片しかとれないからだ。しかし、後にわたしはその見方が間違っていることを知った。それを教えてくれたのは実験考古学者のメティン・エレンで、わたしは彼とイギリスのエクセターで会った。彼は長年にわたって、亀甲型石核による方法とプリズム型石核による方法を比較研究してきた。彼の出した結論は驚くべきものだった。プリズム型石核は、亀甲型石核よりも無駄な石屑を多く出し、しかもそれから作った細い石刃は、亀甲型石核から作った剝片ほど長持ちしなかったのだ。すなわち効率や有用性に関して、亀甲型石核とプリズム型石核、および、剝片と石刃に差はなかったのである。[8]

もっとも、そのような石刃は中期旧石器時代から作られており、わたしはその実例をアフリカ、ヨーロッパ、アラビアで見てきた。しかし、後期旧石器時代の特徴は、プリズム型石核や長い石刃だけではない。骨や角で作った道具（骨角器）も、後期旧石器時代の特徴的な遺物と見られている。それらはごく稀に中期旧石器時代の地層や遺跡で見つかることがある。例えば南アフリカ共和国のブロンボス洞窟やハウイソンズ＝プールトなどだが、それらは現生人類の遺跡なので、驚くほどのことでもないだろう[9]（もっとも、ネアンデルタール人が骨の尖頭器を作っていたという証拠もある）。

その他、後期旧石器時代の特徴と見なされるのは、なにかを挽いたりつぶしたりするための石で、それは食料として植物（草の実など）を加工するようになったことを示している。また、貝や動物の歯、象牙のビーズといった装身具も広く使われるようになった（オーカーや装飾品はずいぶん早い時代から使われていたようだが、後期旧石器時代より前に使われていた証拠はわずかしか残っていない）。さらに、その時代になると、未加工の素材がかなり遠くまで運ばれるようになったらしい。その距離は、時には数百キロを超えた。また、洞窟画（多くはもっと後の時代）とともに、フォーゲルヘルトやホーレ・フェルスで見てきたような彫刻された立像も出現する。どこでもというわけではないが、総じて、後期旧石器時代は特別な時代だったように思える。「後期旧石器時代」という時代はたしかに存在したのだ。

オーリニャック文化以降、グラヴェット期の槍投げ器や、弓、矢、ブーメランといった高度な狩りの道具が出現する[9]。ウルフはそのいくつかを持って来ていた。アトラトル（槍投げ器）はごく単純な道具で、基本的には棒である。長さは五〇センチほどで、鉤状に曲がった先端を、槍の尻のへこみにはめて固定する。

「この槍投げ器の先端には、美しい彫刻が施された角《つの》がかぶせてあるけれど、これは復元されたもので、実物がどんな様子だったかはわからないんだ。解釈が加わっているが、機能は同じだ」

「この細い槍がどこまで飛ぶのか見てみたいわ。槍投げ器があるのとないのとでやって見せて」と、わたしは彼に頼んだ。

「わかった、きっと驚くよ」ウルフは応じた。

最初、彼は、槍投げ器を使わずに槍を投げた。「槍の重さは二二〇グラムだ」と、彼は言った。続いて、もう一本の槍を手にすると、その尻に槍投げ器の先端をはめて一体化させ、槍投げ器の柄を握り、その手の親指と人差し指で槍の柄を持った。「こちらは、槍投げ器と合わせて二二〇グラム——投げる力は同じだ」

そして彼は投げた。槍投げ器は腕の一部のようになって後方から前方へ一八〇度回転した。槍は宙へ放たれた……。

驚くほどよく飛んだ。飛距離は二倍だった。わたしも同じようにやってみたが、遠くまで簡単に飛ばすことができたので、自分でも驚いた。単純だが、すばらしい道具だ。

「練習すれば、もっと遠くに飛ばせるようになるよ。記録は一八〇メートルだ」と、ウルフは言った。

ウルフは石器時代の飛び道具を他にもたくさん持っていた。

「これがさらに進化したのが弓と矢だ」と、彼は言った。彼は中石器時代の弓の美しいレプリカを取り出した。原物はデンマークで発見された。コペンハーゲンに近いホルムガードと呼ばれる湿原に埋まっていたのだ。「およそ八六〇〇年前のものと見られている。わたしたちが見つけた最古の弓だ」

矢は、さらに昔のものが発見されており、一万一〇〇〇年以上前のものと推定された。考古学者の中には、弓矢の起源は後期旧石器時代にまでさかのぼる、と主張する人もいる。弓矢の誕生は、環境の変化と関係があるようだ。弓矢は、氷河期が終わって地球が暖かくなり、ヨーロッパが森で覆われていった時代に出現した。「森で狩りをするには、槍投げ器より弓矢の方がはるかに効果的だ。獲物を狙いやすいしね」と、ウルフは言った。

わたしはウルフの「中石器時代」の弓と燧石《フリント》の矢じりがついた矢を触って楽しんだが、たいへん申し訳ないことに、野原の小川のそばの、丈の高い草の間のどこかに、そのふたつを置いてきてしまった。わたしたちは長い時間をかけてそれらを探したが、見つけることができなかった。おそらく、未来の考古学者によって発見されることになるだろう。

知られているかぎり、ネアンデルタール人は、槍を突くことから投げることへの進歩は遂げたが、槍投げ器や弓や矢は作らなかった。しかし、それらを、現生人類ならではの優れた技術と見ていいのだろうか？　石器時代の武器の専門家であるジョン・シェアは、「本格的な飛び道具を発明したことは、現生人類が成功する上で重要な役割を果たした。祖先たちは狩りをする上で有利になり、また弓矢や槍投げ器は、敵——自分たちと同じ種であれ、別の種であれ——を排除するための、射程距離の長い武器にもなった」と述べている。[10]　しかし、槍投げ器がネアンデルタール人に対して使われたことを示す直接的な証拠はない。そして弓矢の痕跡が初めて現れるのは、最終氷期極相期（LGM）の後で、その時代、ヨーロッパは暖かくなり、森林が戻りつつあった。そして、ネアンデルタール人が姿を消してから、ずいぶんたっていた。

ここで、後期旧石器時代の人類の発展に話を進めたい。中期旧石器時代と後期旧石器時代には、ムスティエ文化とオーリニャック文化の違いだけでなく、いくつもの明らかな違いがあった。

バール・ヨセフ[9]は、後期旧石器時代の特徴は、「技術の急速な変化、自意識の誕生、集団としてのアイデンティティの萌芽、社会の多様化、遠方の集団との交流、情報を記号で記録する能力」だと述べている。

四万年前から三万年前までに、ヨーロッパ各地で、中期旧石器時代から後期旧石器時代への移行が起きたが、それは、中期旧石器時代の技術をもつネアンデルタール人と、後期旧石器時代の道具と工芸品を手にした現生人類との入れ替わりを意味していた。このヨーロッパにおける変化は「後期旧石器時代革命」と呼ばれてきたが、そう呼ぶことには問題がある。と言うのも、「完全に現代的」な行動が出現したのがその時代のヨーロッパだったという含みが感じられるからだ。当時のヨーロッパの現生人類は、ネアンデルタール人たちと違っていただけでなく、他の地域の現生人類とも違っていた。アフリカやアジアの人々は、その時代（三万年前）になってもまだ中期旧石器時代の石器を作っていた。そんな彼らは、ヨーロッパ人よりも知的能力が劣っていたのだろうか？　そう考えると、たしかにヨーロッパでの変化を「後期旧石器時代革命」と呼ぶことには、ヨーロッパ中心主義が感じられ、東アジアを「はなはだしく文化が遅れた地域」と言ったハラム・ムビアスの言葉さえ彷彿とさせる。

そうではなく、むしろ、現代的な行動は、基本的にはわたしたちの種の誕生と同時に生まれたと見るべきだろう。オッペンハイマーが記したように、現生人類は「描き、話し、歌い、踊りながら」アフリカを出たのだ[11]。そして、これまで見てきたように、アフリカに残された証拠はこの見方を支持している。

しかし、ヨーロッパで生まれ、開花したオーリニャック文化が、新しい文化であるのは事実だ。それをどう説明すればよいのだろう？　思うに文化とは、人間と環境、人間と人間の相互作用を表すものであり、生物学的な要因よりも、気候や環境、社会的要因に刺激されて変化していくようだ。つまり、オーリニャック文化は、新しい脳も新しい遺伝子も必要としなかったのである。現生人類ならではの柔軟な脳が、環境の変化に応じて新たな文化を生み出したのだ。わたしはこれまで巡ってきた地域で、現生人類の特質が、創意工夫、順応性、発明の才にあることを見てきた。ヨーロッパでは、新しい環境――おそらく競争相手の存在も含めて――への適応として、オーリニャック文化という新しい文化が現れたと見るのが、理にかなっているだろう。

ヨーロッパで見つかるオーリニャック文化の遺物は、道具を作る方法が変わっただけでなく、さらに大きな変化が起きていたことを示している。それを作った人々は、柔軟で、順応力に富み、複雑な社会的ネットワークを形成していたことを、それらの遺物は語っている。その人々は、身近な家族や風景をはるかに超えた何かの「一部」であることを感じていたようだ。考古学者たちはオーリニャック文化の石器の分類と命名について、果てしない議論を繰り広げている。その議論は――石よりも骨について多くを学んできたわたしのような人間には――、信じがたいほど複雑で、難解に感じられる。しかし、議論が絶えないこと自体が、それが興味深い時代であったことを示している。その時代には、いくつかの変化が同時に起きた。新しい石器がヨーロッパに出現し、新しい社会構造が現れた[9]。ことによると、新型の石器はヨーロッパの初期の現生人類にとってアイデンティティの一部であり、ゆえに流行したのかもしれない[8]。

オーリニャック文化はヨーロッパ中に広がっていった。ネアンデルタール人はなわばりを奪回したこともあったが、結局、その地から消えていった。彼らの痕跡は次第に縮小し、消えていく。最後のネアンデルタール人はヨーロッパの南西のはずれにある辺鄙な土地、ジブラルタルを住みかとしていたようだ。

最後のネアンデルタール人を追い求めて　ジブラルタル

ネアンデルタール人の化石が初めて見つかったのはジブラルタルだったが――一八四八年にフォーブス採石場で頭骨が発見された[1]――、当時、その正体に気づいた人はおらず、八年後のドイツのネアンデル谷での発見が、その名を冠するという栄誉を賜った。

ジブラルタルの頭骨はおそらく女性のもので、最も保存状態の良いネアンデルタール人化石のひとつである（口絵㉔）。一九二六年には、ジブラルタルのデビルズタワーで、もう一体のネアンデルタール人の化石――四歳の子供の頭骨の一部[1]――が出土した。ゆえに、ネアンデルタール人がロック（ジブラルタル半島の通称）に暮らしていたのは確かだ。そして、最近の発掘によって、その生活様式の興味深い詳細が見えてきた。彼らが死に絶えた理由も解き明かされつつある。

わたしはジブラルタルへ飛んだ。ロックは思っていたよりずっと小さかった。長さ六キロの岩だらけの岬が、スペインの南西の隅から地中海に突き出ている。滑走路を横切って、スペインとジブラルタルを結ぶ幹線道路が走っている。飛行機の窓から見える白い石灰岩の崖には、四角い洞窟が点在していた。ロックは洞窟とトンネルで穴だらけだ。いくつかは自然にできたものだが、多くは人の手によるものだ。大半は、第二次世界大戦中に作られたもので、その時代、一般市民は立ち退きを命じられ、ジブラルタルは要塞都市になった。今日もジブラルタルにはイギリス海軍の基地が置かれているが、およそ三万人の一般市民が暮らしている。東側は、高さ四〇〇メートル以上の険しい崖が海へせり出しているが、西側はなだらかな傾斜で、裾野には住居やホテルが連なっている。

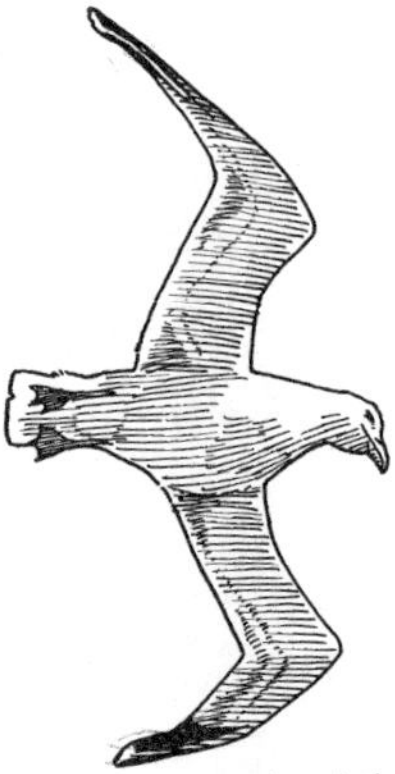
ロックの上空を飛ぶカモメ

ジブラルタルに来たのは、フィンレイソン夫妻（クライブとジェリー）に会うためだった。ロックホテルの、港に面したテラスで夫妻と会った。夫妻は長年にわたって、ジブラルタルのネアンデルタール人について研究しており、ネアンデルタール人が寒冷地に適応した残忍な野蛮人だという誤解を解くことを熱望していた。事実、ジブラルタルで見つかった証拠は、彼らがわたしたち現生人類にとてもよく似ていることを示していた。

クライブは動物学者にして生態学者という経歴ゆえに、独自の視点から旧石器時代の考古学に取り組んでいる。石器の型式にこだわるのではなく、環境との結びつきにおいて人類（現生人類とネアンデルタール人）を理解しようとしているのだ。彼は、技術の違いは、環境と社会の違いがもたらすものであり、その逆ではないと見ている。この観点からすれば、技術と文化の違いは、それらを作る人々の質的な違いというより、量的な違いを反映していると言えるだろう。クライブは明らかに「後期旧石器時代革命」という見方を支持しておらず、「現代的な行動」は突然現れたものではないと主張する。現生人類とネアンデルタール人に違いがなかったというわけではないが、両者の技術や文化の違いは、主に環境と社会構造によってもたらされたと考えているのだ[2]。夫妻のジブラルタルにおける研究は、その旧人類がヨーロッパのこの一角で最後まで生き残ったという証拠だけではなく、わたしが無知ゆえに疑いもなく「現生人類の行為」と見なしていた行為を彼らも行っていたことを明らかにした。ネアンデルタール人も、浜辺で食料を漁っていたのだ。

ネアンデルタール人最後の住居

翌朝早く、港でクライブと落ち合い、小型船に乗り込んで崖の突端へ向かった。船は、ガラスのようになめらかな海を滑るように進んでいった。ロックは金色の朝日に照らされ、荘厳な雰囲気を漂わせていた。ロックの東側には自然にできた洞窟がいくつもあり、その半分は海につかり、半分は陸にあった。

「ロック全体で一四〇を超える洞窟があり、この崖だけでも、たぶん二〇から三〇はあるだろう」と、クライブはわたしに言った。「ここへ来ると『ネアンデルタール人の都市』へ来たような気がするんだ。ジブラルタルでぼくらは一〇か所の遺跡を発掘していて、そのうちの二つから化石が出土し、八つからは石器が出てきた。ネアンデルタール人はそこに住んでいた。おそらくこのあたりは、記録されている他のどこより、人口密度が高かったはずだ。暮らしていたネアンデルタール人は、おそらく一〇〇人は下らないだろう。そしてここには、彼らの暮らしぶりが保存されているんだ」

中でもクライブがわたしに見せたいと思っていたのは、ネアンデルタール人の骨を見つけようと、彼が何年もかけて発掘し——成功を収めた、ゴーラムの洞窟だった。

「証拠の大半は水中に沈むか、失われてしまった。だから、ゴーラムの洞窟が残っていたのはラッキーだった。そこでは海水が堆積物をさらっていくことはなかったので、ネアンデルタール人が暮らした証拠を数多く見つけることができたんだ。石器や、彼らがさばいた動物の骨、それに炉辺も残っていた。言ってみれば、ネアンデルタール人がバーベキューした跡だね」

その遺跡は一九五〇年代に初めて発掘され、その後、数十年にわたって忘れられていた。クライブが発掘を始めたのは、一九九一年のことだ。

「以来、毎年ここへ来て、その遺跡を発掘している。巨大な洞窟で、遺物は一八メートルの深さまで埋もれている。だから、来るたびに新しいものが見つかるんだ」

洞窟から採取した炭を放射性炭素年代測定にかけた結果、少なくとも二万八〇〇〇年前まで、ことによると二万四〇〇〇年前まで、そこにはネアンデルタール人が住んでいたことがわかった。つまりこの洞窟はネアンデルタール人の最後の居住地なのだ。[3]

考古学者のなかには、その年代について、上部の後期旧石器時代の層から炭が混入したのではないか、と疑う人もいる。しかし、クライブは、その調査結果は信頼できるものだと反論した。実際のところ、中期旧石器時代後期にネアンデルタール人が住んだ後、その洞窟は五〇〇〇年にわたって放置されていたらしい。そして今から一万九〇〇〇年前に、ソリュートレ文化と呼ばれる後期旧石器時代末期の道具を携えた現生人類が、その洞窟に住むようになった。[3]

クライブは、ジブラルタルをネアンデルタール人の「退避地」と見なすことを好まない。「退避、と聞くと、ネアンデルタール人は他に行く場所がないからここへやってきたというような印象を受けるだろう?」と、彼は言う。「実際には、ここは居心地のいい場所だったから、彼らはここへ来たんだ。そして一〇万年にわたって、住みつづけた」

LGMの凍えるような寒さがヨーロッパを覆いはじめようとしていた二万八〇〇〇年前から二万四〇〇〇年前の時代でも、イベリア半島南西部は温暖でさわやかな地中海性気候で、平均気温が摂氏一三度から一九度という、現在によく似た環境だった。[3,4]

今、岩だらけの海岸の右側にある大きな洞窟は、二万五〇〇〇年前には、海岸からずっと離れていたはずだ。雨風や捕食者から守ってくれる洞窟は、旧石器時代にはきわめて人気の高い住みかだったのだろう。炉はゴーラムの洞窟の奥深くにあった——洞窟の天井はかなり高かったので、煙は天井をつたって、居住者の目やのどに入ることなく外へ流れていった。そして、洞窟の外には、食べるものがいくらでもあった。海面は現在よりずっと低く、崖のふもとから海岸までの間には、森林や湿地を含む、さまざまな動植物の生息地がモザイク状に広がっていた。砂の多い海岸の平原には、サンドパイン（マツの一種）やジュニパー（セイヨウネズ）の木が生え、川が流れていた。「当時の植生を調べると、季節によってここには大きな池ができていたことがわかる」クライブは説明した。「その証拠に、イモリやカエル、そしてカモやオオバンといった水鳥の化石が見つかっているんだ」

ジブラルタル半島の南端を回って、ゴーラムの洞窟——最近知られたネアンデルタール人の居住地——を見に行く

わたしたちは洞窟に入る予定だったが、船出してわずか一時間ほどのあいだに、風と潮流が共謀して大きな波を発生させ、上陸するには危険な状況になってきた。そこで船に乗ったまま北上しつづけた。しばらくしてクライブはもうひとつの洞窟を指差し、あそこもネアンデルタール人の住居だった、と言った。そこでは、海水面が上昇したせいで多くの証拠は波の下に潜っていた。しかしクライブとジェリーはその洞窟の調査も行っていた。

わたしたちは船の向きを変え、ヨーロッパポイン

ジブラルタル、ゴーラムの洞窟

ト（ロックの最南端）をまわってジブラルタル湾に戻った。そこでダイビングボートと待ち合わせていたのだ。ボートにはジェリーと海洋生態学者のダレン・ファが乗っていて、すでに作業は始まっていた。海中で、二人の考古学者が、リフトバッグ（回収物にとりつけ、空気を送り込んで回収物を持ち上げる袋）で大きな岩を動かそうとしていた。その岩を動かせば、乱れていない堆積層が現れるだろうと、ジェリーは考えていた。海底の調査によって、すでに巨大な礁が見つかっている。その礁は、海面の二〇メートルから四〇メートル下にあった。この礁の洞窟は、ネアンデルタール人の時代には海中ではなく海岸にあったはずだ。考古学者たちは、太古の環境を知るために海底コアを採取しながら、海の底に沈んだ太古の住居の痕跡も探していた。この種の調査に必要なのは、ダイビングの経験と、海洋生態学および水中考古学の知識、そして、忍耐力である。

「海の底まで資材を届けるのは大変なのよ」と、ジェリーは言う。「お金もかかるし、時間もかかるわ。たとえば、あなたが洞窟を発掘していて、鉛筆の芯が折れたら、道具箱のところへ行って別の鉛筆を取ってくればすむけれど、海底でそうなって代わりの鉛筆を持っていなければ、海面まで戻らないといけない。だから、できるだけ何でも二つずつ持っていくことにしているわ。とても慎重に計画を立てていているけれど、それでも時には、海面に戻る必要が出てくるの」

ダイバーが潜っていられるのは一時間が限度なので、発掘は綿密な計画のもとに進められ、日々、少しずつでも確実にデータを集められるようにしている。彼らは交替で作業しており、最初のチームが浮上したらすぐ潜れるよう、ジェリーとダレンはウェットスーツを着込み、潜水用具の準備を整えた。

ボートからは、モロッコの山々がはっきりと見えた。ロックとモロッコを隔てる海峡の幅は、わずか二一キロだ。石器時代にこの海峡を越えて現生人類とネアンデルタール人が交流した証拠は見つかっていないことを知って、わたしは驚いた。こんなに近いのに現生人類はアフリカにとどまり、一方、ネアンデルタール人がモロッコへ渡ることもなかったのだ。

ジェリーとダレンが海底から戻ってきたので、何かありましたか、と尋ねた。

「リフトバッグのおかげで、どうにか岩を動かすことができたよ」と、ダレンは言った。「堆積物を少し採集したわ」と、ジェリーが言った。彼女はとてもうれしそうだった。無事に岩が動いて堆積層が露わになり、発掘作業に着手できるようになったのだ。今日こうしてわたしがいる間に、ダイバーが海底からムスティエ石器を拾ってきてくれないだろうかと期待したが、さすがにそれは楽観的すぎた。海底の発掘は時間のかかる、骨の折れる作業なのだ。それでも、わたしたちの祖先とネアンデルタール人が暮らした時代の環境についてより多くのことを知るには、欠かせない作業である。

彼らの実生活

陸に戻ってから、クライブはヴァンガード洞窟で発見された動物の骨をいくつか見せてくれた。その洞窟はゴーラムの洞窟の近くにあり、四万五〇〇〇年以上前にネアンデルタール人が暮らしていた。

わたしは四肢動物の中足骨を手にした。羊の骨のように見えた。「その動物は、彼らのお気に入りだったか、捕まえやすかったか、あるいは他の草食動物より多かったんだろう」とクライブが言った。「野生のヤギ、スペインアイベックスだ。この洞窟で見つかった大きな哺乳類の骨の八〇パーセントは、このヤギの骨だよ」

アカシカの骨もかなり多く見つかった。「それも彼らの好物さ」。オーロックスの骨もあった。がっしりした、牛の祖先だ。クライブは、そのように巨大な角をもつ大きな動物をしとめるには、かなりの勇気と計画性と協力体制が求められたはずだと考えていた。「オーロックスの骨があまり見つからないのも、それを考えると不思議ではないね」と彼は言った。

「ネアンデルタール人の評判からすると驚くべきことかもしれないが、小さな動物の骨も見つかっている。ここにあった哺乳類の骨の九〇パーセントはウサギのものだ」

そう聞いて、わたしは驚いた。大型動物のハンターという、ネアンデルタール人のイメージに合わなかったからだ。

「それに彼らは、陸上の資源だけを利用していたわけじゃない」と、クライブはやや誇らしげに言った。

「彼らはカサガイやイガイも食べていたんだ。それに、これを見てごらん」そう言うと彼は、鋭い歯の生えた顎骨を手に取った。「モンクアザラシの骨だ。アザラシの骨は他にもたくさん見つかっていて、その多くに刃跡がある。そして海岸に打ち上げられたにしては、数が多すぎる。たぶんネアンデルタール人はアザラシを狩っていたんだ。それに、これを見れば、ますます奇妙に思えるだろう」

そう言うと彼は、わたしの手に、イルカの脊椎を持たせた。その骨の飛び出たところ（横突起）には数本の傷が刻まれていた。不器用な考古学者がスコップでつけた傷ではない。燧石《フリント》石器による細い傷跡だったのだ。どうやら今見ているのは、ネアンデルタール人の夕食の残りものらしい。(5) つまり、ネアンデルタール人たちは、海辺の暮らしにすっかり適応していたのだ。鳥の骨もあった――しかし、本当にクライブは、それらをネアンデルタール人が食べたと確信しているのだろうか？

「他に捕食動物がいたという痕跡はほとんど残っていない。これらの骨には傷跡は残っていないが、歯型が残っているように見える。ネアンデルタール人のものだ。多く見つかるのは、ヤマウズラ、ウズラ、カモで、ぼくたちの口にも合う鳥だ。鳥が彼らのメニューに載っていたのは確かだね」

「これまでネアンデルタール人の骨が見つかったのは主に北の方の、大型哺乳類が多くいた地域だったので、大型動物のハンターという偏ったイメージが定着してしまったんだろう」とクライブは言った。「ここにいたネアンデルタール人も大型の動物を食べているけれど、ぼくの感触としては、たいていは海岸で食べられるものを拾い集め、植物を採集し、鳥やウサギを狩っていたらしい。時にはヤギやシカを狩ったりしていたが、それより大きな危険な動物となると、ごくたまにしか捕えなかったようだ。今日の人間と同じで、ネアンデルタール人も、住む地域や文化によって生活が違っていた。どこでも身近にあるものを利用していたんだよ」

他の遺跡からも、ネアンデルタール人は柔軟性に欠けるという従来の見方に反するものが見つかっている。フランス中央部のアルシー・シュル・キュールで出土した石器群は、通常とは違っていた。ムスティエ文化（中期旧石器時代）の剝片石器と、「後期旧石器時代」風の石刃や骨器の両方が出てきたのだ。ムスティエ文化が発展したものと見ることもできるが、ヨーロッパの後期旧石器時代の幕開け（初期のオーリニャック文化）と見なされた。そのような「移行期にある」石器とともに、だれかが身につけていたらしい、穴をあけたキツネの犬歯も見つかった。そのような遺跡はアルシー・シュル・キュールだけではない。アルシーで見つかった遺物は、「シャテルペロン文化」のものとされたが、そう呼ばれるのは、同じような遺物がフランス中部のシャテルペロン洞窟でも発見され、そちらが最初に記載されたからだ。シャテルペロン文化の遺物は、フランス中央部と南部、スペイン北部の至るところで発見されている。しかし、誰がそれを作ったのだろう？　アルシーではシャテルペロン文化の遺物とともに人類の骨が見つかったが、断片的なものばかりだったので、発見当時は、現生人類のものなのかネアンデルタール人のものなのか、識別できなかった。年代測定の結果、三万四〇〇〇年前のものであることがわかったが、その時代には、どちらの集団もヨーロッパにいた。

しかし一九九六年になって、フランスの考古学者ジャンジャック・ユブランとUCLのフレッド・スプールが参加した国際チームが、アルシーで見つかった側頭骨の内側の構造に、ネアンデルタール人の特徴を発見した。[6]　つまりシャテルペロン文化の担い手はネアンデルタール人だったのだ。しかし、ネアンデルタール人はそれらの石器を独自に発明したのだろうか？　それとも現生人類の道具を模倣したのだろうか？　あるいは、異なる環境への適応として、技術が進歩したのだろうか？　クライブは、石器の変化は、狩りの方法が待ち伏せから飛び道具に変わったことを反映している、と言った。シャテルペロン文化は現生人類とネアンデルタール人が接近した以降に出現した、という見方はあたっているようだが、その時代には気候も大幅に変動した。独自に発明したのであれ、現生人類を模倣したのであれ、その文化が行動の柔軟性と知性を示していることに変わりはない。これまでわたしたちはネアンデルタール人がそうした特性を備えていたとは思っていなかった。「ぼくらはネアンデルタール人を過小評価していたのかもしれないね」と、クライブは言った。

シャテルペロン文化は、考古学者がネアンデルタール人と現生人類の技術の違いと見なしていた境界をあいまいにし、わたしたちのこれまでの見方が間違っていたことを示唆している。それらの遺物の存在を知ると、ネアンデルタール人が滅亡し、現生人類が生き残ったことを、当たり前のこととは思えなくなる。おそらくネアンデルタール人はこれまで考えられていたよりずっと、わたしたちに近かったのだろう。しかし、彼らは消えてしまった。大陸規模で言えば、気候変動と競争相手の存在が何らかの役割を演じたのだろう。彼らの人口は徐々に減少し、やがて少人数の集団がジブラルタルに残され、こののどかなヨーロッパの片隅で海辺の暮らしを満喫した。自分たちがヨーロッパで長く繁栄した系統の最後の一群であることなど、彼らには知る由もなかった。では、その最後のネアンデルタール人に何が起きたのだろう?

クライブとジェリーのここでの調査によれば、現生人類と彼らとの間に、ロックの争奪を巡る「最終決戦」が起きたわけではなさそうだ。ネアンデルタール人が残した最後の痕跡は二万四〇〇〇年前のものであり、一方、現生人類の登場を示す証拠は一万九〇〇〇年前のもので、その間には長い空白期間がある。「これらの洞窟には、五〇〇〇年にわたって誰も住んでいなかった」と、クライブは言う。したがって、ここで両者の争いが起きるはずはなく、それが原因となって一方が絶滅するというようなこともなかったのだ。

クライブは、単に数の問題だったのではないか、と言う。ネアンデルタール人の数がきわめて少なければ、絶滅する可能性は高い——現在、絶滅が危惧される種と同じように。「ここにいた最後のネアンデルタール人の集団は非常に規模が小さく、したがって脆弱だったはずだ」と彼は言った。近親交配による遺伝的な病気も一因となり得ただろう。

しかしクライブは、人口が少なかったのに加えて、気候の変動が重大な役割を演じたと考えていた。「沖合で海底コアを調べたところ、この二五万年間で気候が最も厳しくなった時期は、ネアンデルタール人が消えた時期と重なるんだ」

二万四〇〇〇年前までジブラルタルは温暖な気候に恵まれていたが、その後、気候は急速に悪化したようだ。海底コアの証拠はこの時期の気温の低下を示している。この気候変動は、古気候学者が「ハインリッヒイベント2」と呼ぶ現象によるものだ。ハインリッヒイベントとは、氷床から分離した巨大な氷山群が北大西洋に流れ出すことで、海水温が急に低くなる。ネアンデルタール人はそれまでの寒期は生きのびてきたが、ハインリッヒイベント2の時期、海水面の温度はこれまでの二五万年間で最も低くなった。クライブは、この急激な寒さと乾燥によって、最後のネアンデルタール人の消滅は説明できると考えている。「ぎりぎりまで数を減らしていたネアンデルタール人にとどめを刺したのは、この気候変動だったのだろう」

クライブにとって、ネアンデルタール人の最終的な絶滅と、現生人類の拡大は、別々の出来事だった。彼は、他の場所では両者が接触した可能性があると考えているが、ジブラルタルで見つかった証拠は、現生人類がこの地に現れる数千年前に、最後のネアンデルタール人が消えたことを示していた(3)。

「だが、彼らはヨーロッパ全体で徐々に絶滅に向かっていったのであり、なにかひとつの事件によって絶滅したわけではない」とクライブは言った。

従来、ネアンデルタール人は氷河期のヨーロッパの寒さに適応していたと見られていたが、クライブは逆に、彼らは暖かさを好む人類だったと考えており、ジブラルタルでは地中海性気候が長く続いたために彼らは生きのびることができたのだと推測している。このあたりは冬でも日が長く、沿岸の豊かな環境には多種多様な食料があったので、彼らは苦しい時代も生き抜くことができたのだろう——少なくともハインリッヒイベント2までは。

そしてクライブは、むしろ現生人類の方が寒さに適応していたと考えている。彼は正しいのかもしれない。ネアンデルタール人はがっしりして、脚が短く、生物学的には現生人類より寒さに適応しているように見えるが、氷河期の寒さを乗り越えるだけの文化的適応力をもたなかった。体が比較的寒さに強かったために、文化の発展が遅れたという可能性もある。一方、現生人類の方は、寒さに弱かったせいで、衣服の発達に拍車がかかったのではないだろうか——その後、現生人類は、衣服のおかげでLGMを生きのびることができた。[7]

二万五〇〇〇年前頃、ヨーロッパでは新しい文化が出現するが、それは北東からやってきた現生人類の第二波がもたらしたようだ。彼らは今日のシベリアのような気候の中で、いたって快適に過ごしていたらしい。

文化の革命　チェコ共和国：ドルニ・ヴィエストニッツェ

三万年前から二万年前にかけてはLGMへ向かいつつあった時代で、地球全体の気候が不安定になった。[1] その時代に、新しい文化、「グラヴェット文化」——この文化に特徴的な尖頭器が最初に見つかったドルドーニュのラ・グラヴェット遺跡に因んで命名された——が、ヨーロッパ全体に広がった。

この文化はおよそ三万三〇〇〇年前に、ロシア南部を流れるドン川ほとりのコステンキを始めとする、ヨーロッパの北東部に出現した。それは最後の氷河期のピーク（ＬＧＭ）に向かっていた時期であり、多くの考古学者は、グラヴェット文化は氷河周辺の寒い環境への適応として生まれたと考えている。そうだとすれば当然かもしれないが、この文化には、シベリアの中期旧石器時代半ばの文化との類似が認められる。実のところグラヴェット文化は、「ステップで生まれた文化」なのだ。その担い手は、寒冷なロシアのステップでトナカイやマンモスを狩り、繁栄していたが、気温の低下に伴ってヨーロッパに広がっていった。

グラヴェット文化の発明品のひとつは、「快適な住まい」である。ドン川沿いのガガリノでは、二万五〇〇〇年前の半地下の住居跡が見つかっている。この氷河期の家の炉床には、骨の燃えかすがあった。グラヴェット文化は骨を代替燃料として活用していたらしい。また、他の遺跡では石製のランプが見つかっているが、コステンキでは、ランプはマンモスの大腿骨の骨頭から作られていた。シベリアの同じ時代の遺跡で見つかったものに似た、穴のあいた針も発見されており、衣服を縫っていたことをうかがわせる。

グラヴェット文化は冷蔵室も発明したようだ。それはマンモスの牙を鍬代わりにして掘った穴で、肉や燃料用の骨の保存に使われていたらしい。狩りの技術にも一連の進歩が見られる。斜角をつけた尖頭器、牙のブーメラン、それに網――おそらく小さな獲物を狩るためのもの――まで用いた。オーリニャック文化に比べて、石刃はより細く、軽くなり、先端は鋭く尖っている。有舌尖頭器や有肩尖頭器も作るようになった。[2] また、社会も変化したようだ。大勢の人が集まっていたことを示す、大きく複雑な居住遺跡が見つかっている。狩りの準備のために集まったのか、あるいは、宴会や何かの儀式のために集まったのかはわからないが、この氷河期の狩猟採集民の社会が、複雑な構造と幅広いネットワークを持っていたのは確かだ。[3] しかし、グラヴェット文化が残した最も好奇心をそそられる物は、何のために使われたのかよくわかっていない。それは「ヴィーナス像」である。

わたしは、チェコ共和国の東部の中心地であるブルノまで鉄道でいくと、そこから車で南の小さな町ドルニ・ヴィエストニッツェへ向かった。謎めいたヴィーナス像のひとつは、その近くで発見された。ドルニ・ヴィエストニッツェに到着したわたしは、博物館を訪ね、ユーリ・スボボダと会った。博物館の二階で、ユーリは浅い箱にぎっしり入った出土品をひとつひとつ見せてくれた。マンモスの牙を彫って作ったさまざまな動物の小像があり、中には写実的に彫った美しいライオンの頭もあった。骨製の奇妙なへらもあり、長さや形は靴べらとほぼ同じだったが、その面は平らだった。

「いったいこれは何ですか?」わたしはユーリに尋ねた。

「民族誌学の資料にあたれば、いろいろな使い方が見つかるでしょう。エスキモーは雪を掘るのに、それによく似た道具を使っています。ぼくは南米の南端のティエラ・デル・フエゴで、そんなへらで樹皮をはがしているのを見たことがあります。ニュージーランドのマオリ族は、地位を象徴する武器として、同じようなものをもっています。残念ながら、これに関しては、縁のところに使用痕が残っていないので、何に使ったのか想像するしかありませんが」

そしてユーリは、ドルニ・ヴィエストニッツェの「ヴィーナス」を取り出した。高さ一〇センチほどの粘土製の土偶である。モダンなデザインで、肩のすぐ上に頭がついていて、斜めに彫り込まれた二本の細い溝がおそらく「目」のようだが、それ以外の造作はなく、いたって無表情だ。丸い乳房が垂れ下がり、ヒップはとても大きい。縦に入った溝が左右の足を分け、腰回りに入った別の溝は、腰帯のように見える。背中には左右に斜めの溝が彫り込まれ、いちばん下の肋骨を誇張していた。エルミタージュ美術館で見た、シベリアのマリタ遺跡から出土した、棒状で、服を着ていることも多い女性像に比べると、この「ヴィーナス」はずいぶん豊満で、明らかに裸だった。

この女性像は何を表しているのだろう。わたしはユーリに、どう思うかと尋ねた。彼は慎重だった。この謎めいた遺物の本来の意味を知る手がかりは残されておらず、わたしたちにはそれを想像することしかできないのだ。女神なのだろうか？　それとも典型的な女性を表しているのか？　もしかすると、女性と男性の両方を象徴しているのかもしれない。ユーリがその上半身を手で覆うと、両脚と間に掘りこまれた深い溝が外陰部のように見えた。つづいて彼は、像の下半身を覆い隠した。すると、その頭と胸が男性器に一変した。

「おそらく彼女は男性と女性、二つのシンボルが合体したものだと思われます」

「彼女は神様、いえ、女神なのかしら？」わたしは尋ねた。

ユーリは笑った。「そうですね、たぶん、神様なのでしょう。もっともそれは、あなたが神をどう定義するかによりますが。ぼくには、この像にはある種の擬人化や象徴性が見られるように思えます。何かを女性の肉体という形で表現したのかもしれません。何か意味があるのは確かですが、真実は今後もずっと謎のままなのでしょうね」

この他にも、ドルニ・ヴィエストニッツェの出土品には、性的な意味が込められているものが

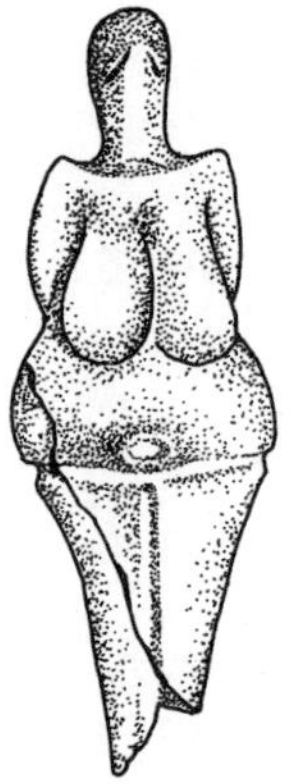

ドルニ・
ヴィエストニッツェの
ヴィーナス

あった。たとえば小さなマンモスの牙の棒に突起がふたつついているものがあり、それは乳房か睾丸のように見える。ユーリは、拡大する社会的ネットワークと「ヴィーナス」などに見られる象徴主義の間には、何かつながりがあると見ている。(1)

ドルニ・ヴィエストニッツェの「ヴィーナス」は、その社会においてどんな意味を持っていたにせよ、わたしたちにとって特別な存在であることに変わりはない――なぜなら、それは粘土でできていたからだ。彼女は世界で最初に作られた粘土製品のひとつなのだ。ドルニ・ヴィエストニッツェとその近くのパブロフ遺跡からは、ヴィーナスを始め、粘土で作ったものが一万個以上発見された。二万六〇〇〇年前に作られたそれらは、甕などの実用本位の土器が登場する時代より一万四〇〇〇年も前のものだ。(4) 出土した粘土製品の大半は、大小さまざまなかけらだったが、それらの中に芸術作品――七〇個以上のほぼ完全に近い動物土偶と、このヴィーナス像――があったのだ。しかし、土偶の破片も数千個以上あり、その多くは、丘の中腹の炉跡で見つかった。調べた結果、その炉は摂氏七〇〇度まで出せることがわかった。膨大な数の土偶の破片が炉の周囲で見つかったことから、考古学者の中には、かなり奇抜な説を思いつく人もいた。それらの土偶を作った人には破壊癖があり、自分の作品を炉で熱して割って楽しんでいた、というのだ。そうだとすれば、粉々になった土偶は、太古のパフォーマンスアートの産物ということになる。陶器の専門家は、土偶の割れ方から、高い熱によるものだと言っているが、この意図的破壊説が正しいとは、わたしには思えない。わたしたちの目の前にあるのは世界最初期の土器なのだ。それらが誕生するまでには、かなりの実験がなされたことだろう。多くは、焼いている途中で破裂したりひびが入ったりしてしまったのではないだろうか。そして、うまく焼きあがった土偶だけがどこかへ運ばれ、割れた破片は炉の周囲に捨てられたと考えるのが妥当だろう。それだけでなく、破片は炉の素材として利用された可能性もある。何万年も後のことではあるが、クレイパイプ（一六〜一七世紀のヨーロッパで用いられた素焼きのパイプ）を焼いた炉には、失敗作が埋め込まれている。[5]

不思議な葬送

ドルニ・ヴィエストニッツェの遺跡は、奇妙な墓があることでも知られる。そこには三人の遺体が同時に埋葬されていた。性別のわからない遺体が仰向けに横たわり、両側に男性の遺体が寝かされている。中央の人物は病気で亡くなったらしい。両側のふたりの姿勢は変わっていて、左の男性は、両手を真ん中の人の腰の方へ伸ばし、特に右手はその人の陰部に載せている。一方、右の男性はうつぶせになっている。三人の頭と、中央の人の陰部には、レッドオーカーの粉がまぶされ、頭部の周りには、オオカミとキツネの犬歯と象牙のビーズが埋められていた。[6]

この三体は同時に埋められたようだが、それ自体、とても珍しいことだ。彼らは親戚どうしだった可能性がある。と言うのも、珍しい解剖学的異常を共有しているからだ。それは、右の前頭洞（前頭骨の、眼窩の上部にある空洞）の欠損と、親知らずの埋伏である。[7] しかし、なぜ彼らはひとつの墓に葬られたのだろうか？　三人はとても若い。ひとりはまだ一〇代で、他のふたりも、二〇代になったばかりだ。考古学者の中には、彼らの若さはドルニ・ヴィエストニッツェに暮らしたグラヴェット文化の集団に何らかの災厄が降りかかったことを示している、と主張する人もいるが、この遺跡に残された他の人骨から、若くしての死は珍しくなかったことがわかる。[8]

真ん中の人は脚の骨と脊椎が変形しており、その原因については、くる病、中風、先天的異常など、さまざまな病名が挙げられているが、特定は難しい。二〇代初めという若さながら、彼

（あるいは彼女）の右肩には関節炎の兆候が見られた。しかし、骨の奇形がその若い死の原因になったという証拠はない。確かなのは、この人物が傍日《はため》にもわかる病気に罹っていたことで、考古学者の中には、ゆえにこの人物は人々に尊敬され、特殊な埋葬をされたのではないか、と推理する人もいる(6)。

この墓はたしかに変わっているが、オーカーの使用や象牙などの副葬品は、ヨーロッパ全体に――まさにヨーロッパを横切って――広がっていたグラヴェット文化に共通して見られるものだ。ドルニ・ヴィエストニッツェで三人が埋葬されたのと同じ時代――およそ二万七〇〇〇年前――に、サウス・ウェールズのガウアーにあるパヴィランド洞窟で、ひとりの男性が埋葬されたが、その墓にはオーカーと象牙の棒も一緒に埋められた。そして、二万四〇〇〇年前頃、モスクワの北東およそ二〇〇キロメートルにあるスンギルでは、ひとりの男性とふたりの子供が、オーカー、キツネの犬歯のペンダント、数千個の象牙のビーズとともに埋葬された。それらの装飾品は衣服に縫いつけられていたらしい(9)。

ユーリとわたしは車で博物館の北にある遺跡に向かった。遺跡はゆるやかな丘陵地、パブロフ・ヒルズにあり、一帯はブドウ畑になっている。丘の頂上に到着すると、ユーリは、斜面に垂直に走る低い尾根を指差し、そこに二つの主な遺跡がある、と言った。

「左手が最初に見つかった遺跡で、一九二〇年代に発掘されました。パブロフ・ヒルズからドルニ・ヴィエストニッツェの教会へ向かっていた司祭が、道路の切れ目に骨と炭が露出しているのを見つけたのです。発掘したところ、ヴィーナスやその他の土偶が出てきました」

二番目の遺跡は、八〇年代半ばに商業採掘をしていた業者が発見した(4)。

ユーリは右手の尾根を指差した。「三人が埋葬されていたのは、二番目に見つかった、ドルニ・ヴィエストニッツェ第二遺跡です。三人は、定住地の小屋の中に埋められたようです。その後、人々がそこを訪れることはなく、やがて小屋が崩れ、墓だけが残ったのでしょう」

ユーリは、ドルニ・ヴィエストニッツェはこの傾斜地にあるいくつかの定住地のひとつにすぎない、と言って、さらに広い地理的・年代的コンテクストにおける、この遺跡の位置づけを説明してくれた。わたしたちが立っているのはチェコの東半分に広がるモラヴィア丘陵の一角である。東にカルパティア山脈、西にボヘミア地塊の山々を望むこの地域で、モラヴィア丘陵は低地の通路となった。この通路を抜けて、動物群——人類を含む——は、ヨーロッパの北東部から南西部へ進んでいった。

三万年前から二万年前の更新世末期のモラヴィアは、時代によっては、部分的に森に覆われていた。主に針葉樹だったが、オークやブナやイチイもあった。そのような広葉樹が生えていたと聞くと、温暖な気候だったように思えるが、実際はそうではない。木があった時代も、気温は非常に低く、亜北極のツンドラに近い気候だった。しかも気候は変動しており、さらに寒く、乾燥した時期もあった。その時期のモラヴィアには、樹木のないステップが広がっていただろう(1)。

「現在の環境に喩えるのは難しいですね」と、ユーリは言った。「いちばん近いのはシベリアでしょう。シベリアといっても、北と南ではずいぶん気候が違いますが。かつてのこのあたりは、年間を通じて気温が低かったのです。冬は今よりもっと寒く、けれども夏は非常に暑くなることもあったでしょう」

オーリニャック文化の遺跡の多くは高地にあるが、オーストリア、モラヴィア、ポーランド南部のグラヴェット文化の遺跡は、渓谷の中腹に点在していた。丘の頂上は、住むには寒すぎたのだ。また、グラヴェット文化の人々が狩った大型の哺乳類は谷を通っていたので、谷の中ほどに集落があると、狩りをするうえでも便利だった。[1]

「谷の底は森になっていて、斜面は草に覆われ、針葉樹がいくらか生えていたと思われます。渓谷の中腹からは谷全体を見渡すことができました。そして獲物はその谷底にいたのです。おそらくマンモスの群れもいたでしょうね」

これらの遺跡は、狩りのための一時的な野営地ではなさそうだった。彼らは一年を通じてそこに住んでいたらしい。住居跡が何層にも重なっていることや、作るのに時間がかかる繊細な遺物が多く残されていること、そして、家の構造に安定性が見られることなど、すべてが、定住生活が営まれていたことを示唆していた。

「これらの大きな遺跡は、長期的な居住地でした」ブドウ畑となだらかな尾根を眺めながら、ユーリは言った。「けれども、人々は移動もしていました。おそらくその両方だったのでしょう。つまり、ある者は居住地にとどまり、ある者は食べられる植物を集めたり、狩りをしたりするために、あちこち移動したのでしょうね」

エヴェンキ族の村とその衛星のような野営地のことが思い出された。「もっとも、その土地の状況によって、違っていたと思いますが」とユーリは言葉を足した。「通常、狩猟採集民は移動するものですが、時代と環境、そして戦略によっては、定住に近い生活ができたはずなのです」

この新しい文化は、単なる思想的な潮流ではなく、新しい人類と遺伝子を伴って、ヨーロッパ全土に広がっていったらしい（306～307ページの地図を参照）。近年の分析により、ヨーロッパ人のmtDNAの系統は二つに分かれていることが明らかになった。その二つとは、ハプログループH（ヨーロッパで最も一般的）とpreVで、後者は黒海とカスピ海にはさまれたカフカス山脈周辺を起源とし、三万年前から二万年前の間にヨーロッパ中に広がった。[10,11,12]

しかし、このヨーロッパ人の第二波が東から西へ広がった時期、ヨーロッパはLGMに向かって寒くなりはじめていた。氷床が広がり、ヨーロッパとシベリアの北部は人の住めない地域になった。寒さに適応し、毛皮を着てトナカイを狩っていたグラヴェット文化の人々でさえ、その北極のような環境で生き残ることはできなかった。考古学の記録と、遺伝学による発見――ヨーロッパのmtDNAとY染色体の系統――は、人類が数を減らしながら、ヨーロッパの南西の隅へ退避していく様子を語っている。

寒さから逃れて　フランス：アブリ・カスタネ

そういうわけで、わたしはヨーロッパの南西、フランスのペリゴール地方へと向かった。ペリゴール地方はドルドーニュ県とほぼ一致し、そこの洞窟と岩陰遺跡には、氷河期の、信じられないような記録が残されている。

トゥールーズから車で北に向かった。やがてドルドーニュ県に入り、車はいかにもドルドーニュらしい森の茂る峡谷を抜けていった。中央高地から大西洋へ流れる大河が、石灰岩の岩盤を削って作った深い谷だ。その谷を西へ進むと、やがてヴェゼール渓谷に入り、さらにいくと、数多くの岩陰遺跡があることで知られるレゼジーの町に着いた。ヴェゼール渓谷は渓谷と呼ぶにはずいぶん幅の広い谷で、石灰岩の崖に縁どられている。その崖には水平に何本も溝が走り、あちこちにぽっかりと大きな穴が開いていた。それらの穴は、立って入れるほど十分な高さがあり、現生人類の住まいとして利用されていた。その現生人類とはクロマニヨン人で、最初の化石が発見されたアブリ・ドゥ・クロ＝マニヨンはこの渓谷にある。

車はヴェゼール渓谷に沿って走りつづけ、ル・ムスティエの小さな村落を通り過ぎた――そこはムスティエ文化の石器が最初に発見された場所だが、わたしの旅では、その文化の担い手だったネアンデルタール人のことはもう見終わった。主たる渓谷から離れ、支流を追う。セルジャックの村を過ぎ、森に覆われた狭い谷、ヴァロン・ドゥ・カステル・メルルに入り、ついにアブリ・カスタネに到着した。車から降りると、アメリカの人類学者ランドール・ホワイトが迎えてくれた。

「ここが住居として使われたのはいつ頃ですか?」と、わたしは尋ねた。

「放射性炭素年代を測定したところ、三万三〇〇〇年前でした」ランドールは答えた。

アブリ・カスタネはオーリニャック文化の初期の遺跡で、現生人類の第一波がフランス西部に入った証が残されている。四万年前から三万年前まではウルム亜間氷期で、気候は比較的温暖になったが、寒かったのは確かだ[1]。オーリニャック文化の初期には、ヴェゼール川とその支流の流域には草が茂り、南に面した山の斜面や、寒さから守られた深い谷は、森に覆われていただろう。

「人々は真冬もカスタネで暮らしていたことがわかっています」と、ランドールは言った。「気温はたぶん氷点下三五度くらいだったでしょう」

かなり寒そうだ――シベリアのオレニョクと同じくらい寒い――が、ランドールは、人々は岩窟の奥深くで暖かく過ごすことができたと考えている。

「岩にはいくつか穴があいています。そこにひもを通して毛皮を吊るし、暖かい空気が逃げないようにしていたようです」と、ランドールは説明した。「内側には暖炉があるし、かなり快適だったでしょうね」

岩陰遺跡の中で、アメリカの学生のグループがスコップで地面を掘っている。これまでに氷河期の層まで掘り進み、石器や石片を発見していた。岩陰遺跡の一角では、目の詰んだ黒い層も見つかった。太古の炉跡である。掘りだされた堆積物は袋に詰め、注意深く湿式ふるいにかけ、乾燥させる。ランドールのチームは根気強くそれを調べ、紛れ込んでいる極小の燧石《フリント》や骨のかけらを見出してきた。それらは、オーリニャック文化の人々が長く厳しい冬をどのように生きのびたのかを知る手掛かりになるのだ。

「大半は、焼けた動物の骨でした。狩りから持ち帰った動物の骨の多くを、彼らは燃料にしたのです」と、ランドールは説明した。しかし、骨を燃やすというのは、そう簡単なことではなかっただろう。「たしかに、骨は恐ろしく燃えにくい。ここでは木炭も見つかったが、炎の温度を高く保つために足した木が炭化したもののようです。火が消えないように、ずっと見守っていなければならなかったでしょう。糞も集めて、燃料にしたようです。わたしたちは、火や熱はあって当然と思っていますが、彼らにとってはそうではなかったのです」

「このあたりにはさまざまな動物がいました」と、ランドールは説明を続けた。「圧倒的に多かったのはトナカイですが、他に九種の大型草食動物、そして、鳥や魚の化石が見つかっています。ここは狩猟採集生活者にとってかなり豊かな環境だったはずです。寒いのは別としてもね」

この地域には、トナカイ、馬、バイソン、アイベックスの他、イノシシ、ノロジカ、アカシカなど、草地より森林に適応していた動物もいた(2)。

アブリ・カスタネでは、石のビーズも数百個、見つかった。大半はとても小さく、直径は五ミリにも満たない。ソープストーンを削って作ったもので、持ち手のある籠のような形をしている。湿式ふるいで泥を洗い流していなければ、ただの砂利かと思って見逃していただろう。

「ここの人々が冬場に、この数千個ものビーズを作っていたところを想像するとわくわくしてきます。おそらく、炉の周りで作業していたのでしょう。ちょうどわたしたちが編み物や刺繍をするように。きっとそうやって長い夜を過ごしていたんです」ランドールは思いにふけりながら言った。

ニックと同じくランドールも、彼らが残した芸術や装飾品からは、氷河期の社会について多くのことが学べると考えている――特に、身につけるためのものは、ただの装身具ではなく、信仰、価値観、社会的アイデンティティを表していると、彼は考えているのだ[3]。身を飾るものの大半――衣服、ボディペインティング、自然素材の装飾品など――は、通常、考古学的記録に残らないが、この小さな石のビーズはアブリ・カスタネで長い年月を生きのびてきた。

作りかけのビーズもいろいろ見つかったので、ランドールのチームは、それをどうやって作ったかを知ることができた。まず棒状に切り取った石の先を丸く削り、ビーズ本体の丸みをつくる。次にその石を短く切って、切った側を薄く平たく削り、両側から削って穴を開ける。そしてその穴の上部を削って、持ち手のようにして、最後に全体の形を整えれば完成となる。素材は違うが、この技法――最初に棒状のものを用意し、それを半完成品に分け、削って穴をあける――は、ドイツのオーリニャック文化の遺跡でも見られる。たとえばガイセンクレステレでは、同じ技法で象牙のビーズが作られていた[3、4]。カスタネのビーズはよく輝くように磨かれていた。金属が発見されるより数千年前に、ここにいた人々は、わたしたちが宝飾

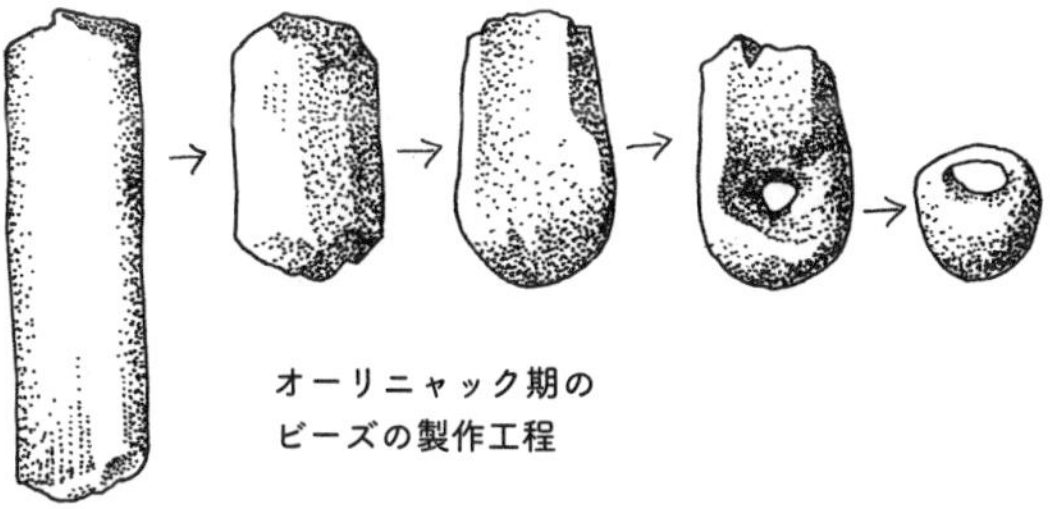

オーリニャック期のビーズの製作工程

品に求めるのと同じ上質さを求めていたのだ。

この遺跡では、墓は見つかっていない（彼らは死者を埋めたのだろうか。シベリアの風葬のように、放置したのかもしれない）。そのせいもあって、考古学者らは、これらのビーズは何に使われたのだろうと頭を悩ませている。電子顕微鏡で調べたところ、この籠型ビーズは何か——おそらくは衣服——の上に縫いつけられていたことがわかった[4]。それにしても、なぜランドールは石器時代のビーズにこれほど惹かれているのだろう？

「二〇年ほど前に、ビーズの研究を始めたときには、皆に笑われたものです。でも、ぼくが知りたかったのは、ビーズがそれを作った人々の社会について、何を語るかということです。人と違う服や装飾品を身につけて自分のアイデンティティを主張しはじめたことは、グループ内に階級や上下関係が生まれたことを意味しています。また、衣装や装飾品によって、より広域に及ぶアイデンティティを築くこともできます。太古のバスク地方に暮らした人々が、フランスのこのあたりの人々と同じ文化集団に属していることを自覚していた可能性さえあるのです——きわめて広い地域です。一方、ネアンデルタール人がそのような社会をもっていたと考える人はほとんどいません。広い地域にわたって多くの人を組織する能力は、大きな強みとなるはずです。思うに、ネアンデルタール人が衰退した一因は、そうした能力を持っていなかったところにあるのではないでしょうか」

LGMに近づくにつれ、ヨーロッパ北部は氷床と永久凍土層に覆われ、人間が住める環境ではなくなった。しかしその頃になっても、ヨーロッパ南西部、すなわちイベリア半島とフランス南部では現生人類が暮らしていた。現在と同じように、大西洋に近いせいで気候が穏やかだったのだ。ヨーロッパ中央部に比べて、夏は涼しく、さらに重要なこととして、冬は暖かかった。しかし、永久凍土ではないとしても、地面はしばしば凍った。ここヴェゼール渓谷では、丘陵地は凍りついて人が住めなくなったが、低い谷間はそれほど寒くなかったので、草が茂り、ハンターの生活を支えた。ヴァロン・ドゥ・カステル・メルルやその他の谷は、LGMの時期も人が暮らしていたのだ。それは驚くべきことのように思えた。

しかし、過酷な気候にもかかわらず、ヨーロッパ南西部のツンドラ・ステップには獲物となる動物がかなりいた。ポール・メラーズはこの時期のヨーロッパ南西部について、「最終氷期のセレンゲティ自然保護区」のようだったと描写している。[5]「フランス南部ではトナカイ、馬、バイソンが依然として群れをなし、アイベックス、シャモア、アカシカ、ノロジカ、サイガ、アンテロープが草をはみ、マンモスやケブカサイを見かけることもあった」。[6]もっとも、この描写はあまりにものどか過ぎるだろう。

「LGMには、ここのトナカイは小型化していました。トナカイでさえそうなのだから、よほど寒かったのでしょう。動物にもストレスがかかったのでしょうね」と、ランドールは語った。「ぼくはカナダで育ったのですが、年によっては、〇度以下の気温が五、六週間続くことがありました。頭がおかしくなりそうでした。そんな環境で三か月も岩の洞窟で暮らすだなんて、想像を絶しますよ」

その当時のハンターたちは相当のストレスを受けていたが、必要は発明の母というように、彼らは生活様式を変え、食料の幅を広げていった。相変わらず馬、トナカイ、アカシカのような大型の動物を狩ってはいたが、次第に、より小型の哺乳類、魚、鳥も食べるようになったのだ。このような生活の変化には技術革新が伴った。ハンターたちは、中央部が浅くへこんだ、均整のとれた尖頭器を作りはじめた。ソリュートレ文化を代表する尖頭器である。[1]

氷河期がその力を強めると、人々の生活は厳しくなり、芸術や工芸品を作る余裕はなくなるとあなたは考えるかもしれない。例えば、ソリュートレ文化の高度な尖頭器を作るのは手がかかるので、芸術にさく時間は少なくなるだろう、と。しかし興味深いことに、実際には逆だった。LGMの時代、フランス南西部の人々は、石灰岩の崖にある洞窟に住みつづけただけでなく、迷路のようなその奥へと進んでいったのだ。絵を描くために。

壁画のある洞窟を訪ねて　フランス：ラスコー、ペシュメルル、クーニャック

装飾品、芸術品、そして洞窟画は、ヨーロッパの後期旧石器時代の特徴だが、それらは突如としてあらゆる場所に現れたのではなく、さまざまな時代に、さまざまな場所で、散発的に出現した。先に見てきたように、芸術は、三万年以上前のドイツ、シュワーベンでオーリニャック文化の一端として現れた（マンモスの牙を彫って作った動物や鳥、ライオンマンなど）。チェコのモラヴィアから出土した、粘土で作った動物や人間の土偶はそれよりずいぶん後の、およそ二万六〇〇〇年前のものと推定されている。アブリ・カスタネで発見されたペンダントやビーズなどは、フランスではオーリニャック文化初期とシャテルペロン文化の時代に出現したが、ヨーロッパの他の地域ではもっと後の時代のものしか見つかっていない。

洞窟画はヨーロッパ西部、フランス南西部とスペイン北部に集中している。たしかに、この地域の石灰岩層は理想的なカンバスとなったが、ヨーロッパや世界の他の地域にも石灰岩の洞窟はたくさんある。なぜ、もっぱらヨーロッパ南西部で描かれたのかを理解するには、壁画を取り巻く環境と、社会的状況を知っておく必要がある。まず、その年代から見ていこう。

フランスとスペインの洞窟画については、三万年前という非常に早い年代が推定されていたりもするが、これらの年代のいくつかは間違っているおそれがある。洞窟壁画の多くは、一九世紀および、二〇世紀初頭から知られていたが、正確な年代が測定され、より広い考古学的背景に位置づけられるようになったのは、ごく最近のことなのだ。フランスの考古学者で洞窟画を専門とするミッシェル・ロブランシェは、正確な年代測定ができるようになったことを喜び、「脱様式時代」の訪れを宣言した。洞窟画の年代はその様式から推定するのではなく、直接測定できるようになったのだ。炭を含む場所の壁画は、放射性炭素年代測定法によって正確な年代を知ることができる。あいにく壁画の大半は炭などの有機物を含まないため、じかに年代を測定することはできないが、その場合は洞窟から採掘した土砂の年代から類推する。そういう時には、壁画の様式も年代を知る重要な手掛かりとなる[1]。

しかし、壁画が炭を含んでいても、正確な年代が得られないこともある。微小生物に由来する有機物や洞窟の壁そのものの炭酸塩が、データに影響するからだ。スペイン北部のカンダモ洞窟に描かれた絵の黒い点を放射性炭素年代測定にかけると、点によって、三万三〇〇〇年前から一万五〇〇〇年前まで幅広い年代が示される。どれが正しい年代なのか、見極めるのは難しい。もしかすると最初の点は三万三〇〇〇年前に描かれ、後の点は一万五〇〇〇年前に描き足されたのかもしれない。あるいは、新しい年代の方が正しく、古い年代は、その時代の炭素が絵に付着していただけという可能性もある[1]。

同様に、フランスのショーヴェ洞窟に描かれた黒い馬の年代は、およそ二万一〇〇〇年前（マドレーヌ文化）とも、三万年前（オーリニャック文化）とも言われているが、様式からすると、マドレーヌ文化のものである可能性が高い。年代測定の専門家は、近い将来、放射性炭素年代測定法がさらに進化し、また、異なる研究室でテストを繰り返すことによって、食い違いが解消できることを期待している。しかし今のところ、カンダモとショーヴェの壁画について言われている古い年代については、注意が必要である。(1)

専門家の多くは、絵であれ彫りこんだものであれ、洞窟画の大半は、後期旧石器時代末期のソリュートレ文化とそれに続くマドレーヌ文化に属し、ＬＧＭの頃に描かれたと考えている。(2)

洞窟壁画めぐりに出かける

洞窟画をこの目で見てみたかったので、わたしはヴェゼール渓谷のモンティニャックの町に近い、ラスコーへと向かった。かの有名な壁画のある洞窟だが、残念ながら——もっともなことではあるが——現在、本物の洞窟は閉鎖され、貴重な壁画を蝕む恐れのあるカビを取り除く作業が進められている。わたしが訪れるのは、観光客向けに公開されている複製の洞窟、ラスコー２である。数年前にもわたしはラスコーを訪れようとしたが、複製の洞窟しか見られないと知って、行くのをやめた。しかし今回、実際に来てみて、ラスコー２は訪れる価値があると、認めないではいられなかった。本物の壁画の写真が飾られた通路を通って、「洞窟」へ入った。素晴らしいの一言だった。ひんやりとした空気、壁の質感や形状、そして壁画、そのすべてが本物そっくりに再現されていたのだ。

しかし、これはあくまで複製であり、現代の芸術家が描いたものなのだ。色はオリジナルとまったく同じで、マンガンブラック、オーカーの黄と赤で描かれており、オーストラリアで見た岩絵《ロックアート》の色調に似ていた。ラスコー２には壮麗な「雄牛の間」と、「支洞のギャラリー」と呼ばれる通路が再現されている。

ラスコー洞窟は一九四〇年に、モンティニャックの丘を探検していた四人の若者によって発見された。彼らは、倒れた松の木の根元にぽっかりと穴があいているのを見つけた。中へ入り、まっすぐ進んでいくと、将来「雄牛の間」と呼ばれることになる主洞に出た。彼らはそこを通り抜け――だれも天井を見上げなかったらしい。もし上を向けば、ドーム状の天井に巨大な雄牛が描かれていることに気付いただろう――支洞まで行って、そこで初めて洞窟画に気づいたのだった。わたしは複製の雄牛の間に立ち、獣の絵をじっと見上げた。「ユニコーン」(角は二本あったが)と呼ばれるそれは、真上と左手に描かれている。その後ろに黒い線で輪郭をとった大きな雄牛が二頭、向き合っていて、その間を、枝角のある小さなシカが埋めていた。右手には、さらに多くの雄牛が、黒とレッドオーカーで描かれていた。鍵穴の形をした狭い支洞のギャラリーへ進んでいくと、天井には、枝角のある黒く美しいシカやトナカイ、たくさんの雄牛、おなかがぷっくりと膨らんだ馬たちが行列していた。

洞窟壁画の魅力に目覚めたわたしは、本物の壁画を見ようと、ロット県のペシュメルル洞窟を訪れた。石の階段を降りていくと、場違いな印象の白塗りのドアがあった。その先が洞窟で、石灰岩の丘陵の奥深くへと続いている。みごとなフローストーンや石筍や鍾乳石に飾られた空洞を歩いていった。天井から下がる鍾乳石と、床からのびる石筍がひとつになって、太い柱を形成しているところもあった。その先には巨大な空洞が広がっており、高い天井も広い地面も、鍾乳石によって複雑な装飾がほどこされていた。まるでゴシック建築の大聖堂の中を歩いているような気分だった。大聖堂はおろか教会にも入ったことのない氷河期の狩猟採集者たちは、どんなふうに感じただろう? 現在のわたしたちでさえこの洞窟の自然美には驚嘆するのだから、祖先たちがどう感じたかは想像がつく。神秘的な別世界のようで、神聖に感じられたにちがいない。

自然の壮麗さに気を取られるあまり、わたしは洞窟芸術を見過ごすところだった。左手の壁の、この洞窟では珍しい平らな部分に、黒く縁取られた二頭の美しい馬が描かれていた（口絵㉖）。二頭は互いと逆の方向を向き、後半身の一部が重なっていた。体全体と周囲に黒い点が配されており、その点は馬の姿をカムフラージュしているようにも見える。二頭の腹には、レッドオーカーの赤い点もいくつかあった。カンバスとなった平らな部分は、周囲の壁面より盛り上がっていて、向かって右の馬の頭は、その縁に沿って描かれていた。この絵を描いた画家は、岩のカンバスの形にインスピレーションを得て、これらの素晴らしい馬の姿を描いたのかもしれない。

この壁画の馬は、自然そのままの姿ではなく、デザイン化されているように見える。大きく湾曲した首と小さな頭、丸みを帯びた胴体と細長い脚。表現しているのは、現実の馬なのか、それとも想像上の獣なのか？

わたしは、太古の画家が、暗い洞窟のなかで、ちらちらと瞬く獣脂の小さな灯りを頼りに、黒や赤の顔料を壁に塗っている様子を想像した。馬の周囲の壁には手形が六つ残されていた。左手のものと右手のものがあったが、同じ人のものと思われた。最初にこの絵を描いた画家が残したサインなのだろうか？　あるいは、後の洞窟画家が描き足したものなのだろうか？

空洞をさらに進むと、レッドオーカーで描いた別の手形があった。これらの手形はわたしの心を揺さぶった。氷河期の芸術家が、何千年何万年も前に、壁に手をあててその瞬間を記録したと

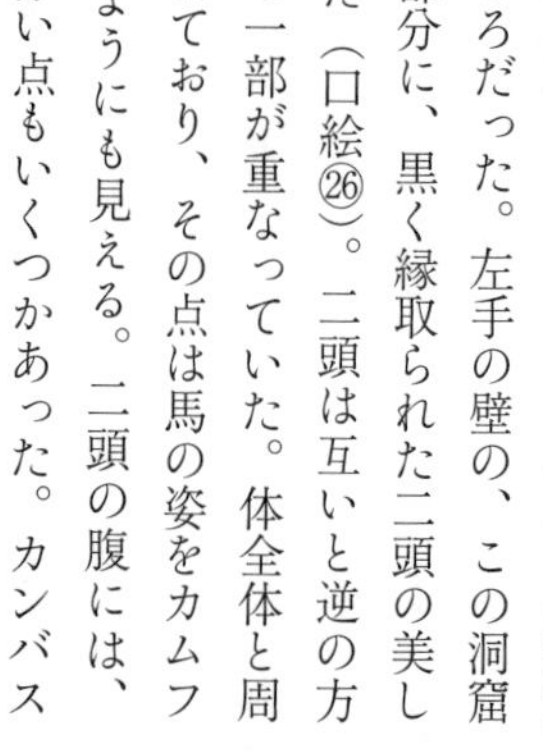

ペシュメルルの馬の上にある手形

いうのは驚くべきことだった。それをこの目で見られるというのは、特別な恩恵のように思えた。手形は、太古から現代へ伝えられたメッセージのようだ。いったい何を語ろうとしたのだろう。その意味を知ることは永遠にできないが、わたしには、こう語っているように思えた。「あなたと同じく、わたしたちは人間なのだ」と。

このペシュメルル洞窟には、七〇〇以上という驚くほど多くの絵が残されており、中でも黒い線で描かれたマンモス、バイソン、馬の絵が多かった。

次なる地下の停車場はクーニャック洞窟である。森に覆われた山腹の、洞窟の外でミッシェル・ロブランシェがわたしたちの到着を待っていた。彼は長年にわたって太古のフランスの洞窟壁画を研究し、それらの再現にも取り組んできた。尋ねたいことはたくさんあったが、彼の方は、何よりもまず手形の作り方を教えたいと思っているようだった。彼は使われた顔料と工程を研究し、そのぼんやりとした手形は、石に押しあてた手の周囲に顔料を吹きかけて描いたものだという結論に至っていた。

洞窟の外の石灰岩がむきだしになった崖でそれを実演してくれると言う。ロブランシェはまず、オーバーオールに着替えて、芸術家のようなベレー帽をかぶると、車のトランクから「画材」を取って来た。石と炭と水の入ったボトルである。次に、少々の炭を大きく平らな石の上に置き、小石で粉々に砕いた。本物の洞窟絵画では、黒い顔料として酸化マンガンを使っているそうだ。「それも黒いが、体に悪いからね。パリで毒物学者に意見を聞いたところ、酸化マンガンは毒だから使っちゃいけないと言われたんだ。だから、炭を使うことにした」

なぜ体に悪いのかはすぐにわかった。彼は、石の上の炭をたっぷり一つまみ取って、口の中に入れたのだ。がしがしと噛んでさらに細かくしている音が聞こえた。

「歯で顔料を細かくすりつぶす」と、彼は黒くなった歯をきしらせながら言うと、さらに嚙んでから、手を石壁に当て、その周りに炭を吹きつけはじめた。すばやく「プッ、プッ、プッ、プッ、プッ」と吹きつけると、壁と彼の手に黒いしぶきがかかった。まるで人間エアブラシだ。

五分後には、手の周りの石灰岩は、ぼんやりと黒く染まっていた。彼は何度も口に炭を含んでは、それを嚙んで吹きつけたが、その動作があまりに速いので、過呼吸になるのではないかと、見ていて心配になった。しかし、ロブランシェはこの技法に熟練していた。実験考古学・経験考古学の取り組みのひとつとして、彼は洞窟内の壁にペシュメルルの馬の絵を再現していたが、その際も口で顔料を吹きつける技法を用いたので、完成までに一週間もかかった。わたしは、もっと速く、効率的な方法があるのではないかと思いつつ（たとえば口ではなく、チューブを使うとか）、彼の献身ぶりに感服した。

オーストラリアにも同じような手形が残っており、顔料もよく似ていた。ロブランシェの技法は、オーストラリアのアボリジニの絵画に関する民族誌学の研究にも基づいている。「レッドオーカー、炭、酸化マンガンといった顔料（水や油に溶けない色素）は、世界のいたるところで使われていた」と、彼は言う。「だが、染料（水や油に溶ける色素）を用いた例は少ない。植物には染料になるものも多いが、旧石器時代の人々は、主に炭、酸化マンガン、レッドオーカーを使ったんだ」

三〇分後、ロブランシェは作業を終了し、壁から離れた。唇は炭の粉で黒くなり、あごひげは中央が筋状に黒くなっていた。彼はペットボトルの水で口をゆすいだ。壁には現代人の手の抜き型ができあがっていた（口絵㉕）。

「こうやってわたしは壁に顔料を吹きつけたが、氷河期の人もきっと同じようにしていたはずだ。

と言うのは、こうして描いたぼんやりした絵や手形は、ペシュメルルに残されたものとまったく同じだからだ」

「どうやってこの方法を突き止めたのですか？」

「たいへんだったよ。正しい方法に行きつくまで、いろんなやり方を試してみた。望ましい結果が出るまで、何度も実験したんだ」

太古の岩絵画家が用いた手法は、型抜き（ステンシル）だけではなかった。ロブランシェは、指や、先を噛んで筆のようにした棒で、線を描いてみせてくれた。色々見るうちに、ステンシルは、壊れやすくざらざらしている岩の表面に絵を描くすばらしい方法だということがわかった。

「洞窟の壁は凝結物や、石筍、鍾乳石で覆われていることが多いので、指で描くことはできない。それに、もし壁が柔らかい砂岩だったら、ブラシや指で描くと、ぼろぼろ崩れてしまうはずだ。しかし、吹きつけの方法なら、壁に触れずに描くことができるからね」と彼は説明した。

「ペシュメルルの壁画はとても興味深い。馬の周りに六つの手形があり、右手だったり左手だったりするが、どれも同じ人のものだ。そして顔料を分析した結果、馬と手形は同じ顔料で描かれたことがわかっている。おそらくひとりの人物が、同じ時期に、馬と六つの手形を残したのだろう」

「手形はその芸術家のサイン、制作者のしるしだったのでしょうか？」わたしは尋ねた。

「そうだね。おそらくサインとして残したのだろう。オーストラリアでそうしているように。オーストラリアの人々は墓参りしたときには、自分たちが行った証として、そこに手形を残すんだ。ぼくも、叔父や祖父母の墓にお参りしたときに、墓の近くに自分の手形を残しておいたよ」

「でも、フランスの洞窟は埋葬地ではないでしょう？」とわたしは尋ねた。

「たしかに。ヨーロッパの洞窟で墓を見つけることはほとんどない。しかし、こういう言い方もできる。わたしはこの教会を訪れ、その証を残したのだ、と」

ロブランシェがその洞窟に宗教的な意味合いを感じていることに、わたしは興味をそそられた。

手形づくりの実演を終えると、ロブランシェはクーニャック洞窟へと案内してくれた。階段を下りて、湿っぽい部屋へ入った。そこには石でできたさまざまな骨董品が展示されていた。中世の石煉瓦の破片や、細かな彫刻が施された石棺の蓋もあった。さらに階段を下りていくと、その先は洞窟につながっていた。ペシュメルル洞窟を訪れた時と同じく、わたしは自然美に圧倒された。クーニャック洞窟のほうが小さく、天井はずっと低かったが、その天井を埋めんばかりに細長い鍾乳石が垂れ下がっていた。まるで聖堂に入ったような感じがしたので、わたしはロブランシェに、この洞窟は氷河期の芸術家にとって、神聖な場所だったのではないか、と尋ねた。彼はうなずいた。ここは神聖な場所で、芸術家は何度もここを訪れたはずだと、彼は考えていた。

「そう、ここは自然が築いた聖堂だと言えるだろう。この地域にある洞窟のおよそ一〇パーセントに絵が描かれている。その大方は、最大級の洞窟だ。つまりこれらの絵画には、宗教的な意味

クーニャック洞窟の天井から垂れる鍾乳石

合いがあるのだろう。ここは神聖な場所であって、彼らは楽しむために絵を描いていたわけではないと思うよ」

洞窟の一角は、平らな部分がすべて、エルク、馬、アイベックスといった動物の絵で埋められていた。

ロブランシェは周囲を指し示した。

「どこもかしこも動物だらけだ……ここの人々はもちろん狩猟採集の生活をしていたので、自分たちの周りの世界、動物の世界を描いたのだろうね。そして彼らにとって、動物は単に狩りの獲物ではなく、精霊でもあった」

洞窟の奥の方には小さな人間が描かれていた。手足を伸ばして横たわり、槍のようなものが刺さっている。珍しい主題だった。長い間にその意味が失われた神話の挿絵を見ているような気分だった。人間の頭や肩、外陰部のように見える抽象的な絵もあった。いずれもＬＧＭ以前に描かれたものだ。

「何年にも及ぶ調査の結果、クーニャック洞窟はグラヴェット期に集中的に使われていたことがわかった」ロブランシェは言った。「その後、洞窟は忘れ去られた。しかしマドレーヌ期の人々が再発見し、洞窟は再び聖域となったのだ。最古の絵画と最新の絵画とのあいだには、一万年の開きがあるのだよ」

新しい時代の絵の周囲には、点が、たいてい二つずつ、指で塗りつけてあり、その周囲はレッドオーカーがにじんだようになっていた。これらの年代は、およそ二万年前のマドレーヌ期と推定されている。ロブランシェは、これらの絵画の当初の意味と、後の時代の芸術家にとっての意味について語った。マドレーヌ期の画家たちは、グラヴェット期に描かれた絵画を、祖先が描いたものだと思ったのだろうか、それとも太古の精霊が描いたと思ったのだろうか？　発掘調査の結果、主洞の入り口の地面の大きな窪みに、レッドオーカーがたくさん入っていたことが判明した。ロブランシェは、マドレーヌ期の人々は、指にその顔料をたっぷりつけて、太古のシンボルの周りに点を描いたのではないかと想像している。

ロブランシェから見れば、現代に洞窟の絵が再発見されたことは、それらが再び信仰システムに組み入れられたことを意味していた。わたしたちは洞窟の絵を熟視し、分析、複製、再現することによって、それらが遠い祖先にとって何を意味していたかを理解しようとしている。興味深いことに、これらの芸術作品は、現在の複雑な社会的ネットワークにおいてなお、情報やメッセージを伝えているのだ。今日、なんと多くの人が世界各地からここを訪れ、絵を見て、その絵はがきを買っていくことだろう。

また、太古のヨーロッパの狩猟採集民が、気候が寒冷になっても芸術作品を作りつづけていたことにも興味を惹かれる。ＬＧＭの厳寒の時代に、どういうわけか彼らは熱心に、槍投げ器に装飾を施したり、マンモスの牙を彫って動物を作ったり、洞窟に絵を描いたりしていたのだ。ソリュートレ文化では、狩りの技術が変化しただけでなく、芸術品や装飾品が盛んに作られるようになった。芸術品を作ることは、厳しさを増す環境の中で生きのびることと直接、関係があるようには思えないが、多くの考古学者は、洞窟壁画は氷河期の社会について重要なことを教えてくれると考えている。それは、社会的ネットワークが複雑になった、ということである。洞窟絵画は――おそらく新型の尖頭器よりも雄弁に――、過酷な環境で生きのびるために、社会と文化が変化したことを語っているのだ。(2)

「芸術に彩られた聖域」であるこれらの洞窟は、氷河期の風景においてランドマーク的役割を果たし、あるグループのテリトリーの中心であるとともに、人々が集まってグループのアイデンティティを確認する場でもあったのではないだろうか[4]。

「これらの人々は、もちろん、動物を追って移動していた」と、ロブランシェは言う。「しかし彼らにはテリトリーがあった。そこで彼らは、洞窟に絵を描くことにより、ここはわたしたちの聖なる場所であり、ここにわたしたちの神がいる、すなわち、ここはわたしたちのなわばりなのだ、と他のグループに対して宣言していたんだ。今日の教会が村の中央にあるのと同じように、壁画の描かれた洞窟は部族のテリトリーの中心にあったのだろうね」

部族の人々は洞窟に集まって、物を交換し、狩りの計画を立て、儀式を営み、さらには、生きていくために必要な情報を交換していたのだろう。集まることによって、情報を若い世代に伝えることもできた。多くの考古学者は、洞窟壁画を「情報システム」の一部と見なしており、それはオーストラリアのアボリジニの文化における岩絵の役割によく似ている。「情報システム」と言ってしまうと味気ないが、その実体は、ストーリーテリングである。物語には、土地や動物、社会について役に立つ情報が含まれ、その情報は、ひとりの人が生涯で経験できる以上のものだ。ペシュメルル洞窟の馬などの絵は、物語を視覚化したものなのかもしれない。氷河期のヨーロッパの片隅でぎりぎりの生活をしていた狩猟採集民にとって、絵画と物語は生きていくために欠かせないものだったのだろう[3,4]。

ロブランシェは、それらの絵にはアイデンティティが表現されており、それはわたしたちにも理解できるものだと考えている。

「彼らの絵を見ると、彼らがたしかにわたしたちと同じ人間なんだと思えてくる」と、彼は言った。「彼らは優れた芸術家だ、すばらしいよ。芸術的な美の感覚、センスを持っていた。そして、洞窟に絵を描くという行為によって、自分たちが隣人とは違う存在であることも表現した。その隣人とは、つまりネアンデルタール人だ」

LGM後のヨーロッパへ

ここで、LGMの冬の寒さを生きのびようと奮闘する祖先たちの姿を、もう少し近くで見てみよう。アフリカから出たすべての系統の祖先である、褐色の肌の人々に比べて、ヨーロッパ人は肌の色が白くなった。それは、いくつかの遺伝子が変異し、皮膚細胞におけるメラニンの生成が減少したからだ。ヨーロッパ人とアフリカ人の肌の色の違いのおよそ三〇パーセントは、SLC24A5という遺伝子の変異がもたらしたらしい(5)。

北部と東部のヨーロッパ人の外見は驚くほどヴァリエーションに富み、髪や目の色がひとりひとり違っている。髪の色は、黒、茶、銀に近いブロンド、黄味がかったブロンド、赤、とさまざまで、目の色も、茶色、ハシバミ色、青、緑と多様だ。この色のヴァリエーションはランダムに生じたと考える人もいる。つまり、遺伝的浮動の産物か、あるいは、人類の集団が北へ移動するにつれて、黒い肌(および髪と目)をもたらす選択圧が徐々に減り、他の「色素遺伝子」が自由に変異するようになった結果だというのだ。

しかし、性選択がこの多様性をもたらしたとする、興味深い説がある。LGMの寒さが最も厳しかった時期に、もし多くの若い男性が狩りで命を落とし、男性より女性の数が圧倒的に多くなったとしたらどうだろう? 一夫多妻が解決方法のひとつになるかもしれないが、ハーレムに食料を行き渡らせるのは難しかっただろう。したがって、男性をめぐる競争が激しくなったと考えられる。その競争においては、男性の目をひく際立った特徴を持つ女性——つまり、他の女性と髪や目の色が違う女性――が有利だった、とその仮説は推測する。[6] なかなかおもしろい説だが、検証は不可能であり、また、ヨーロッパ人だけ目や髪の色が多様になり、他の地域の人がそうならなかった理由は説明できていない。

考古学的証拠と遺伝子は、LGMの後、人類がどのようにして、イベリア半島の退避地から再びヨーロッパ全体に広がっていったかを教えてくれる。[7,8,9,10] この気候変動も、技術革新をもたらした。新しいヨーロッパの文化――マドレーヌ文化とエピグラヴェット文化――は変化に富んでいたが、大きな特徴として、枝角から道具を作るようになったことと、銛の発明を挙げることができる。[2] マドレーヌ文化の特徴である小さな骨角器は、枝角や木で作った槍の尖頭にするのにぴったりだった。

一万六〇〇〇年前、人類は、ロワール川の北に歩を進め、一万三〇〇〇年前までにグレートブリテン島を再び占拠した。人類のヨーロッパへの再移住は、動物相の北部への拡大の一部だったが、動物の中には、氷河期の間に姿を消したものもいた。気候のせいか、人類に狩られたせいか、あるいはその両方が原因だったのかもしれないが、いずれにせよ、マンモスやケブカサイの姿は消えていた。

技術革新は更新世後期になっても続き、一万一〇〇〇年前までに弓と矢が使われるようになった。かつてツンドラのステップだった土地が森林に覆われたため、草原で草をはんでいたウマやバイソン、サイガの群れは姿を消し、氷河期に「蹄のある食糧貯蔵庫」の役目を果たしたトナカイもいなくなった。[2] 意外なことに、ヨーロッパの温暖化は、人類と動物にとって大きな試練となったのだ。人々は、より小型の動物や鳥を狩るようになり、また、釣りをしたり貝を採ったりするようになった。そして、森林の多い土地や、河口や浜辺に暮らすようになるにつれて、狩りのための弓や、草を刈り取るためのナイフ、木を切り倒すための斧が登場した。新たな環境で暮らしていくために、人類は新たな道具を発明せざるを得なかったのだ。こうして氷河期の技術は、次第に中石器時代の道具へと変わっていった。そしてヨーロッパでは、それまでより広い範囲に、より多くの人が住むようになった。さらに、まもなく中東でなされたある発明により、その土地は一層多くの人口を養えるようになった。(2)

新時代メソポタミア トルコ：ギョベクリ・テペ

ヨーロッパの旅の最後に、わたしは出発地点であるトルコへ戻り、それまで見てきた中で最も驚くべき遺跡を訪ねた。

トルコの南東部、シリアとの国境のおよそ五〇キロメートル北にある古代の町、サンリウルファへ向かった。そこはチグリス川とユーフラテス川にはさまれたメソポタミア地域である。サンリウルファでは近代的なビルディングに囲まれるようにして、ローマ時代の廃墟が丘の上にその姿をさらしていたが、わたしが見ようとしていたのは、もっと古い時代の遺跡だった。

わたしを乗せた車は、幹線道路を西へ一時間ほど走り、埃っぽい田舎道に降りた。岩だらけの谷を抜けると、石灰岩の断崖が見えてきた。道は、円錐形の丘のふもとで終わった。そこには小屋とテントがあったが、人の姿はなかった。丘を登っていくと、ドイツの考古学者クラウス・シュミットが、わたしたちに気づいて降りてきた。

「この丘は自然にできたものではないのですよ」クラウスは丘を一緒にのぼりながら言った。

「これは遺丘《テル》の一種で、石器時代の集落が崩れてできた丘なのです。このあたりの石灰岩の大地から、一五メートルも盛り上がっていて、わたしは初めて見た時にすぐ、これはあやしいと思いました。自然の力でこの場所にこんな山ができるはずはないですから」

クラウスは一九九四年に、この一帯で旧石器時代の遺跡を探していて、ここを発見した。以前から、その丘の上や周辺の畑で、農民が大量の石器を発見しており、時には鋤で掘っていて大きな石にぶつかることもあった。考古学者たちはその噂を聞いてはいたが、おそらく中世の共同墓地の遺物だろうと決めてかかっていた。しかしクラウスが調査を始めると、精巧に仕上げられた石刃と、地面に埋まった大きな長方形の石がいくつも見つかった――石はあまりに大きく、動かすことも持ち上げることもできなかった。一九九五年、クラウスは発掘を再開し、それらの石が驚くべきものであることを知った。それらはT字型に置かれた石柱の上の部分だったのだ。中には長さが二メートルを超えるものもあった。さらに深く掘り進めていくと、そのT字型の石柱は環状に並べられており、ひときわ大きい石柱が二本、その輪の中央に据えられていた。この遺跡は「ギョベクリ・テペ」と名づけられたが、ストーンサークルはひとつではなかった。クラウスはこれまでに四つ発見したが、地球物理学的調査の結果を元に、この丘にはまだ二〇から二五のストーンサークルが埋まっているのではないかと期待している。

クラウスに導かれて、丘の頂上のストーンサークルを見に行った。その壮大さにわたしは息をのんだ。数名のスタッフが小型のクレーンで、倒れている石柱を起こしてい

ギョベクリ・テペの手押し車

る。サークルの端の石柱の側面には、人間の姿が彫られていた。サークルから少し離れたところに、石の壁がある。クラウスはそれを小さな神殿の一部ではないかと考えている。不思議なことに、炉床などの住居跡は見つかっていない。この丘の上は、居住地ではなく、もっぱら神聖な場所であったらしい。

丘の反対側を降りていくと、目の前に、別のストーンサークルが現れた。さっき見たものよりさらにみごとだった。サークルは大きく、石柱は高く、より精巧な装飾が施されている（口絵㉗㉘）。石の側面には美しい浅浮き彫りで、キツネ、イノシシ、鳥、サソリ、クモが彫られていた。ひとつの石柱の側面には、犬かオオカミの立体的な石像がくっついていたが、その石柱と石像はひとつの石から彫りだしたものだった。わたしがそれらを見ている間にも、ストーンサークルの周囲の壁から突き出ている、恐ろしげな牙をもつガーゴイルのような動物の頭が発見された。

ギョベクリ・テペの巨大なストーンサークルのひとつ。驚くべきことに、これらの神殿は狩猟採集民によって作られたらしい

ギョベクリ・テペの遺跡は何層も積み重なっている。下にある古い層のストーンサークルは、ただ大きな石柱を輪状に並べただけのものだったらしい。その後、石の壁が追加され、内側と外側のサークルが形成された。石板《スラブ》が載った石柱が見つかったので、元のストーンサークルには石

の持送り屋根《コーベルドルーフ》が載っていたのかもしれない。

ギョベクリ・テペの建造物と石の彫刻は驚くべきものだ。しかし、さらに驚かされるのはその年代である。「これは一万二〇〇〇年の間、ここに埋まっていたのです」と、クラウスは言った。

つまり、ギョベクリ・テペの神殿らしき建造物を作ったのは、狩猟採集民なのだ。この発見は、新石器時代に関する既存のパラダイムに挑戦するものだ。これまで考古学者らは、新石器時代は次のような順序で発展していったと考えていた。それは、まず人口が増加し、より多くの食料が必要となり、農業が始まり、それによって社会が階層化し、新たな権力構造が生まれ、宗教が起きた、というものだ。しかし、ギョベクリ・テペは、狩猟採集民が、階層化された複雑な社会――そこには神殿を建造する石工がいた――と、組織化された宗教を持っていたことを示唆しているのだ。

ギョベクリ・テペを人類史のどこに位置づけるかは難しい問題である。当初、クラウスは後期旧石器時代と新石器時代の間のどこかに位置するものとして、「中石器時代」と見なすのが適当だろうと考えたが、人々の暮らしぶりは、同じ中石器時代でも、ヨーロッパ北部で移動生活をしていた狩猟採集民の生活とはずいぶん違っていたはずだ。だが、石器だけを見れば、ギョベクリ・テペのものは、ヨーロッパ中央部の、後期旧石器時代と中石器時代の有舌尖頭器などの石器によく似ている。他の考古学者は、レヴァント（ギョベクリ・テペを含む）では、狩猟採集に頼る旧石器時代から、農業を営む新石器時代へ一気に移行し、中石器時代は存在しなかった、と見ている。その新しい生活様式への移行は、およそ一万四〇〇〇年前、レヴァントにナトゥーフ文化が出現したときに始まった。[1] 狩猟採集民は村に定住し、一年を通じてそこで暮らすようになったのだ。この時点で、農業の発達はほぼ必然となった。遺跡から出土した磨石《すりいし》や、鉢、乳棒は、ナトゥーフの食生活では野生の穀物が重要だったことを示唆している。この時期から犬の埋葬も始まった。人間の最良の友が登場したようだ[1]。

クラウスは、「このような変化が起きたのは、トルコでガゼルを狩るハンターが、はるか北方のトナカイのハンターと同じ技術を必要としたからだと思われるが、それだけでなく、トルコの社会と、黒海やクリミア半島周辺の社会との間に、何らかのつながりや情報の伝達があったのではないか」と述べている。しかし、ストーンサークルの神殿が示唆する複雑な社会と儀式は、その時代のヨーロッパには見られない。ヨーロッパでは、これほど巨大な建造物を備えた複雑な社会は、新石器時代まで出現しないのだ。こうしたことから、結局、ギョベクリ・テペは、これまで新石器時代の特徴とされてきた陶器はもとより、農業さえ出現していないことを了解の上で、「新石器時代の初期」に位置づけられた。

ギョベクリ・テペではどのような儀式が行われていたのだろう？　ここでは、動物は何かの象徴であったらしい。浮き彫りのモチーフとしていちばん多いのはヘビで、一匹の場合もあれば、何匹もが波のように並んでいることもある。野生のイノシシとキツネもよく見られるモチーフで、ヒョウのような動物や、誇張されたオーロックスの頭も多く見られる。鳥も彫られている。ガンかカモのようだ。それらの動物は、狩りの獲物として描かれたわけではなさそうだ。と言うのも、イノシシやヘビの骨が、ギョベクリ・テペの盛り土から発見されることはほとんどなく、一方、ガゼルは重要な食料となっていたようだが、これまでのところ、その遺跡でガゼルの彫刻はひとつしか発見されていないからだ。この点は氷河期のフランスの洞窟壁画に似ており、そこでも、最も多く狩られたはずのトナカイの姿はほとんど描かれていない[2]。さまざまな動物は、その神殿に集まった「氏族」を象徴していたのではないだろうか。

不可思議なことに、T字型に置かれた石柱の中には、両腕を肘でまげて前で握っているような浮き彫りが施されているものがある。顔も、目も鼻も口もないが、クラウスはその巨大な石は人間の姿を表していると考えている。

「石で造られたこれらの存在は、いったいだれなのでしょう?」彼はあらたまった言い方で、わたしに問いかけた。

「彼らは歴史上初めて描かれた神なのです」

これらの巨大な人間(石柱)の側面に彫られた動物のモチーフは、その巨石を守る存在なのかもしれないが、動物の組み合わせに何らかの意図が感じられるものもあった。おそらくそれらは、神話を表していたのだろう[2]。

「もしかすると、これらは象形文字もない時代に書かれたメッセージなのかもしれません」と、クラウスは言った。

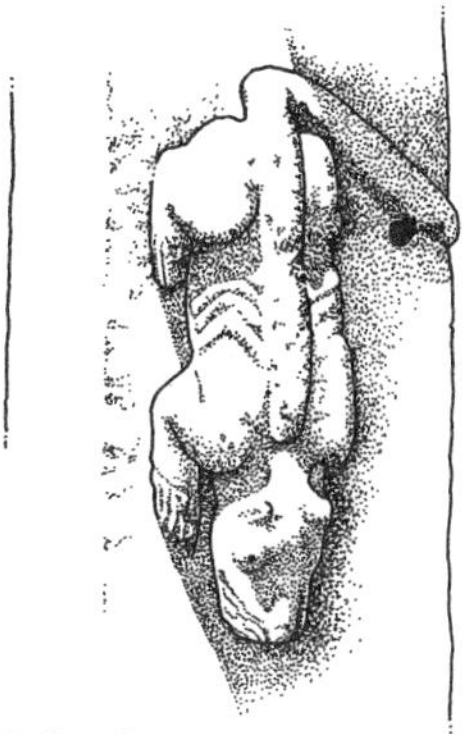

ギョベクリ・テペの石の四足獣

性別が見分けられる動物は常にオスで、不釣り合いに大きな半勃起状態のペニスをもつ小さな男性像も発見されていた。それらの像は、ずっと後世の遺跡であるトルコのチャタル・ヒュユクのものとはずいぶん違う。チャタル・ヒュユクでは女神像が一般的で、発見された場所も、神殿ではなく住居跡だった。また、ハゲワシの像が多く出土し、それは死を連想させた。一方、ギョベクリ・テペにハゲワシの描写はなかったが、ヘビの浮き彫りが多く残されていた。ヘビのモチーフは、同じ時代の他の遺跡では、副葬品の装飾によく用いられている。[2] ギョベクリ・テペの浮き彫りには、「攻撃的」な動物やヘビの姿が多く、その一方で、女神像や多産のシンボルが見当たらないことから、クラウスは、この丘は埋葬地であったか、何か死に関連する儀式が行われる場所だったのではないか、と推測している。

建造物の巨大さや、ストーンサークルがいくつも作られている点は、(ずっと後の)新石器時代のブルターニュやイギリスの巨石文化に似ている。しかし、ここでは、埋葬が行われた証拠はひとつも見つかっていない。クラウスは、丘の上方のストーンサークルの、大きく平らな石の下に墳墓があるのではないかと考えており、その発掘に取り掛かろうとしていた。

クラウスのチームは、さまざまな製造段階にある石器も大量に発見した。その中には、礫器(石を打ち欠いただけの石器)、加工途中か完成品の石核、石刃があった。通常、石器を作った痕跡は、住居跡で見つかるものだが、ここでは祭礼区域と見られる場所に残されていた。クラウスは、石を砕いて石器に仕上げることは、神聖な儀式の一部だったのではないかと考えている。もっとも、この丘の周辺では、同時代の居住跡や野営地の類は見つかっていないため、ギョベクリ・テペがそれを建造した人々にとってどんな意味をもっていたのかは謎のままだ。

しかし、この地域の他の遺跡から、レヴァント地方の狩猟採集民の生活がどう変わっていったかを知ることができる。現在、考古学者たちは、新石器時代は次のような順序で発展していったと考えている──まず、狩猟採集民がこれまでより複雑な、定住性の高い社会で暮らすようになり、次に作物の栽培が始まり、その後、大きな村が現れ、集約的な食料生産が行われるようになった[3]──つまり、まず社会が変化し、それに続いて農業が始まったのだ。ギョベクリ・テペはまさにこの初期段階にある遺跡で、農業と陶器製作が始まる前に、すでに複雑な社会が存在していたことを証明している。クラウスは、この社会変化が農業の発展を促したと考えている。人々は神に捧げる供物が必要になったのだ。

「造物主の御機嫌をとって、より多くの食物を得ようとするのは、彼らにとって筋の通ったことでした」と、彼は言った。「宗教が圧力となって、農業が発明されたのです」

「わたしたちは、これまでの見方を変えなければなりません」と、クラウスは続けた。「通常、狩猟採集民は、わたしたちが仕事と考えるような仕事はしないものです」。しかし、ギョベクリ・テペの建造物の規模を考えると、ここの人々が「仕事」を持っていたのは明らかだ。それは、食料や水や住まいを得るための仕事ではなかったが、社会にとって重要な仕事だった。

「彼らは採石場で働くようになりました。石を運び、立てる方法を編み出す技術者が現れました。石を彫ったり石柱をつくったりする石工も生まれました」と、クラウスは言った。ギョベクリ・テペを築いた社会は、労働者と専門家の両方を養えたようだ。

クラウスは、農業に移行したせいで、結局ギョベクリ・テペとその神は見捨てられたのかもしれない、とも考えていた。これまでに彼のチームが掘り起こした砂利は、ストーンサークルの上に故意に積み上げられたもののように見えた。つまり、社会の変化は農業の発達を促したが、社会はその後も変化しつづけ、やがて新たな宗教が出現し、それがギョベクリ・テペに終焉をもたらしたのだ。

「ギョベクリ・テペの狩猟採集民社会は、新しい生活様式を発明する最中にあり、やがて、農業共同体に移行していきました。紀元前九世紀まで、その移行は順調に進み、新たな生活様式が発展しました。昔の狩猟者たちの信仰は無用となり、それでこの遺跡は見捨てられたのです。この世界は完全に忘れ去られ、失われ、再び現れることはありませんでした」

クラウスが語る、太古の狩猟採集民が信仰した神の興亡盛衰の物語はとても魅力的だった。しかし、実を言えば、野生植物の栽培はずいぶん昔から行われていたため、ギョベクリ・テペが誕生した時代に農業はまだ始まっていなかったとは言い切れないのだ。また、野生植物の採集から意図的な栽培への移行がいつ起きたのか、断定するのも難しい。そして当然ながら、最初に植えられた作物は、野生種のものだっただろう。栽培植物は、農民が植物の特別な形質を選択したことにより誕生した。野生の穀物やマメ類がすでに主要な食料となっていた狩猟採集民にとって、それらの採集から意図的な栽培への移行は、ほんの小さな一歩にすぎなかったかもしれない。(4)

クラウスは、神への信仰や定住性の高い共同体の成立に加えて、気候の変化も農業への移行を促したと考えている。およそ一万四六〇〇年前に、一〇年から二〇年ほどの短期間ながら、気温が上昇し雨量が増えた時期があった。その温暖で湿潤な時期に、穀物やマメ科の植物が繁茂した。人類は、大量の食料を簡単に得られるようになったのだ。(3) しかし、この湿潤で温暖な時期に続いて、ヤンガードリアス期という急激な寒冷期が訪れた。豊富な穀物やマメ類に頼って生きてきた人々は、気候が急激に悪化したせいで、やむをえず作物を栽培するようになったのかもしれない。そして一万一六〇〇年前、気候は再び温暖になり、以後、農業は発展していった——。この気候の悪化が農業への移行を促したとする説明は、中国の農耕の起源に関する書物でわたしが読んだ事例と重なり、非常に説得力があるように思える。なぜならば、ほぼ同じ時期に、地球の反対側でも人々は農耕を発明していたからだ。偶然の一致ということはないだろう。どちらの集団も、地球規模の気候変動の影響を受けながら生きていたのだ。

農業への移行で生活は改善しなかった？

ギョベクリ・テペの年代は、農耕に移行した証拠が残る他の遺跡より、やや早い時期に位置づけられる。チグリス川とユーフラテス川に挟まれた地域は、まさに西洋における農業発祥の地である。[5] 初期の農業共同体はトルコとシリア北部でおよそ一万一六〇〇年前から一万五〇〇〇年前までの間に確立された。[4] そのような早い時代に、野生の穀類（一粒小麦、ライ麦、大麦）やマメ類（エンドウ豆、ベッチ、レンズ豆）を焼いた痕跡が見つかっている。やや時代を下って、およそ九五〇〇年前（紀元前七五〇〇年）には、エンマー小麦や大麦などを栽培するようになった。[5] その後、家畜の飼育も始まった。[3] トロス山脈やザクロス山脈のふもとで野生動物を狩っていた人々の子孫が、それらを生け捕りにして、囲いの中で飼うようになったのだ。植物の栽培や動物の飼育が始まると、作物を刈る鎌や穀類を挽く臼などの新しい道具が生まれた。[5]

植物学や遺伝学の研究も、この地域が「農業発祥の地」だということを裏づけている。この地域には、新石器時代の重要な作物（一粒小麦、エンマー小麦、大麦、レンズ豆、エンドウ豆、ビターベッチ、ヒヨコ豆、アマ）の野生種が自生している。また、栽培作物が遺伝的多様性に欠けていることは、栽培作物化がひとつの地域で起きたことを示唆している。[5]

いったん農耕が始まると、人口はさらに増えた。安定した食料供給を期待できるようになったからだ。人々は定住し、大きな村が誕生した。すべては素晴らしい進歩のように思えるかもしれないが、当時の人々の健康状態を間近で見れば、それが誤解だということに気づくだろう。農耕と牧畜が始まったことにより、深刻な食料不足は避けられるようになったが、農民たちの食料事情は、決して豊かではなかった。考古学者は長いあいだ、農耕への移行は、健康と栄養をもたらし、寿命を延ばし、余暇を増やし、あらゆる面でプラスにはたらいたと考えてきた。しかし、意外にも現実は違っていた。この重大な転換期の地層から出土した人類の骨格を調べた生物考古学者は、狩猟採集生活から農耕生活への切り替えにより、「全般的な健康状態の低下」がもたらされたことに気づいた。

狩猟採集民に比べて、農民は、歯の欠損や虫歯が多く、成長不良で身長が低く、平均余命は短かった。また、外傷の残る骨が多く見られ、暴力や闘争が増加したことが察せられた。伝染病にかかる人も増えた。おそらく、貧しい食生活に加え、多くの人が密集して暮らすようになったことも影響しているのだろう。貧血症も一般的になった(6,7)。しかし、個人レベルではそのような不利益をもたらしたものの、農耕の開始は、平均寿命の減少を補って余りある出生率の増加をもたらし、そのせいで人口は増加した(6,8)。過去の人口の推定は難しいが、研究者の多くは、更新世の間、人口の増加はかなり緩やかで、一万年前の世界人口は八〇〇万人ほどだったと考えている。しかし、紀元一八〇〇年までにそれは一〇億人にふくらんでいた(8)。

その後、農耕はレヴァント全域に広がった。九〇〇〇年前から八〇〇〇年前までに、中央アナトリアで農耕が行われるようになり、そこからさらに東のザクロス山脈のふもとやインダス谷に広がり、そしてドナウ川沿いと地中海沿岸を西へ伝播していった(4)。七五〇〇年前までにハンガリーで最初の農民が現れ、六〇〇〇年前までにその文化はスペイン北部にまで広がった。そこでは新石器時代の要素が、「ひとまとめに」取り入れられたように見える。栽培作物、家畜、陶器、そして巨石の構造物が、同じ時期の考古学的記録に突如として現れるのだ(9)。こうして見てみると、およそ一万年前から六〇〇〇年前にかけてのヨーロッパへの農耕の拡散は、後期旧石器時代の人類のヨーロッパへの拡散と同じルートをたどったことがわかる(4)。では、農業の拡散は、農業技術をもつ人類の拡散だったのだろうか。それとも、農業技術のみが伝播していったのだろうか。あるいはその両方だったのだろうか？

この疑問が頭に浮かんだ時、わたしは、遺伝子の研究に答えが得られるのではないかと思った。しかし、実際には、何年にもわたってさまざまな研究がなされてきたが、結果は相矛盾するものだった。Y染色体は、レヴァントに端を発するいくつもの系統が、ヨーロッパ全体へ拡散していったことを語っていた。つまり、農業技術を持つ人類の拡散である[10,11]。

一方、mtDNAについて言えば、新石器時代に人類がヨーロッパに拡散していったことを裏づける研究結果もいくらかはあったものの[12]、総じて人類拡散の証拠は見つからなかった。さらに、中央ヨーロッパで出土した新石器時代の複数の人骨から太古のDNAを抽出して調べたところ、その四分の一に、現在のヨーロッパではきわめて稀なmtDNAが見つかった。つまり、新石器時代にヨーロッパに暮らした人の遺伝子、少なくとも母系の遺伝子は、現代のヨーロッパ人の遺伝子プールの中にあまり残っていないということになる[13]。

一部の研究者は、母系のmtDNAが語るシナリオと、父系のY染色体が語るそれが一致しないのは、レヴァントを出た男性の農民が、ヨーロッパの女性と婚姻関係を結びながら広がっていったからだと主張する。一方で、遺伝子研究の結果が矛盾するのは、そもそも拡散のモデルがあまりに単純すぎるからだと批判する人々もいる。農耕がヨーロッパ全体へ広がっていった過程はもっと複雑で、地域によって、人類と文化の拡散の度合いは違っていたはずだ、と彼らは言う[10]。結局のところ、新石器時代にはレヴァントにいた人々がヨーロッパへ向かったが、彼らはすでに西ヨーロッパに暮らしていた人々に取って代わったというよりも、その人々とまじりあっていったのだろう。現時点では、詳しい状況はわからないが、より多くの研究がなされ、より多くのサンプル、特に太古の骨が集まるにつれて、新石器時代の人々がヨーロッパに残した足跡はもっとはっきりしてくるだろう。

食料生産が始まったことは、先史時代における革命的な出来事だった。それは大規模な移住のための道を踏み固め——文明世界への道を開いた。数万年にわたって、放浪しながら狩猟採集生活を続けてきた人類は、定住し、畑を耕しはじめた。それははるか昔のことのように思えるが、人類の先史時代の長さに比べれば、比較的最近の展開である。

ギョベクリ・テペは一万二〇〇〇年のあいだ、丘の頂上の岩だらけの地面の下でひっそりと眠っていたが、発見された太古の神々は、発見者の心をわしづかみにした。その場所を見つけたとき、クラウスは胸が沸きたった。彼には選択肢がふたつあった。そのまま立ち去り、自分の発見を誰にも話さず、二度とここへは戻ってこないか。あるいは、人類の社会が変わり始めた場であるこの丘の発掘に生涯を投じるか。

「夢のような発見です。しかし、これほど価値のある遺跡を発掘していくというのは、並大抵のことではありません。だれでもすっかり囚われてしまうでしょう。この遺跡の一部になってしまうのです」と彼は語った。

ギョベクリ・テペをあとにしたとき、将来、この驚くべき場所についてさらに多くのことを知ることになるだろう、とわたしは確信していた。だが、今は、最後の目的地であるアメリカへ、人類がたどり着いた最後の大陸へ向かおう。

第五章

そして新世界へ

アメリカ

人類が最後に定住した新大陸。
いまだに論争が続く
アメリカへの移住ルートを
遺伝子、化石、遺物から探る。
海藻が語る、意外な移住時期の真実とは

パウワウ会場のティピ

スワンポイント
オールド・クロー川
ブルーフィッシュ洞窟
ロッキー山脈
フレーザー川
ハイダ・グワイ
カルガリー
バンクーバー
ペイズリー洞窟
シェーファー&ヘビアー
デント
ラ・セーナ&ラブウェル
メドウクロフト
カクタス・ヒル
サンタ・ローザ島
ロサンゼルス
ナコ
クローヴィス
ゴールト
トッパー
ペイジ・ラドソン
アマゾン川
サンタレン&モンテ・アレグレ
ラゴア・サンタ
リオ・デ・ジャネイロ
モンテ・ヴェルデ
訪れた場所
言及した場所

大陸をつなぐ　ベーリング陸橋

アメリカ大陸は、人類が最後に定住した大陸である。人類がアフリカからアジアやヨーロッパへと拡散していた数十万年のあいだ、新世界はだれにも知られず、だれもそこに足を踏み入れていなかった。旧世界では、旧人類であるホモ・エレクトスやネアンデルタール人に現生人類が取って代わったが、アメリカ大陸では、ホモ・サピエンスが、その大地を初めて踏んだ人類となった。

旧石器時代のアメリカについては議論が絶えない。いつ、そこに人類は定住しはじめたのか、太古のアメリカへの移住は何回起きたのか、最初の人類はどこからアメリカに入ってきたのか、その後、どのように進んでいったのか。

人類は五万年前から四万年前にはすでにアメリカに移住していたという説もあるが、根拠は薄い。考古学者のほとんどは、人類がアメリカ大陸にやってきたのは最終氷期極相期（ＬＧＭ）が終わってからだと考えている。かなり最近まで、アメリカの最初の住人はおよそ一万三五〇〇年前に北米を南下していった、クローヴィス型石器を用いる狩猟採集民だという見方が優勢だった。「クローヴィス」という名称は、一九三〇年代にニューメキシコ州東部の町クローヴィスで、その文化の指標となる尖頭器がマンモスの骨とともに発見されたことに由来する。[1]

しかし、その後新たな遺跡が続々と発見され、すでに発見されていた遺跡の年代も見直され、さらにはアメリカ先住民の遺伝学的研究も進み、アメリカ大陸に人類が定住した時期はどんどん昔へと書き換えられている。

もっとも、人類がどこから新世界に入り、どう進んでいったかについては、大方の意見は一致しており、北東アジアから東のアラスカへ向かい、北米を南下して南米に到達した、と考えられている。

氷河期に、この北のルートでアメリカ大陸に入るには、北極圏の極寒の環境で生きていく能力が求められたはずだ。それでも、ウラジミール・ピツルコが発見したシベリア北東部のヤナ遺跡――わたしが行く予定でいたものの、ロシアの航空会社の都合で行けなくなった遺跡――は、現生人類が三万年前から北極圏に住んでいたことを示している。そして、ヤナで見つかった石器は、北米の後期旧石器時代の石器によく似ており、たとえばマンモスの牙で作った槍のフォアシャフト（柄《え》の先端部分）は、クローヴィス遺跡でも発見されている。

また、シベリアとアラスカは、現在ではベーリング海峡で隔てられているが、ヤナに人類が住んでいた当時は、地峡で結ばれていた。人類はそれを通ってアメリカ大陸に入れたはずだ。今は海の底に沈んでいるこの地峡は、「ベーリング陸橋」と呼ばれる。ただし陸橋という言葉は細長い陸地を連想させるが、実際にはヨーロッパの半分ほどの面積をもつ陸塊だった。西はシベリアのコリマ川から東はカナダのマッケンジー川まで広がり、東西が三二〇〇キロメートル、南北が一六〇〇キロメートルに達した[2]。考古学者は、ベーリンジアと呼ぶことが多い。

大陸が氷床に覆われた時期も、ベーリンジアには草原が広がっていたようだ。寒冷なツンドラのステップではあったが、マンモスや馬、ステップバイソン、サイガアンテロープなど、多くの動物が群れをなし、シベリアの狩猟民たちを東へと誘った[3]。氷河期が進むにつれ、北シベリアの環境はますます過酷になり、ベーリンジアは北方の狩猟民にとって退避地となった。

二万年前のこの地域の環境を描いた地図を見ると、アジアからアラスカに渡るルートは「開かれて」いたものの、北米大陸の大半は巨大な氷床に覆われていたことがわかる。氷床はロッキー山脈を挟んでふたつにわかれ、東はローレンタイド氷床、西はコルディレラ氷床と古気候学者に呼ばれている（４４３ページの地図参照）。

しかし、ＬＧＭ（一万九〇〇〇年前～一万八〇〇〇年前）以前に、アラスカやユーコンに人類が住んでいたという考古学的な証拠は断片的で、一貫性を欠いている。ベーリンジア東部（現中央アラスカ）に現生人類がいたことを示す証拠のうち、最初に年代が特定され、広く認められているのは、スワンポイントという遺跡で出土した石器群である。細石刃《マイクロブレード》や刻器《ビュラン》も含むこの石器群は、シベリアで見つかった石器群によく似ている。スワンポイントの遺物は、およそ一万四〇〇〇年前のものと見られている。この他にも中央アラスカには、一万四〇〇〇年前から一万三〇〇〇年前のものとされる遺跡が多くある。[4] それらはＬＧＭよりかなり後の時代のものだが、ユーコン準州北部には、ＬＧＭよりずいぶん前の時代に人類がいたことをうかがわせる遺跡がいくつかある。

ユーコン準州北部のブルーフィッシュ洞窟や、オールド・クロー川沿いでは、骨の破片が発見され、考古学者の中には、それらを骨器のかけらと見なしている人もいる。カナダの考古学者、リチャード・モーランは、これらの骨の破片には、人類の手が加えられた痕跡が見られると主張する。たとえばオールド・クロー川沿いで見つかった四万年ほど前のバイソンのあばら骨には、石器で肉を削いだような跡が残っており、他にも、人類がさばいたと思われるバイソンの骨や、ふたつに割って骨髄を取り出し、さらに割って骨器として用いたように見えるマンモスの骨が見つかった。モーランはこうした骨片を、石器になぞらえて「コア（核）」とか、「フレーク（剥片）」と呼んでいる。オールド・クロー川の南方にあるブルーフィッシュ洞窟の遺跡でも、同じような骨製の「道具」や、人類が解体したように見える骨が発見された[2]。それらの骨は、およそ二万八〇〇〇年前のものだった[4]（これらの洞窟からは石器も出土しているが、年代が特定されておらず、アラスカで見つかったLGMよりかなり後の時代の石器類によく似ている）。

　だが、骨は自然の作用で割れたのではないか、という反論も聞こえる。肉食獣が噛み砕いた、大型動物が踏みつぶした、川に流されて砕けた、凍結と溶解を繰り返すうちに割れた、はたまた火山の噴火で粉砕された、というように、人類以外の理由はいくらでも考えられるのだ。骨片のいくつかは、人類が故意に割ったように見えるが、それらについても考古学者の多くは、証拠とするにはあまりに脆弱だと見ている。骨片の道具は、ユーラシア全域やシベリアのジュクタイ文化、北米でも広く見られる[2]。しかしユーコンでは、骨片をのぞけば、その時代に人類が存在したことを示す遺物（年代が特定できる石器や人骨など）は見つかっていないので、考古学者の大半は、これらの骨の評価に慎重なのだ。

　とはいえ、二万八〇〇〇年前という（アメリカ大陸にしては）非常に古い年代には大いに興味をそそられる。三万年前には北東シベリアのヤナに人類が住んでいたことを思うと、あり得ない話でもない。コルディレラ、ローレンタイドのふたつの氷床は、二万四〇〇〇年前までに、北米全体をすっぽり覆うまでに拡大した。そうなる以前にアラスカに人が住んでいたとすれば、彼らはふたつの氷床のあいだ（無氷回廊）を通って南下できただろう[4]。オールド・クロー川とブルーフィッシュ洞窟では、今も考古学者たちが、証拠を見つけようと懸命な調査を続けている。したがって、このアメリカの章の冒頭部分は、いずれ書き換えることになるかもしれない。

ともかく現時点では、ＬＧＭ以前にアラスカ以外のアメリカ大陸に人類がいたという確たる証拠はない。つまり、アメリカ全体が氷床に覆われる前に、人類が足を踏み入れていた可能性はあるものの、それはあくまで仮説にすぎず、考古学的な裏づけはないのである。

では、遺伝学的証拠のほうはどうだろう。それによって、最初のアメリカ人がシベリアからやってきたことを確認できるだろうか。また、アメリカ大陸への移住の時期に関して、何か手がかりが得られるだろうか。

アメリカ先住民のヒトゲノム解読　カナダ：カルガリー

わたしはアメリカの遺伝学者、トレーシー・ピエールに会うためにカナダへ向かった。会う場所は、大学でも研究室でもなく、アルバータ州カルガリーの近くで開かれる「ファースト・ネーション・パウワウ」（先住民族の踊りの祭典）の会場だった。

ブリティッシュ・コロンビア州のカムループスからカルガリーまで、ロッキー山脈の上を飛び、早い時間にパウワウの会場に到着した。祭りはまだ始まっていなかった。中央には屋根のある円形の広場が設けられ、その周囲にティピ（アメリカ先住民の円錐形のテント）が並んでいた。それを見た瞬間、わたしはデジャ・ヴにおそわれた。エヴェンキ族のチュムにそっくりだったからだ。七月のアルバータに暖房は要らないはずだが、あのときのチュムのように、中にストーブが置いてあるティピも見かけた。

支度を整えた人、まだの人、さまざまな格好の先住民の人々が会場を行き交っていた。色とりどりのビーズを縫いつけた衣装をまとい、豪華な羽飾りをかぶった踊り手もいる。ピンク色の衣

伝統的な
衣装を着けた
ツゥ・ティナ族の
男性

装を着た少女たちが、出番を待ちきれない様子ではしゃいでいた。けばけばしいピンクやグリーンの衣装や化繊で作った衣装も目についたが、それでいて、彼らのスタイルには厳然とした統一性が見られた。このパウワウはツゥ・ティナ族（旧サルシ族）の集会であり、衣装はツゥ・ティナ族のアイデンティティの象徴なのだ。そして、今日、主催者が踊り手の家族名や首長名を読み上げるたびに、彼らは部族としてのアイデンティティを再認識するのである。

太鼓の音を聞き、ダンスを見物しながら、わたしは複雑な気持ちに囚われた。ツゥ・ティナ族の人々は部族への強い帰属意識をもっている。そして、カナダの文化に飲み込まれようとしている自分たちの文化を、どうにか守ろうとしている。パウワウは、まさにそうした闘いの象徴だった。屋根つきの広場では、「ネイティブ・アメリカン」が太鼓を叩き、踊り、部族の長や先祖を讃えていた。しかし、その周囲に並ぶティピでは、Tシャツにジーンズ姿でやってきた男たちが、勇士の衣装に着替えている。さらにその外側には、ハンバーガーやホットドッグのスタンドが立ち並び、土産物の店では白人たちが先住民族風の工芸品を売っているのだ。

それでも、族長のビッグ・プルームに会って話を聞くうちに、彼らの闘いは決して無駄ではないと思えてきた。ビッグ・プルームは力のある指導者で、部族の伝統と人々に対する誇りに溢れていた。バイソンの毛皮の上に座り、袖にウィゼルの毛皮を垂らした威厳のある赤いローブをまとい、ワシの羽根で作ったみごとな羽飾りをかぶっている（口絵㉙）。わたしは招かれるまま彼のティピに入り、並んで腰をおろして、ツゥ・ティナ族の起源にまつわる話を聞いた。
「代々語りつがれてきた話によると、あるとき集落でいさかいが起きたそうだ。一匹の犬が、ある勇士の矢と矢筒をたてかけていた三脚を倒してしまった。それで言い争いになり、怒った人々が集落を出ていった」

ビッグ・プルームによると、その集団は南へ向かった。彼らは先を急ぎ、グレート・スレーブ湖の凍てついた湖面を渡ろうとした。
「おばあさんが、幼い孫をおぶって凍った湖面を歩いていると、湖面から動物の角がつき出ていた。孫はその角がほしいとねだった。そこで一行は立ちどまり、氷を削って、角を取りだそうとした。すると氷が真っぷたつに割れた。氷の裂け目より南側にいた人々は、さらに南へと移動をつづけた。そして北側にいた人々は、そのまま北にとどまったという」

こうして故郷を離れた放浪者たちが、ツゥ・ティナ族の祖先になったそうだ。面白い話だ。わたしは、氷が出てくることに興味を引かれた。他にも、先住民のパイユート族に伝わる昔話で、氷にまつわる話を読んだことがある。カラスが氷の巨大な壁をつつくうちに割れ目ができ、人々が通り抜けられるようになったというのが、その大筋だった。北米の大半が巨大な氷床に覆われていた時代のことを語っているのだろうかとつい考えたくなる。そこまで遠い昔の話が、口伝だけで今日まで伝わるかどうか、確かめようはないけれども(1)。

ビッグ・プルームに、アメリカ先住民とシベリアとのつながりをどう思うかと尋ねてみた。その仮説については彼も知っており、彼らの祖先が北東アジアからやってきた可能性は高いだろう、と答えた。わたしがシベリアで写した写真を何枚か見せると、彼はエヴェンキ族のチュムとティピとの類似性に興味を示した。エヴェンキ族は、彼らより北の地域に暮らす先住民に似ているそうだ。そんな話をするうちに、ビッグ・プルームがパウワウの会場に戻る時刻になった。午後の行事に列席するためである。わたしもティピを出て、トレーシーを探しに会場へ戻った。

ゲノムから見るアメリカ移住

トレーシー自身もアメリカ先住民で、ナバホ族の出身だ。大学で考古学を学ぶうちに、遺伝学や系統地理学の分野に携わる先住民がいかに少ないかを知り、その空白を埋めようと遺伝学の道に進んだ。先住民の遺伝子構成を調べるのは、けっしてたやすい仕事ではなかった。同じ先住民であるトレーシーに対してさえ、先住民たちは疑いと警戒の目を向けた。それも無理からぬことで、過去において遺伝学は何度となく濫用され、特にアメリカ先住民に対しては目に余る不正がなされてきたのだ。

「過去に行われた研究の多くは、遺伝子を調べることを伝えず、あるいは合意を得ないまま、彼らからDNAサンプルを採取しました。FBIが主導したある研究は、病院や刑務所で無断で採取したナバホ族とアパッチ族のDNAサンプルを使いました。先住民の部族が、遺伝学調査に疑いや警戒心を抱くようになったのも当然です」とトレーシーは語った。

この不正を発見したのはトレーシーの指導教授、ピーター・フォスターだった。依頼を受けてその論文を査読するうちに、倫理的に許されないこの過ちに気づいたのだ。そう聞いて、わたしはたいそう驚いた。まるで一九世紀の歪んだ人類学の逸話のようだが、それは、二一世紀に起きたことなのだ。

アメリカ先住民の多くにとって遺伝学は、国民を人種で分類し、権利を限定しようとしたアメリカ政府の試みと切っても切り離せない。一八八七年、「一般土地割当法」が成立し、アメリカ先住民は「血の割合」によって評価されるようになった。白人の血が半分以下の者は土地の所有が認められず、その土地は国に没収され、白人の移住者に与えられた。現在にいたっても、アメリカ政府は先住民に「インディアン血統証明書」の携帯を義務づけている。たとえば先住民の芸術家は、連邦政府発行の証明書がなければ、「インディアン」として作品を売ることができないのだ。多文化社会でありながら、ずいぶん差別的なやり方だ[2]。

トレーシーはパウワウの会場でダンスに興じていたが、mtDNAのコレクションを増やすことを忘れてはいなかった。彼女は、会場にいる人々に、頬の粘膜を採取させてほしいと頼んでいたが、協力してくれる人はあまりいなかった。自分たちの文化や歴史を踏みにじられ、DNAを盗まれてきた人々から信用を得るにはまだ長くかかりそうだ。しかし、この取り組みには、苦労に見合う価値があるとトレーシーは信じている。そして、自らの研究が遺伝子のなかに見いだす歴史は、遺伝子を提供してくれた人々——つまり彼女と同じ先住民——に帰属すべきものだと考えている。

トレーシーの博士論文は、先住民族がアメリカに定着した後に起きた移住をテーマとしていたが、わたしは彼女に、mtDNAの分析によって、アメリカ大陸への人類の移住について何かわかったことはないか、と尋ねた。すると彼女は、「先住民の祖先であるパレオ・インディアンの故郷がシベリアだということが、はっきりしました」と明快に答えた。

「アメリカ先住民のmtDNAは、主にA、B、C、D、Xの五つの系統に分かれていることがわかりました。その五つはどれも南シベリアまでさかのぼることができるのですよ」とトレーシーは言った。

「では、アメリカ先住民の祖先はやはりシベリアから来たのですね？」

「これまでの遺伝学的証拠によればそういうことです。考古学上の発見もそれを裏づけています。研究者たちは何十年にもわたって、身体の特徴から、アメリカ先住民はシベリアの人々とつながりがあるのではないかと推測してきましたが、今では遺伝学がそれを証明したのです」

mtDNAのハプログループだけでなく、アメリカ先住民のY染色体の変異（Q系統およびC系統）も、ロシアのアルタイ地方にさかのぼることができる。(3,4)人類はLGMの間、北シベリアからいなくなり、その後、戻ってきたため、遺伝子の系統を北シベリアまでさかのぼるのは、複雑な作業となる。しかしアメリカ先住民の遺伝子の起源がシベリアにあることは、人類がベーリンジアを通ってアメリカ大陸にやってきたという仮説をたしかに裏づけている。

mtDNAの初期の研究では、アメリカ大陸への移住は最大で五回、起きたとされていたが、近年、解読されたmtDNAの全ゲノムは、移住は一回しか起きなかったと語っている。(5)一九八〇年代には、遺伝子と歯と言語を統合した研究により、シベリアから新世界への移住は三回起こり、それぞれアメリカ先住民の三つの言語グループ——アメリンド語族、ナ・ディネ語族、エスキモー・アレウト語族——に対応する、という仮説が立てられた（ただし、三つというのはかなり控えめな見積もりで、アメリカ先住民には一六〇以上の語族が存在するという言語学者もいる）。しかし、同じく一九八〇年代に行われたY染色体の研究の結果は、移住は一回か二回だったことを示唆していた。それからずいぶんたって二〇〇四年に行われたY染色体の大規模な調査では、アメリカ先住民のY染色体のハプロタイプは、Q系統（七六パーセント）とC系統（六パーセント）に大別されることがわかった。しかし、これら二つの系統がそれぞれ別の時期に移住したわけではなく、おそらく一回の移住で多様なY染色体をもつ集団がやってきたのだろう。(4)核DNAに関する最近の研究の結果も、移住の波は一回だったという説を後押ししている。(6)

これが意味するのは、ベーリンジアはアジア人が通過した「陸橋」というより、アジアのさまざまな地域からの人々を受け入れた「中継地点」であり、そこで彼らの系統はいったん混ぜ合わされ、それを背負った子孫たちがアメリカ大陸に移住したということだ。そうだとすれば、アジアをアメリカ先住民の故郷と見なすのは、単純すぎるということになる。彼らの祖先はアジアだけでなく、さまざまな地域からベーリンジアにやってきた。言うなればベーリンジアがアメリカ人の故郷なのだ[7]。

遺伝子のデータは、移住の時期についても教えてくれる。現生人類は、四万年前までに中央アジアに拡散していた[8]。北京の田園洞や沖縄の山下町から発掘された人類化石も四万年前から三万五〇〇〇年前のものと推定され、その頃までに人類が東アジアに住んでいたことを証明している[9]。また、アジア人とアメリカ先住民の核DNAとmtDNAは、移住には三つの段階があったことを示唆している。第一段階として、四万三〇〇〇年前から三万六〇〇〇年前にかけて、アメリカ先住民の祖先となる人々が、北東アジアへ移住した。彼らは数千人程度の小規模な集団だった。アメリカ先住民がアジア人に比べて遺伝的多様性に欠けるのはそのためだ。アメリカ大陸に移住した人々は、アジア人の遺伝子プールのごく一部にすぎなかったのだ。

第二段階として、三万六〇〇〇年前から一万六〇〇〇年前にかけてこの北東アジアの人々が、数を増やしながらベーリンジア全体に拡散した。LGMの時期に人口はいったん減少する。その後、気候は温暖になり、移住の第三段階が始まる。一万八〇〇〇年前から一万五〇〇〇年前にかけて、彼らはアメリカ大陸全体に拡散し、人口を増やしたのだ。遺伝的多様性が乏しいことから、「最初のアメリカ人」は、五〇〇〇人程度だったと思われる[10]。

Y染色体DNAの分析によると、人口増加の時期はもっと遅く、一万七〇〇〇年前から一万年前にかけて起きたとされるが、それでも最初の二〇〇〇年間はｍｔＤＮＡによる推定と重なっている。どのＤＮＡを調べるかによって、結果にこれほど開きがあるのは不思議に思えるかもしれないが、それには理由がある。突然変異が起きる割合はＤＮＡの種類によって異なるので、一定の比率で計算しても意味をなさず、また、遺伝的浮動も問題を複雑にしているのだ[8]。とは言え、遺伝子が語る年代に意味がないわけではない。加えて、分析結果にいくらかでも一致が見られるのであれば、多少の誤差は覚悟のうえで、遺伝子によって組み立てられた人類の歴史を信用してもいいだろう。

いずれにせよ、遺伝子の研究によればアメリカで人口が膨張した時期は二万年前以降ということになるので、ＬＧＭ以前に人類が二つの氷床の間を通ってアメリカへ移住した可能性は低い。だが、まったくゼロというわけではない。スティーヴン・オッペンハイマーは、ｍｔＤＮＡの分析結果から、最初のアメリカ人はＬＧＭよりかなり前にベーリンジアに到達し、そこで一〇〇〇年近くをすごした後、ＬＧＭ期の氷床拡大によって進路が閉ざされる前にアメリカ大陸へ拡散した、と推測している。北米の人々より南米の人々のほうが遺伝的、言語的に多様なのも、ＬＧＭ以前に北米と南米に人類が住むようになり、その後、ＬＧＭの間に北米では人口が大幅に減少し、多様性が失われた、と考えれば辻褄が合う。北米が氷床で覆われると、そこに住んでいた人々ははるか北方（現カナダおよびアラスカ）へと退避し、ＬＧＭ以降、再び北米全域に拡散した、とオッペンハイマーは考えている[7]。

ともかく、初めての移住者であれ、北へ退避していた人々がまた南下してきたのであれ、北米全域に人が住むようになったのは、クローヴィス文化（一万三〇〇〇年前～）が北米大陸に出現するよりはるか前であったのは確かだ。

コルディレラ氷床とローレンタイド氷床は二万四〇〇〇年前にひとつになって全米を覆った。LGMが終わっても、かなり長くその氷は残っていた。ふたつの氷床のあいだに再び通路が開けたのは、およそ一万四〇〇〇年前から一万三五〇〇年前のことだ。[8] では、早ければ一万八〇〇〇年前には拡散しはじめたとされる移住者たちは、このルートが氷で閉ざされていた間、どのようにして北米を南下していったのだろう？　ここでまたしても、遺伝学が答えを教えてくれる。移住者のmtDNAの痕跡が太平洋岸に沿って残されていたのだ。

太平洋岸のルートを探索する　カナダ：バンクーバー

そういうわけで、わたしは太平洋岸の都市、バンクーバーへ向かった。バンクーバーは、フレーザー川の河口に位置し、東には海岸山地の山並みが迫っている。一八〇八年に、後にこの川の名の由来となる毛皮商人、サイモン・フレーザーは二三人の男と共に、ロッキー山脈の麓のフォートジョージ（現在のプリンスジョージ市）からこの川の探検に出発した。一行は樺の樹皮で作った四艘のカヌーで、はるばる八〇〇キロもその川を下り、先住民以外で初めてフレーザー川の河口にたどり着いた。道中、いくつもの異なる部族に出会った。肌が白く瞳の青いフレーザーは、時として、超自然的な存在、原初の世界からやってきた変革者と誤解され、崇められた。しかし、ようやく太平洋岸にたどり着いた彼らを待ち受けていたのは、弓矢や槍、棍棒で武装した獰猛なマスキーム族の戦士たちだった。後で考えれば、マスキーム族が彼らを歓迎しなかったのは正解だった。彼らが来たことによって、やがてマスキーム族の土地はすっかり変貌してしまうからだ。フレーザーが地図に記した交易路はカナダ西岸への入植を促進し、一八五八年にはゴールドラッシュが始まり、鉱業、漁業、林業も急成長を遂げた。そして今日では、情報産業の台頭により、この地域は再び経済の中心になっている。[1] そしてバンクーバーの東のバーナビー山の頂には、彼の名を冠したサイモン・フレーザー大学の、コンクリート製のアステカ寺院のような校舎がどっしりと構えている。

わたしは広大なキャンパスを車でぐるぐる回ってようやく生物科学部を探しあて、本に埋めつくされた研究室でロルフ・マシューズ教授に会った。

ロルフは、法医学と古生態学というふたつの分野にまたがって花粉を研究している。法医学ではそれによって犯人を追跡し、古生態学では氷河期に北太平洋岸が氷のない退避地だった可能性を調べているのだ。なかでも熱心に調べているのはブリティッシュ・コロンビア州の沖にあるハイダ・グワイ（以前のクイーン・シャーロット諸島）である。一九八〇年代初頭に、植物化石を放射性炭素年代測定法で調べたところ、北米本土がまだ厚い氷で覆われていた一万八〇〇〇年前、この島はすでに氷から解放されていたことが明らかになった。魚や鳥や哺乳類の遺伝子を研究した結果からも、諸島はLGMの直後、すなわち一万八〇〇〇年前頃にはさまざまな生物の退避地になっていたことがわかった。当時の海面は今より低かったので、LGMが過ぎて氷床が大陸の端から融けだすにつれ、露出した大陸棚が人類の「沿岸ルート」になっていたかもしれない。マシューズと同僚は、ドッグフィッシュ・バンク（アメリカ本土とハイダ・グワイ間にある、今は海中に沈んだ大陸棚）と諸島の南西岸で海底コアを採取し、年代を測定するとともに、含まれていた花粉を分析した。[2]

ロルフは、デジタル画面とカメラが内蔵されたお気に入りの新しい顕微鏡で、ドッグフィッシュ・バンクの海底コアから採取された花粉を見せてくれた。

「これはスゲの花粉ですよ」と説明しながら、彼はそのひと粒に焦点を絞り、画面を拡大した。「花粉の大きさは、三万分の一ミリ、つまりわずか三〇ミクロンしかありません。このスライドに載っている花粉の大半はスゲの花粉です」

「年代は特定できたのですか？」とわたしは尋ねた。

「ええ、とても興味深い結果でした。この花粉は一万八〇〇〇年前から一万七〇〇〇年前のものだとわかったのです」

「スゲが生えていたのですから、氷はもう融けていたということですね？」

「間違いなくそうです」とロルフは答えた。「本土の現在のブリティッシュ・コロンビア州のあたりは、まだ厚さが数キロメートルもある氷床に覆われていました。しかし本土から離れたこの諸島では、すでに退氷していたのです。わたしがこの研究を始めた一九八〇年代におおかたの人が想定していたより、ずっと早い時期です。そこでわたしたちは、この発見を『サイエンス』誌上で発表しました。

クイーン・シャーロット諸島は、知られている中で最も早く退氷し、植物が根づいた地域になったのです」

「つまり一万七〇〇〇年前、氷河はすでにカナダ西岸から後退しはじめていたわけですね？」

「その通りです。もっとも、クイーン・シャーロット諸島を覆っていた氷は、本土の氷床とつながっていたわけではありません。その島だけの氷帽で、氷床よりはるかに薄かったので、融けるのも早かったのです」

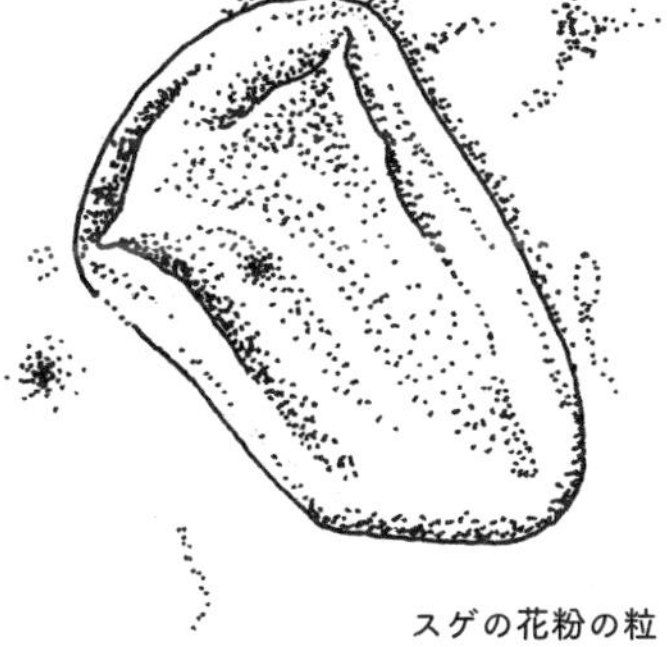

スゲの花粉の粒

ドッグフィッシュ・バンクの海底コアに含まれていた花粉も、その場所が約一万七〇〇〇年前から一万四五〇〇年前にかけて、氷のない海岸平野であったことを示していた。もっとも、氷河が後退してから、氷が融けた水で海面が上昇するまでの間のことだ。それらの花粉を入念に分析した結果、ドッグフィッシュ・バンクは大量のスゲやスギナなどの草や、ヤナギ、常緑低木のツルコケモモなどが生い茂る湿地だったことがわかった。また沼沢地に生えるヤマモモの花粉や、緑藻類の化石も、ドッグフィッシュ・バンクが沼地だったことを示唆していた。[2]

「そこに人は住めたでしょうか？」とわたしは尋ねた。

「花粉から判断すれば、住めたはずです」とロルフは言った。「植物が生い茂る陸地だったのですから」

「最初にアメリカに移住した人類は、この海岸線を通ってやってきたのでしょうか？」とわたしは尋ねた。

「一万六〇〇〇年ほど前から、アラスカ湾からブリティッシュ・コロンビア州の西岸にかけて、いくつもの地域で、氷床が消えました。夏がくるたびに緑地は広がっていったでしょう。内陸ルートがまだ氷に閉ざされていたころ、クイーン・シャーロット諸島では早くも森ができはじめていました」とロルフは語った。

ハイダ・グワイの南端の、海面より上で採取したサンプルから、初期の植物としては、スゲが圧倒的に多かったが、それ以外の草や低木もたくさん生えていたことがわかる。シダのように温暖で湿潤な環境を好むものもあれば、ガンコウランやクマコケモモのように寒冷で乾燥した環境を好むものもあった。このような植物の混生は、今日のアラスカ南西沿岸のツンドラの状況によく似ている。時が経過し、氷が消えた地表に植物がたしかな足場を築くにつれて、サンプルに含まれる花粉の密度が高くなっていく。一万五六〇〇年ほど前になると、最初の木としてロッジポールマツが生えはじめ、ツンドラは松の森へと変貌した。その森の地面はシダに覆われていた。松の花粉は遠くから飛んでくることもあるが、一万四〇〇〇年前に諸島に松が生育していたことは、島で見つかった松の葉の化石の年代測定によっても確認された。その時代には、ブリティッシュ・コロンビアのその他の沿岸部にも、松の森が広がっていた。気候がさらに温暖になるにつれて植生も変わり、やがて松の森は消えて、トウヒの森が現れた(2)。

「人類は西岸に沿って南下していったと考えられます。おそらくは舟で、オアシスからオアシスへとたどっていったのでしょう。たしかに人類の住める環境にはなっていましたが、本当に住んでいたかどうかは、考古学者の発見にまかせましょう」と教授は語った。

クマがやって来られたなら人類も?

わたしはサイモン・フレーザー大学の、緑に囲まれた心地よい中庭でランチを済ませ、キャンパスを散策した。六〇年代に建築されたキャンパスは、カナダを代表する建築家アーサー・エリクソンとジェフ・マッシーの設計で、そのモダニズムは後に増設された建物でも踏襲されたため、景観には統一性と洗練された美しさがあった。わたしは四方を建物に囲まれた静かな中庭の芝生に座って本を読んだ。池の中に据えられた緑色の岩が、静かな水面に影を落としている。堂々とした建物の外壁は六〇年代に流行した打ちっぱなしコンクリートだが、それにしては明るく、エレガントだった。未来的な趣のあるこのキャンパスは、SF映画やテレビ番組のロケ地としてよく使われた。テレビドラマの『Xファイル』や『スターゲイトSG-1』の舞台となり、映画『宇宙空母ギャラクティカ』では、機械生命体「サイロン」に占拠された惑星カプリカの集合住

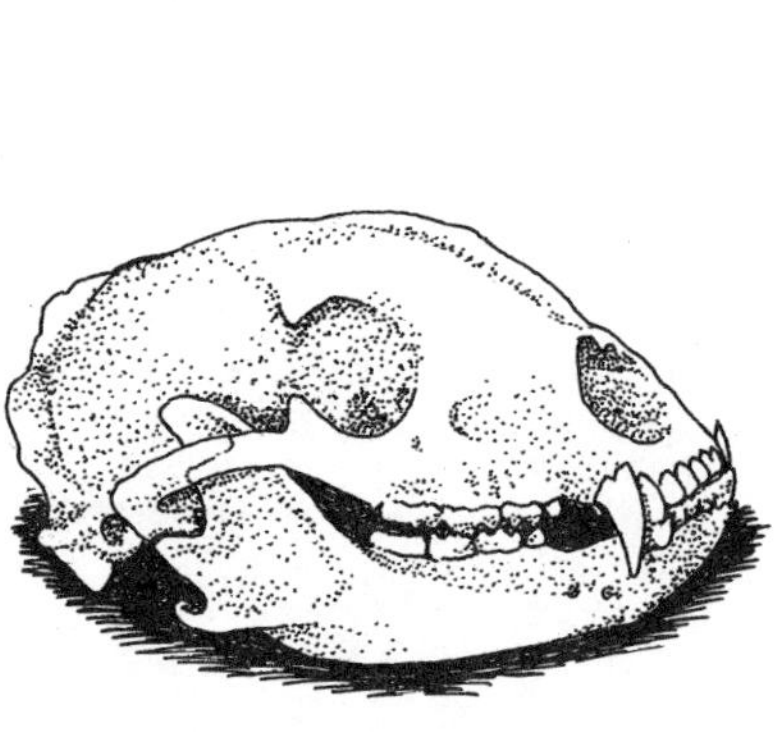

クロクマの頭骨

宅としてこの校舎が登場する。

未来のエイリアンはさておき、氷河期のカナダに話を戻そう。ブリティッシュ・コロンビアには、人類が沿岸を南下して大陸へ広がった可能性を示すものが他にもある。そのひとつは、奇妙だが、いかにもカナダらしいクマの骨だ。ハイダ・グワイは主に石灰岩でできており、雨も多いので、洞窟ができやすい。そして石灰岩の洞窟では、化石が保存されやすい。二〇〇〇年に、カナダの古生物学者と考古学者がハイダ・グワイの洞窟の発掘調査を始めると、期待した通り動物の骨の化石が続々と見つかった。犬、マメジカ、カモ、それにクマの骨だった。放射性炭素年代測定法によると犬の骨は考古学的に言えば新しく、二〇〇〇年ほど前のものだった。しかしクマの骨は、驚くほど古い時代のものだった。

わたしはバンクーバーを出発し、フィヨルドが美しいハウ海峡の沿岸を走る「シー・トゥー・スカイ・ハイウェイ」(国道九九号線)でスコーミッシュまで北上し、そこからシカムース川渓谷の森を蛇行する道をウィスラーへ向かった。夏場のスキーリゾートは、マウンテン・バイクや急流下りや買い物が目当ての観光客で賑わっていた。わたしはここでヴィクトリア大学の考古学者、クウェンティン・マッキーに会う予定だった。クウェンティンはハイダ・グワイで発見されたクマの頭骨ふたつを携えて、大学からこの山の中までわざわざ出向いてくれるのだ。ウィスラーに到着し、約束していたホテルのロビーへ行くと、クウェンティンはもうそこにいた。前のテーブルにはクマの頭骨がふたつ並んでいる(他の客はどう思っただろう)。ふたつは大きさが異なり、それぞれヒグマとクロクマのものだったが、クマの頭骨なのは一目でわかった。いずれもハイダ・グワイの洞穴で出土したものだ。

「これはぼくたちが洞穴で発見した化石のほんの一部だよ」とクウェンティンは言った。「クロクマとヒグマの骨は六〇〇〇個以上見つかってね、一万七〇〇〇年前のものもあった」

つまり、最終氷河期のピークの直後、ハイダ・グワイにはスゲなどの草が生えていただけでなく、かなり大きい哺乳類もいたのだ。

「こんなに古い時代のものが見つかって、ずいぶん驚いたよ。それまでの見方では、その頃のカナダ北西岸は氷で覆われていて、クマが生息できるような場所はないとされていたからね。花粉が見つかったから、氷のない場所があるのはわかっていたが、それはごく一部で、しかも強風が吹きつけていただろうから、とても動物が棲めるような環境じゃないと、ぼくたちは考えていたんだ」とクウェンティンは言った。

「そんな昔に、クマはどうやってハイダ・グワイにたどり着いたのでしょう?」とわたしは尋ねた。

「可能性はふたつある。LGMが過ぎて間もない一万七〇〇〇年前くらいに、北からカナダ西岸に入ってきたか、あるいは、それ以前にもうカナダに入ってきていて、LGMの厳しい寒さを沿岸部の退避地で生きのびてきたか。これは非常に興味深いことだ。いずれにせよ、クマにそれができたのであれば、人類も同じことができたはずだからね」

つまり、大型の哺乳類がその時期のハイダ・グワイにいたことは、人類もすでに移住していたことを示唆している、と彼は言っているのだ。[3] しかし、わたしは彼の言葉をそのまま信じることはできなかった。

「でも、それほど古い時期に人類がいたという証拠は見つかっていないのでしょう?」と尋ねた。

「ああ、見つかっていない。それでも、クマの存在が重視されるのは、人間に似たところが多いからなんだ。クマは大型の陸の動物で、縄張りを持っていて、雑食性だ。ベリー類や植物の根、昆虫を食べ、その上、ジリスなどの小動物を捕まえたり、シカやカリブーを追ったりもする。海岸で食料を漁るのも人間と同じでね。ぼくも何度か見たことがあるけれど、クマは海岸をうろついて大きな石をどかして、その下にいるハマトビムシやカニを食べたりもする。川を上るサケを捕えるのもうまい。人類は、クマが食べる物ならほとんど何でも食べられただろう。だから、クマにとって住みやすい環境なら——実際にそうだったのだが——人類にとっても好ましい環境だったにちがいない」

クウェンティンは、一万三〇〇〇年前にこの地に人類が暮らしていた痕跡をいくつか見つけていた。彼らは冬眠中のクマを捕えていたようだ。ずいぶん危険なことのように思えるが、クウェンティンによると、そういう狩りは昔話にも語られているそうだ。クマが冬眠しているほら穴に火のついた松明《たいまつ》を放り込み、怒って出てきたクマを槍で襲ったという。

「クマの肉はじゅうぶん食べられるよ。ぼくも食べたことがあるけど、うまく調理すればかなりおいしくて栄養価も高い。クマの毛皮も、当時の人にとっては貴重だっただろうし、クマの骨から道具を作っていた証拠も残っている。というわけで、クマは頭のてっぺんから尻尾の先まで、すばらしい資源だったんだ」

もっとも、このクマを狩っていた人々は、その年代からして、アメリカ最初の移住者ではない。しかし当然ながらクウェンティンはあきらめていない。

「ハイダ・グワイの洞穴は、カナダで最古の遺跡のひとつだ。数年のうちには、もう少し前の時代の証拠も見つかるんじゃないかとぼくたちは思っているんだ」

カナダにいるヒグマ(永久凍土に保存されていたクマも含めて)のmtDNAの遺伝系統を調べた結果からも、じつに興味深いことがわかった。ヒグマも人と同様にベーリンジアを渡ってきたのだ。そしてLGMの間はベーリンジアで生きつづけていた[4]。それだけではない。このたくましい動物は、カナダ西岸沖の諸島の退避地で氷期を生き抜き、一万三〇〇〇年前くらいに再び本土に戻ってきたらしい。

カナダで本物のクマを見る機会はなかったが(ただし、ある宝石店のウインドウにはクマの全身骨格が飾られていた)、ペンバートンの近くでコルディレラ氷床の名残りのイプスー氷河を見ることができた。登山家のジム・オラヴァと共にヘリコプターで氷河まで運んでもらって、終日、彼の手ほどきで氷河登山を楽しんだ。ピッケルとスパイク底で装備し、這うようにして氷河の上を進んでいく。垂直に切り立った氷壁を登ったり、命綱をつけてクレバスを跳び越えたりもした。ロック・クライミングはしたことがあったが、それとはまったく勝手が違った。たった一日の経験だったが、氷河登山に魅せられる人の気持ちがわかる気がした。しかし、それと同時に、氷河期の最中に、ひとつにつながってアメリカ大陸を覆っていたコルディレ

氷河期のなごり:カナダ、イプスー氷河

ラ氷床とローレンタイド氷床を越えられる人はいなかったはずだと改めて確信した。

　凍えるような山頂から降りると、今度はブリティッシュ・コロンビア沿岸の冷たい海に潜った。保温性にすぐれた五ミリ厚のネオプレンのウェットスーツを着て、バンクーバー北西のシーシェルト小海峡の浅水域を探検したのだ。ヒトデや魚がたくさんいたが、それ以上に多かったのがケルプ（海藻）だ。アメリカ移住の沿岸ルート説の証拠としてこのケルプの森を持ち出す考古学者もいる（ここまでくると、溺れる者は藁をもつかむのたぐいで、手がかりを渇望するあまりケルプにまで手を伸ばしたのではないかと思えてくる）。

　ケルプの森は、驚くほど豊かな生態系を支えている——地球上で最も多様な生物が生息・繁殖している環境のひとつだ。ケルプは魚、貝、海棲哺乳類から海鳥にいたるまで、幅広い海の生物に恵みを与えている。ケルプの森に近い海岸には、海の資源が豊富に流れ着くため、考古学者の中には、狩猟採集民はその「ケルプ・ハイウェイ」を通ってアメリカに入ってきたのではないかと考える人がいるのだ。この物語にもクマは登場する。沿岸のグリズリーはケルプのおかげで食料が豊富なため、内陸のクマより一回りも二回りも大きく成長するという[5]。ケルプは、沿岸の二〇度以下の海中で繁茂し、海面が氷に覆われても枯れることはない。現在の北太平洋のケルプの森は、日本からベーリング海を経てバハ・カリフォルニア半島まで続く。その先は、水温が高すぎるのでいったん途切れ、南米のアンデス山脈が始まるあたりの沿岸で再び始まる。氷期が終わって海水が増えた頃、北太平洋にはやはりケルプの森があっただろうから、有史以前の浜辺の住人は皆、食べ物に不自由しなかっただろう。

　今日、太平洋のケルプの森は、多種多様な魚介類（さまざまな魚や、アワビ、ウニ、イガイなど）、海鳥、ラッコの棲みかになっている。海に沈む前、ベーリンジアの湾や海峡は、セイウチ

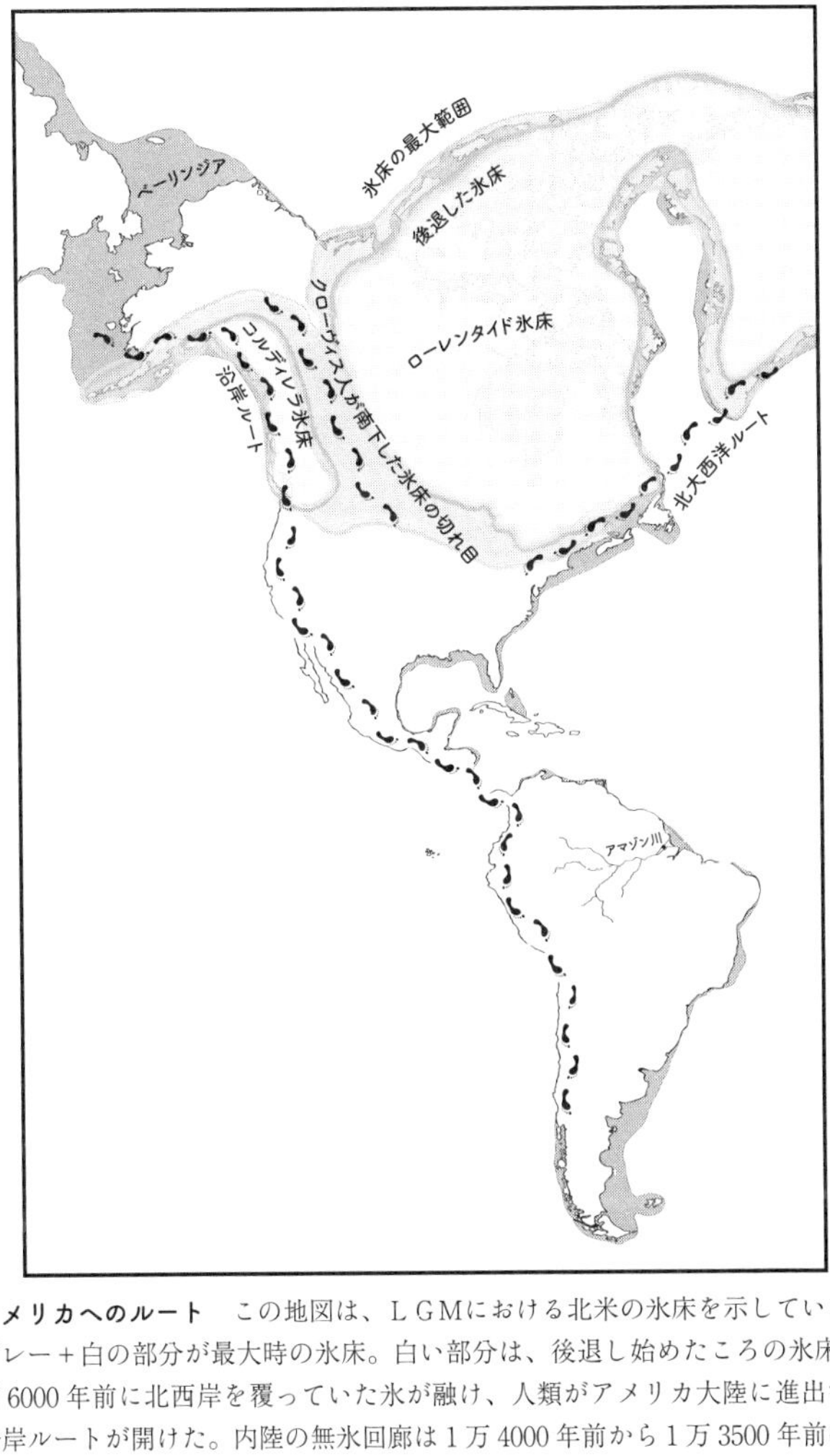

アメリカへのルート　この地図は、ＬＧＭにおける北米の氷床を示している。グレー＋白の部分が最大時の氷床。白い部分は、後退し始めたころの氷床。1万6000年前に北西岸を覆っていた氷が融け、人類がアメリカ大陸に進出する沿岸ルートが開けた。内陸の無氷回廊は1万4000年前から1万3500年前の間に開いた。右の足跡はブルース・ブラッドリーが主張する北大西洋ルート

やジュゴンなど大型の海棲哺乳類の餌場だった。氷河期が終わって間もないころのカナダ西岸の海面は現在より一〇〇メートル低かったが、海岸線は今と同じように入り組んでいた。そのような環境で効率よく動き回るために、浜辺に住んでいた狩猟採集民は舟を使っていたはずだ。[5] アフリカで出現した現生人類は、（アメリカ大陸に人の痕跡が現れはじめるより六万年も前から）沿岸や河口の環境に適応し、おそらく舟を持っていたとされる。ゆえに、初期のアメリカ人も沿岸を航行し、食糧を探すために舟を使っていたと考えるのは、きわめて理にかなったことなのだ。

これまでに述べた北米沿岸ルートについての考察はすじがとおっているが、今のところいずれも推測の域を出ない。遺伝学の研究の成果は人類が沿岸ルートを通ってアメリカ大陸に拡散したことを示唆しており、花粉、クマの骨、ケルプなどの存在も、一万七〇〇〇年前に人類が沿岸ルートを通ったという見方を後押ししている。しかし、残念ながら、それほど古い時代にカナダ沿岸に人類が住んでいたという確かな証拠は、ひとつも見つかっていないのだ。北米の旧石器時代を専門とする考古学者は、人類の移動ルートを明かそうとする人が世界のどこでも突き当たる難問に苦しめられている。それは、氷河の浸食作用のせいで、考古学的証拠の大半が破壊されていることだ。加えて、氷河が融けて海面が上昇したために、更新世の海岸線は今では海に隠れてしまっている。おそらく、最初の移住者の痕跡の多くも波間に消えてしまったはずだ。ベーリンジアの大半は、伝説のアトランティス大陸のように海に沈み、アラスカとカナダの海岸線は、更新世末期のそれよりずっと内陸に移動したのである。

しかし、カナダ北西部で、海中に沈んだ更新世の沿岸部をソナーで探索した、勇敢な考古学者もいる。彼らは、海底に眠る太古の川や湖、砂浜などの地形を発見した。[6] それは、内陸の無氷回廊が開通する一〇〇〇年から二〇〇〇年前に、人類が暮らしていたかもしれない場所である。海面がゆっくり上昇した場合は、波による浸食が進みやすいが、この大昔の沿岸部では、海面は比較的、急速に上昇した。そのおかげで、遺跡があるとすれば、その保存状態は良いはずだと、考古学者らは楽観している。[7] そして、その海底から、ひとつの遺物が見つかった。フジツボがびっしりとついた石器が、水深五三メートルの太古の河口から回収されたのだ。

同じく北米沿岸で発見された、年代が測定できる人類の最初の遺物を見るために、わたしは南のカリフォルニアに向かった。

アーリントン・ウーマンの発見　アメリカ：カリフォルニア州サンタ・ローザ島

南カリフォルニアの太平洋岸の、サンタ・バーバラ海峡を隔てた沖合いに、チャネル諸島が浮かぶ。そこは野生の動植物が豊富で、何千年も前から人類が暮らしていた。古くは先住民のチュマシュ族やトングヴァ族が、紫ホタルガイを通貨にして暮らしていた。一六世紀にスペインの探検家や宣教師、牧場主が上陸し、一九世紀には、毛皮商人が周辺のラッコやアザラシを乱獲して絶滅寸前にまで追い込んだ。現在、チャネル諸島は国立公園になり、その豊かな自然は保護されている。

ロサンゼルスのカマリロ空港で六人乗りのプロペラ機に乗り、チャネル諸島の八つの島のひとつ、サンタ・ローザ島へ向かった。離陸してすぐ機体は海の上に出た。サンタ・バーバラ海峡だ。水平線上にチャネル諸島がうっすらと浮かんでいる。アナカパ島、そして、ずっと大きいサンタ・クルーズ島の上を越すと、もうその先がサンタ・ローザ島である。どの島もごつごつと岩だらけで、人が住んでいる気配はなかった。

機体は徐々に高度を下げ、ベッチャーズ湾の先の短い滑走路に、土ぼこりを巻きあげながら着陸した。島の管理者のサム・スポールディングが迎えに来てくれていた。彼が運転するトヨタのピックアップトラックで険しい坂を上り、内陸の山の中へ入っていった。この島には、国立公園の管理者や科学者が時おり訪れるが、住んでいる人はいない。その夜は丘の上のロッジに泊まることになっていた。到着した時、太陽は太平洋に沈みかけていた。ロッジでサンタ・バーバラ自然史博物館のジョン・ジョンソンと挨拶を交わした。彼は島の反対側にある渓谷、アーリントン・スプリングスまでわたしを案内するために、この島に出向いてくれたのだった。

翌日は早朝に出発し、でこぼこ道を二時間ほどドライブしてその渓谷にたどり着いた。その素晴らしい景観は、すべて水の浸食作用によるものだ。何千年にもわたって、川が砂岩を削り、浅い溝がついには渓谷になったのである。露出した堆積層には、太古の時代にこの島に暮らしたさまざまな生物の化石が含まれている。

ジョンとわたしは、下の川縁まで、渓谷の険しい崖をおそるおそる降りていった。川は曲がりくねりながら海へ向かって流れている。わたしたちは途中の滝を迂回しながら、下流へと川岸を歩いていった。渓谷の崖には、何千年にもわたって積み上げられた後に、川によって削り取られた層が、その歴史を晒していた。下方の層には貝の化石がぎっしり詰まっている。ハマグリのような大きな貝や、畝《うね》のある二枚貝だ。その層はとても古く、この場所がまだ海の底にあった時代にできたものだ。さらに下流へ行くと、比較的新しい時代に堆積した層が露出していた。ジョンが指さす方を見ると、赤っぽい土手から化石の骨がつき出ていた。ぼろぼろになった脊椎骨と何本かの長い骨だった。コビトマンモスの骨だという。

一九五九年、考古学者のフィル・オアは、更新世の化石の豊富さに惹かれてサンタ・ローザ島にやってきた。彼は、アーリントン・スプリングスの崖を地《グ》ならし機《レーダー》で掘って、浜辺近くの発掘場所にいく近道を造ろうとしていた。ところが途中でグレーダーが動かなくなった。原因を調べようと運転席から降りた彼は、崖から二本の長い骨がつき出ているのに気付いた。崖の上から一一メートルほど下のところだ。よくマンモスの骨が見つかる更新世の層に埋もれていたが、マンモスの骨ではなかった。専門家に意見を仰いだところ、オアが予測した通り、それは人類の骨だった。彼は、太古の時代、この島に人類がいたという最初の証拠を見つけたのだ。二本の骨は大腿骨で、それ以外の骨は見当たらなかった。その二本だけが渓谷に流されてきて、その上に地層が積み重なったらしい。オアはまわりの土ごと骨を掘りだして研究室に持ち帰り、放射性炭素年代測定にかけた。一九六〇年に彼は、その人骨は一万年前のものだと発表した。[1] 人骨はがっしりしていたので男性のものらしいと判断され、その骨の持ち主は「アーリントン・マン」と呼ばれるようになった。

後にその骨は石膏ブロックで保護され、サンタ・バーバラ博物館の地下にしまいこまれた。一九八七年、ジョンと同僚のドン・モリスは、その骨を、DNA鑑定や加速器質量分析法（AMS）による放射性炭素年代測定といった、最先端の手法で再分析することにした。また、人類学者のフィリップ・ウォーカーもその骨を調べ直し、骨が全体的に細く、「粗線」と呼ばれる大腿筋が付着する隆起があまり目立たないことから、女性の骨である可能性が高いと結論した。[1] ジョンはわたしにその骨のレプリカを見せてくれたが、たしかに華奢だった。放射性炭素年代測定にかけた結果、その大腿骨とそばに埋まっていたマメジカの下顎の骨は、約一万二九〇〇年前のものだとわかった。[2] つまり「アーリントン・ウーマン」の骨は、知られるかぎり、北米で最古の人類の化石のひとつだったのだ。

その年代は、カナダ西岸の「沿岸ルート」が通れるようになってから数千年後だが、最古のカリフォルニア人について重要なことを証明している。それは、彼らが舟を使っていたということだ。なぜならサンタ・ローザ島は、LGMには、サン・ミゲル島、サンタ・クルーズ島とつながって「サンタロージー」と呼ばれる大きな島を形成していたが、どの時代もアメリカ本土とは海で隔てられていたからだ[3,4]。

一九九〇年代、ジョンを含む考古学者と古生物学者のチームは、更新世の動物の化石を見つけるために、島全体を調べた。人骨は見つからなかったが、沿岸部全域でマンモスの化石を大量に見つけることができた。いずれも、ジョンが見せてくれたコビトマンモスの化石と同様に、水による浸食で露出した沖積層の中にあった。コビトマンモスのほぼ完全な骨格も出土した。放射性炭素年代測定にかけたところ、アーリントン・ウーマンとほぼ同じ時代のものだった。そして、この島のコビトマンモスが絶滅したのは、アーリントン・ウーマンがいた時代の二〇〇〇年も後であることがわかった。これはきわめて重大な発見である。マンモスはこの島に約四万七〇〇〇年間住んでいた。そして、オアが

サンタ・ローザ島の
砂質の堆積層に
埋もれていた
コビトマンモスの骨

予想していたように、コビトマンモスと人類が同じ時代にこの島にいたという確証が得られたのだ。

オアは、おそらく人類がこの小さなマンモスを絶滅に追いやったのだろうと考えていた。しかしサンタ・ローザ島での発見、すなわち、「同じ島にマンモス一頭と人類がひとりいた[3]」というだけでは、証拠としてはあまりにも貧弱だ。人類がマンモスを殺して食べていたという直接的な証拠は見つかっていないのだ。とは言え、人類の到来から二〇〇年以内にマンモスが消えたというのは、偶然にしてはできすぎている。この島で見つかったものは、大いに期待をそそりながら、もどかしさの残るものばかりだ。考古学的調査がかなり進んでいるというのに、更新世のこの島に人類がいたことを示す証拠は、いまだにあの大腿骨二本だけで、その他には、骨も、住居の痕跡も、見つかっていないのだ。アーリントン・ウーマンはここでいったい何をしていたのだろう。彼女が、この島で暮らしていた狩猟採集民のひとりだったなら、なぜ他の人の骨が見つからないのだろう。人類は、この島でコビトマンモスを全滅させたのかもしれない。しかし、更新世の動物の絶滅、特にマンモスの絶滅に人類が関わったという証拠を得るには、北米本土に戻らなければならないだろう。

ジョンとわたしは、アーリントン・スプリングスの渓谷をたどるうちに海岸に行き着いた。砂丘に腰をおろして、系統地理学や遺伝学など、彼の他の研究について話を聞いた。ジョンは、カリフォルニアのチュマシュ族などの先住民の語族に魅了されていた。

言語からその集団の起源や移動ルートを探ることはできるが、文化の他の要素と同じく、言語は他の集団から学んで変化することが多いため、それだけで集団の歴史を再現するのは難しい。そこでジョンは、mtDNAによって言語だけでは測りきれない部分を解き明かしていくことにした。とは言え、彼が太古の人類の移動ルートをたどるようになった本当のきっかけは、数年前に友人からかかってきた一本の電話だった。

「南アラスカで見つかった太古の人類の歯のDNAを分析してみたら、とても珍しいタイプだった、と彼は言ったんだ」

その歯はどのくらい前のものだったのかと、わたしは尋ねた。

「一万三〇〇年前のものだった。DNAをきちんと採取できたものとしては、アメリカ大陸で最古の骨格化石だ。そのDNAは、アメリカ先住民の二パーセントしか持っていない珍しいタイプだったが、わたしがカリフォルニアで調べたチュマシュ族は、二〇パーセントの人がそれを持っていた。そこで、アメリカ先住民全体のデータベースで確認したところ、そのDNAはアラスカ南部、メキシコ北西部、エクアドル沿岸、チリ南部、パタゴニア南部の先住民が持っていて、ティエラ・デル・フエゴの先史時代の骨にも含まれていた。太平洋岸の北の端から南の端までだ」

「つまり、そのDNAは人類が太平洋沿岸をつたってアメリカ大陸に拡散した証拠だと、そうお考えなのですね」とわたしは尋ねた。

「ああ。今のところ、いちばん信頼できる証拠だと思う。このDNAを持つ集団は、海辺の資源を活用しながら太平洋岸を徐々に南下し、通過したすべての地域に、今日まで続く子孫を残したと言えるだろう」

ジョンと同僚は、五八四人のアメリカ先住民から採取したDNAサンプルを、系統地理学の観点から詳しく調べた。太平洋沿岸では、ハプログループAが一般的だったが、珍しいハプログループDも存在し、その分布は北米から南米へと太平洋岸を南下していく人類の軌跡を反映しているように見えた(5,6)。このハプログループDが、南アラスカで見つかった太古の人類の歯から取りだされた珍しいタイプのDNAである(7)。また、近年、アメリカ先住民の常染色体のDNAマーカーを調べたところ、アメリカ大陸を南下するにつれて多様性が減少しており、移住が北から南へ進んだことを裏づけていた。また、その調査結果は、沿岸ルートが重要だったことも示唆していた(8)。やはりアーリントン・ウーマンは、海岸で魚介類を漁り、舟にも乗った最初のアメリカ人の末裔なのだろう。

アメリカの大型動物を狩る　アメリカ：ロサンゼルスのラ・ブレア・タール・ピッツ

サンタ・ローザ島で見たコビトマンモスの化石に刺激されて、わたしは氷河時代のアメリカ大陸をうろついていた大型動物についてもっと知りたくなった。

わたしがブリストル大学で働きだして間もないころ、地球科学学科の同僚が、その部門のコレクションが収められている部屋を見せてくれた。ひとつの部屋が特にわたしの興味をひいた。そこには世界中から集められた岩石標本があり、ガラス製の大きなキャビネットには、サーベルタイガーの印象的な骨格が飾られていた。黒檀で作ったのかと思うほど黒かったが、変色の原因はタールだった。その骨は、ロサンゼルスのラ・ブレア・タール・ピッツから取り出されたのだ。探検家にして著名な古生物学者で、五〇年代から六〇年代にかけてブリストル大学地球科学学科の教授だったボブ・サヴェッジの手配で、その部屋に飾られるようになったのだった。

そんな思い出もあったので、わたしはラ・ブレア・タール・ピッツを訪れることに胸を躍らせていた。サンタ・バーバラからロサンゼルスまで海沿いのハイウェイを走り（途中マリブビーチで休憩し、サーファーたちを眺めた）、タールの中から姿を現した太古の動物たちと対面するために、ロスの市街へと入っていった。ラ・ブレア・タール・ピッツのペイジ博物館に到着した。博物館のすぐ脇には池があり、大半が水だったが、縁にはタールが集まっていて、メタンガスがぶくぶくと湧き出ていた。その池のほとりにマンモスがいた。大きなお父さんマンモスが、タール池にはまりこんで動けなくなっている。その様子を、すぐ前の土手でお母さんマンモスと子どもマンモスが悲しそうに見ている。よくできた模型だ。二万年前にタイムスリップしたような気がした（口絵㉚）。

博物館の中には、タール池にはまって非業の死を遂げた動物たちの骨格が展示されていた。巨大なナマケモノ、馬、ラクダ、マンモス、マストドン、サーベルタイガー、ライオン、ダイアウルフ（南北アメリカに棲息していたが絶滅したオオカミ）など、実に多彩な動物たちだ。ガラス張りの研究室では、古生物学者たちが、タール池から掘りだした骨の汚れを落として、標本にする準備を進めていた。わたしは研究室に入り、キュレーターのジョン・ハリスに会った。かつて彼もブリストル大学の博士課程に在籍していたそうだ。あのサーベルタイガーのこともよく憶えていた。

ジョンは館内を案内してくれた。大量の骨が収められた戸棚が延々と続いている。骨は、厳密な意味では化石ではなかった。タールに浸かっていたため、石化しておらず、今も骨のままなのだ。ジョンと共に外へ出て、池の方へ行った。そこでは発掘作業が続けられていた。縦横・深さがおよそ一〇メートルの真四角な穴の底で、三人の若い古生物学者――アンドレア・トーマー、ミッシェル・タベンキ、ライアン・ロング――がタールまみれになって作業していた。わたしは服が汚れないよう白衣をまとい、法医学者のような面持ちではしごを下りていった。その下には板で作った足場があった。

「変わったお仕事ですね」慎重にはしごを下りながら、わたしはアンドレアに話しかけた。

「ええ、たぶん世界一変わった仕事でしょうね……タールの中から死んだ動物の骨を掘りだすのですから」と彼女は答えた。

「それに、掘るのは大変そうですね」

「はい。ねばねばして、とくに夏場はたいへんで、暑くなるとますます粘り気が増します」

　膝までの長靴を履いた彼女の足元のタールから、骨がいくつか突き出ている。目を凝らすと、黒いタールのそこここに骨の形が見えてきた。氷河期の獣の共同墓地といったところだ。

「よく古生物学者の方々が訪ねてみえますが、一か所からこんなにたくさんの化石が出ることに驚かれます。おそらく世界でも有数の化石の宝庫ではないでしょうか」と彼女は言った。

ラ・ブレア・タール・ピッツ。何千年も前の氷河期の動物の骨格が保存されている

「これまでにどんな種類の動物が見つかりましたか？」とわたしは尋ねた。

「いちばん多いのはダイアウルフですね。次がサーベルタイガーです。奇妙なことに、獲物になる動物より、捕食動物のほうがはるかに多いのですよ。それはおそらく、どんなふうにタール池にはまるかというところに原因があるのでしょう。まず一頭の大きな草食動物がタール池に足をとられて動けなくなります。それを狙っていろいろな肉食獣がやってきて、それらも池から抜けだせなくなったのです。見つかるのは七割が捕食動物で、三割が被食動物。通常とは逆です」

「出てくる化石はどのくらい昔のものですか？」

「そうですね、底のほうにあるのは四万年前のものです。化石になっていなくて、骨のままなので、とても詳しい情報を得ることができます」

　ミッシェルは、地面に浮き上がってくるどろどろしたタールを小さなスコップですくい取っている。

「あれは泥すくい《グロッピング》と呼ばれる作業です。毎日、発掘を始める前にしなければなりません。タールはたえず浮き上がってきますから、グロッピングしないと、この穴は液状のアスファルトですぐに埋まってしまいます。自然が相手ですから、きりがないんですよ」

　タール坑から上がると、わたしはジョンにこの作業の全容を尋ねた。

「一九六九年以来、ここだけで七万本の骨を掘りだしたよ。博物館に収蔵している標本は全部で三五〇万個あり、見つかった動植物の種類は、六五〇種以上になるんだ」

　わたしは、発掘は通年行われているのかと尋ねた。

「いや、今は夏の間だけだ。ひと夏に一〇週間作業して、その間に一〇〇〇個から二〇〇〇個の骨を掘りだしている」

　実に大変な仕事で、おまけにタール池はほぼ無尽蔵であるらしい。古生物学者たちを忙しくさ

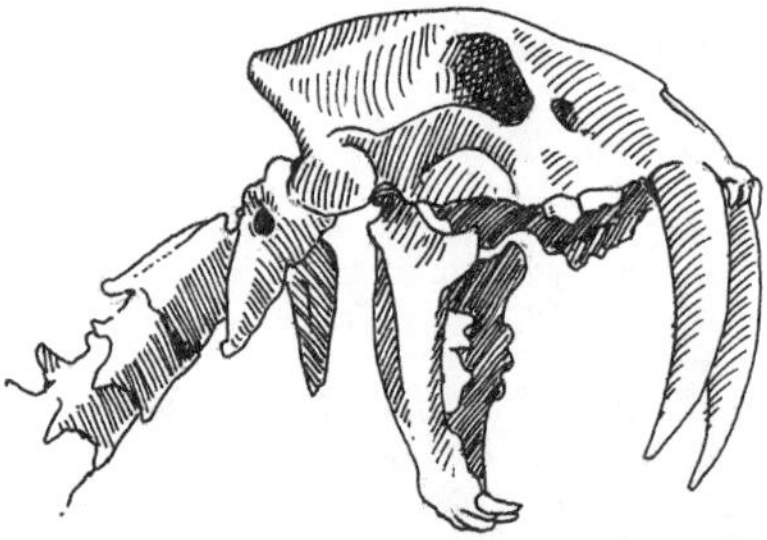

ラ・ブレア・タール・ピッツで
発掘されたスミロドン・カリフォルニクス
（サーベルタイガー）の骨格

せているのは、ここの池だけではなかった。ロサンゼルスのダウンタウンでは、工事中によくタール池が見つかる。最近も、下水道を引く工事をしていて、タールに浸かった堆積物が何トンも掘りだされ、その中に、骨がどっさり含まれていたそうだ。ジョンが指差す方向を見ると、さきほどの穴の向こうに工業用コンテナがずらずらと並んでいた。その中には堆積物が詰まっていて、発掘作業に回されるのを待っていた。ジョンは、穴で作業している人を何人か、その予定外の収穫の処理に回すことにしたそうだ。

ラ・ブレア・タール・ピッツで掘りだされた氷河期の骨には、一体分の人骨も混ざっていた。「驚くほどのことじゃないよ」とジョンは言った。「タール池にはまったら、だれでもそこで最期を迎えることになるだろう。引っぱり上げてくれる友人がそばにいなければね」

このタール池は、太古のカリフォルニアにいた数々の動物について多くのことを教えてくれる。そして、ここから掘りだされる大型動物の大半は、もはや地球上に存在しないというのも事実である。ユーラシアやオーストラリアと同様にアメリカ大陸でも、人類が到来した時期は、大型動物が絶滅した時期とほぼ一致するようだ。

「不思議なのは、」とジョンは続けた。「一万三〇〇〇年前にこれらの大型動物類が姿を消してしまったことだ。それはアメリカの古生物学における大きな謎のひとつと言えるだろうね。それらがなぜ、どのように消えたのかについては、さまざまな説がある。氷河期の末には、気候や環境が大きく変化した。そのせいで絶滅したと考える人もいるが、そういった変化は更新世のあいだに少なくとも一〇回は起きていた。だから、気候変動が原因だとは考えにくい。一万三〇〇〇年前といえば、ちょうど人類が北米にやってきたころで、人類が大型動物を乱獲したり、そうした動物が免疫を持たない病気を持ちこんだりしたことが絶滅の原因だという学者もいる」

ラ・ブレア・タール・ピッツでは、人類が動物を捕食していたという証拠は見つかっていないが、アメリカの他の場所には、人類がマンモスを狩っていたことを裏付ける決定的な証拠が残されている。だが、他の大陸と同じく、大型動物が絶滅したのが人類のせいなのか、それとも気候や環境の変化のせいなのか、意見は分かれたままだ。

しかもジョンによると、最近、もうひとつかなり興味深い仮説が登場したそうだ。

「それは、一万三〇〇〇年ほど前に北米の五大湖の上空で彗星か何かが爆発し、そのせいで大型動物が絶滅したというものだ」

ジョン・ジョンソンとともにアーリントン・スプリングスで渓谷の崖を調べていたとき（その崖はフィル・オアがアーリントン・ウーマンを発見した時より、さらに浸食が進んでいた）、ジョンはいくつかの黒っぽい層を指し示した。そのほとんどは、森林火災の痕跡だった。わたしは少し前にサンタ・バーバラの近くで、森林火災の直後の丘に登ったことがあるが、たしかに地面は黒く焼け焦げた木々と、厚い灰の層に覆われていた。

しかし、アーリントン・スプリングスで見た黒い層のひとつは、局所的な山火事の跡ではなかった。じつは北米の五〇か所以上で、一万二九〇〇年前のものとされる黒い地層が見つかっているのだ。それは、ヤンガードリアス期が始まった時期と一致し、マンモス、マストドン、地上性ナマケモノ、馬、ラクダといった北米大型動物相の絶滅もその頃起きた。彗星などの衝突が大型動物の絶滅を招いたと考える人々は、人類による乱獲も、気候の寒冷化も、大型動物が絶滅した理由としては不十分だと見ている。人類がマンモスとマストドンを解体していた場所は見つかっているが、同じ時期に姿を消した他の三三種の動物については、人類が殺したという証拠はひとつも見つかっていない。また、ヤンガードリアス期に匹敵する寒冷期はそれ以前にもあったが、そのときには大量絶滅は起きていないのだ[1]。

　数か所から採取した一万二九〇〇年前の黒い地層を分析したところ、激しい森林火災が起きたことを示唆する木炭や炭素小球体、ガラス状炭素の他に、ダイヤモンド超微粒子や地球外のヘリウムを含むフラーレンなど、思いがけないものも含まれていた。いずれも非常に珍しい物質で、隕石の中や、地球外天体が衝突した地面で見つかるものだ。要するに地層の成分は、彗星などの衝突か爆発によって大陸規模の山火事が引き起こされたことを物語っているのだ[1]。

　しかし、その時のクレーターはまだ発見されておらず、おそらく今後も見つからないだろうと研究者たちは予測している。彗星はローレンタイド氷床に衝突して、下の地面にはほとんど痕跡を残さなかったか、あるいは空中で爆発したと、彼らは考えているのだ。一九〇八年に、直径一五〇メートル以下の彗星か小惑星がシベリアのツングースカ上空で爆発した時には、二〇〇平方キロメートルの森が燃え、二〇〇〇平方キロメートルにわたって木が倒されたが、クレーターは残らなかった。一万二九〇〇年前の大火災も、同じようにして起きたのではないだろうか。

　もしそうだとしたら、ヤンガードリアスの寒冷期もそのせいで始まったのだろう。大規模な森林火災による黒雲や煙は、日光を遮っただろうし、衝突で氷床の一部が海に崩れ落ち、氷山となって北極海や北大西洋を浮遊し、海水温を下げた可能性も高いからだ。じつに興味深い仮説であり、時期も一致する。一万二九〇〇年ほど前、宇宙から飛んできた物体が大規模な森林火災を引き起こし、環境が破壊され、気候も寒冷化した――となれば、大型動物が絶滅しても不思議ではない。

　その一方で、彗星まで持ちださなくても、北米の大型動物の絶滅は説明できると主張する考古学者もいる。ネバダ大学のゲーリー・ヘインズは、クローヴィス文化特有の尖頭器が出現した時期と、三三種の大型動物が姿を消した時期が重なるのは、単なる偶然ではないと主張する。(2) 気候変動や彗星の力を借りなくても、人類による狩りだけで、大型動物の絶滅は説明できると言うのだ。また、ヘインズは、マンモスやマストドンのように生態系の要《かなめ》となっていた大型動物がいなくなったことの連鎖的影響も指摘する。アフリカで大型の草食動物がサバンナを肥沃にしているのと同じく、マンモスやマストドンは、小型の草食動物が生草をはむ場所を切り開いて、環境を改善していたというのだ。他にも、肥沃なステップだったベーリンジアが苔で覆われたツンドラに変わったのは、大型動物がいなくなったせいだとする考古学者もいる。つまり、人類がある大型動物種を絶滅させると、その影響で環境が変わり、ひいては他の動物に影響が及ぶ、というのである。(2)

また、ヘインズは、大型動物相が絶滅した時期と、それに影響を及ぼしたとされる気候変動の時期は一致しないという。一部の動物はヤンガードリアス寒冷期より前に絶滅していたからだ(だからと言って、彗星の衝突という仮説が否定されるわけではない。彗星の衝突はより急激な変化と絶滅をもたらしただろうから)。そして、クローヴィス人がマンモスを殺していた解体場の跡も見つかっている。ヘインズは、マンモスやマストドンを狩ることは、更新世の北米の狩猟民にとって理にかなった生存戦略だっただろうと述べている。

クローヴィス人は、後期旧石器時代にユーラシア大陸のステップで大型獣を狩っていた狩猟民の末裔で、大型動物のハンターだったという見方はかなり前からある。そうしたイメージは説得力があり、想像図や映画によって増幅され、わたしたちの文化に浸透している。毛皮をまとい、マンモスを果敢にしとめる氷河時代の豪胆な狩猟民という偶像的イメージは、わたしたちにとって馴染み深いものだ。だが、果たしてそれは正しいのだろうか?

クローヴィス文化　アメリカ：テキサス州ゴールト

わたしは、マンモス・ハンターを見つけるために、テキサス州オースティン近くのゴールト遺跡へと向かった。高速道路を降りて田園地帯の一本道をしばらく走り、細い脇道に入っていくと、その先に数軒の小屋があった。その小屋が「ゴールト考古学プロジェクト」の本部で、そこでわたしはマイク・コリンズと会った。カウボーイハットにジーンズといった、いかにもテキサスの考古学者らしい人物だ。彼は作り終えたばかりのピクニック・テーブルをトラックに積みこみ、遺跡まで案内してくれた。遺跡は渓谷の底にあり、周囲は森に囲まれていた。

ゴールトはクローヴィス文化のものとしては最大級の居住遺跡で、縦が約八〇〇メートル、横が約二〇〇メートルある。訪ねたときには、ふたつの溝を発掘している最中だったが、それは遺跡のごく一部にすぎない。溝は、それ自体を保護するためと、作業する人々を雨風や日差しから守るために、白いテントで覆われていた。マイクの後について、テントのひとつに入った。外は強い日差しのせいで焼けつくように暑かったが、テントの中は涼しかった。溝の底で、三人の考古学者が黒い土壌を熱心に掘っている。溝の側面から石器の端が突き出ているのが見えた。

「この遺跡からは、今でも驚くほど多くのものが出てくるんだ」とマイクが言った。「少なくとも八〇年前から発掘されている。掘りだされたものの中には、骨董品の市場に出まわったり、個人のコレクションになったりしているものも相当数あるはずだ」

ここはずいぶん昔から盗掘されてきた。実を言えば、この遺跡の存在を考古学者が知るきっかけになったのも、市場で売られていた盗掘品だった。一九二〇年代になってようやく学術的な発掘がなされたが、その後も盗掘は続き、さらにひどいことに、一九八〇年代には当時の土地所有者が、一日二五ドルでだれでも掘れるようにしてしまった。どれほど多くの貴重な遺物が、歴史上の位置づけなどお構いなしに掘りだされ、骨董品市場に売られていったことだろう。一九九一年に、「発掘代」を払って掘っていた人が、それまでより少し深い層で、中央に浅い溝のある、精巧に作られた尖頭器を二個と、彫刻が施された石灰岩の小石を多数発見した。殊勝なことに、男はそれらが見つかったことをマイク・コリンズに報告した。それが重要な発見であることに気づいたマイクは、あわててゴールトでの学術的な発掘を再開したのだった。数かぎりない略奪のあとでも、ゴールトには興味深い遺物が数多く残されていた。「古期」(九〇〇〇年前〜一二〇〇〇年前)の遺物が埋まっていた上層部はひどく荒らされていたが、旧石器時代の遺物が埋もれていた深層部はほとんど無傷だったので、マイクは胸をなでおろした。

「テキサスの先史時代がそっくりここにあるようなものだ」とマイクは言った。「驚くべき発見だよ。ここで掘りだされた遺物と、年代測定の結果から、今まで考えられていたより五〇〇年も早く、少なくとも一万三五〇〇年前から人類はここで生活していたことがわかったんだ」

「形の整ったクローヴィス尖頭器も出土しましたか?」とわたしは尋ねた。

「ああ、だが、全体から見ればわずかだ。クローヴィス期の地層からは一五〇万個もの遺物が出てきたが、尖頭器はたった四〇個しか見つからなかった。すべて、割れているか、欠けたところを直したものだった。つまり、ここは尖頭器を修理する場所だったのだ。だから、見つかるのは使い古されて捨てられたものばかりだ」

つまり、ゴールト遺跡の旧石器時代の地層には、クローヴィス文化の遺物が埋まっていたが、そのほとんどは、道具を作る過程で生じた剝片だったということだ。目の前の地面にも、そのような剝片が散らばっていた。動物の骨も出土したが、マンモスをはじめとする大きな獲物を捕えていた証拠はなかった。ここにいたクローヴィス人は、幅広い種類の動物を狩って食べていたようだ。[1]

実際のところ、クローヴィス文化の遺跡が発見され、再検証されるにつれて、彼らが多様な動物を狩っていたことが明らかになってきた。クローヴィスの遺跡は、北はカナダから南はコスタリカまで、そして太平洋岸から大西洋岸まで、すなわち北米と中央アメリカの全域で見つかっている。最新の放射性炭素年代測定法により、その期間は、一万三二〇〇年前から一万二八〇〇年前までの間の数百年間に限定された。[2] たしかに多くのクローヴィスの遺跡（たとえばコロラド州デントやアリゾナ州のナコ遺跡）で、マンモスの骨格とともにクローヴィス尖頭器が掘りだされており、それらを見れば、クローヴィス人は主に大型動物を狩っていたように思える。さらには、その強力な武器によってマンモスを絶滅に追いやったと考えられなくもない。彼らはマンモスの死肉を食べていたのではないかという学者もいるが、いくつかの遺跡では尖頭器がマンモスの骨に刺さった状態で見つかっており、狩りが行われていたのは確かだ。そうしない理由があるだろうか？　莫大なカロリーを得ることができる大型動物が目の前にいて（マンモス一頭でいったい何人が腹を満たせるだろう）、しかも、氷河期なので肉は容易に保存できるのだから。[3]

しかし、こうしたマンモスの解体場が、クローヴィス人はマンモス・ハンターだったという偏った見方をもたらしたのかもしれない。マイクは、ゴールト遺跡を始め、多くの遺跡の状況は、クローヴィス人が幅広い獲物を狩っていたことを示唆していると言う。また、彼は、クローヴィス文化の遺物がアメリカ大陸全体に広がっていること自体、さまざまな動物を狩っていた証拠だと考えている。臨機応変に獲物を変えていたからこそ、幅広い環境に適応できたのだ、と。クローヴィス文化の遺跡でマンモスの骨が多く見つかるのは、おそらく、骨が巨大なので見つかりやすいだけのことなのだ[4]。

マイクは、マンモスの解体場ほどには目立たない遺跡に目を移せば、クローヴィス人の本当の姿が見えてくると言う。彼らは、アライグマやアナグマからバイソンやマンモスまで、大小さまざまな哺乳類を狩っていた。ゴールトの遺跡でも、小さな哺乳類やカエルや鳥類の骨が見つかっている。また、ゴールトの居住跡が密集し、何層にも重なっていることも、人々がそこに定住して周辺の動物を狩っていたことを示唆しているようだ。後のフォルサム文化の人々がもっぱらバイソンを追って移動生活をしていたのとは対照的である[1]。ゴールトで出土する石器も、そこにいたクローヴィス人があまり移動しなかったことを示唆している。クローヴィス文化の居住地やマンモスの解体場では、遠隔地の石で作られた石器が見つかることも多いが、ゴールトは近くにチャート（硬い堆積岩）の産地があり、発見される石器の九九パーセント以上がそこの石で作られていた[2,4]。

もっと一般的に、「採餌効率」の観点から氷河期末に入手できた動物の種類と数を考えても、食料を大型動物に限定するより、手に入る動物を何でも捕えたほうが賢明だったはずだ[5]。

もっとも、マイクは、クローヴィスのハンターたちが大きな獲物を追わなかったと言っているわけではない。マンモスや馬、バイソンも狩って食べていたが、食料としては植物や小動物のほうが重要だったと考えているのだ[1]。ヨーロッパでは旧石器時代の解体場は六か所しか見つかっていないが、アメリカではクローヴィス文化のマンモスやマストドンの解体場が少なくとも一二か所見つかっている。クローヴィス人が他の動物も捕えていたとしても、やはりマンモスやマストドンがいちばん重要な食料だったので、過剰に狩って絶滅に追い込んだのだと、主張する考古学者もいる。[2,6]結局、クローヴィス人をマンモス・ハンターと呼ぶのは間違いではないが、その呼称はあまりに単純で、フランス人はカエルの脚を食べて生きていると言うようなものなのだ（もちろん彼らは、他にもいろいろなものを食べている。フォアグラとか、カタツムリとか……）。

　わたしの中で、アメリカの初期のハンターの実像がいくらかはっきりしてきた。昼時になったので、マイクが作った新しいピクニック・テーブルを木陰に据えて、サンドイッチを食べた。昼食がすむと、わたしは小川のそばの林を散策した。地面には木の葉や石片が散らばっていた。川べりで一匹のヘビが木漏れ日を浴びながらじっとしていた。水ヘビだった。わたしはそうっと通りすぎた。ヘビの目は開いていたが、わたしがそばを通っても動かなかった。クローヴィス人にとっては、水ヘビもおいしいおやつだったのかもしれない。

　その日の午後、マイクは、前年に発掘された別の居住跡にわたしを案内した。それは、小川の向こう側の林の中にあり、かなり深くまで掘りこんでいた。

「事前に調査したところ、驚いたことに、このあたりにはクローヴィスの地層の下にさらに人工遺物を含む地層があるとわかったんだ。クローヴィスより古い地層が……」

　マイクは、穴の底に近い地層を指さしながら言った。

「あの層でクローヴィスの遺物が見つかった。だが、あそこから二五センチから三〇センチ下からも、遺物が出土しつづけている」

　彼はポケットから遺物が入った袋をいくつか取り出した。

「これは」と言いながら、小さな剝片を慎重にわたしの手に載せた。「その深い地層から出てきた。つまり、クローヴィス文化より前の時代のものなのだ」

「でも、クローヴィス文化はアメリカ大陸で最古の文化だと、昔から考古学者たちは言っているでしょう？」とわたしは言った。

「今となっては戯言《たわごと》だよ」とマイクは答えた。「七〇年もかけて磨きあげられたパラダイムだが、間違いだらけだ。今それは変わりつつある。長年支持されてきたパラダイムが壊れると、混乱が起きる。それに取って代わる説がまだわからないからね。ここの深い地層は、ルミネッセンス年代測定法で一万四四〇〇年前のものだとわかった。クローヴィス文化の一〇〇〇年前だ。つまり、新大陸に人類がやってきた時期を見直さなければならないということだ」

クローヴィス文化最古説を覆す遺跡の数々

長い間、クローヴィス文化の遺物はアメリカ最古の人工遺物であり、それを作ったのが最古のアメリカ人だと考えられてきた。この説は、ひとつにつながっていたコルディレラ氷床とローレンタイド氷床が融けはじめ、その間に氷のない通路ができたタイミングとも符合する。氷床は一万四〇〇〇年から一万三五〇〇年ほど前に融けはじめたとされ、その直後の一万三二〇〇年前頃の地層から、クローヴィス文化が出現しはじめるのだ。[2] ところが、近年、「クローヴィス最古説」に疑問を投げかける遺跡が、北米、南米のあちこちで発見されるようになった。ゴールトもそのひとつだ。この渓谷には、クローヴィス尖頭器の作り手たちがやってくるかなり前から、人類が暮らしていたのだ。

ペンシルバニア州のメドウクロフト岩窟もそうした遺跡のひとつで、二万二〇〇〇年ほど前に人類がいたことを示している。ただしこの年代には疑問が残る。放射性炭素年代測定法にかけたサンプルに周辺の石炭が混入していて、実際より古い年代が出たおそれがあるのだ。[7]

しかし、信頼できる遺跡も徐々に増えている。たとえばローレンタイド氷床の南端に相当するウィスコンシン州のシェーファーやヘビアーには、クローヴィス文化の特徴的な石器が現れるはるか以前の、一万四八〇〇年前から一万四二〇〇年前頃に人類がマンモスを狩っていたか、その死肉を漁っていた痕跡が残っている。また、フロリダ州のペイジ・ラドソンでは、一万四四〇〇年前頃の石器や動物の骨が見つかった。オレゴン州のペイズリー洞窟では、一万四一〇〇年前頃の人類の糞石《コプロライト》が三個発見されている。(2) ただし、これらを含め、見つかるのはごく断片的な遺物ばかりだ。一万五〇〇〇年から一万四〇〇〇年前の年代が特定できる居住遺跡、そして願わくば、人骨が発見できるといいのだが。現時点では、そのような早い時代のものとしては、わずかな痕跡——動物の骨とともに見つかった少数の石器や剝片、それに糞石が数えるほど——があるのみだ。

一万五〇〇〇年前よりさらに古い時代に人が住んでいたらしい遺跡もいくつかあるが、その痕跡は曖昧で、年代にも疑問が残る。そのような遺跡として、近年、四つの遺跡が注目されている。ヴァージニア州のカクタス・ヒル、ネブラスカ州のラ・セーナ、カンザス州のラブウェル、それにサウス・カロライナ州のトッパーである。トッパーでは、ゴールトと同様に、クローヴィス文化の遺物が埋まっていた地層の下に、一万五〇〇〇年ほど前の石器類が埋まっていた。ところが、二〇〇四年に、さらに下の地層から石器が出土し、驚くなかれ、考古学者たちは五万年以上昔のものかもしれないと主張している。だが喜ぶのは早い。それらの石器は丁寧に打ち欠いて先端を尖らせているわけではなく、それどころか、一見して人類が作ったとわかるようなものでもないのだ。自然の造作という可能性も否定できない。それにアジアの考古学的、遺伝学的データからすると、人類は四万年前にはまだアジアにも到達していないはずなので、五万年前という年代はどうにも信じがたい。(2)

しかし、人類がクローヴィス期よりはるか前、おそらく一万五〇〇〇年前か、それより少し前にアメリカ大陸に到達していたというのは本当のことのようだ。考古学的な手がかりに加え、遺伝子の情報も、人類はこれまで考えられていたより早い時期に、沿岸ルートでアメリカ大陸へ移住したことを示唆しており、当時の環境にまつわる証拠もそれを支持している。

しかし、クローヴィス文化がアメリカ最古の文化ではないとわかっても、マイク・コリンズがその文化に注ぐ情熱がそがれることはなかった。それはアメリカ大陸全体に広がった非常に興味深い文化であり、まだ多くの謎が残っているからだ。クローヴィス文化はいったいどこで生まれたのだろう。どのように発展したのだろう。マンモスの牙のフォアシャフトなど共通の要素はいくつか見つかっているものの、北東アジアにも、ベーリンジアにも、それに先立つ文化は見あたらない。

実を言えば、クローヴィス型に最もよく似た石器が見つかるのは、遠く隔たった西ヨーロッパなのだ。ソリュートレ文化の尖頭器や石刃は、クローヴィス文化のそれらと驚くほど似ている。考古学者の中には、それを根拠として、アメリカ大陸への移住について、従来のものとはまったく異なる説を唱える人もいる。すなわち、フランスやスペインから大西洋を越えてやってきたというのだ。[8] 面白い仮説だが、石器が似ていることの他に根拠はなく、矛盾も多い。ソリュートレ文化の隆盛期は、クローヴィス期が始まる五〇〇〇年も前に終わっていたし、当時の西ヨーロッパ人が舟に乗っていたという証拠は見つかっておらず、仮にそうだとしても、アメリカまでの航路は氷床に阻まれていたのだ。[9,10]

そしてもちろん、アメリカ先住民のDNAは、彼らがアジア出身だということを示している。アメリカ先住民に見つかったｍｔＤＮＡのハプログループXはヨーロッパとのつながりを示唆しているという反論もあるが、両者がつながっていたのはずいぶん昔のことだ。三万年ほど前に、シベリアのステップで暮らしていたハプログループXがふたつに分かれ、それぞれ北米とヨーロッパに移住していったのである。[11] それを裏づけるかのように、近年、アルタイ地方のモンゴル人のmtDNAにハプログループXが発見された。[10] したがって、ソリュートレとクローヴィスの遺物がよく似ているのは、あくまで偶然の結果なのだ。時間的にも空間的にも遠く隔たった、氷河期の二つのハンター集団に起きた、文化的収斂《しゅうれん》と言えるだろう。

——英国に戻って数か月後に、エクセターの平原でブルース・ブラッドリー教授と門下生のメティン・エレンに会った。ブルースは、ソリュートレ文化とクローヴィス文化はつながっており、人類は大西洋を越えてアメリカに渡った、とかねてから主張しており、その時も自説は正しいと確信していた。最も有名なクローヴィス遺跡があるのはアメリカ西部だが、最も古い遺跡が見つかるのは東部だとブルースは指摘する。「アメリカ南東部では、（クローヴィス遺跡の数は）犬にたかるノミの数より多い」と彼は言う。また、西ヨーロッパと北米には文化的なつながりがあるが、ヨーロッパのグラヴェット文化の石器に似たシベリアのヤナ川流域の石器に、アメリカの石器とのつながりはない、とブルースは考えている。彼の話を聞くうちに、人類がどこからアメリカ大陸に入っていったかという謎はまだ解決していないことがよくわかった。

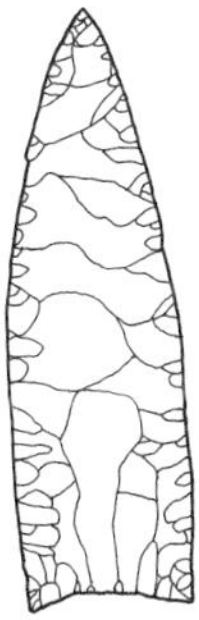

クローヴィス文化の尖頭器

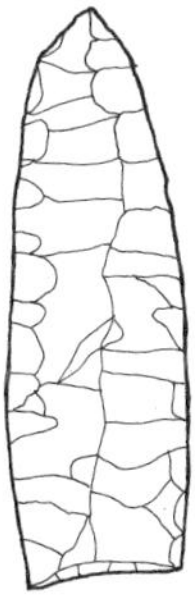

ソリュートレ文化の尖頭器

ブルースは、ソリュートレ文化が大西洋を越えて新大陸に伝わったと信じており、アメリカ東部でその証拠となるものを探しているのだ。ソリュートレの人々は弓矢や槍投げ器を持っていた。「当然、舟も持っていたはずだ！」とブルースは強く言い切った――。

クローヴィス文化の発達と拡散のスピードには驚かされる。なにしろわずか数百年でアメリカ大陸全体に広がったのだ。最初の移住者が移動しながら各地に広げていったのでないとしたら、いったいどのようにして大陸全土に広まったのだろう。マイクは、クローヴィスはいわば「テクノコンプレックス（製造技術の流行）」で、すでに北米全体に拡散していた人々に伝播していったのではないかと考えている。[4] クローヴィス文化は、アレレード亜間氷期の最後の数百年間で急速に広がった。しかし北米各地の遺跡の年代はほぼ同じなので、どこで生まれ、どのように広がっていったのかはわからない。

しかし、クローヴィス文化は消えるのも速かった。ヤンガードリアス期の訪れとともに、新たな石器文化、フォルサム文化――ニューメキシコ州フォルサム市で指標となる尖頭器が発見された――に取って代わられたのだ。[2,12] クローヴィス文化が消えた時期は、彗星衝突説を思い起こさせる。各地に黒い地層が残された時期、地球はヤンガードリアス期に突入し、北米の化石記録には大型動物の絶滅が刻まれ、考古学記録にはクローヴィス文化の終焉が刻まれた。彗星の衝突が深刻な環境破壊を引き起こし、マンモスなどの大型獣を絶滅させたので、人類は生き残るために新たな道具（フォルサム文化の石器）を編み出したのではないだろうか。

その日の午後遅く、わたしは考古学者のアンディ・ヘミングスに会って、クローヴィスの狩りの道具の恐るべき威力を、身をもって知った。クローヴィスの尖頭器の下方には溝（樋状剝離《ひじょうはくり》）

があり、柄《え》にしっかり固定できるようになっている。アンディは、クローヴィス文化のもうひとつの特徴である骨製尖頭器も見せてくれた。骨や象牙で作ったフックも三個見つかっており、それらは槍投げ器の一部だと考えられている。(1) わたしたちは再現した槍投げ器で槍を投げてみた(アンディは、貴重な石の穂先は使いたがらなかったので、骨と金属の穂先を用いた)。標的は車のドアだ。何度も的を外したが、ついに命中した時、槍はみごとにドアに刺さった。我ながら驚いた。槍投げ器を使えば、槍は鋼鉄の薄板を貫通するほどの威力を発揮するのだ。アンディの手にかかると、槍はさらに正確で凶暴な武器と化した。クローヴィス人は常にバイソンやマンモスばかりを狙ったわけではなかったが、そのような巨大獣を殺す技術は確かに持っていたのだ。

そろそろ南へ移動し、南米の物語をひもとくときがやってきた。南米にクローヴィスの遺跡はないが、同じ頃、基本的な剥片技術が誕生した。その中には根元が魚の尾の形をした尖頭器も含まれ、そのいくつかには、クローヴィス尖頭器のような樋状剥離が施されている。しかしそれらはクローヴィス文化のものではない。南米の環境に適応した、まったく別の文化なのだ。

そうした遺跡のひとつがブラジルのアマゾン川流域にあるペドラ・ピンタータ洞窟遺跡で、その岩絵が描かれた洞窟には、南米の太古の人々の暮らしぶりに関する詳細な情報が残されていた。このような南米の遺跡は、クローヴィス最古説に対する強力な反証となっている。氷床に挟まれた回廊を南下した人々が、それほど早い時期に南米にたどり着けたはずがないからだ。

過去数十年にわたって、南米ではクローヴィス文化より時代が古いとされる遺跡がいくつも見つかったが、その度に、クローヴィス最古説を擁護する人々は、考古学的手法や年代測定法が間違っていると難癖をつけてきた。しかし、科学的検証に耐えた遺跡がひとつある。チリのモンテ・ヴェルデ遺跡だ。

アマゾンのペドラ・ピンターダに向かう途中、わたしはリオ・デ・ジャネイロに立ち寄った。アメリカ大陸で最古とされる人類の頭骨のひとつが、そこの博物館で保管されているからだ。

ルシアとの対面　ブラジル：リオ・デ・ジャネイロ

ブラジル国立博物館の二階は、忘れ去られた王宮のような場所だ。高い天井は梁や骨組みがむきだしで、今にも崩れ落ちそうだし、壁の片蓋柱《かたふたばしら》は、漆喰が剝げかけていた。巨大な部屋をキャビネットや戸棚で仕切って、オフィスや通路にしている。

その一角の広い部屋に案内された。中央に埃をかぶった木製の大きな机があるだけの、がらんとした部屋だった。サンパウロ大学の人類学者、ウォルター・ネヴェスが、その机の上に金属ケースを載せ、鍵をパチンと外して慎重に蓋を開けた。なかにはほぼ完全な頭骨が入っていた。彼はそれを取りだすと、ドーナツ型のクッションの上に載せた。わたしは、その太古のアメリカ人――骸骨ではあるが――の顔をじっくりと見た（口絵㉛）。

その頭骨は、ラゴア・サンタのスミドウロ洞窟（吸いこみ穴の意）で発見された。一九世紀にデンマーク人の博物学者、ピーター・ルンドは、その洞窟で、化石化した大型動物の骨とともにいくつもの人骨を発掘し、大型動物がいた時期のアメリカ大陸には人類もいた、と主張した。しかし当時は、北米のクローヴィス遺跡さえ発見されていない時代だったので、人々はそれを信じようとしなかった。ところが、二〇世紀に考古学者が再び洞窟を調査したところ、大型動物の骨が埋まっている層からさらに多くの人骨が見つかった。一九七〇年代にも一体の人骨が掘り出され、その層に含まれる炭素を放射性炭素年代測定で調べたところ、人骨は一万三〇〇〇年ほど前の更新世末期のものだとわかった。ついにルンドの名誉は回復されたのだ。[1] 人骨は「ルシア」と名付けられた。そして今日の前にあるのが、その頭骨だった。

「ルシアをご紹介できることを誇りに思うよ」とウォルターは言った。

「彼女はおそらくアメリカ大陸で発見された最古の人骨だ。そして、一九八九年になってわかったのだが、これら最初期のアメリカ人の頭骨の形状は、今日のアメリカ先住民のものとはまったく異なっている」

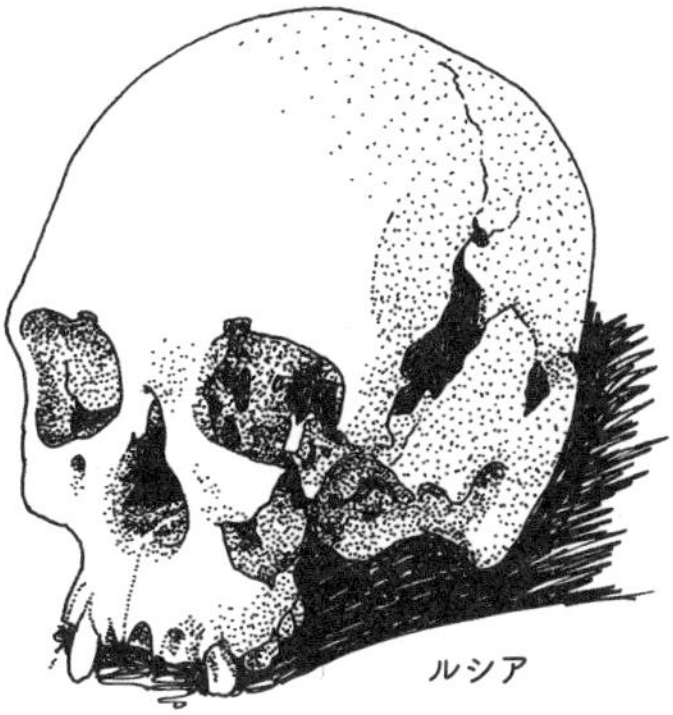
ルシア

たしかに奇妙な頭骨だった。わたしがこれまで見てきたすべてが、アメリカ人の故郷は東アジアだと語っていた。ところが、この頭骨には現代の東アジア人との共通点はほとんど見られないのだ。わたしはウォルターにそう告げた。

「その通り。しかもそれは、この頭骨に限ったことではない」と彼は言った。「先頃わたしたちは、ラゴア・サンタから掘りだされた八〇個の頭骨と、コロンビアで発掘された七〇個の頭骨について論文を発表したのだが、すべてにこれに似た特徴が見られた」

その太古のアメリカ人の頭骨に関するかつてない規模の研究については、わたしも以前から知っていた。ウォルターはラゴア・サンタの頭骨を計測し、全世界の二五〇〇個以上の頭骨の情報を収めた「ハウウェルのデータベース」に照らし合わせた。多変量解析（多種多様なデータを同時に解析する方法）によって調べた結果、ラゴア・サンタの頭骨の形状は、北東アジア人や今日のアメリカ先住民よりむしろ、オーストラリア人や太平洋諸島の人々、さらにはアフリカ人に近いことがわかった。[2]

今日のアメリカ先住民の頭骨は、現代の北東アジア人のものによく似ている。頭蓋は短く、幅が広く、顔は大きく幅広で、下顎の出っ張りは小さく、鼻腔の位置は高めで幅が狭く、眼窩は丸い。一方、ルシアの頭骨は全体に長めで幅が狭く、顎が突き出ていて、眼窩は大きな長方形で、鼻腔は広い。北東アジア人より、オーストラリア先住民やメラネシア人、サハラ以南のアフリカ人によく似ている。

この事実は、最初のアメリカ人は、北東アジアからベーリンジアを通ってやってきたという従来の見方に矛盾する。もしかすると、最初のアメリカ人は、オーストラリアやメラネシアから太平洋を越えて南米にやってきたのだろうか。そうわたしが尋ねると、ウォルターはきっぱりと否定した。

「それは違うね。そんなことは考えたこともないよ。アジアの更新世末期の人骨を見れば、それらも今日の東アジア人ではなく、ルシアに似ていることがわかるだろう。つまり現在のオーストラロ-メラネシア系、あるいはアフリカ人に似ているこのルシアのような人々は、更新世末期まで東アジアにいたのだよ。ルシアとその仲間も、アジアからベーリンジアを通ってアメリカに入ってきたに違いない」

ウォルターは、ルシアの分析結果は、最初のアメリカ人が北方から入ってきたという見方と少しも矛盾しないと考えている。当時のアメリカ人は、現代のアメリカ先住民よりはるかに多様で、なかにはルシアのように、現代の東アジア人とは似ても似つかない人々もたくさんいたのだと、彼は言う。

そしてウォルターは、これらの太古のブラジルの頭骨を根拠として、ただひとつの集団がアメリカ大陸に拡散したという見方は単純すぎる、と考えている。東アジアの人々が今で言う「東アジア人」的な特徴を発達させる前、あるいは少なくとも東アジアにもっとさまざまな形態の人々が暮らし、多くの人が最初期の海岸採集民（アフリカを出て海沿いをアジアへ向かった人々）の特徴を残していた時代に、その一部がアメリカ大陸に渡ったのだという。

それを聞いてわたしは、周口店遺跡で見つかった山頂洞人の頭骨のことを思いだした。それらもいわゆる「東アジア人」の特徴を備えていなかった。[3] ウォルターは、現代の東アジア人やアメリカ先住民に似た顔の人々は、その第一波の後に、新大陸に入ってきたと考えている。他の形質人類学者も、アメリカ大陸への移住の波が二回あったという証拠を発見している。例えばケンブリッジ大学のマルタ・ラーは、現代のアメリカ先住民の頭骨の形は東アジア人のものに似ているが、南米のパタゴニアや最南端、ティエラ・デル・フエゴで出土した頭骨はもっと「一般的な形態」をしていることを発見した。[4] また一九九六年に、ワシントン州のケネウィックで見つかった頭骨は、およそ九三〇〇年前のもので、その形はアメリカ先住民よりも日本のアイヌや太平洋諸島の人々の頭骨に近かった。

ウォルターは、アメリカに二回の移住があったというこの考えが、移住は一回しかなかったという遺伝学による見解と矛盾することに気づいている。[5] しかし、ルシアに似た人々がやがて姿を消したように、最初期の遺伝系統も消えたのだとしたら、この問題は説明がつく。[1,2]

スティーヴン・オッペンハイマーは、頭骨などの特徴と遺伝子のデータから、遺伝子も形態も文化もはっきり異なる三つの集団が、ベーリンジア経由でアメリカに移住したのだろうと推測している。彼の見方は、ベーリンジアは一種の中継地点で、アジアのいろいろな地域から、さまざまな外見の人々がそこへ流れこみ、やがてアメリカ大陸へ拡散していったという説に似ている。

オッペンハイマーのいう三つの集団とは、第一が、最初にアジアに到達した海岸採集民（ルシアのような頑丈型の人々）、第二が、現在の東アジア人に似た人々、そして第三が、ロシアのアルタイ系の人々である。このアルタイ系の人々は氷河期のピークにシベリアから東へ退避した集団の子孫で、西へ退避した人々の子孫である北ヨーロッパ人と同じハプログループXに属する。(6)

これら二つ、あるいは三つの、形態も文化も異なる集団が、同時にアメリカ大陸に移住したのか、それとも別々の時期に移住したのかを突きとめるのは難しい。ただし、同時に移住したのだとすると、最古のアメリカ人（少なくとも、ルシアやケネウィック・マンなど、これまでに見つかっている人）が「東アジア人」に似ていない理由が説明できなくなる。

しかし先頃、ラゴア・サンタの頭骨を含む、晩氷期から現代までの五〇〇個以上のアメリカ人の頭骨を調べた結果、遺伝学に基づく移住は一回だったとする説と、ウォルターの二回説を統合する仮説が浮上してきた――まず、シベリアとベーリンジアから第一波となる人々が入ってきた。彼らは、東アジア人的な人々から、ルシアに代表される頑丈型の人々まで、さまざまだった。そして彼らが定住した後も、北の辺境ではベーリンジアによってアジアとの接触が保たれ、顔が平らで頬骨が出ている北東アジア人の特徴がアメリカに拡散した、というのだ――これが正しければ、シベリア人とエスキモーのアレウト族が似ていることも説明がつく。(7)

人類学者の中には、頭骨の特徴から移住を再構成することに警鐘を鳴らす人もいる。ハウウェルのデータベースによると、後期旧石器時代のヨーロッパ人の頭骨は、今日のヨーロッパ人の頭骨より非ヨーロッパ人のそれに近い。ところが遺伝子の証拠によると、現代ヨーロッパ人の大半は、明らかに後期旧石器時代のヨーロッパ人の子孫なのだ。世界のいたるところで、頭骨と顔の形態は、そこに人類が住み始めた頃からずいぶん変化したようだ。(8)

はっきりしているのは、ルシアのような顔の人類が現在のアメリカ両大陸にはいないということだ。オッペンハイマーによれば、紀元前一二〇〇年から紀元前後にかけてメキシコ湾岸南部で栄えたオルメカ文化の彫像にはアフリカ人に似た顔が見られるので、三〇〇〇年ほど前にはまだルシアのような人々がいたと考えられる。ウォルターは、このタイプの人がいなくなったのはかなり最近のことで、ヨーロッパ人が新世界に来るようになった頃ではないかと推測する。彼は、顔の復元を専門とするリチャード・ニーヴズが復元したルシアの顔の模型を見せてくれた（口絵㉜）。ルシアは下顎が突き出ており、唇は厚かった。肉づけされたルシアは間違いなく、東アジア人よりずっとアフリカ人に近かった。

今日のアメリカ先住民に比べて太古のアメリカ人が多様だったことについて、さまざまな見方があるのは確かだ。今後、より多くの化石や遺物が発見され、より多くの遺伝子が分析されるにつれて、事実ははっきりしてくるだろう。最初のアメリカ人の物語が明らかになるのは、これからなのだ。

アマゾンの森林にいた太古の狩猟採集民　ブラジル：ペドラ・ピンターダ

わたしは太古のブラジル人の暮らしぶりを知るために、リオ・デ・ジャネイロから飛行機で北西のアマゾンへ向かった（口絵㉝）。

機体は、世界最大の流域面積を誇るアマゾン川の下流域の上空を飛んだ。川は幾筋もの支流に分かれ、曲がりくねり、時には合流しながら、広大な熱帯雨林を流れていた。やがてサンタレンの小さな滑走路に着陸した。地面に降りたつと、暖かな微風に包まれた。レモン色の蝶の大群が風に乗り、滑走路を横切って飛んでいた。

サンタレンからモンテアレグレ（地元の人は「モンチャレグレー」と発音する）までフェリーに乗った。五時間ほどかかると聞いたので、他の客に倣ってハンモックを買って持ちこんだ。サンタレンの波止場を出航するころには、二階のデッキは、縞模様やチェック、房飾りや刺繍を施されたものなど、色とりどりのハンモックで埋めつくされた。昼下がりには、だれもがその日陰のハンモックにおさまり、船の動きに合わせて静かに揺られていた。

日没近くにモンテアレグレに到着すると、波止場で地元のガイド、ネルシ・サデックが出迎えてくれた。フェリーから下りてもしばらくは、体が揺れているような感じがした。その小さな町で一晩すごし、翌朝、ネルシの運転するトヨタのランドクルーザーで出発した。舗装道はじきに途切れ、わだちの残る土の道になった。これから行こうとしているペドラ・ピンターダは、「絵が描かれた岩」という意味だ。ネルシは九〇年代初頭にそのペドラ・ピンターダで、イリノイ大学の考古学者、アンナ・ルーズベルトが指揮する発掘調査を手伝った。

南米のいたるところで、三角尖頭器を含む、北米のものとはまったく異なる石器類が発掘されてきた。そのほとんどは年代が不明で、アメリカ大陸への移住の物語とどう関わっているのかわかっていない。たとえば、アマゾンの下流域で発見された尖頭器は、中央に溝を彫ったクローヴィス尖頭器と違って、細く、薄く、下部には柄に差し込むための舌（突起）があり、その両脇が三角に突き出ている。それらは一万年前、完新世になってから作られたとされていたが、アンナ・ルーズベルトはその正確な時期を特定しようとした。それには、地層がよく保存されている遺跡を見つけなくてはならない。遺物だけ調べても意味がないのだ。その点で、洞窟は理想的な環境であり、当時の堆積物がそのまま保存されている可能性が高い。彼女は、モンテアレグレ周辺の砂岩層には、洞窟や岩陰遺跡がたくさんあることを知っていた。チームはそれらの調査に取りかかった。まず洞窟の地図を作成し、スクリューオーガー（らせん式の土壌採取機）で堆積物をくり抜いて分析した。[1]

ペドラ・ピンターダはジャングルを分け入った先にあるものとわたしは思っていたが、予想に反して、モンテアレグレ周辺は、背の低い林がある他は、一面、牧草地になっており、点在する灌木のそばで痩せた白い牛や馬が草を食《は》んでいた。ネルシとわたしは時々車から降りて、道をふさぐ倒木を鉈《マチエーテ》で切ってどけながら進み、ついに巨大な岩にたどり着いた。ネルシに続いて斜面を上っていくと、「エル・パイネル」と呼ばれる岩絵があった。奇妙な、抽象的な絵が岩肌に描かれている。動物、出産する女性、幾何学的な模様や手形、どれも赤や黄のオーカー（赤鉄鉱）で描かれていた。その岩山に登ってアマゾン川を見渡すと、滑走路で見かけたレモン色の蝶が、ここでも群れをなして、風に乗って飛んでいた。上空では黒いコンドルが円を描いている。

次はいよいよペドラ・ピンターダだ。わたしたちは狭い岩の裂け目に入っていった。上

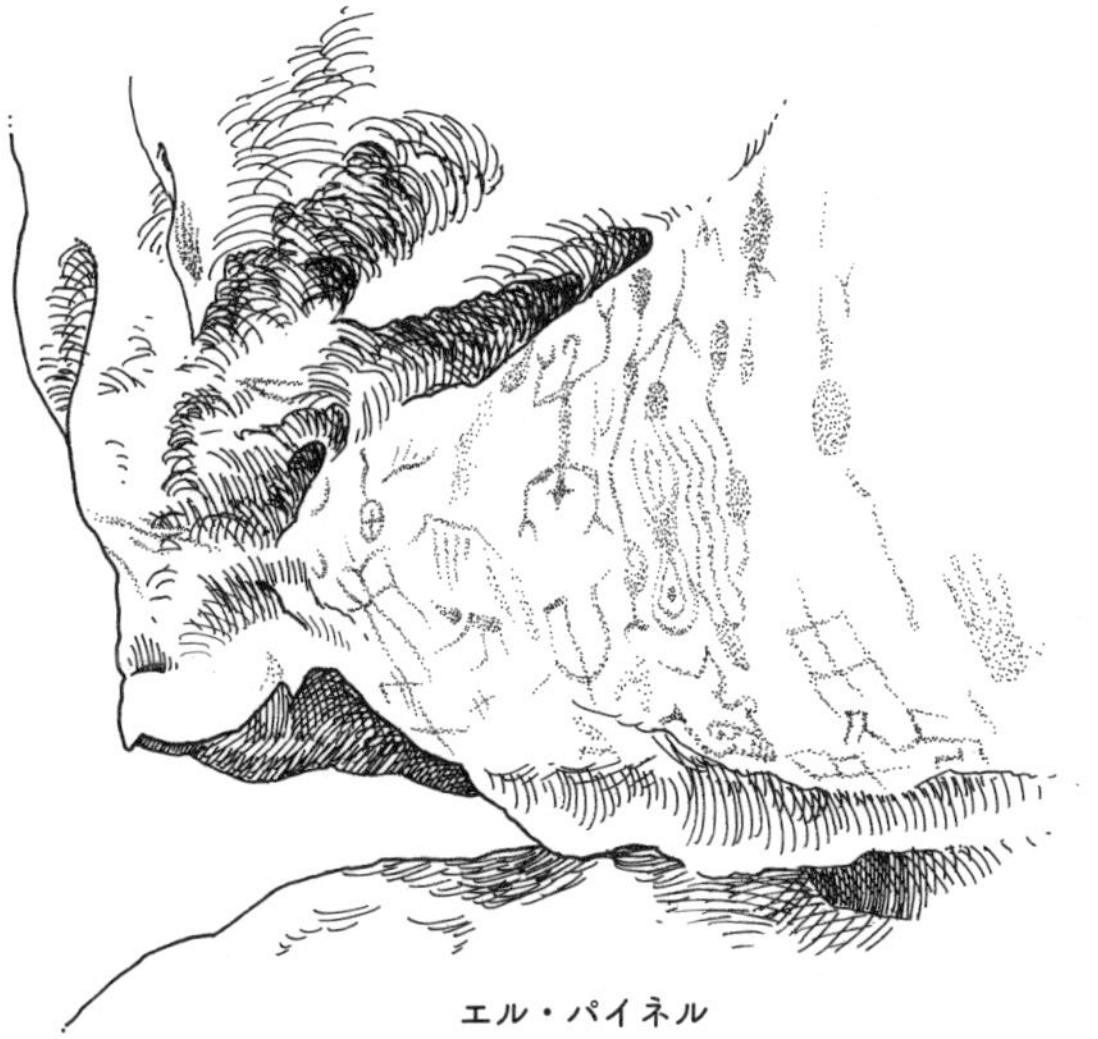

エル・パイネル

方には開口部があり、そこから木の根っこがつるのように垂れている。天井には、コウモリがぶら下がっていた。わたしが指さすと、

「ああ、吸血コウモリですね」と、ネルシはこともなげに言った。

奇妙な胴長のハチも飛んでいた。洞窟の壁に細い巣柄でくっついた小さな巣に出入りしている。わたしは用心して進んでいった。前かがみになって段差を下りると、主洞に出た。その先は外に向かって大きく口を開いており、アマゾンの氾濫原を見渡すことができる。そこの岩壁にも赤のオーカーで多くの絵が描かれていた。

一九九〇年代初頭に話を戻せば、採取したサンプルから、ペドラ・ピンタータの地層は保存状態がいいとわかったので、ルーズベルトのチームはその発掘調査を始めた。

「ここが、わたしたちが九一年から九三年にかけて発掘した場所です」洞窟の入り口の地面を指差して、ネルシが言った。「二メートルの深さまで掘りました」

上方の、比較的最近の層からはたくさんの遺物が出てきたが、その下は「不毛の層」で、掘っても掘っても何も出てこなかった。しかし、さらに掘り進めると、動物の骨や貝殻、焼けた植物、石器、オーカーのかけらなどが続々と出てきた。この洞窟に最初に住んだ人々の遺物だった。カルセドニー（石英の一種）で作った有舌尖頭器を含む、二四個の見事な石器も出土した。有舌尖頭器は、槍や銛の先端として使われたようだ。両生類、陸ガメ、海ガメ、ヘビ、哺乳類の骨も見つかったが、群を抜いて多かったのは淡水魚の骨だった。太古のアマゾンに暮らした人々の食料はヴァリエーションに富んでいたようだが、それは植物の遺物からもうかがえた。焼けた木のかけらとともに、ジャトバ、アチュア、ブラジル・ナッツ、ヤシなど、今日のアマゾン熱帯雨林にも生えている木の果実や種などが見つかったのだ。炭化した植物を放射性炭素年代測定にかけ、

また、焼けた石器や遺物をルミネッセンス年代測定にかけたところ、それらを残した人々が洞窟に住んでいたのは、一万三〇〇〇年ほど前のことだとわかった[1,2]。

興味深いことに、この地層から見つかったオーカーは、洞窟の岩絵に用いられたオーカーと色調や化学成分が似ていた。本当のところはわからないが、もしかしたらあの壁の絵は、一万三〇〇〇年前にここに住んでいた人が描いたものなのかもしれない。

研究者の中には、中央アメリカや南米の熱帯雨林は、人類の移住を阻む障害になったと考えている人もいる。しかし、この見方は、マレーシアのニアの熱帯雨林には遅くとも四万年前から人類が住んでいたという事実に矛盾する。ペドラ・ピンターダ遺跡もそれが間違いであることをはっきりと証明している。更新世末期にこの熱帯雨林で幸せに暮らしていた人々がたしかにいたのだ[3]。

人類のアメリカ移住に関して、ペドラ・ピンターダがさらに重要なのは、クローヴィス人が北米の平原に暮らしていた頃か、もっと昔に、八〇〇〇キロ以上南のアマゾン盆地に人が住んでいたことを証明しているからだ[1]。ふたつの文化は同じ時代に栄えたので、明らかに「クローヴィス最古説」は間違っていることになる。アメリカ大陸には、クローヴィス文化が栄える以前に人が住んでいたのだ。しかもそれが「はるか以前」だという証拠を見るために、わたしはこの旅の最後の目的地に向かった。

わたしは船でサンタレンへ戻ると、空港へ向かった。相変わらずレモン色の蝶の大群が滑走路の上を飛んでいた。わたしは暖かな熱帯のブラジルに別れを告げ、真冬のチリへ飛んだ。

黒い土が明かした真実　チリ：モンテ・ヴェルデ

サンティアゴ空港に降りたったとき、予想はしていたものの、その寒さとどんよりとした冬空に衝撃を受けた。鮮やかな色彩が溢れる暖かな熱帯から、遠く隔たった地にやってきたのだ。そして再び太平洋岸に戻ってきた。

サンティアゴから一〇〇〇キロ南の小さな町、プエルトモントに向かった。到着した時はひどい曇天で、周囲の様子はわからなかったが、雲が晴れると、湖沼と火山が織りなす絶景が眼前に広がり、彼方には、雪化粧したオソルノ山とカルブコ山が雄姿を現した。

今、チリで過ごした数日を振り返って、真っ先に思い出されるのは、まとわりつくような湿気である。ほとんどいつも雨が降っていた。車で通った村の家々の板壁や屋根は苔や地衣で覆われ、葉を落とした木々にも苔が生えていた。しかし、お目当ての遺跡、モンテ・ヴェルデは、まさにその湿気ゆえに、特別な場所になっていたのだ。

最初にプエルトモントの二〇〇キロほど北の、バルディビアにある南チリ大学を訪れた。そこには、モンテ・ヴェルデで出土した遺物が数多く保管されている。構内にある細長い木造の博物館には、考古学的な遺物から古代の工芸品まで、膨大な数の遺物が収蔵されており、陳列棚には、美しく彩色された壺や、粘土でできた動物、ティーポットが並んでいた。聖母像もあったが、はずれた両手が足元の台座に置かれていた。学芸員がテーブルの上を片づけ、大きなプラスティック容器を置いた。なかにはモンテ・ヴェルデ遺跡で発見された遺物がぎっしり入っていた。モンテ・ヴェルデ遺跡は泥炭湿原なので、ふつうなら朽ちてしまうものがそのまま残っている。他の場所では地面に残された「くい穴」から柱の様子を推測するしかないが、この遺跡では柱そのものが残っているのだ。テント用のペグのような、木製の大釘もあった。わたしは、丸いへこみのある木片を手に取った。おそらくそこに棒を突きたてて回し、火を起こしたのだろう。植物の繊維をより合わせて作った紐や、マストドンかマンモスのものと思われる、黒ずんだ分厚い獣皮もあった。こうした有機物の遺物は、石器や動物の骨といった、もっと一般的な遺物と共に発見された。わたしがそれらをじっくり見ていると、モンテ・ヴェルデの発掘調査に参加した地質学者、マリオ・ピーノが現れた。彼がこれから遺跡を案内してくれるのだ。

アメリカ大陸最重要遺跡に踏み入る

マリオといっしょでなければ、その場所を見つけることはできなかっただろう。モンテ・ヴェルデに着くと、柵の横に車を停めた。柵の向こうには、何ということもない湿地が広がっている。草と苔に覆われた湿地を下っていくと、細い川が勢いよく流れていた。それはチンチュアピー川で、土手でヒツジが草を食んでいた。考古学的遺跡だとわかるようなものは何もない。アメリカ大陸でおそらく最も重要な遺跡だというのに（口絵㉞㉟）。

マリオとわたしは川縁へと下っていった。川は大きなカーブを描いている。一九八〇年代に最後の発掘が行われた時に比べると、川筋は著しく変化したそうだ。マリオが指し示した元の土手は、もっとまっすぐだった。この三〇年の間に、川は遺跡の北から南へと二〇メートルも移動していた。わたしたちは砂州まで降りていった。最近、川が運んできた太い木が転がっていた。「おおかたの遺跡はそうですが、ここも偶然発見されたのです」とマリオは言った。「村人たちが川幅を広げるために砂州の堆積物を運び出していて、大きな骨を見つけました。彼らはそれを持ち帰り、大切にしまっていました。やがてこのあたりを旅行していたふたりの大学生が、その骨のことを知り、バルディビアへ持っていったのです」

見つかった骨は更新世の動物のものだった。南チリ大学の考古学者たちはこの場所をさらに調べてみることにした。調査にはケンタッキー大学のトム・ディルヘイも参加した。彼らは当初、モンテ・ヴェルデは単に動物の化石が集まった場所だと思っていたが、炉があった証である炭のかけらや、使い古された丸石や、石核、石片が出てきた。考古学的な遺跡であることはだれの目にも明らかだった。彼らは太古の住居跡を発見したのだ[1]。

「このあたりに大きな小屋があったのです」とマリオが側に転がっている木の幹を指しながら言った。

「小屋」は長さが二〇メートルほどあった。発掘チームが砂質の段丘を掘っていたとき、倒れた木の柱がたくさん見つかった。その一部は小屋の間仕切りに使われていたようだ。おそらく居住スペースを区切っていたのだろう。柱と柱のあいだの堆積物から、微小な獣皮が見つかった。小屋は、動物の皮で覆われていたのかもしれない。

「小屋は炉で暖められていたようです」とマリオは説明した。「砂の中に、粘土で縁どった小さな穴があり、炭が詰まっていましたから」

チンチュアピー川

小屋の外には、もっと大きな炉も発見された。おそらく煮炊きに使われていたのだろう。発掘を進めると、掘るための棒や植物、動物の骨や皮など、さらに多くの遺物が出てきた。炉のそばには、子どもの足跡も残されていた(2)。

三〇メートルほど離れた場所に、もうひとつ建物の跡があった。その土台は奇妙なV字型をしており、ディルヘイは小屋の跡に違いないと言ったそうだ。だが、最大幅が一メートルほどしかないので、小屋にしては小さすぎるようにわたしには思えた。V字型の痕跡の内外では、マストドンの骨や大量の植物遺物が見つかった。マストドンの骨には解体時についたと思われる傷跡が残っていた。痕跡の内側では、九種類の海藻も見つかった。海藻にはヨウ素やその他のミネラルが豊富に含まれているが、ディルヘイは、今日でも地元のマプチェ族がそうしているように、海藻の一部は薬として使われたのだろうと推測している。奇妙なことに、それらの海藻は、他の薬草らしき植物とともに、噛んでから吐きだした形で残されていた(2)。

植物遺物にはナッツやベリーも含まれており、その内容は、モンテ・ヴェルデには年間を通じて人が住んでいたことを示していた。「すべての季節の食べ物がありました」とマリオが言った。太古の人々は特定の季節だけではなく、常時ここで生活していたらしい。

さらに、これまでに見つかった中で最古のジャガイモの残骸も見つかった。しなびているが、まだそれとわかる野生のジャガイモ（学名：ソラナム・マグリア）の皮だ。少なくとも一万三〇〇〇年前にはすでに、人類はこの質素な食料を好んで食べていたのだ(3)。

モンテ・ヴェルデの遺物からは、人々があらゆる環境から、食料を採集していたことがわかる。内陸の森や湿地だけでなく、海岸でも食料や資源――海藻、塩、瀝青《ビチユーメン》（天然アスファルト）など――を集めていたのだ。現在でも海岸までは二五キロほどあるが、更新世には九〇キロも離れていた。モンテ・ヴェルデは比較的海岸に近い遺跡だが、海岸にあるわけではない。海藻が見つかったことは、ここの住人が海岸まで行っていたか、あるいは沿岸に住む人々と交流があったことを示している。(2) ペルー沿岸部のタカウアイやジャグアイでは、人類が海鳥やイワシ、貝類を食べながら暮らしていた痕跡が見つかっている。(4、5) それらの遺跡の年代は一万三〇〇〇年前から一万一〇〇〇年前とされるが、モンテ・ヴェルデで見つかった植物遺物や炉の炭の年代はもっと古く、一万四六〇〇年前から一万四〇〇〇年前のものと推定されている。(2) この年代は、クローヴィス最古説にとどめを刺したと言えるだろう。

「アメリカ大陸に最初の人類がやってきたとされる時期を見直さなければなりません」とマリオは言った。「モンテ・ヴェルデで見つかった物や、その他の調査から、人類がアメリカ大陸に入ったのは二万年前から一万六〇〇〇年前の間だと言えます。無氷回廊が開いた時期とは関係なく、人類は、もっと早い時期に太平洋岸に沿って移住してきたのです」

もっとも、モンテ・ヴェルデを巡っては、発見当初から論争が絶えなかった。トム・ディルヘイは度重なる中傷に辟易し、一九九七年にパレオ・インディアンを専門とする著名な考古学者の一団をモンテ・ヴェルデに招き、遺物を調べてもらった。専門家たちは揃ってモンテ・ヴェルデの考古学的価値と年代測定の正確さを認め、クローヴィス期より前の遺跡であることを疑う理由はないとした。(6) これにより、モンテ・ヴェルデはアメリカ大陸全体で最古の遺跡であることが、広く一般に認められた。

たしかに、モンテ・ヴェルデはクローヴィスより古く、しかもそこに人が住むようになったのは無氷回廊の開通より前なのだ。無氷回廊を通って北米に移住した人々もいたかもしれないが、(7) それは移住者の第一波ではなかった。考古学的、地質学的、遺伝学的な証拠を総合すると、モンテ・ヴェルデにたどり着いた人々の祖先は、約一万五〇〇〇年前に、氷床が融けて間もない太平洋岸沿いにアメリカ大陸に入り、その後も太平洋沿岸を通って、はるばる南米までやってきたらしい（もっとも現時点では、最初のアメリカ人は大西洋を渡ってきたという可能性も捨てきれない。この件に関しては今後、カナダやアメリカの東岸、西岸でどんな証拠が見つかるか、見守っていきたい）。北米に入った後、一部の移住者は氷床の南端に沿って内陸に拡散し、次第に減っていくマンモスやマストドンの群れを追いながら、やがて東のウィスコンシンに達したのだろう。クローヴィス文化はそうした人々の末裔によって発展したのではないだろうか。あるいはもっと後の時代に、ベーリンジアから無氷回廊を経て、第一波と同じ遺伝系統の人々によって伝えられた可能性もある(8)。

チリの人々は今日でも海藻を食べている。雨の中、モンテ・ヴェルデ近くの海岸へ散歩に出かけた折に、ひとりの男性を見かけた。黄色いレインコートを着て、縁の広い防水帽をかぶり、袋をさげていた。前の晩の高波で打ち上げられた、昆布の茎の部分を集めていたのだ。雨が土砂降りになったので、わたしは崖の上の小さなレストランに駆けこんだ。そして、チリの郷土料理を注文した。海藻入りのエンパナーダ（パイ）である。

旅の終わりに

こうしてわたしの旅は終わった。ごくささやかな形でだが、この旅では先史時代の暮らしを体験することができた。半年のあいだ地球を放浪し、もうじき定住生活に戻る。わが家に帰るのがとても楽しみだ。

わたしは、人類の故郷であるアフリカから、人類が最後に到達したアメリカ大陸まで、世界中を訪れた。シベリアの凍えそうな寒さから、オーストラリアの焼けつくような暑さまで、両極端の気候も経験した。そして行く先々で自分に似た人々と出会った。往々にして言葉は通じなかったが、どこでも笑顔や身ぶりでコミュニケーションをとることができた。外見がどれほど違っていても、それはあくまでうわべだけの違いだった。

かつて古人類学は、歪んだ使われ方をしてきた。民族間の違いを正当化したり、強調したり、あるいは頭の形や大きさ、皮膚の色や文化によって「人種」をランクづけしたりするのに利用されてきたのだ。ところが新たに見つかるその証拠を客観的に調べるにつれて、まったく異なる真実が見えてきた。そのメッセージは明るい。

わたしたち人類は、生物としては新参者で、誕生してからまだ二〇万年しかたっていない。そして祖先をたどれば、だれもが人類という大きな木の一部であり、互いとつながっていることがわかる。同じ木の小枝をランクづけできないのと同様に、人類をランクづけすることなどできないのだ。わたしたちは皆、アフリカのイブという女性の子孫である。つまり、今日どこに暮らし、どんな肌の色をしていようと、わたしたちは皆アフリカ人なのだ。

この旅では、わたしたちの祖先がどのようにして世界中に広がり、環境や気候が絶え間なく変化する中でどのように生き抜いてきたかも見てきた。本来、気候は変動しつづけるものだが、地質学的なスケールに比べて、人間の寿命はあまりに短いので、わたしたちは地球の気候は安定していると勘違いしているのだ。とは言え、過去一万一〇〇〇年にわたって、地球の気候は総じて安定しており、人類は定住して農業を始めることができ、莫大な人口を抱えるようになった[1]。しかし何世代か後に気候が変動するのは確かで、それは、ここ数世代の人類が経験したことのない劇的な影響を、環境に及ぼす可能性がある。

思えば人類は、農業を発明し、人口が急増し始めた頃から、自らを窮地に追い込むようなことをしてきたのかもしれない。畑を作るために広大な森林を切り開き、稲作のために膨大な土地を水に浸し、二酸化炭素を放出しつづけてきた。もし人類がそのような温室効果ガスを放出せず、また森などの炭素吸収源を激減させていなければ、今後五万年のうちに、つぎの氷河期に向かって気温が下がり始めることが予想される。しかし、人類のせいで地球の温暖化が進んでいることは疑いようのない事実であり、この混乱、もしくはクリス・ストリンガーの言葉を借りれば、「地球の気候をいじくり回す行為」が、自然の気候サイクルにどんな長期的影響を及ぼすのかは想像もつかない[1]。

やがてわたしたちは破滅的な結末に直面するのかもしれない。過去にも例があったように、一部の地域から人類が消えるおそれもある。世界と人類の未来について、信じがたいほど悲惨な予測もされている。しかし長期的な視点に立ち、初期の人類がいかにして過酷な環境を生き抜き、地球全体に拡散していったかを思い起こせば、わたしたちが柔軟で、適応力に富む種であることがわかる。ストリンガーはその証拠として、グラヴェット文化の人々の例を挙げる。彼らは最終氷期極相期（ＬＧＭ）に向かうヨーロッパにありながら、新たな技術や広範な社会的ネットワークを築くことによって生き抜いたのだ。[1]

もっとも、わたしたちは、さまざまな点でグラヴェットの人々とは違う。今日、狩猟採集民はごくわずかで、先進国はもとより、開発途上国でもほとんどの人は定住している。そして現在地球上には七〇億を超える人類が暮らしているため、海面の上昇や飢饉、干ばつによって定住地を追われたとしても、移住できる土地はほとんど残っていないのだ。[2] 人類は、定住生活をするようになったために、かつてほど柔軟ではなくなった。それでも、わたしたちは、待ちうける難問を地球規模で解決していく力を持っているはずだ。

たとえば、個人的に日々の生活でローテクに甘んじ、省エネを心がけるというのも一案だろう。しかし気候変動の問題には、地球規模で協力して取り組む必要がある。そうした計画は、経済的なものでなければならない。莫大な費用を投じても、温暖化のスピードをほんのわずか抑えることしかできないのであれば、その資金は、気候変動のせいで最も苦難を強いられている途上国の援助にまわしたほうがいいだろう。政治学者で「懐疑的環境論者」のビヨルン・ロンボルグは、京都議定書を実現する費用の半分で、途上国のすべての人々に、清潔な水と教育を提供できるはずだ、と訴える。躍起になって二酸化炭素の排出量を削減することが、わたしたちや将来の世代にとって、最も有益な方策であるとは限らない。むしろそれにかかる費用を、再生可能なエネルギーの研究開発や、途上国の支援にまわすほうが有益かもしれないのだ。[3]

もし二〇万年後の世界へ行って、わたしたちの子孫がどのように暮らしているかを見られるとしたら、ぜひそうしてみたいと思うけれど、その一方で、空恐ろしい気もしてくる。わたしたちが自らを滅亡させていないことを願うばかりだ。さらに、二酸化炭素の排出を抑える技術を開発し、気候変動の影響を緩和できていることを信じたい。それを成し遂げるには、将来を見通す目と勇気を備えた政治家が必要とされるだろう。わたしたちが、地球環境と、旧石器時代からつき合ってきたこの体に、もっと気を配るようになることをわたしは願っている。そしてもちろん、文学、音楽、美術、科学におけるわたしたちの業績が、後の世代に受け継がれ、さらに積み上げられていくことを願う。人類のこれまでの歩みは、未来を楽観する根拠となる。結局のところ、わたしたちは生き抜いてきたから、今ここにいるのだ。けれども、やがてその楽観にも陰りがさし、この文明は崩壊していくのではないだろうか。ことによると、わたしたちの子孫は、狩猟採集生活に戻ることを強いられるかもしれない。

未来のことなど誰にわかるだろう。スティーヴン・ジェイ・グールドはこう言った。「生命とは、おびただしく枝分かれした樹木で、種の絶滅という死神によって絶え間なく剪定されてきた」[4]。だが、わたしは、人類の系統はまだ当分、剪定されないだろうと思っている。

こんな光景がまぶたに浮かぶ。歌の道《ソングライン》が、大陸や時代の境を越えて張りめぐらされている。人々が踏みしめた大地という大地に、歌の小道が残された（今もときどき、その残響が聞こえてくる）。そうした道は時空を超えて、アフリカのサバンナの片隅までさかのぼれるにちがいない。そこでは最初の人類が、周りの恐ろしいものに臆することなく口を開き、世界につらなる歌の冒頭を力強く歌うのだ。「わたしは人類だ！」と。

ブルース・チャトウィン『ソングライン』

謝辞

本書とBBC2のシリーズの完成までにお世話になった多くの人々に感謝を捧げたい。プロデューサーのマイケル・モーズリー、キム・シリングロー、ポール・ブラッドショウがこの旅を企画し、実現してくれた。

撮影は二〇〇八年の春から夏にかけて、二六週に及んだ。夫、デイヴ・スティーヴンスは、わたしが世界を放浪している間、家で待っていてくれた。彼の愛情と支えがなければ、わたしはこの旅を最後まで続けることはできなかっただろう。また、遠い国から家族や友人と連絡をとることを可能にしてくれた、スカイプやフェイスブックの発明者にも感謝している。

仕事を休んでこの旅に出ることを快諾してくれたブリストル大学の解剖学部門の部長、ジェレミー・ヘンリーに感謝を述べたい。

たくさんの友人や同僚が親切に助けてくれた。スティーヴン・オッペンハイマー、コリン・グローヴス、ジョー・カミンガは、本書の草稿に目を通し、貴重なアドバイスをくれた。BBCシリーズのプロデューサー、ディレクター、リサーチャーには大変お世話になった。特にキム・シリングロー、ポール・ブラッドショウ、デイヴ・スチュワート、ピート・オックスリー、ナオミ・ロウ、マグス・ライトボディ、サム・クローニンは、貴重なフィードバックと事実確認をしてくれた。マーサ・サリヴァンとジョディ・パシュレイはインタビューの翻訳を手伝ってくれた。

ロンドンの自然史博物館のクリス・ストリンガー、アングリア・ラスキン大学のピーター・フォスターには思慮深いアドバイスをいただいた。ブリストル大学のBRIDGE（地球環境力学研究部門）のポール・ヴァルデスとジョイ・シンガレイヤーには、古代の気候について貴重なアドバイスをいただいた。夫デイヴは、わたしが描いたラフな地図や図表をきれいに仕上げてくれた。

ドキュメンタリーの撮影クルーにも感謝を述べたい。五本の番組（本書の章と一致する）はそれぞれ異なるチームによって撮影された。本文で紹介できた人もいるが、以下の方々にお世話になった。

アフリカ：プロデューサー兼ディレクターのデイヴ・スチュワートはソングラインについて教えてくれた。マグス・ライトボディはドゥバイでわたしのラップトップを助けてくれたうえ、オモ2号をショールに包んでその「故郷」まで運んでくれた。カメラマンのグラハム・スミス（通称、クマさん）は、しばしばヘリコプターや小型機の外にぶらさがって撮影してくれた。撮影助手のロブ・マクレガーは、海岸でヨガを教えてくれたうえ、イスラエルの岩山ではわたしを引っぱりあげてくれた。音響のアンドリュー・ヤーメにはケープタウンまで車を運転してくれたことと「オモ・サウンド」に感謝している。

ンホマのキャンプでは、アルノとエステルのオーストゥイセン夫妻にお世話になった。ンホマのブッシュマンのみなさんと戸外でキャンプしたときに見守ってくれたテオ、ケープタウンの人々のDNA調査について教えてくれたラージ・ラメサーと、その調査に協力してくれたすべての人、ピナクルポイントを案内してくれたカイル・ブラウン、オマーンの遺跡を案内してくれたジェフ・ローズ、スフール洞窟を案内してくれたヨエル・ラクに感謝を述べたい。

インド、東南アジア、オーストラリア：プロデューサー兼ディレクターのエド・バザルジェットにお世話になった（彼はバーベキューの時にはギタリストに変身した）。ナオミ・ロウは研究者にしてマカレナダンスの先生で、秩序と平穏の女神だった（マンゴで停電した夜のことは忘れられない）。カメラマン、クリス・ティトゥス・キングのユーモアと、音響のフレディ・クレールのジョークはチームを楽しませてくれた（ポッパドムの説教とインドカワウソのジョークはけっさくだった）。撮影助手のアレックス・ビングとフィル・ドウにもお世話になった。トビー・シンクレアはインド旅行を手配してくれた（ジャスミンの花輪をありがとう）。アラン・ドクルーズはマレーシア旅行の手配をしてくれた。

マイク・ペトラリアとラヴィ・コリセッターは、ジュワラプラムの発掘調査中に時間をさいて話を聞かせてくれた。バート・ロバーツはルミネッセンス年代測定法とホビットの論争についてすばらしい洞察を聞かせてくれた。スティーヴン・オッペンハイマーは、遺伝学と系統地理学について詳しく教えてくれたうえ、インド・オーストラリアの章をチェックしてくれた。セマン族について教えてくれたハミド・イサ、ニアの頭骨を発見場所まで運んでくれたイポイ・ダタン、フローレス島で見つかった骨を見せてくれたトニー・ジュビアントノ、石器時代の筏を立案したロバート・ベドナリク、オーストラリアの岩壁画の専門家で旅の世話をしてくれたサリー・メイとアンソニー・マーフィー、インジャラク・アート・クラフトセンターのすべての芸術家に感謝を述べたい。マンゴの考古学者、マイケル・ウェスタウェイと人類学者のアラン・ソーンにはマンゴマンを紹介してくれたことに感謝している。シェイラ・ファン・ホルスト・ペレカンはオーストラリア人の遺伝子について教えてくれた。

シベリアと中国：アシスタント・プロデューサーのフィオナ・クシュレイはロシアが専門でロシアでの旅を調整してくれた。カメラマンのティム・クラッグ、音響のアダム・プレスコッド、セカンドカメラマンのジャック・バートンは、極寒の旅に同行してくれた。中国ではシャンホンにさまざまな手配をしてもらった。

エルミタージュ美術館ではキュレーターのスヴェトラーナ・デメシュチェンコがマリタの美しい芸術品を見せてくれた。ウラジミール・ピツルコはヤナ遺跡について教えてくれたうえ、実現しなかったがヤナへの旅を世話してくれた。ピアーズ・ヴィテブスキーとアナトリー・アレクセイエフは、北極圏の文化について教えてくれた。

ジョー・カミンガは竹のナイフの作り方を教えてくれたうえに、本書の草稿に目を通してくれた。また"Prehistory of Australia(オーストラリアの先史時代)"のコピーをくれたことにも感謝している。呉新智は周口店の北京原人と山頂洞人を紹介してくれた。古代の陶器の作り方を再現して見せてくれたウェイ・ジュイン、ワン・ハオ・ティエン、リウ・チュヨン・ジエ、リウ・チュヨン・イー、傅憲國に感謝している。

ヨーロッパではプロデューサー兼ディレクターのフィル・スミスのすばらしい導きと辛口のユーモアに助けられた(ユーフラテス川の音が録音できなかったのは残念でしたが)。いつも女性らしい心遣いをしてくれたアシスタント・プロデューサーのフィノラ・ラング、紳士的なカメラマン、ジョナサン・パトリッジ、美しい水彩画を描いてくれた音響のサイモン・ファーマー、撮影アシスタントのアドリアン・オトゥールにもたいへんお世話になった(以上の皆さんにはルーマニアで誕生日を迎えたわたしに、巨大なバースデーケーキを用意してくれたことにも感謝している)。

ジブラルタルでは潜水カメラマンのマイケル・ピッツとジョン・チャンバースにお世話になった。フランスではナタリー・キャブリエが旅のすべてを完璧に整えてくれた。ギョベクリ・テペの作業を指揮するクラウス・シュミット、ペシュテラ・ク・オース洞窟ではシルヴィウ・コンスタンティン、ミハイ・バチン、ヴァージル・ドラグシン、アレクサンドラ・ヒルブランドのお世話になった。クライブとジェリー・フィンレイソンとダレン・ファは、ジブラルタルとネアンデルタール人の洞窟について教えてくれたことに感謝している。ニック・コナードはフォーゲルヘルトの遺跡とそこから出土した美しい人工遺物を見せてくれた上、シュワーベンのオーリニャック文化について洞察を導いてくれた。ウルフ・ヘインは槍投げ器の使い方を教えてくれた（大切な弓と矢を草の中でなくしてしまってごめんなさい）。カテリナ・ハバティには、群れと混血について教えてくれたこと、エド・グリーンにはネアンデルタール人ゲノムプロジェクトについて教えてくれたこと。ユーリ・スボボダはドルニ・ヴィエストニッツェのブドウ畑へ連れて行ってくれたことと、博物館で美しいマンモスの牙の彫刻を見せてくれたことに感謝している。マルティナ・ラズニコヴァは、ドルニ・ヴィエストニッツェのヴィーナスを再現するのを助けてくれた。ランドール・ホワイトはオーリニャックとアブリ・カスタネについて教えてくれた。ミッシェル・ロブランシェは石器時代のステンシル技術を再現してくれた上、クーニャック洞窟を案内してくれた。人体蠟模型博物館は、くる病の患者の骨を見させてくれた。ブルース・ブラッドリーとメティン・エレンは、旧石器時代の石器製造について多くを教えてくれた。感謝している。

アメリカでは、プロデューサー兼ディレクターのピート・オックスリーは、わたしがタール・ピットやクレバスに落ちないよう気を配ってくれた。アシスタント・プロデューサーのクレア・ダンカン、カメラマンのポール・ジェンキンス（氷河ではうまくいきましたね）、音響のサイモン・ファーマー、撮影助手のデイヴィット・マクドウェル（「祭りなのにビール抜きか？」）に感謝している。

また、ブラジルではカリーナ・リハヴィアが旅を整えてくれた。わたしの本を救ってくれてありがとう。マイク・コリンズとゴールトの発掘チーム、サンタ・ローザ島ではジョン・ジョンソン、ラ・ブレア・タール・ピッツの穴に入らせてくれたジョン・ハリス、花粉について教えてくれたサイモン・フレーザー大学のロルフ・マシューズに感謝している。水の中でも氷河でも、わたしを見守ってくれたロブ・トゥーイ、氷河の登り方を教えてくれたジム・オラヴァ、カナダのクマについて教えてくれたクウェンティン・マッキー、そして、トレーシー・ピエールとカナダのツゥ・ティナ族の皆さん、ルシアに会わせてくれたウォルター・ネヴェスとブラジル国立博物館、モンテ・ヴェルデを案内してくれたマリオ・ピーノに感謝している。

そのほか、本書に登場したすべての人に感謝を申し上げる。

本書に書いた見解や意見のうち、参考文献を挙げていないものは、私見によるもので、間違っている可能性もある。

出版エージェントのヒラリー・マーレイとルイジ・ボノミに感謝している。最後に、編集者のリチャード・アトキンソンとナタリー・ハント、忍耐強い校正者リチャード・コリンズ、そしてブルームズベリーの皆さんに感謝申し上げる。

本書の登場人物の肩書きはすべて執筆当時のものです

訳者あとがき

本書の著者、アリス・ロバーツ博士は、医者にして解剖学者で、骨考古学や人類学にも精通しており、イギリス国営のセヴァン・ディーナリー大学院の解剖学科長、ハル・ヨーク医科大学の名誉研究員、ブリストル大学の考古学・人類学名誉研究員を兼任しています――と、こんなふうに書いていると、(偏見をお詫びしたうえで)がちがちの女性科学者のイメージが浮かんできそうです。けれども、本書掲載の写真でもおわかりのように、著者は重々しい肩書きからは意外に思えるほど、若くチャーミングな女性です。研究の傍ら、ＢＢＣ(イギリス国営放送)の科学番組などでサイエンスコミュニケーターとして活躍しており、本書もＢＢＣの番組「The Incredible Human Journey(驚くべき人類の旅：本書の原題でもあります)」がきっかけで生まれました。ブロンドの髪を無造作に束ね、キャミソールにショートパンツといった軽装で未開の地に分け入っていく「博士」を見ていると、なんだか心配で、はらはらしますが、そんな著者の、飾り気のない、チャレンジ精神旺盛なお人柄があればこそ、本書は生まれたと言えるでしょう。「太古の人類の足跡をたどる旅にでかけませんか?」とＢＢＣから誘いを受けた時には、一も二もなく承諾した、と著者が回想するその旅は、実に驚きに満ちたものとなりました。アフリカの乾燥地域、極寒のシベリア、アマゾンや太平洋地域の熱帯雨林、太古の昔にそうした環境で生き抜くことがいかに大変だったかを、著者は身をもって体験し、わたしたちに示してくれます。等しく驚かされるのは、世界各地で数多くの研究者が、さまざまな方向から人類のルーツや歩みを探究していることです。筏を組んでオーストラリアへの移住を再現しようとする学者、マレーシアで先住民の頰の細胞を集めている学者、中国四〇〇〇年どころか、「中国人一〇〇万年」の実証に取り組んでいる学者、最新設備の整った研究室で太古の遺伝子を解析している学者。さらには、世界各地で洞窟という洞窟が、人類の痕跡を探す人々によって掘り返されています。彼らの真摯な姿を見ていると、人類のルーツや歩みを明かすということは、わたしたちの本能的な欲求なのではないかと思えてきます。

そして現在、そのおかげで詳細が解き明かされようとしています。出アフリカはいつ、どの経路でなされたか？　船を使った可能性もあるのか？　ネアンデルタール人とは遭遇したのか？　現生人類はいつ現生人類になったのか？　旧人類との根本的な違いは何か？　遺伝子は祖先について何を語るのか……そうした謎をめぐる研究の進歩の速さと成果には、著者も驚きを隠せません。

また著者は各地で、太古の人類が直面したであろう困難にチャレンジし、彼らが原始的な技術と知恵だけで自然界の試練を乗り越えたことを実証していきます。アフリカでは炎天下、ブッシュマンの狩りに同行し、夜にはハイエナやヒョウがうろつく池のそばで野宿を試みます。インドネシアでは筏で太平洋へ繰り出し、シベリアでは凍てつく森をスノーモービルのひくソリでひた走ります。撮影クルーが同行しているとはいえ、一歩間違えば命にも関わる危険なチャレンジであり、実際、さまざまな危険に見舞われます。それを思うと、何の知識もない太古の時代に、アフリカを出て世界へ拡散していった祖先たちの勇気と知恵には、畏怖と賞賛を覚えずにはいられません。もっとも、著者は、地球全体に住むようになるまでの人類の歩みを、試練に立ち向かう英雄的な戦いのようにとらえたり、祖先たちが世界中に移住するという目的をもってアフリカを旅立ったと考えたりするのは軽率にすぎる、と警告します。「人類であれ、動物であれ、個体数が増えれば周囲に拡散するという、ただそれだけのことだったのだ」と。本書の地図に記された足跡を見ていると、毛皮をまとった祖先の集団が、風雪をものともせずひたすら歩んでいく様子をつい思い浮かべてしまいますが、祖先たちもわたしたちと同じく、大半は生まれた土地でその生涯を終えたのでしょう。

それでも、誰かは、向かう先に何があるかもわからないまま、草原をひたすら北へあるいは南へ向かい、険しい山を越え、海さえも越えていったのです。初めて筏でオーストラリアへ渡った人々の目に、その新世界はどのように映ったでしょう。彼らはただ必要に迫られて移動しただけなのでしょうか。大航海時代に世界の発見に励んだ人々、メイフラワー号でアメリカを目指した人々、あるいは、宇宙へ飛び立ち、月に足跡を残し、他の惑星の探査に挑戦する人々、そうした「わたしたち」に通じる何かに突き動かされて、新たな土地へと向かっていった人もいたのではないか、と想像したくなります。

ともあれ、現生人類に先だって、アフリカを出てアジアやヨーロッパに暮らすようになっていた人類は、今は化石としてかすかな痕跡を残すだけとなりました。ホモ・サピエンス（賢い人）が、同時代に生きたホモ・ネアンデルタレンシス（ネアンデル渓谷の人）を凌駕したのは、「賢い人」だったからなのか、それとも、性向が違ったからなのでしょうか。フォーゲルヘルトに残された現生人類の遺物はその理由を教えてくれそうです。

また、著者は、ホモ・サピエンスとネアンデルタール人が接触したかどうかという謎を解明するために、ドイツのマックス・プランク進化人類学研究所を訪れますが、本書が書かれた時点からさらにその研究は進展したようです。昨年、「サイエンス」誌上で発表されたところによると、少なくとも五万年前までシベリアで生息していたデニソワ人（ホモ・サピエンスともネアンデルタール人とも異なるゲノムを持つ）のＤＮＡがほぼ完全に解読され、デニソワ人がホモ・サピエンスと交雑していたことが明らかになったそうです。東南アジアに住む人は、現在でも３パーセント、デニソワ人由来のＤＮＡを持っているとのこと。日本人はどうなのだろうと興味がそそられます。著者が述べる通り、まさに胸躍る時代の到来です。

ロバーツ博士（むしろアリスさんと呼びたいのですが）の案内で人類の壮大な旅を追体験できたことを、とても幸運に思います。本書の刊行までには多くの方のお世話になりました。文藝春秋の下山進氏には、価値ある本書を御紹介いただきました。髙橋夏樹氏には、きめ細やかな御配慮と御指導をいただきました。この場をお借りして、心より感謝申し上げます。

なお先述の、本書の元となったＢＢＣの番組は日本ではＮＨＫ　Ｅテレの「地球ドラマチック」で、二〇一三年の六月十五日より全三回の予定で放映されるとのことです。ご覧になれば、本書もいっそう楽しんでいただけるのではないかと思います。

野中香方子

人類《じんるい》20万年《まんねん》 遙《はる》かなる旅路《たびじ》

2013年5月15日　　第1刷

著　者　アリス・ロバーツ
訳　者　野中香方子《のなかきょうこ》
発行者　飯窪成幸
発行所　株式会社　文藝春秋
〒102-8008　東京都千代田区紀尾井町3-23
電話　03-3265-1211
印　刷　大日本印刷
製本所　加藤製本

・定価はカバーに表示してあります。
・万一、落丁乱丁の場合は送料小社負担でお取替えいたします。
小社製作部宛お送り下さい。

ISBN 978-4-16-376240-1　　Printed in Japan

著者
アリス・ロバーツ　Alice Roberts
1973年生まれ。英国出身。医師。1999年からブリストル大学で解剖学の講師を務める。2012年よりバーミンガム大学教授。
古生物病理学（古代の骨に見られる病気の痕跡の研究）の博士号を持つ。
解剖学から見た進化を研究対象とし、人類の体がどうやって今のようになったかの研究を行っている。たとえば、人類はなぜ他の霊長類に比べて、肩の関節炎にかかりやすいのだろうか。これはいまだに謎だが、彼女はおそらく、人類が木にぶらさがることをやめたのと関係があるのではないかと考えている。
大学外での一般に向けた科学啓蒙にも深くかかわり、学校や地域での講演や、科学フェスティバルへの協力を数多く行ってきた。テレビの科学番組にも多く出演し、英国チャンネル4の「Time Team」に骨の専門家として登場したほか、BBC2の人気シリーズ「Coast」にも出演。また、自ら出演した解剖学と健康に関する番組の本「Don't Die Young」（未邦訳）も執筆している。編著に『人類の進化大図鑑』（河出書房新社）。
ブリストルに夫のデイヴと2匹のテリアと在住。

訳者
野中香方子　Kyoko Nonaka
翻訳家。お茶の水女子大学卒業。主な訳書に『137億年の物語』（クリストファー・ロイド、文藝春秋）、『エピジェネティクス　操られる遺伝子』（リチャード・C・フランシス、ダイヤモンド社）、『移行化石の発見』（ブライアン・スウィーテク、文藝春秋）、『アインシュタインの望遠鏡』（エヴァリン・ゲイツ、早川書房）他多数。

組版制作　朝日メディアインターナショナル

参考文献

プロローグ

1. Cohen, D. J. New perspectives on the transition to agriculture in China. In: Yasuda, Y. (ed.), *The Origins of Pottery and Agriculture*, Roli Books, New Delhi, pp 217-27 (2002).

序文

1. Foley, R. Adaptive radiations and dispersals in hominin evolutionary ecology. *Evolutionary Anthropology*, Suppl Ⅰ : 32-7(2002).
2. Stringer, C. Modern human origins: progress and prospects. *Philosophical Transactions of the Royal Society of London B* 357: 563-79(2002).
3. Lahr, M. M. The Multiregional Model of modern human origins: a reassessment of its morphological basis. *Journal of Human Evolution* 26: 23-56(1994).
4. Field, J. S., & Lahr, M. M. Assessment of the Southern Dispersal: GIS-based analyses of potential routes at Oxygen Isotopic Stage 4. *Journal of World Prehistory* 19: 1-45(2006).
5. Mithen, S. *After the Ice. A Global Human History 20,000-5000 BC*, Harvard University Press, Cambrigde, Massachusetts(2004).
6. Stringer, C. *Homo Britannicus. The Incredible Story of Human Life in Britain*, Penguin Books, London(2006).
7. Lambeck, K., Esat, T. M., & Potter, E-K. Links between climate and sea levels for the past three million years. *Nature* 419: 199-206(2002).
8. Pope, K. O., & Terrell, J. E. Environmental setting of human migrations in the circum-Pacific region. *Journal of Biogeography* 35: 1-21(2008).
9. McBrearty, S., & Brooks, A. S. The revolution that wasn't : a new interpretation of the origin of modern human behavior. *Journal of Human Evolution* 39: 453-563(2000).
10. Klein, R. G. Archeology and the evolution of human behavior. *Evolutionary Anthropology* 9: 17-36(2000).
11. Shea, J. I. The origins of lithic projectile point technology: evidence from Africa, the Levant and Europe. *Journal of Archaeological Science* 33: 823-46(2006).
12. Oppenheimer, S. *Out of Eden. The Peopling of the World*, Constable & Robinson, London(2003).〔邦訳『人類の足跡 10 万年全史』草思社〕

13. Bouzouggar, A., Barton, N., Vanhaeren, M., *et al.* 82,000-year-old shell beads from North Africa and implications for the origins of modern human behavior. *Proceedings of the National Academy of Sciences* 104: 9964-9(2007).
14. Mellars, P. A new radiocarbon revolution and the dispersal of modern humans in Eurasia. *Nature* 439: 931-5(2006).
15. Lian, O. B., & Roberts, R. G. Dating the quaternary: progress in luminescence dating of sediments. *Quaternary Science Reviews* 25: 2449-68(2006).
16. Schwarcz, H. P., & Grün, R. Electron spin resonance(ESR) dating of the origin of modern man. *Philosophical Transactions of the Royal Society of London B* 337: 145-8(1992).
17. Cann, R. L., Stoneking, M., & Wilson, A. C. Mitochondrial DNA and human evolution. *Nature* 325: 31-6(1987).
18. Cavalli-Sforza, L. L. The Human Genome Diversity Project: past, present and future. *Nature Reviews*: *Genetics* 6: 333-40(2005).

第一章　すべての始まり

現代に生きる狩猟採集民との出会い——ナミビア：ンホマ

1. Knight, A., Underhill, P.A., Mortensen, H. M., *et al.* African Y chromosome and mtDNA divergence provides insight into the history of click languages. *Current Biology* 13: 464-73(2003).
2. Marshall, L. *The !Kung of Nyae Nyae*, Harvard University Press, Cambridge, Massachusetts(1976).
3. Smith, A. B. Ethnohistory and archaeology of the Ju/'hoansi bushmen. *African Study Monographs*, supplement 26: 15-25(2001).
4. Marino, F. E., Lambert, M. I., & Noakes, T. D. Superior performance of African runners in warm humid, but not in cool environmental conditions. *Journal of Applied Physiology* 96: 124-30(2003).
5. Bramble, D. M., & Lieberman, D. E. Endurance running and the evolution of *Homo*. *Nature* 432: 345-52 (2004).
6. Lieberman, D. E., Bramble, D. M., Raichlen, D.A., & Shea, J.J. The evolution of endurance running and the tyranny of ethnography: a reply to Pickering and Bunn (2007). *Journal of Human Evolution* 53: 434-7 (2007).

アフリカの遺伝子——南アフリカ共和国：ケープタウン

1. Tishkoff, S.A., & Williams, S. M. Genetic analysis of African populations: human evolution and complex disease. *Nature Reviews: Genetics* 3: 611-21(2002).
2. Richards, M., Macaulay, V., Hickey, E., *et al.* Tracing European founder lineages in the Near Eastern mtDNA pool. *American Journal of Human Genetics* 67: 1251-76 (2000).
3. Cann, R. L., Stoneking, M., & Wilson, A.C. Mitochondrial DNA and human evolution. *Nature* 325: 31-6 (1987).
4. Jorde, L. B., Watkins, W. S., Bamshad, M. J., *et al.* The distribution of human genetic diversity: a comparison of mitochondrial, autosomal and Y-chromosome data. *American Journal of Human Genetics* 66: 979-88 (2000).
5. Jakobsson, M., Scholz, S. W., Scheet, P., *et al.* Genotype, haplotype and copy-number variation in worldwide human populations. *Nature* 451: 998-1003 (2008).

現生人類の最初の化石——エチオピア：オモ

1. White, T. D., Asfaw, B., DeGusta, D., *et al.* Pleistocene *Homo sapiens* from Middle Awash, Ethiopia. *Nature* 423: 742-7 (2003).
2. McDougall, I., Brown, F. H., & Fleagle, J. G. Stratigraphic placement and age of modern humans from Kibish, Ethiopia. *Nature* 433: 733-6 (2005).
3. Leakey, R. E. F. Early *Homo sapiens* remains from the Omo River Region of South-West Ethiopia: Faunal remains from the Omo Valley. *Nature*: 222, 1132-3 (1969).
4. Day, M. H. Early *Homo sapiens* remains from the Omo River Region of South-West Ethiopia: Omo human skeletal remains. *Nature* 222: 1135-8 (1969).
5. Johanson D.,& Edgar B. *From Lucy to Language*, Simon & Schuster, New York (1996).
6. Schwartz, J.H., & Tattersall, I. Craniodental Morphology of Genus Homo(Africa and Asia), *The Human Fossil Record*, vol. 2, Wiley Liss, New Jersey. pp235-40 (2003).

現生人類が始めた行動——南アフリカ共和国：ピナクルポイント

1. Henshilwood C., & Sealy, J. Bone artefacts from the Middle Stone Age at Blombos Cave, Southern Cape, South Africa. *Current Anthropology* 38: 890-5 (1997).
2. Minichillo, T. Raw material use and behavioral modernity: Howiesons Poort lithic foraging strategies. *Journal of Human Evolution* 50: 359-64 (2006).
3. Mellars, P. Going east: new genetic and archaeological perspectives on the modern human colonization of Eurasia. *Science* 313: 796-800 (2006).
4. D'Errico, F., Henshilwood, C., Vanhaeren, M., *et al. Nassarius kraussianus* shell beads from Blombos Cave: Evidence for symbolic behaviour in the Middle Stone Age. *Journal*

of Human Evolution 48: 3-24 (2005).
5. Henshilwood, C. S., d'Errico, F., Yates, R., *et al.* Emergence of modern human behavior: Middle Stone Age engravings from South Africa. *Science* 295: 1278-80 (2002).
6. Mellars, P. Why did modern human populations disperse from Africa *ca.* 60,000 years ago? A new model. *Proceedings of the National Academy of Sciences* 25: 9381-6 (2006).
7. Marean, C. W., Bar-Matthews, M., Bernatchez, J., *et al.* Early human use of marine resources and pigment in South Africa during the Middle Pleistocene. *Nature* 449: 905-8 (2007).

最初の大移動――イスラエル：スフール

1. Tishkoff, S. A., & Williams, S. M. Genetic analysis of African populations: human evolution and complex disease. *Nature Reviews: Genetics* 3: 611-21 (2002).
2. Oppenheimer, S. The Great Arc of dispersal of modern humans: Africa to Australia. *Quaternary International* doi: 10.1016/j.quaint.2008.05.015 (2008).
3. Flemming, N. C., Bailey, G. N., Courtillot, V., *et al.* Coastal and marine palaeo-environments and human dispersal points across the Africa-Eurasia boundary. In: *The Maritime and Underwater Heritage*, Wessex Institute of Technology, Southampton, pp 61-74 (2003).
4. Smith, T.M., Tafforeau, P., Reid, D.J., *et al.* Earliest evidence of modern human life history in North African early *Homo sapiens. Proceedings of the National Academy of Sciences* 104: 6128-33 (2007).
5. Stringer, C. B., & Barton, N. Putting North Africa on the map of modern human origins. *Evolutionary Anthropology* 17: 5-7 (2008).
6. Bouzouggar, A., Barton, N., Vanhaeren, M., *et al.* 82,000-year-old shell beads from North Africa and implications for the origins of modern human behavior. *Proceedings of the National Academy of Sciences* 104: 9964-9 (2007).
7. Lahr, M. M., & Foley, R. Multiple dispersals and modern human origins. *Evolutionary Anthropology* 3: 48-60 (1994).
8. Oppenheimer, S. *Out of Eden. The Peopling of the World*, Constable & Robinson, London (2003).
9. Field, J. S., & Lahr, M. M. Assessment of the Southern Dispersal: GIS-based analyses of potential routes at Oxygen Isotopic Stage 4. *Journal of World Prehistory*19: 1-45 (2006).
10. Pope, K. O., & Terrell, J.E. Environmental setting of human migrations in the circum-Pacific region. *Journal of Biogeography* 35: 1-21 (2008).
11. Richards, M., Bandelt, H-J., Kivisild, T., & Oppenheimer, S. A model for the dispersal

of modern humans out of Africa. *Nucleic Acids and Molecular Biology* 18: 225-65 (2006).

12. Smith, P. J. Dorothy Garrod, first woman Professor at Cambridge. *Antiquity* 74: 131-6 (2000).
13. Stringer, C., Grün, R., Schwarcz, H.P., & Goldberg, P. ESR dates for the hominid burial site of Es Skhul in Israel. *Nature* 338: 756-8 (1989).
14. Grün, R., Stringer, C., McDermott, F., *et al.* U-series and ESR analyses of bones and teeth relating to the human burials from Skhul. *Journal of Human Evolution* 49: 316-34 (2005).
15. Vanhaeren, M., d'Errico, F., Stringer, C., *et al.* Middle Paleolithic shell beads in Israel and Algeria. *Science* 312: 1785-8 (2006).
16. Johanson, D., & Edgar, B., *From Lucy to Language*, Simon & Schuster, New York, (1996).
17. Stringer, C. Modern human origins: progress and prospects. *Philosophical Transactions of the Royal Society of London B* 357: 563-79 (2002).
18. Vermeersch, P. M., Paulissen, E., Stokes, S., *et al.* A Middle Palaeolithic burial of a modern human at Taramsa Hill, Egypt. *Antiquity* 72: 475-84 (1998).
19. Underhill, P. A., Passarino, G., Lin, A. A., *et al.* The phylogeography of Y chromosome binary haplotypes and the origins of modern human populations. *Annals of Human Genetics* 65: 43-62 (2001).
20. Forster, P. Ice Ages and the mitochondrial DNA chronology of human dispersals: a review. *Philosophical Transactions of the Royal Society of London B* 359: 255-64 (2004).
21. Kivisild, T. Complete mtDNA sequences – quest on 'Out-of-Africa' route completed? In: Mellars, P., Boyle, K., Bar-Yosef, O., & Stringer, C. (eds), *Rethinking the Human Revolution: New Behaviournal and Biological Perspectives on the Origin and Dispersal of Modern Humans*, McDonald Institute for Archaeological Research, Cambridge, pp 33-42 (2007).
22. Macaulay, V., Hill, C., Achilli, A., *et al.* Single, rapid coastal settlement of Asia revealed by analysis of complete mitochondrial genomes. *Science* 308: 1034-6 (2005).
23. Mellars, P. Going east: new genetic and archaeological perspectives on the modern human colonization of Eurasia. *Science* 313: 796-800 (2006).
24. Walter, R. C., Buffler, R. T., Bruggemann, J. H., *et al.* Early human occupation of the Red Sea coast of Eritrea during the last interglacial. *Nature* 405: 65-9 (2000).
25. Rose, J. The Arabian Corridor migration model: archaeological evidence for hominin dispersals into Oman during the Middle and Upper Pleistocene. *Proceedings of the Seminar for Arabian Studies* 37: 1-19 (2007).

アラビアの謎——オマーン

1. Rose, J. The Arabian Corridor migration model: archaeological evidence for hominin dispersals into Oman during the Middle and Upper Pleistocene. *Proceedings of the Seminar for Arabian Studies* 37: 1-19 (2007).
2. Field, J. S., & Lahr, M. M. Assessment of the Southern Dispersal: GIS-based analyses of potential routes at Oxygen Isotopic Stage 4. *Journal of World Prehistory* 19: 1-45 (2006).
3. Petraglia, M. D., & Alsharekh, A. The Middle Palaeolithic of Arabia: implications for modern human origins, behaviour and dispersals. *Antiquity* 77: 671-84 (2003).
4. Parker, A. G., & Rose, J.I. Climate change and human origins in southern Arabia. *Proceedings of the Seminar for Arabian Studies* 38: 25-42 (2008).
5. Pope, K. O., & Terrell, J. E. Environmental setting of human migrations in the circum-Pacific region. *Journal of Biogeography* 35: 1-21 (2008).
6. Rose, J. The question of Upper Pleistocene connections between East Africa and South Arabia. *Current Anthropology* 45: 551-5 (2004).
7. Stringer, C. Coasting out of Africa. *Nature* 405: 24-7 (2000).

第二章　祖先の足跡

灰の考古学——インド：ジュワラプラム

1. Rampino, M. R., & Self, S. Volcanic winter and accelerated glaciation following the Toba super-eruption. *Nature* 359: 50-2 (1992).
2. Petraglia, M., Korisettar, R., Boivin N., *et al.* Middle Palaeolithic assemblages from the Indian subcontinent before and after the Toba super-eruption. *Science* 317: 114-6 (2007).
3. Oppenheimer, C. Limited global change due to the largest known Quaternary eruption, Toba E74 kyr BP? *Quaternary Science Reviews* 21: 1593-609 (2002).
4. James, H. V. A., & Petraglia M. D. Modern human origins and the evolution of behavior in the Later Pleistocene record of South Asia. *Current Anthropology* 46: S3-S27 (2005).
5. Gibbons, A. Pleistocene population explosion. *Science* 262: 27-8 (1993).
6. Rampino, M. R., & Self S. Bottleneck in Human Evolution and the Toba eruption. *Science* 262: 1995 (1993).
7. Pope, K. O., & Terrell, J. E. Environmental setting of human migrations in the circum-Pacific region. *Journal of Biogeography* 35: 1-21 (2008).
8. Louys, J. Limited effect of the Quaternary's largest super-eruption (Toba) on land

mammals from Southeast Asia. *Quaternary Science Reviews* 26: 3108-17 (2007).

9. Macaulay, V., Hill, C., Achilli, A., *et al.* Single, rapid coastal settlement of Asia revealed by analysis of complete mitochondrial genomes. *Science* 308: 1034-6 (2005).
10. Mellars, P. Going east: new genetic and archaeological perspectives on the modern human colonization of Eurasia. *Science* 313: 796-800 (2006).
11. Field, J. S., & Lahr, M. M. Assessment of the Southern Dispersal: GIS-based analyses of potential routes at Oxygen Isotopic Stage 4. *Journal of World Prehistory* 19: 1-45 (2006).
12. Field, J. S., Petraglia, M. D., & Lahr, M. M. The southern dispersal hypothesis and the South Asian archaeological record: examination of dispersal routes through GIS analysis. *Journal of Anthropological Archaeology* 26: 88-108 (2007).

熱帯雨林の狩猟採集民と遺伝子——マレーシア：ペラ州レンゴン

1. Flint, J., Hill, A. V. S., Bowden, D. K., *et al.* High frequencies of α-thalassaemia are the result of natural selection by malaria. *Nature* 321: 744-50 (1986).
2. Oppenheimer S. J., Higgs, D. R., Weatherall, D. J., *et al.* Alpha thalassaemia in Papua New Guinea. *Lancet* 25: 424-6 (1984).
3. Oppenheimer, S. J., Hill, A. V. S., Gibson, F. D., *et al.* The interaction of alpha thalassaemia with malaria. *Transactions of the Royal Society of Tropical Medicine and Hygiene* 81: 322-6 (1987).
4. Isa, H. M. Material culture transformation and its impact on cultural ecological change: the case study of the Lanoh in Upper Perak (2007).
5. Carey I., *Orang Asli. The Aboriginal Tribes of Peninsular Malaysia*, Oxford University Press, Oxford (1976).
6. Rabett, R., & Barker, G. Through the looking glass: new evidence on the presence and behaviour of late Pleistocene humans at Niah Cave, Sarawak, Borneo. In: Mellars, P., Boyle, K., Bar-Yosef, O., & Stringer, C. (eds), *Rethinking the Human Revolution: New Behavioural and Biological Perspectives on the Origin and Dispersal of Modern Humans*, McDonald Institute for Archaeological Research, Cambridge, pp 411-24 (2007).
7. Lahr, M. M. *The Evolution of Modern Human Diversity*, Cambridge University Press, Cambridge (1996).
8. Oppenheimer, S. *Out of Eden. The Peopling of the World*, Constable & Robinson, London (2003).
9. Hill, C., Soares, P., Mormina, M., *et al.* Phylogeography and Ethnogenesis of Aboriginal Southeast Asians. *Molecular Biology and Evolution* 23: 2480-91 (2006).
10. Jablonski, N. G., & Chaplin G. The evolution of human skin coloration. *Journal of*

Human Evolution 39: 57-106 (2000).
11. Jablonski, N. G. The evolution of human skin and skin color. *Annual Review of Anthropology* 33: 585-623 (2004).
12. Norton, H. L., Kittles, R. A., Parra, E., *et al.* Genetic evidence for the convergent evolution of light skin in Europeans and East Asians. *Molecular Biology and Evolution* 24: 710-22 (2007).
13. Thangaraj, K., Chaubey, G., Singh, V. K., *et al.* In situ origin of deep rooting lineages of mitochondrial Macrohaplogroup 'M' in India. *BMC Genomics* 7: 151 (2006).
14. O'Connell, J. F., & Allen, J. Dating the colonization of Sahul (Pleistocene Australia-New Guinea): a review of recent research. *Journal of Archaeological Science* 31: 835-53 (2004).

太古の頭骨を探して——マレーシア：ボルネオ島、ニア洞窟

1. *Tom Harrison, The Barefoot Anthropologist*, BBC Four (2006).
2. Barker, G., Barton, H., Bird, M., *et al.* The 'human revolution' in lowland tropical Southeast Asia: the antiquity and behavior of anatomically modern humans at Niah Cave (Sarawak, Borneo). *Journal of Human Evolution* 52: 243-61 (2007).
3. Rabett, R., & Barker, G. Through the looking glass: new evidence on the presence and behaviour of late Pleistocene humans at Niah Cave, Sarawak, Borneo. In: Mellars, P., Boyle, K., Bar-Yosef, O., & Stringer, C. (eds), *Rethinking the Human Revolution: New Behavioural and Biological Perspectives on the Origin and Dispersal of Modern Humans*, McDonald Institute for Archaeological Research, Cambridge, pp 411-24 (2007).
4. Detroit, F., Dizon, E., Falgueres, C., *et al.* Upper Pleistocene *Homo sapiens* from the Tabon Cave (Palawan, The Philippines): description and dating of new discoveries. *Comptes Rendus Palevol* 3: 705-12 (2004).
5. Storm, P. The evolution of humans in Australasia from an environmental perspective. *Palaeogeography, Palaeoclimatology, Palaeoecology* 171: 363-83 (2001).
6. Pope, K. O., & Terrell, J. E. Environmental setting of human migrations in the circum-Pacific region. *Journal of Biogeography* 35: 121 (2008).
7. Cattelain, P. Hunting during the Upper Palaeolithic: bow, spearthrower, or both? In: H. Knecht (ed.), *Projectile Technology*, Plenum Press, New York, pp 213-40 (1997).
8. Hunt, C. O., Gilbertson, D. D., & Rushworth, G. Modern humans in Sarawak, Malaysian Borneo, during Oxygen Isotope Stage 3: palaeoenvironmental evidence from the Great Cave of Niah. *Journal of Archaeological Science* 34: 1953-69 (2007).

ホビット——インドネシア：フローレス島

1. Morwood, M., & Oosterzee, P. V. *The Discovery of the Hobbit. The Scientific Breakthrough that Changed the Face of Human History*, Random House Australia, Sydney (2007).
2. Brown, P., Sutikna, T., Morwood, M. J., *et al.* A new small-bodied hominin from the Late Pleistocene of Flores, Indonesia. *Nature* 431: 1055-61 (2004).
3. Jacob, T., Indriati, E., Soejono, R. P., *et al.* Pygmoid Australomelanesian *Homo sapiens* skeletal remains from Liang Bua, Flores: population affinities and pathological abnormalities. *Proceedings of the National Academy of Sciences* 103: 13421-6 (2006).
4. Falk, D., Hildebolt, C., Smith, K., *et al.* Brain shape in human microcephalics and Homo floresiensis. *Proceedings of the National Academy of Sciences* 104: 2513-18 (2007).
5. Obendorf, P. J., Oxnard, C. E., & Kefford, B. J. Are the small human-like fossils found on Flores human endemic cretins? *Proceedings of the Royal Society B* e-publication doi: 10.1098/rspb.2007.1488 (2008).
6. Argue, D., Donlon, D., Groves, C., & Wright, R. *Homo floresiensis*: microcephalic, pygmoid, *Australopithecus*, or *Homo*? *Journal of Human Evolution* 51: 360-74 (2006).
7. Larson, S. G., Jungers, W. L., Morwood, M. J., *et al. Homo floresiensis* and the evolution of the hominin shoulder. *Journal of Human Evolution* 53: 718-31 (2007).
8. Tocheri, M. W., Orr, C. M., Larson, S. G., *et al.* The primitive wrist of *Homo floresiensis* and its implications for hominin evolution. *Science* 317: 1743-5 (2007).
9. Moore, M. W., & Brumm, A. Stone artifacts and hominins in island Southeast Asia: new insights from Flores, eastern Indonesia. *Journal of Human Evolution* 52: 85-102 (2007).
10. O'Connor, S. New evidence from East Timor contributes to our understanding of earliest modern colonisation east of the Sunda Shelf. *Antiquity* 81: 523-35 (2007).
11. Morwood, M. J., Brown, P., Jatmiko, *et al.* Further evidence for small-bodied hominins from the Late Pleistocene of Flores, Indonesia. *Nature* 437: 1012-17 (2005).

石器時代の船旅——インドネシア：ロンボクからスンバワへ

1. Macaulay, V., Hill, C., Achilli, A., *et al.* Single, rapid coastal settlement of Asia revealed by analysis of complete mitochondrial genomes. *Science* 308: 1034-6 (2005).
2. Oppenheimer, S. *Out of Eden. The Peopling of the World*, Constable & Robinson, London (2003).
3. Oppenheimer, S. The Great Arc of dispersal of modern humans: Africa to Australia. *Quaternary International* doi: 10.1016/j.quaint.2008.05.015 (2008).
4. Ingman, M. & Gyllensten, U. Mitochondrial genome variation and evolutionary history of Australian and New Guinean aborigines. *Genome Research* 13: 1600-6 (2003).

5. Van Holst Pellekan, S., Ingman, M., Roberts-Thomson, J., & Harding, R. M. Mitochondrial genomics identifies major haplogroups in aboriginal Australians. *American Journal of Phisycal Anthropology* 131: 282-94 (2006).
6. O'Connell, J. F., & Allen, J. Dating the colonization of Sahul (Pleistocene Australia-New Guinea): a review of recent research. *Journal of Archaeological Science* 31: 835-53 (2004).
7. O'Connor, S. New evidence from East Timor contributes to our understanding of earliest modern colonisation east of the Sunda Shelf. *Antiquity* 81: 523-35 (2007).
8. Bulbeck, D. Where river meets sea. A parsimonious model for *Homo sapiens* colonization of the Indian Ocean rim and Sahul. *Current Anthropology* 48: 315-21 (2007).
9. Bird, M. I., Taylor, D., & Hunt, C. Palaeoenvironments of insular Southeast Asia during the Last Glacial Period: a savanna corridor in Sundaland? *Quaternary Science Reviews* 24: 2228-42 (2005).
10. Mulvaney, J., & Kamminga, J. *Prehistory of Australia*, Allen & Unwin Australia, Sydney (1999).
11. Bednarik, R. G. Maritime navigation in the Lower and Middle Palaeolithic. *Comptes Rendus de l'Académie des Sciences: Earth and Planetary Sciences* 328: 559-63 (1999).
12. Bednarik, R. G. Seafaring in the Pleistocene. *Cambridge Archaeological Journal* 13: 41-66 (2003).
13. Balter, M. In search of the world's most ancient mariners. *Science* 318: 388-9 (2007).
14. O'Connell, J. F., & Allen, J. Pre-LGM Sahul (Pleistocene Australia-New Guinea) and the archaeology of early modern humans. In: Mellars, P., Boyle, K., Bar-Yosef, O., & Stringer, C. (eds), *Rethinking the Human Revolution: New Behavioural and Biological Perspectives on the Origin and Dispersal of Modern Humans*, McDonald Institute for Archaeological Research, Cambridge, pp 395-410 (2007).
15. Pope, K. O., & Terrell, J. E. Environmental setting of human migrations in the circum-Pacific region. *Journal of Biogeography* 35: 1-21 (2008).

現生人類の足跡と化石——オーストラリア：ウィランドラ湖

1. Webb, S., Cupper, M. L., & Robins, R. Pleistocene human footprints from the Willandra Lakes, southern Australia. *Journal of Human Evolution* 50: 405-13 (2006).
2. Roberts, R. G., Flannery, T. F., Ayliffe, L. K., *et al.* New ages for the last Australian megafauna: continent-wide extinction about 46,000 years ago. *Science* 292: 1888-92 (2001).
3. Miller, G. H., Fogel, M. L., Magee, J. W., *et al.* Ecosystem collapse in Pleistocene

Australia and a human role in megafaunal extinction. *Science* 309: 287-90 (2005).
4. Pope, K. O., & Terrell, J. E. Environmental setting of human migrations in the circum-Pacific region. *Journal of Biogeography* 35: 1-21 (2008).
5. Webb, S. Further research of the Willandra Lakes fossil footprint site, southeastern Australia. *Journal of Human Evolution* 52: 711-15 (2007).
6. Bowler, J. M., Jones, R., Allen, H., & Thorne, A. G. Pleistocene human remains from Australia: a living site and human cremation from Lake Mungo, Western New South Wales. *World Archaeology* 2: 39-60 (1970).
7. Thorne, A., Grün, R., Mortimer, G., *et al.* Australia's oldest human remains: age of the Lake Mungo 3 skeleton. *Journal of Human Evolution* 36: 591-612 (1999).
8. Bowler, J. M., & Maggee, J. W. Redating Australia's oldest human remains: a sceptic's view. *Journal of Human Evolution* 38: 719-26 (2000).
9. Bowler, J. M., Johnston, H., Olley, J. M., *et al.* New ages for human occupation and climatic change at Lake Mungo, Australia. *Nature* 421: 837-40 (2003).
10. Mulvaney, J., & Kamminga, J. *Prehistory of Australia*, Allen & Unwin Australia, Sydney (1999).
11. Westaway, M. The Pleistocene human remains collection from the Willandra Lakes World Heritage Area, Australia, and its role in understanding modern human origins. In: Tomida, Y., *et al* (eds), *Proceedings of the 7th and 8th Symposia on Collection Building and Natural History Studies in Asia and the Pacific Rim, National Science Museum Monographs* 34: 127-38 (2006).
12. Brown, P. Australian Pleistocene variation and the sex of Lake Mungo 3. *Journal of Human Evolution* 38: 743-9 (2000).
13. Wolpoff, M. H., Hawks, J., Frayer, D. W., & Hunley, K. Modern human ancestry at the peripheries: a test of the replacement theory. *Science* 291: 293-7 (2001).
14. Schwartz, J. H., & Tattersall, I. *The Human Fossil Record*, vol. 2, *Craniodental Morphology of Genus Homo (Africa and Asia)*, Wiley Liss, New Jersey (2003).
15. Yokoyama, Y., Falguères C., Sémah F., *et al.* Gamma-ray spectrometric dating of late *Homo erectus* skulls from Ngandong and Sambungmacan, Central Java, Indonesia. *Journal of Human Evolution* 55: 274-7 (2008).
16. Stringer, C. B. A metrical study of the WLH-50 calvaria. *Journal of Human Evolution* 34: 327-32 (1998).
17. Webb, S. Cranial thickening in an Australian hominid as a possible palaeo-epidemiological indicator. *American Journal of Physical Anthropology* 82: 403-11 (1990).
18. Brown, P. Recent human evolution in East Asia and Australia. *Philosophical Transactions*

of the Royal Society of London B 337: 235-42 (1992).

19. Thorne, A., & Curnoe, D. Sex and significance of Lake Mungo 3: reply to Brown 'Australian Pleistocene variation and the sex of Lake Mungo 3'. *Journal of Human Evolution* 39: 587-600 (2000).
20. Stone, T., & Cupper, M. L. Last Gracial Maximum ages for robust humans at Kow Swamp, southern Australia. *Journal of Human Evolution* 45: 99-111 (2003).
21. Hudjashov, G., Kivisild, T., Underhill, P. A., *et al.* Revealing the prehistoric settlement of Australia by Y chromosome and mtDNA analysis. *Proceedings of the National Academy of Sciences* 104: 8726-30 (2007).
22. Van Holst Pellekan, S., Ingman, M., Roberts-Thomson, J., & Harding, R. M. Mitochondrial genomics identifies major haplogroups in aboriginal Australians. *American Journal of Physical Anthropology* 131: 282-94 (2006).
23. Roberts, R. G., Jones, R., & Smith, M. A. Thermoluminescence dating of a 50,000-year-old human occupation site northern Australia. *Nature* 345: 153-6 (1990).
24. Roberts, R. G., Jones, R., Spooner, N. A., *et al.* The human colonisation of Australia: optical dates of 53,000 and 60,000 years bracket human arrival at Deaf Adder Gorge, Northern Territory. *Quaternary Geochronology (Quaternary Science Reviews)* 13: 575-83 (1994).
25. O'Connell, J. F., & Allen, F. J. When did humans first arrive in Greater Australia, and why is it important to know? *Evolutionary Anthropology* 6: 132-46 (1998).
26. O'Connell, J. F., & Allen, F. J. Dating the colonization of Sahul (Pleistocene Australia-New Guinea): a review of recent research. *Journal of Archaeological Science* 31: 835-53 (2004).
27. Bulbeck, D. Where river meets sea. A parsimonious model for *Homo sapiens* colonization of the Indian Ocean rim and Sahul. *Current Anthropology* 48: 315-21 (2007).
28. Bird, M. I., Turney, C. S. M., Fifield, L. K., *et al.* Radiocarbon analysis of the early archaeological site of Nauwalabila I, Arnhem Land, Australia: implications for sample suitability and stratigraphic integrity. *Quaternary Science Reviews* 21: 1061-75 (2002).
29. Fullagar, R. L. K., Price, D. M., & Head, L. M. Early human occupation of northern Australia: archaeology and thermoluminescence dating of Jinmium rock-shelter, Northern Territory. *Antiquity* 70: 751-73 (1996).
30. Roberts, R., Bird, M., Olley, J., *et al.* Optical and radiocarbon dating at Jinmium rock shelter in northern Australia. *Nature* 393: 358-62 (1998).

風景の中の芸術──オーストラリア：ノーザンテリトリー準州グンバランヤ（オエンペリ）

1. Morwood, M., & Oosterzee, P. V. *The Discovery of the Hobbit. The Scientific Breakthrough that Changed the Face of Human History*, Random House Australia, Sydney (2007).
2. Chatwin, B. *The Songlines*, Vintage, London (1987).
3. Hamby, L. *Twined Together: Kunmadj Njalehnjaleken*, Injalak Arts and Crafts, Gunbalanya (2005).

第三章　遊牧から稲作へ

内陸での集団移住──中央アジアへのルート

1. Derenko, M., Malyarchuk, B. A., Grzybowski, T., *et al.* Phylogeographic analysis of mitochondrial DNA in Northern Asian populations. *American Journal of Human Genetics* 81: 1025-41 (2007).
2. Oppenheimer, S. *Out of Eden. The Peopling of the World*, Constable & Robinson, London (2003).
3. Derenko, M. V., Malyarchuk, B. A., Denisova, G. A., *et al.* Molecular genetic differentiation of the ethnic populations of south and east Siberia based on mitochondrial DNA polymorphism. *Russian Journal of Genetics* 38: 1196-1202 (2002).
4. Goebel, T. Pleistocene human colonization of Siberia and peopling of the Americas: an ecological approach. *Evolutionary Anthropology* 8: 208-27 (1999).
5. Goebel, T., Derevianko, A. P., & Petrin, V. T. Dating the Middle-to-Upper Paleolithic transition at Kara-Bom. *Current Anthropology* 34: 452-8 (1993).
6. Brantingham, P. J., *et al.* The initial Upper Paleolithic in Northeast Asia. *Current Anthropology* 42: 735-46 (2001).
7. Krause, J., Orlando, L., Serre, D., *et al.* Neanderthals in central Asia and Siberia. *Nature* 449: 902-4 (2007).
8. Vasil'ev, S. A. The Upper Palaeolithic of Northern Asia. *Current Anthropology* 34: 82-92 (1993).

氷河期のシベリア人の足跡をたどる──ロシア：サンクトペテルブルク

1. Pitulko, V. V., Nikolsky, P. A., Girya, E. Y., *et al.* The Yana RHS site: humans in the Arctic before the Last Glacial Maximum. *Science* 303: 52-6 (2004).
2. Vasil'ev, S. A., Kuzmin, Y. V., *et al.* Radiocarbon-based chronology of the Paleolithic in Siberia and its relevance to the peopling of the New World. *Radiocarbon* 44: 503-30

(2002).
3. Guthrie, R. D. Origin and causes of the mammoth steppe: a story of cloud cover, woolly mammoth tooth pits, buckles, and inside-out Beringia. *Quaternary Science Reviews* 20: 549-74 (2001).
4. Goebel, T. The 'microblade adaptation' and recolonization of Siberia during the Late Upper Pleistocene. In Elston, R. G., & Kuhn, S. L. (eds), *Thinking Small: Global Perspective on Microlithization*, Archeological Papers of the American Anthropological Association no. 12 (2002).
5. Goebel, T. Pleistocene human colonization of Siberia and peopling of the Americas: an ecological approach. *Evolutionary Anthropology* 8: 208-27 (1999).
6. Schlesier, K. H. More on the 'Venus' figurines. *Current Anthropology* 42: 410 (2001).
7. Soffer, O., Adovasio, J. M., & Hyland, D. C. More on the 'Venus' figurines: Reply. *Current Anthropology* 42: 410-1 (2001).
8. Hoffecker, J. F. Innovation and technological knowledge in the Upper Palaeolithic of Northern Eurasia. *Evolutionary Anthropology* 14: 186-98 (2005).
9. Vasil'ev, S. A. Man and mammoth in Pleistocene Siberia. *The World of Elephants. Proceedings of the 1st International Conference*, pp 363-6, Rome (2001).
10. Ugan, A., & Byers, D. A global perspective on the spatiotemporal pattern of the Late Pleistocene human and woolly mammoth radiocarbon record. *Quaternary International* doi: 10.1016/j.quaint. 2007.09.035 (2008).
11. Lister, A. M., & Sher, A. V. Ice cores and mammoth extinction. *Nature* 378: 23-4 (1995).
12. Pushkina, D., & Raia, P. Human influence on distribution and extinctions of the late Pleistocene Eurasian megafauna. *Journal of Human Evolution* 54: 769-82 (2008).
13. Stuart, A. J. The extinction of the woolly mammoth (*Mammuthus primigenius*) and straight-tusked elephant (*Palaeoloxodon antiquus*) in Europe. *Quaternary International* 126-8: 171-7 (2005).
14. Stuart, A. J., Sulerzhitsky, L. D., Orlova, L. A., *et al.* The latest woolly mammoths (*Mammuthus primigenius* Blumenbach) in Europe and Asia: a review of the current evidence. *Quaternary Science Reviews* 21: 1559-69 (2002).

人類が住む最も寒い地でトナカイ遊牧民に会う——ロシア：シベリア、オレニョク

1. Vitebsky, P. *Reindeer People. Living with Animals and Spirits in Siberia*, HarperCollins, London (2005).
2. Ingold, T. On reindeer and men. *Man* 9: 523-38 (1974).

3. Pakendorf, B., Wiebe, V., Tarskaia, L. A., *et al.* Mitochondrial DNA evidence for admixed origins of central Siberian populations. *American Journal of Physical Anthropology* 120: 211-24 (2003).
4. Pakendorf, B., Novgorodov, I. N., Osakovskij, V. L., & Stoneking, M. Mating patterns amongst Siberian reindeer herders: inferences from mtDNA and Y-chromosomal analyses. *American Journal of Physical Anthropology* 133: 1013-27 (2007).
5. Uinuk-ool, T., Takezaki, N., Sukernik, R. I., *et al.* Origin and affinities of indigenous Siberian populations as revealed by HLA class II gene frequencies. *Human Genetics* 110: 209-26 (2002).
6. Burch, E. S. The caribou/wild reindeer as a human resource. *American Antiquity* 37: 339-68 (1972).
7. Galloway, V. A., Leonard, W. R., & Ivakine, E. Basal metabolic adaptation of the Evenki reindeer herders of Central Siberia. *American Journal of Human Biology* 12: 75-87 (2000).
8. Leonard, W. R., Galloway, V. A., Ivakine, E., *et al.* Nutrition, thyroid function and basal metabolism of the Evenki of central Siberia. *International Journal of Circumpolar Health* 58: 281-95 (1999).
9. Ebbesson, S. O. E., Schraer, C., Nobmann, E. D., & Ebbesson, L. O. E. Lipoprotein profiles in Alaskan Siberian Yupik Eskimos. *Arctic Medical Research* 55: 165-73 (1996).
10. Steegman, A. T. Cold adaptation and the human face. *American Journal of Physical Anthropology* 32: 243-50 (1970).
11. Shea, B. T. Eskimo craniofacial morphology, cold stress and the maxillary sinus. *American Journal of Physical Anthropology* 47: 289-300 (1977).
12. Wallace, D. C. A mitochondrial paradigm of metabolic and degenerative diseases, aging, and cancer: a dawn for evolutionary medicine. *Annual Review of Genetics* 39: 359-407(2005).

北京原人の謎──中国：北京

1. Sautman, B. Peking Man and the politics of Paleoanthropological nationalism in China. *The Journal of Asian Studies* 60: 95-124 (2001).
2. Pope, G. G. Craniofacial evidence for the origin of modern humans in China. *American Journal of Physical Anthropology* 35: 243-98 (1992).
3. Tattersall, I., & Sawyer, G. J. The skull of 'Sinanthropus' from Zhoukoudian, China: a new reconstruction. *Journal of Human Evolution* 31: 311-4 (1996).
4. Kamminga, J., personal correspondence.

5. Brown, P. Chinese Middle Pleistocene hominids and modern human origins in East Asia. In: Barham, L., & Robson-Brown, K. (eds), *Human Roots. Africa and Asia in the Middle Pleistocene*, Western Academic and Specialist Press, Bristol (2001).
6. Shen, G., Teh-Lung, K., Cheng, H., *et al.* High-precision U-series dating of Locality 1 at Zhoukoudian, China. *Journal of Human Evolution* 41: 679-88 (2001).
7. Lieberman, D. E. Testing hypotheses about recent human evolution from skulls: integrating morphology, function, development and phylogeny. *Current Anthropology* 36: 159-97 (1995).
8. Stringer, C. B. Reconstructing recent human evolution. *Philosophical Transactions of the Royal Society of London B* 337: 217-24 (1992).
9. Stringer, C. Modern human origins: progress and prospects. *Philosophical Transactions of the Royal Society of London B* 357: 563-79 (2002).
10. Lieberman, D. E., Krovitz, G. E., Yates, F. W., *et al.* Effects of food processing on masticatory strain and craniofacial growth in a retrognathic face. *Journal of Human Evolution* 46: 655-77 (2004).
11. Macaulay, V., Hill, C., Achilli, A., *et al.* Single, rapid coastal settlement of Asia revealed by analysis of complete mitochondrial genomes. *Science* 308: 1034-6 (2005).
12. Shang, H., Tong, H., Zhang, S., *et al.* An early modern human from Tianyuan Cave, Zhoukoudian, China. *Proceedings of the National Academy of Sciences* 104: 6573-8(2007).

石器と竹の謎——中国：遼寧省、祝家屯

1. Gao, X., & Norton, C. J. A critique of the Chinese 'Middle Palaeolithic'. *Antiquity* 76: 397-412 (2002).
2. Wu, X. On the origin of modern humans in China. *Quaternary International* 117: 131-40 (2004).
3. West, J. A., & Louys, J. Differentiating bamboo from stone tool cut marks in the zooarchaeological record, with a discussion on the use of bamboo knives. *Journal of Archaeological Science* 34: 512-18 (2007).
4. Shen, G., Wang, W., Cheng, H., & Edwards, R. L. Mass spectrometric U-series dating of Laibin hominid site in Guangxi, southern China. *Journal of Archaeological Science* 34: 2109-14 (2007).
5. Jian, L., & Shannon, C. L. Rethinking early Paleolithic typologies in China and India. *Journal of East Asian Archaeology* 2: 9-35 (2000).
6. Shea, J. L. Lithic microwear analysis in archeology. *Evolutionary Anthropology* 1: 143-50

(2005).

遺伝子が明らかにする、東アジアの真実——中国：上海

1. Ke, Y., Su, B., Song, X., Jin, L., *et al.* African origin of modern humans in East Asia: a tale of 12,000 chromosomes. *Science* 292: 1151-3 (2001).
2. Su, B., Xiao, J., Underhill, P., *et al.* Y-chromosome evidence for a northward migration of modern humans into Eastern Asia during the last Ice Age. *American Journal of Human Genetics* 65: 1718-24 (1999).
3. Li, H., Cai, X., Winograd-Cort, E. R., *et al.* Mitochondrial DNA diversity and population differentiation in southern East Asia. *American Journal of Physical Anthropology* 134: 481-8 (2007).
4. Kivisild, T., Tolk, H-V., Parik, J., *et al.* The emerging limbs and twigs of the East Asian mtDNA tree. *Molecular Biology and Evolution* 19: 1737-51 (2002).
5. Oppenheimer, S. *Out of Eden. The Peopling of the World*, Constable & Robinson, London (2003).
6. Yao, Y-G., Kong, Q-P., Bandelt, H-J., *et al.* Phylogeographic differentiation of mitochondrial DNA in Han Chinese. *American Journal of Human Genetics* 70: 635-51 (2002).
7. Pope, K. O., & Terrell, J. E. Environmental setting of human migrations in the circum-Pacific region. *Journal of Biogeography* 35: 1-21 (2008).

陶器と米——中国：桂林と龍背棚田

1. Diamond, J., & Bellwood, P. Farmers and their languages: the first expansions. *Science* 300: 597-603 (2003).
2. Matsumura, H., & Hudson, M. J. Dental perspectives on the population history of Southeast Asia. *American Journal of Physical Anthropology* 127: 182-209 (2005).
3. Oppenheimer, S. *Out of Eden. The Peopling of the World*, Constable & Robinson, London (2003).
4. Kuzmin, Y. V. Chronology of the earliest pottery in East Asia: progress and pitfalls. *Antiquity* 80: 362-71 (2006).
5. Pearson, R. The social context of early pottery in the Lingnan region of south China. *Antiquity* 79: 819-28 (2005).
6. Shelach, G. The earliest Neolithic cultures of Northeast China: recent discoveries and new perspectives on the beginning of agriculture. *Journal of World Prehistory* 14: 363-413 (2000).

7. Cohen, D. J. New perspectives on the transition to agriculture in China. In Yasuda, Y. (ed.), *The Origins of Pottery and Agriculture*, Roli Books, New Delhi, pp 217-27 (2002).
8. Lu, T. L-D. The occurrence of cereal cultivation in China. *Asian Perspectives* 45: 129-58 (2006).
9. Jiang, L., & Liu, L. New evidence for the origins of sedentism and rice domestication in the Lower Yangtzi River, China. *Antiquity* 80: 355-61 (2006).
10. Underhill, P. A., Passarino, G., Lin, A. A., *et al.* The phylogeography of Y chromosome binary haplotypes and the origins of modern human populations. *Annals of Human Genetics* 65:43-62(2001)

第四章　未開の地での革命

ヨーロッパへの途上――レヴァントト地方とトルコの現生人類

1. Oppenheimer, S. *Out of Eden. The Peopling of the World*, Constable & Robinson, London (2003).
2. Olszewski, D. I., & Dibble, H. L. The Zagros Aurignacian. *Current Anthropology* 35: 68-75(1994).
3. Kuhn, S. L., Stiner, M. C., Reese, D. S., & Güleç, E. Ornaments of the earliest Upper Paleolithic: new insights from the Levant. *Proceedings of the National Academy of Sciences* 98: 7641-6(2001).
4. Mellars, P. Archaeology and the dispersal of modern humans in Europe: deconstructing the 'Aurignacian'. *Evolutionary Anthropology* 15: 167-82(2006).
5. Bar-Yosef, O., Arnold, M., Mercier, N., *et al.* The dating of the Upper Palaeolithic Layers in Kebara Cave, Mt Carmel. *Journal of Archaeological Science* 23: 297-306(1996).
6. Kuhn, S. L. Paleolithic archeology in Turkey. *Evolutionary Anthropology* 11: 198-210(2002).
7. Vanhaeren, M., d'Errico, F., Stringer, C., *et al.* Middle Palaeolithic shell beads in Israel and Algeria. *Science* 312: 1785-8(2006).
8. Mellars, P. Neanderthals and the modern human colonization of Europe. *Nature* 432: 461-5(2004).
9. Otte, M., & Derevianko, A. The Aurignacian in Altai. *Antiquity* 75: 44-8(2001).

海を越えてヨーロッパへ――トルコ：ボスポラス海峡

1. Kerey, I. E., Meric, E., Tunoglu, C., *et al.* Black Sea-Marmara Sea Quaternary connections: new data from the Bosphorus, Istanbul, Turkey. *Palaeogeography,*

palaeoclimatology, palaeoecology 204: 277-95(2004).
2. Mellars, P. Neanderthals and the modern human colonization of Europe. *Nature* 432: 461-5(2004).
3. Mellars, P. A new radiocarbon revolution and the dispersal of modern humans in Eurasia. *Nature* 439: 931-5(2006).
4. Mellars, P. Archaeology and the dispersal of modern human in Europe: deconstructing the 'Aurignacian'. *Evolutionary Anthropology* 15: 167-82(2006).
5. Underhill, P. A., Passarino, G., Lin, A. A., *et al.* The phylogeography of Y chromosome binary haplotypes and the origins of modern human populations. *Annals of Human Genetics* 65: 43-62(2001)

最初のヨーロッパ人との対面――ルーマニア：ペシュテラ・ク・オース洞窟

1. Zilhão, J. E., Trinkaus, E., Constantin, S., *et al.* The Peştera cu Oase people, Europe's earliest modern humans. In: Mellars, P., Boyle, K., Bar-Yosef, O., Stringer, C.(eds), *Rethinking the Human Revolution: New Behavioural and Biological Perspectives on the Origin and Dispersal of Modern Humans*, McDonald Institute for Archaeological Research, Cambridge, pp 249-62(2007).
2. Trinkaus, E., Moldovan, O., Milota, Ş., *et al.* An early modern human from the Peştera cu Oase, Romania. *Proceedings of the National Academy of Sciences* 100: 11231-6(2003).
3. Gibbons, A. A shrunken head for African Homo erectus. *Science* 300: 893(2003).
4. Carbonell, E., Bermúdez de Castro, J. M., Pares, J. M., *et al.* The first hominin of Europe. *Nature* 452: 465-9(2008).
5. Bräuer, G. The origin of modern anatomy: by speciation or intraspecific evolution? *Evolutionary Anthropology* 17: 22-37(2008).
6. Stringer, C. Modern human origins: progress and prospects. *Philosophical Transactions of the Royal Society of London B* 357: 563-79(2002).
7. Campbell, B. The Centenary of Neanderthal Man: Part I. *Man* 56: 156-8(1956).
8. Schmitz, R. W., Serre, D., Bonani, G., *et al.* The Neanderthal type site revisited: interdisciplinary investigations of skeletal remains from the Neander valley, Germany. *Proceedings of the National Academy of Sciences* 99: 13342-7(2002).
9. Stringer, C. *Homo Britannicus. The Incredible Story of Human Life in Britain*, Penguin Books, London(2006).
10. Bischoff, J. L., & Shamp, D. D. The Sima de los Huesos hominids date to beyond U/Th equilibrium (>350kyr) and perhaps to 400-500 kyr: new radiometric dates. *Journal of Archaeological Science* 30: 275-80(2003).

11. Klein, R. G. Whither the Neanderthals? *Science* 299: 1525-7(2003).
12. Krause, J., Orlando, L., Serre, D., *et al.* Neanderthals in central Asia and Siberia. *Nature* 449: 902-4(2007).
13. Mellars, P. A new radiocarbon revolution and the dispersal of modern humans in Eurasia. *Nature* 439: 931-5(2006).

ネアンデルタール人の頭骨と遺伝子——ドイツ：ライプツィヒ

1. Harvati, K., Gunz, P., & Grigorescu, D. Cioclovina (Romania): affinities of an early modern European. *Journal of Human Evolution* 53: 732-46(2007).
2. Stringer, C. Modern human origins: progress and prospects. *Philosophical Transactions of the Royal Society of London B* 357: 563-79(2002).
3. Caramelli, D., Lalueza-Fox, C., Vernesi, C., *et al.* Evidence for a genetic discontinuity between Neanderthals and 24,000-year-old anatomically modern Europeans. *Proceedings of the National Academy of Sciences* 100: 6593-7(2003).
4. Currat, M., & Excoffier, L. Modern humans did not admix with Neanderthals during their range expansion into Europe. *PLoS Biology* 2: e421(2004).
5. Kahn, P., & Gibbons, A. DNA from an extinct human. *Science* 277: 176-8(1997).
6. Green, R. E., Krause, J., Ptak, S. E., *et al.* Analysis of one million base pairs of Neanderthal DNA. *Nature* 444: 330-6(2006).
7. Noonan, J. P., Coop, G., Kudaravalli, S., *et al.* Sequencing and analysis of Neanderthal genomic DNA, *Science* 314: 1113-8(2006).
8. Wall, J. D., & Kim, S. K. Inconsistencies in Neanderthal genomic DNA sequences. *PLoS Genetics* 3: e175(2007).
9. Dalton R. DNA probe finds hints of human. *Nature* 449: 7(2007).
10. Krause, J., Orlando, L., Serre, D., *et al.* Neanderthals in central Asia and Siberia. *Nature* 449: 902-4(2007).
11. Lalueza-Fox, C., Römpler, H., Caramelli, D., *et al.* A melanocortin 1 receptor allele suggests varying pigmentation among Neanderthals. *Science* 318: 1453-5(2007).
12. Trinkaus, E. Human evolution: Neanderthal gene speaks out. *Current Biology* 17: R917-9(2007).
13. Krause, J., Lalueza-Fox, C., Orlando, L., *et al.* The derived FOXP2 variant of modern humans was shared with Neanderthals. *Current Biology* 17: 1908-12(2007).
14. Morgan, J. Neanderthals 'distinct from us.' http://news.bbc.co.uk/2/hi/health/7886477.stm (12 February 2009).
15. Bocquet-Apple, J-P., & Demars, P.Y. Neanderthal contraction and modern human

colonization of Europe. *Antiquity* 74: 544-52(2000).

シュワーベン、オーリニャック文化の宝物――ドイツ：フォーゲルヘルト

1. Conard, N. J. Palaeolithic ivory sculptures from southwestern Germany and the origins of figurative art. *Nature* 426: 830-2(2003).
2. Conard, N. J., Grootes, P. M., & Smith, F. H. Unexpectedly recent dates for human remains from Vogelherd. *Nature* 430: 198-201(2004).
3. Conard, N. J., & Bolus, M. Radiocarbon dating the appearance of modern humans and timing of cultural innovations in Europe: new results and new challenges. *Journal of Human Evolution* 44: 331-71(2003).
4. Kuhn, S., L. Paleolithic archeology in Turkey. *Evolutionary Anthropology* 11: 198-210(2002).
5. Mellars, P. Archaeology and the dispersal of modern humans in Europe: deconstructing the 'Aurignacian'. *Evolutionary Anthropology* 15: 167-82(2006).
6. Svoboda, J., van der Plicht, J., & Kuželka, V. Upper Palaeolithic and Mesolithic human fossils from Moravia and Bohemia (Czech Republic): some new ^{14}C dates. *Antiquity* 76: 957-62(2002).
7. Wild, E.M., Teschler-Nicola, M., Kutshera, W., *et al.* Direct dating of Early Upper Palaeolithic human remains from Mladeč. *Nature* 435: 332-5(2005).
8. Eren, M. I., Greenspan, A., & Sampson, C. G. Are Upper Paleolithic blade cores more productive than Middle Paleolithic discoidal cores? A replication experiment. *Journal of Human Evolution* 55: 952-61(2008).
9. Bar-Yosef, O. The Upper Paleolithic revolution. *Annual Review of Anthropology* 31: 363-93(2002).
10. Shea, J. J. The origins of lithic projectile point technology: evidence from Africa, the Levant and Europe. *Journal of Archaeological Science* 33: 823-46(2006).
11. Oppenheimer, S. *Out of Eden. The Peopling of the World*, Constable & Robinson, London(2003).

最後のネアンデルタール人を追い求めて――ジブラルタル

1. Barton, R. N. E., Currant, A. P., Fernandez-Jalvo, Y., Finlayson, J. C., *et al.* Gibraltar Neanderthals and results of recent excavations in Gorham's Vanguard and Ibex Caves. *Antiquity* 73: 13-23(1999).
2. Finlayson, C. *Neanderthals and Modern Humans. An Ecological and Evolutionary Perspective*. Cambridge University Press, Cambridge(2004).

3. Finlayson, C., Fa, D. A., Espejo, F. J., *et al.* Gorham's Cave, Gibraltar – The persistence of a Neanderthal population. *Quaternary International* 181: 64-71(2008).
4. Finlayson, G., Finlayson, C., Pacheco, F. G., *et al.* Caves as archives of ecological and climatic changes in the Pleistocene – the case of Gorham's Cave, Gibraltar. *Quaternary International* 181: 55-63(2008).
5. Stringer, C. Modern human origins: progress and prospects. *Philosophical Transactions of the Royal Society in London B* 357: 563-79(2002).
6. Hublin, J-J., Spoor, F., Braun, M., *et al.* A late Neanderthal associated with Upper Palaeolithic artefacts. *Nature* 381: 224-6(1996).
7. Gilligan, I. Neanderthal extinction and modern human behaviour: the role of climate change and clothing. *World Archaeology* 39: 499-514(2007)

文化の革命――チェコ共和国：ドルニ・ヴィエストニッツェ

1. Svoboda, J. A. The archeological framework. In: Trinkaus, E., & Svoboda, J. (eds), *Early Modern Human Evolution in Central Europe*, Oxford University Press, Oxford, pp 6-8(2005).
2. Straus, L. G. The Upper Paleolithic of Europe: an overview. *Evolutionary Anthropology* 4: 4-16(1995).
3. Hoffecker, J. F. Innovation and technological knowledge in the Upper Paleolithic of Northern Eurasia. *Evolutionary Anthropology* 14: 186-98(2005).
4. Vandiver, P. B., Soffer, O., Klima, B., & Svoboda, J. The origins of ceramic technology at Dolni Vestonice , Czechoslovakia. *Science* 246: 1002-8(1989).
5. 夫のフィールド考古学者、デイヴ・スティーヴンスとドルニ・ヴィエストニッツェの陶器の断片について議論しているとき、彼は中世以降の炉で、壊れたクレイパイプが隔壁などに再利用されているのを見たことがあると述べ、これはよく知られていることだと言った。
6. Formicola, V., Pontradolfi, A., & Svoboda, J. The Upper Paleolithic triple burial of Dolni Vestonice: pathology and funerary behaivior. *American Journal of Physical Anthropology* 115: 372-9(2001).
7. Alt, K. W., Pichler, S., Vach, W., *et al.* Twenty-five-thousand-year-old triple burial from Dolni Vestonice: an Ice Age family? *American Journal of Physical Anthropology* 102: 123-31(1997).
8. Svoboda, J. A. The archeological contexts of the human remains. In: Trinkaus, E., & Svoboda, J. (eds), *Early Modern Human Evolution in Central Europe*, Oxford University Press, Oxford, pp 6-8(2005).

9. Pettitt, P., B,. & Bader, N. O. Direct AMS radiocarbon dates for the Sunghir mid Upper Palaeolithic burials. *Antiquity* 74: 269-70(2000).
10. Forster, P. Ice Ages and the mitochondrial DNA chronology of human dispersals: a review. *Philosophical Transactions of the Royal Society of London B* 359: 255-64(2004).
11. Metspalu, E., Kivisild, T., Kaldma, K., *et al.* The trans-Caucasus and the expansion of the Caucasoid-specific human mitochondrial DNA. In: Papiha, S. S., *et al.* (eds), *Genome Diversity. Applications to Human Population Genetics*, Kluwer Academic/ Plenum Publishers, New York, pp 121-33(1999).
12. Oppenheimer, S. *Out of Eden. The Peopling of the World*, Constable & Robinson, London (2003).

寒さから逃れて――フランス：アブリ・カスタネ

1. Straus, L. G. The Upper Paleolithic of Europe: an overview. *Evolutionary Anthropology* 4: 4-16(1995).
2. Blades, B. Aurignacian settlement patterns in the Vézère Valley. *Current Anthropology* 40: 712-35(1999).
3. White, R. Systems of personal ornamentation in the Early Upper Palaeolithic: methodological challenges and new observations In: Mellars, P., Boyle, K., Bar-Yosef, O., & Stringer C. (eds), *Rethinking the Human Revolution: New Behavioural and Biological Perspectives on the Origin and Dispersal of Modern Humans*, McDonald Institute for Archaeological Research, Cambridge, pp 287-302(2007).
4. White, R. Beyond art: toward an understanding of the origins of material representation in Europe. *Annual Review of Anthropology* 21: 537-64(1992).
5. Mellars, P. Cognition and climate: why is Upper Palaeolithic cave art almost confined to the Franco-Cantabrian region? In: Renfrew, C., & Morley, I. (eds), *Becoming Human. Innovation in Prehistoric Material and Spiritual Culture*, Cambridge University Press, Cambridge, Chapter 14(2009).
6. Straus, L. G. Southwestern Europe at the Last Glacial Maximum. *Current Anthropology* 32: 189-99(1991)

壁画のある洞窟を訪ねて――フランス：ラスコー、ペシュメルル、クーニャック

1. Pettitt, P., & Bahn, P. Current problems in dating Palaeolithic cave art: Candamo and Chauvet. *Antiquity* 77: 134-41(2003).
2. Straus, L. G. The Upper Paleolithic of Europe: an overview. *Evolutionary Anthropology* 4: 4-16(1995).

3. Straus, L. G. Southwestern Europe at the Last Glacial Maximum. *Current Anthropology* 32: 189-99(1991).
4. Barton, M., Clark, G. A., & Cohen, A. E. Art as information: Explaining Upper Palaeolithic art in Western Europe. *World Archaeology* 26: 185-207(1994).
5. Lamason, R. L., Mohideen, M-A. P. K., Mest, J. R., *et al.* SLC24A5, a putative cation exchanger, affects pigmentation in zebrafish and humans. *Science* 310: 1782-6(2005).
6. Frost, P. European hair and eye color. A case of frequency-dependent sexual selection? *Evolution and Human Behavior* 27: 85-103(2006).
7. Gamble, C., Davies, W., Pettitt, P., & Richards, M. Climate change and evolving human diversity in Europe during the Last Glacial. *Philosophical Transactions of the Royal Society of London B* 359: 243-54(2004).
8. Pereira, L., Richards, M., Goios, A., Macauley, V., *et al.* High resolution mtDNA evidence for the late-glacial resettlement of Europe from an Iberian refugium, *Genome Research* 15: 19-24(2005).
9. Torroni, A., Bandelt, H.J., Macaulay, V., *et al.* A signal, from human mtDNA, of postglacial recolonisation in Europe. *American Journal of Human Genetics* 69: 844-52(2001).
10. Underhill, P. A., Passarino, G., Lin, A. A., et al. The phylogeography of Y chromosome binary haplotypes and the origins of modern human populations. *Annals of Human Genetics* 65: 43-62(2001).

新時代メソポタミア——トルコ：ギョベクリ・テペ

1. Mithen, S. *After the Ice. A Global Human History 20,000-5000 BC*, Harvard University Press, Cambridge, Massachusetts (2004).
2. Peters, J., & Schmidt, K. Animals in the symbolic world of pre-pottery Neolithic Göbekli Tepe, south-eastern Turkey: a preliminary assessment. *Anthropozoologica* 39: 179-218(2004).
3. Byrd, B. F. Reassessing the emergence of village life in the Near East. *Journal of Archaeological Research* 13: 231-90(2005).
4. Bar-Yosef, O. The Upper Paleolithic revolution. *Annual Review of Anthropology* 31: 363-93(2002).
5. Lev-Yadun, S., Gopher, A., & Abbo, S. The cradle of agriculture. *Science* 288: 1602-3(2000).
6. Larsen, C. S. Biological changes in human populations with agriculture. *Annual Review of Anthropology* 24: 185-213(1995).

7. Papathanasiou, A. Health status of the Neolithic population of Alepotrypa Cave, Greece. *American Journal of Physical Anthropology* 126: 377-90(2005).
8. Armelagos, G. J., Goodman, A. H., & Jacobs, K. H. The Origin of agriculture: population growth during a period of declining health. *Population and Environment* 13: 9-22(1991).
9. Peña-Chocarro, L., Zapata, L., Iriarte, M. J., *et al.* The oldest agriculture in northern Atlantic Spain: new evidence from El Mirón Cave (Ramales de la Victoria, Cantabria). *Journal of Archaeological Science* 32: 579-87(2005).
10. Balter, M. Ancient DNA yields clues to the puzzle of European origins. *Science* 310: 964-5(2005).
11. Underhill, P. A., Passarino, G., Lin, A. A., *et al.* The phylogeography of Y chromosome binary haplotypes and the origins of modern human populations. *Annals of Human Genetics* 65: 43-62(2001).
12. Richards, M., Macaulay, V., Hickey, E., *et al.* Tracing European founder lineages in the Near Eastern mtDNA pool. *American Journal of Human Genetics* 67: 1251-76(2000).
13. Haak, W., Forster, P., Bramanti, B., *et al.* Ancient DNA from the first European farmers in 7500-year-old Neolithic sites. *Science* 310: 1016-8(2005).

第五章　そして新世界へ

大陸をつなぐ——ベーリング陸橋

1. Taylor, R. E., Haynes, C. V. Jr., & Stuiver, M. Clovis and Folsom age estimates: stratigraphic context and radiocarbon calibration. *Antiquity* 70: 515-25 (1996).
2. Morlan, R. E. Current perspectives on the Pleistocene archaeology of eastern Beringia. *Quaternary Research* 60:123-32 (2003).
3. Zazula, G. D., Schweger, C. E., Beaudoin, A. B., & McCourt, G. H. Macrofossil and pollen evidence for full-glacial steppe within an ecological mosaic along the Bluefish River, eastern Beringia. *Quaternary International* 142-3: 2-19 (2006).
4. Goebel, T., *et al.* The Late Pleistocene dispersal of modern humans in the Americas. *Science* 319:1497-502 (2008).

アメリカ先住民のヒトゲノム解読——カナダ：カルガリー

1. Fiedel, S. J. Quacks in the Ice. Waterfowl, Paleoindians, and the discovery of America. In: Walker, R. B., & Driskell, B.N.(eds), *Foragers of the Terminal Pleistocene in North America*, University of Nebraska Press, Lincoln & London (2007).

2. Vines, G. Genes in black and white. *New Scientist*, 8 July (1995).
3. Starikovskaya, E. B., Sukernik, R.I., Derbeneva, O. A., *et al.* Mitochondrial DNA diversity in indigenous populations of the southern extent of Siberia, and the origins of Native American haplogroups. *Annals of Human Genetics* 69: 67-89 (2005).
4. Zegura, S. L, Karafet, T. M., Zhivotovsky, L. A, & Hammer, M. F. High-resolution SNPs and microsatellite haplotypes point to a single, recent entry of Native American Y chromosomes into the Americas. *Molecular Biology and Evolution* 21:164-75 (2004).
5. Fagundes, N. J. R., Kanitz, R., Eckert, R., *et al.* Mitochondrial population genomics supports a single pre-Clovis origin with a coastal route for the peopling of the Americas. *American Journal of Human Genetics* 82: 583-92 (2008).
6. Wang, S., Lewis, C. M. Jr., Jakobsson, M., *et al.* Genetic variation and population structure in Native Americans. *PLoS Genetics* 3: e185 (2007).
7. Oppenheimer, S. *Out of Eden. The Peopling of the World*, Constable & Robinson,London (2003).
8. Goebel, T., *et al.* The Late Pleistocene dispersal of modern humans in the Americas. *Science* 319:1497-502 (2008).
9. Shang, H., Tong, H., Zhang, S., *et al.* An early modern human from Tianyuan Cave, Zhoukoudian, China. *Proceedings of the National Academy of Sciences* 104: 6573-8 (2007).
10. Kitchen, A., Miyamoto, M. M., & Mulligan, C. J. A three-stage colonization model for the peopling of the Americas. *PLoS One* 3: e1596 (2008).

太平洋岸のルートを探索する――カナダ：バンクーバー

1. Hume, S. Tracking Simon Fraser's route. *Vancouver Sun* (2007).
2. Lacourse, T., Mathewes, R. W., & Fedje, D. W. Late-glacial vegetation dynamics of the Queen Charlotte Islands and adjacent continental shelf, British Columbia,Canada. *Palaeogeography, Palaeoclimatology, Palaeoecology* 226: 36-57 (2005).
3. Ramsey, C. L., Griffiths, P. A., Fedje, D. W., *et al.* Preliminary investigation of a late Wisconsinian fauna from K1 cave, Queen Charlotte Islands (Haida Gwaii),Canada. *Quaternary Research* 62:105-9 (2004).
4. Leonard, J. A., Wayne, R. K., & Cooper, A. Population genetics of Ice Age brown bears. *Proceedings of the National Academy of Sciences* 97:1651-4 (2000).
5. Erlandson, J. M., Graham, M. H., Bourque, B. J., *et al.* The Kelp Highway hypothesis: marine ecology, the coastal migration theory, and the peopling of the Americas. *The Journal of Island and Coastal Archaeology* 2:161-74 (2007).

6. Fedje, D. W., & Josenhans, H. Drowned forests and archaeology on the continental shelf of British Columbia, Canada. *Geology* 28: 99-102 (2000).
7. Mandryk, C. A. S., Josenhans, H., Fedje, D. W., & Mathewes, R. W. Late Quaternary paleoenvironments of Northwestern North America:implications for inland versus coastal migration routes. *Quaternary Science Reviews* 20: 310-4 (2001).

アーリントン・ウーマンの発見――アメリカ：カリフォルニア州サンタ・ローザ島

1. Johnson, J. R., Stafford, T. W., Ajie, H. O., & Morris, D. P. Arlington Springs revisited. In: *Proceedings of the Fifth California Islands Symposium*, pp 541-5 (2000).
2. Waguespack, N. M. Why we're still arguing about the Pleistocene occupation of the Americas. *Evolutionary Anthropology* 16: 63-74 (2007).
3. Agenbroad, L. D., Johnson, J. R., Morris, D., *et al.* Mammoths and humans as late Pleistocene contemporaries on Santa Rosa Island. In: *Proceedings of the Sixth California Islands Symposium*, pp 3-7 (2005).
4. Dixon, E. J. Human colonization of the Americas: timing, technology and process. *Quaternary Science Reviews* 20: 277-99 (2001).
5. Eshleman, J. A., Malhi, R. S., Johnson, J. R, *et al.* Mitochondrial DNA and prehistoric settlements: native migrations on the western edge of North America. *Human Biology* 76: 55-75 (2004).
6. Johnson, J. R., & Lorenz, J. G. Genetics, linguistics and prehistoric migrations:an analysis of California Indian mitochondrial DNA lineages. *Journal of California and Great Basin Anthropology* 26: 33-64 (2006).
7. Kemp, B. M., Malhi, R. S., McDonough, J., *et al.* Genetic analysis of early Holocene skeletal remains from Alaska and its implications for the settlement of the Americas. *American Journal of Physical Anthropology* 132: 605-21(2007).
8. Wang, S., Lewis, C. M. Jr., Jakobsson, M., *et al.* Genetic variation and population structure in Native Americans. *PLoS Genetics* 3: e185 (2007).

アメリカの大型動物を狩る――アメリカ：ロサンゼルスのラ・ブレア・タール・ピッツ

1. Firestone, R. B., West, A, Kennett, J. P., *et al.* Evidence for an extraterrestrial impact 12,900 years ago that contributed to the megafaunal extinctions and the Younger Dryas cooling. *Proceedings of the National Academy of Sciences* 104:16016-21(2007).
2. Haynes, G. The catastrophic extinction of North American mammoths and mastodonts. *World Archaeology* 33: 391-416 (2002)

クローヴィス文化——アメリカ：テキサス州ゴールト

1. Collins, M. B. Discerning Clovis subsistence from stone artifacts and site distributions on the southern plains periphery. In: Walker, R. B., & Driskell, B. N. (eds), *Foragers of the Terminal Pleistocene in North America*, University of Nebraska Press: Lincoln & London (2007).
2. Goebel, T., *et al.* The Late Pleistocene dispersal of modern humans in the Americas. *Science* 319:1497-502 (2008).
3. Haynes, G. The catastrophic extinction of North American Mammoths and Mastodonts. *World Archaeology* 33: 391-416 (2002).
4. Collins, M. B. The Gault Site, Texas, and Clovis research. *Athena Review* 3: 31-41 (2002).
5. Byers, D. A., & Ugan, A. Should we expect large game specialization in the late Pleistocene? An optimal foraging perspective on early Paleoindian prey choice, *Journal of Archaeological Science* 32:1624-40 (2005).
6. Koch, P. L., & Barnosky, A. D. Late quaternary extinctions: state of the debate. *Annual Review of Ecology, Evolution and Systematics* 37: 215-50 (2006).
7. Mithen, S. *After the Ice. A Global Human History 20,000-5000 BC*, Harvard University Press,Cambridge, Massachusetts (2004).
8. Bradley, B., & Stanford, D. The Solutrean-Clovis connection:reply to Straus, Meltzer and Goebel. *World Archaeology* 38: 704-14 (2006).
9. Straus, L. G. Solutrean settlement of North America? A review of reality. *American Antiquity* 65: 219-26 (2000).
10. Straus, L.G., Meltzer, D.J., & Goebel, T. Ice Age Atlantis? Exploring the Solutrean-Clovis 'connection'. *World Archaeology* 37: 507-32 (2005).
11. Oppenheimer, S. *Out of Eden. The Peopling of the World*, Constable & Robinson,London (2003).
12. Holliday, V. T. Folsom drought and episodic drying on the Southern High Plains from 10,900-10,200 C14 yr B.P. *Quaternary Research* 53:1-12 (2000).

ルシアとの対面——ブラジル：リオ・デ・ジャネイロ

1. Neves, W. A., Hubbe, M., & Pilo, L. B. Early Holocene human skeletal remains from Sumidouro Cave, Lagoa Santa, Brazil: History of discoveries, geological and chronological context, and comparative cranial morphology. *Journal of Human Evolution* 52:16-30 (2007).
2. Neves, W. A., and Hubbe, M. Cranial morphology of early Americans from Lagoa Santa,

Brazil:implications for the settlement of the New World. *Proceedings of the National Academy of Sciences* 102:18309-14 (2005).

3. Neves, W. A., Prous, A., Gonzalez-Jose, R., *et al.* Early Holocene human skeletal remains from Santana do Riacho, Brazil:Implications for the settlement of the New World. *Journal of Human Evolution* 45:19-42 (2003).
4. Lahr, M. M. Patterns of modern human diversification:implications for Amerindian origins. *Amerian Journal of Physical Anthropology* 38:163-98 (1995).
5. Wang, S., Lewis, C. M. Jr., Jakobsson, M., *et al.* Genetic variation and population structure in Native Americans. *PLoS Genetics* 3: e185 (2007).
6. Oppenheimer, S. *Out of Eden. The Peopling of the World*, Constable & Robinson, London (2003).
7. González-José, R., Bortolini, M. C, Santos, F. R., *et al.* The peopling of the Americas: craniofacial shape variation on a continental scale and its interpretation from an interdisciplinary view. *American Journal of Physical Anthropology* 137:175-87 (2008).
8. Van Vark, G. N., Kuizenga, D., & Williams, F.L'E. Kennewick and Luzia: Lessons from the European Upper Paleolithic. *American Journal of Physical Anthropology* 121:181-4 (2003).

アマゾンの森林にいた太古の狩猟採集民――ブラジル：ペドラ・ピンターダ

1. Roosevelt, A. C., Lima da Costa, M., Machado, C. L., *et al.* Paleoindian cave dwellers in the Amazon:the peopling of the Americas. *Science* 272: 373-84 (1996).
2. Roosevelt, A. C. Clovis in context: new light on the peopling of the Americas. *Human Evolution* 17: 95-112 (2002).
3. Roosevelt, A. C. Ancient and modern hunter-gatherers of lowland South America: an evolutionary problem. In: Balée,W.L.(ed.), *Advances in Historical Ecology*, Columbia University Press, New York, pp165-92 (1998).

黒い土が明かした真実――チリ：モンテ・ヴェルデ

1. Dillehay, T. D., & Collins, M. B. Early cultural evidence from Monte Verde in Chile. *Nature* 332:150-2 (1988).
2. Dillehay, T. D., Ramfrez, C, Pino, M., *et al.* Monte Verde: seaweed, food, medicine, and the peopling of South America. *Science* 320: 784-6(2008).
3. Ugent, D., Dillehay, T, & Ramirez, C. Potato remains from a late Pleistocene settlement in southcentral Chile. *Economic Botany* 41:17-27 (1987).
4. Keefer, D. K., deFrance, S. D., Moseley, M. E., *et al.* Early maritime economy and El

Nino events at QuebradaTacahuay, Peru. *Science* 281:1833-5 (1998).
5. Sandweiss, D. H., Mclnnis, H., Burger, R. L., *et al.* Quebrada Jaguay: early South American maritime adaptations. *Science* 281:1830-2 (1998).
6. Meltzer, D. J., Grayson, D. K., Ardila, G., *et al.* On the Pleistocene antiquity of Monte Verde, southern Chile. *American Antiquity* 62: 659-63 (1997).
7. Dixon, E. J. Human colonization of the Americas: timing, technology and process. *Quaternary Science Reviews* 20: 277-99 (2001).
8. Goebel, T. *et al.* The Late Pleistocene dispersal of modern humans in the Americas. *Science* 319:1497-502(2008).

旅の終わりに

1. Stringer, C. *Homo Britannicus. The Incredible Story of Human Life in Britain*, Penguin Books, London (2006).
2. Mithen, S. *After the Ice. A Global Human History 20,000-5000 BC*, Harvard University Press, Cambridge, Massachusetts (2003).
3. Lomborg, B. *The Skeptical Environmentalist. Measuring the Real State of the World*, Cambridge University Press, Cambridge (2001).
4. Gould, S. J. *Wonderful Life*. Norton & Co., New York (1989).

図表と地図の参考文献

p.14 人類系統樹：「細分派」によるホミニンの分類法
以下の文献の図 1 による：Wood, B., Lonergan, N. The hominin fossil record:taxa, grades and clades. *Journal of Anatomy* 212: 354-76(2008).

p.24 年代と時代
以下の文献の p. 300 の図による：Stringer, C., *Homo Britannicus. The Incredible Story of Human Life in Britain*, Penguin Books, London (2006).

p.28 石器の基本ガイド
主に以下の文献による：Klein, R. G. Archeology and the evolution of human behavior. *Evolutionary Anthropology* 9:17-36 (2000).

p.83 ボド&オモの頭蓋
以下の写真と記述による：Schwartz, J. H., & Tattersall,I., Craniodental Morphology of

Genus Homo (Africa and Asia), *The Human Fossil Record*, vol. 2, Wiley Liss, New Jersey, pp 235-40 (2003).

p.98　出アフリカのルート
一部は以下の文献の図１による：Bulbeck, D. Where river meets sea. A parsimonious model for *Homo sapiens* colonization of the Indian Ocean rim and Sahul. *Current Anthropology* 48: 315-21(2007).

p.154　世界地図に広がった、ミトコンドリアＤＮＡ系統のツタ
スティーヴン・オッペンハイマーの box 2 の記述と図による：Shriver, M. D., & Kittles, R. A. Genetic ancestry and the search for personalized genetic histories. *Nature Reviews Genetics* 5:611-8 (2004).

p.179　スンダからサフル大陸への経路
以下の文献の図１による：Bulbeck, D. Where river meets sea. A Parsimonious model for *Homo sapiens* colonization of the Indian Ocean rim and Sahul. *Current Anthropology* 48: 315-21(2007).

p.228　中央アジアと北アジアへのルート
以下の文献の図５－５，５－７，５－９による：Oppenheimer, S. *Out of Eden. The Peopling of the World,* Constable & Robinson, London (2003).

p.306　ヨーロッパへのルート
以下の文献の図による：figure 1 in Mellars, P. Neanderthals and the modern human colonization of Europe. *Nature* 432: 461-5 (2004); figure 1 in Bar-Yosef, O. The Upper Paleolithic revolution. *Annual Review of Anthropobgy* 31: 363-93 (2002); figure 3.4 in Oppenheimer, S. *Out of Eden. The Peopling of the World*, Constable & Robinson, London (2003).

p.311　ウチャギズリ洞窟から出土した後期旧石器時代の人工遺物
以下の文献の図に基づいて描いた：Kuhn, S. L., Stiner, M. C., Reese, D. S., & Güleç, E. Ornaments of the earliest Upper Paleolithic: new insights from the Levant. *Proceedings of the National Academy of Sciences* 98: 7641-6 (2001).

p.312　ウチャギズリ洞窟から出土した穴のあいたムシロガイの貝殻
以下の文献の図に基づいて描いた：Kuhn, S. L., Stiner, M. C., Reese, D. S., & Güleç, E. Ornaments of the earliest Upper Paleolithic: new insights from the Levant. *Proceedings of the National Academy of Sciences* 98: 7641-6 (2001).

p.318　ペシュテラ・ク・オース洞窟の略図
以下の文献の図に基づいて描いた：Zilhão, J. E., Trinkaus, E., Constantin, S., *et al.* The Peştera cu Oase people, Europe's earliest modern humans.In: Mellars, P., Stringer, C., Bar-Yosef, O., Boyle, K.(eds), *Rethinking the Human Revolution: New Behavioural and Biological Perspectives on the Origin and Dispersal of Modern Humans*, McDonald Institute for Archaeological Research, Cambridge, pp 249-62 (2007).

p.389　オーリニャック期のビーズの製作工程
以下の文献の図に基づいて描いた：White, R. Systems of personal ornamentation in the Early Upper Palaeolithic: methodological challenges and new observations.In: Mellars, P., Boyle, K., Bar-Yosef, O., & Stringer, C. (eds), *Rethinking the Human Revolution: New Behavioural and Biological Perspectives on the Origin and Dispersal of Modern Humans*, McDonald Institute for Archaeological Research, Cambridge, pp 287-302 (2007).

p.443　アメリカへのルート
以下の文献の図による：figure7-1 in Oppenheimer, S. *Out of Eden. The Peopling of the World*, Constable & Robinson, London (2003); figure 1 in Goebel, T., *et al.* The Late Pleistocene dispersal of modern humans in the Americas. *Science* 319:1497-502 (2008).